Heidelberger Taschenbücher Band 182

Dezsö Varjú

Systemtheorie

für Biologen und Mediziner

Mit 80 Abbildungen

Springer-Verlag
Berlin Heidelberg New York 1977

Professor Dr. D. Varjú
Lehrstuhl für Biokybernetik
Institut für Biologie II
Universität Tübingen

ISBN-13: 978-3-540-08086-2 e-ISBN-13: 978-3-642-66567-7
DOI: 10.1007/978-3-642-66567-7

Library of Congress Cataloging in Publication Data. Varjú, D. 1932-. Systemtheorie für Biologen und Mediziner. (Heidelberger Taschenbücher; Bd. 182) Bibliography: p. 1. Biology-Methodology. 2. Biological models. 3. System analysis. I. Title. [DNLM: 1. Mathematics. 2. System analysis. 3. Biology. 4. Medicine. QA402 V313s] QH323.5.V37 574'.01'84 76-30731.

Softcover reprint of the hardcover 1st edition 1977

Gesamtherstellung: Zechnersche Buchdruckerei, Speyer
2131|3130-543210

Vorwort

Der Einzug der Chemie, der Physik und neuerdings auch der Mathematik in verschiedene Teilbereiche der Biologie brachte für den Forscher, Lehrer und Studenten Probleme mit sich, für deren Lösung der richtige Weg noch nicht gefunden wurde: Das Erlernen der methodischen Hilfswissenschaften entspricht nahezu einem Zweitstudium, das in unserer Zeit – auch angesichts der überfüllten Hochschulen und der Regelstudienzeit – nur von wenigen absolviert werden kann. Nach meinen Erfahrungen bereitet den meisten Biologen die Aneignung der mathematischen Hilfsmittel die größten Schwierigkeiten. Nur wenige Biologiestudenten erhalten auch heute während des Studiums eine gründliche und problemorientierte Einführung in die höhere Mathematik. Selbst für diese reichen die Vorkenntnisse zum Erlernen derjenigen Abschnitte der angewandten Mathematik während und nach dem Studium nicht mehr aus, um spezielle biologische Probleme lösen zu können.

Diejenigen mathematischen Methoden, die in der Biologie überall dort benutzt werden können, wo Reiz-Reaktions-Beziehungen im weitesten Sinn analysiert und die Ergebnisse quantitativ in Form eines mathematischen Modells dargestellt werden sollten, sind unter dem Überbegriff „Systemtheorie" bekannt. Diese wird vorwiegend im Bereich der Ingenieurmathematik gepflegt, unbeschadet der Tatsache, daß sich auch eine „mathematische Systemtheorie" rapide entwickelt.

Aufgabe dieses Textes ist es, Biologen und Medizinern sowie Studierenden der Biologie und Medizin die Möglichkeit zu bieten, grundlegende Kenntnisse auf dem Gebiet der Systemtheorie im Sinne der Ingenieurmathematik zu erwerben. Voraussetzung sind nur bescheidene Vorkenntnisse in der höheren Mathematik, d.h., es wird lediglich erwartet, daß der Leser die Grundbegriffe der Differential- und Integralrechnung und die Schulmathematik beherrscht, sowie elementare Kenntnisse in der Experimentalphysik, insbesondere in der Elektrizitätslehre besitzt. Im Schriftenverzeichnis werden einige Werke genannt [1, 2, 3], die sich zum Erlernen oder zum Auffrischen dieser Grundlagen eignen. Überall dort, wo es nur möglich erschien, wurde zugunsten der Anschaulichkeit – die Mathematiker mögen es mir verzeihen – auf mathematische Exaktheit verzichtet. Der induktive Charakter der Darstellung hat die Aufgabe – zugegeben, zu Lasten der Eleganz – den Leser Schritt für Schritt von einfachen, möglicherweise bereits bekannten Problemen an komplexe

Sachverhalte heranzuführen. Es kommt dabei der selbständigen Lösung der Übungsbeispiele eine besondere Bedeutung zu.

Nach Studium des Textes sollte der Leser in der Lage sein, einen großen Teil der Veröffentlichungen, in denen von der Systemtheorie Gebrauch gemacht wird, lesen zu können. Für die eigenständige Anwendung der Theorie wird in den meisten Fällen das Zurückgreifen auf die weiterführende Literatur nicht zu vermeiden sein. Ich hoffe, daß dieser Text dem Leser auch hierfür die notwendigen Grundkenntnisse vermittelt.

Der erste Teil (lineare Filtertheorie) sollte als das Alphabet der Systemtheorie gesehen werden. Hier wurde auf die Darstellung konkreter biologischer Anwendungsbeispiele verzichtet. Biologische Systeme sind von wenigen Ausnahmen abgesehen so komplex, daß die lineare Filtertheorie zu ihrer Beschreibung unmittelbar nur in sehr grober Näherung herangezogen werden kann. Die Grundbegriffe der linearen Filtertheorie sind jedoch auch für die Analyse nichtlinearer Systeme unerläßlich. Dem zweiten Teil (Nichtlineare Systeme) liegen dagegen überwiegend konkrete biologische Probleme zugrunde. Auf die eingehende Behandlung der biologischen Sachverhalte mußte freilich auch hier oft verzichtet werden, um den Umfang im gegebenen Rahmen zu halten. Interessierte Leser mögen sich der Literaturhinweise bedienen.

Der vorliegende Text geht auf eine Vorlesung zurück, die ich im Fachbereich Biologie der Universität Tübingen bereits mehrmals gehalten habe. Dieser Text war auch Grundlage eines von der Deutschen Forschungsgemeinschaft finanzierten Fortbildungskurses. Meine Hörer trugen mit kritischen Fragen und Vorschlägen zur ständigen inhaltlichen und didaktischen Verbesserung der Darstellung wesentlich bei. Es ist mein Wunsch, daß auch die Leser zur Beseitigung der zweifellos immer noch gegebenen Unzulänglichkeiten mit Kritik und Rat beitragen werden.

Tübingen, im März 1977 D. Varjú

Inhaltsverzeichnis

Zweiter Teil

Einleitung

Reale und abstrakte Systeme

Unter einem *System* versteht man die Gesamtheit von solchen Teilen, die zueinander, zum Ganzen und in der Regel auch zur Umwelt in irgend einer Beziehung stehen, aufeinander wirken und sich gegenseitig beeinflussen. Im Gegensatz zum System bilden die Elemente einer Menge nur ein bloßes Beieinander [7]. In dieser Hinsicht kann ein Flugzeug ebenso ein System sein wie ein Blutkörperchen, ein ganzer Organismus oder eine Fußballmannschaft. Die Unterscheidung zwischen System und Menge ist oft auch eine Sache der Fragestellung und nicht nur der physikalischen Gegebenheiten. Ein Beispiel soll dies illustrieren. Betrachten wir eine gewöhnliche Laborwaage, so können wir uns für die Teile interessieren, aus denen sie besteht (Grundplatte, Säule, Querbalken, Zeiger, Skala und Schalen). Wir können fragen, ob die Grundplatte aus Gußeisen gemacht ist oder aus einer rostfreien Legierung, ob die Schalen vernickelt sind, ob die Keile in einem speziellen Abkühlverfahren gehärtet sind, wieviel die Einrichtung kostet. Diese Fragen lassen sich unabhängig davon untersuchen, ob die Waage bereits zusammengebaut ist oder aber die Einzelteile noch getrennt vor uns auf dem Tisch ausgebreitet liegen, also nur ein bloßes Beieinander und kein System in dem vorhin dargestellten Sinn bilden.

Wir können aber eine Waage auch als ein Instrument betrachten, dessen Zeiger, wenn eine Schale belastet wird, sich von der vorherigen Ruhelage entfernt, um eine neue Ruhelage hin- und herpendelt und nach einer Weile dort wieder zur Ruhe kommt. Von Interesse ist dabei, wie die neue Ruhelage vom aufgelegten Gewicht abhängt, nach wievielen Schwingungen sie erreicht wird und wie die Schwingungsweite ist, unabhängig davon, aus welchem Material, nach welchen Verfahren oder ästhetischen Gesichtspunkten die einzelnen Teile gefertigt wurden. In dieser funktionellen Hinsicht ist die Waage ein System, dessen Teile zueinander in Beziehung stehen. Die Teile bilden nach wie vor eine Menge, aber auch ein System. Die Frage nach dem Zusammenhang zwischen Gewicht und Zeigerbewegung ist eine systemtheoretische Frage.

Man kann natürlich einwenden, diese Beziehungen seien innerhalb der Physik, speziell im Rahmen der Physik der starren Körper, untersucht worden, lange bevor das Wort Systemtheorie überhaupt geprägt wurde.

Das Problem gehöre somit in den Bereich der Physik der starren Körper und es sei deshalb unnötig, diese Beziehungen als ein systemtheoretisches Problem zu bezeichnen. Dieser an sich berechtigte Einwand ist jedoch etwas voreilig. Wir stellen uns vor, daß das zu untersuchende Objekt Waage in drei Exemplaren vorliegt, die in Gehäuse so eingebaut sind, daß jeweils nur die Schalen zur Aufnahme von Gewichten zugänglich und die Skalen mit dem Zeiger zur Beobachtung sichtbar sind. Wir können auch in diesem Fall die Beziehung zwischen dem aufgelegten Gewicht und der Zeigerbewegung experimentell ermitteln und die Zeigerbewegung als Funktion der Zeit mathematisch beschreiben. Auch wenn wir für alle drei Systeme die gleiche Beziehung zwischen Zeigerbewegung und Gewicht feststellen, können wir nicht erwarten, daß wir nach Öffnen der Gehäuse in allen Fällen Einrichtungen aus den genannten Teilen vorfinden. In einem Fall mag es durchaus zutreffen, in anderen Fällen kann aber das untersuchte Objekt eine Federwaage oder eine elektronische Einrichtung sein, wobei das aufgelegte Gewicht zunächst eine piezo-elektrische Polarisation in einem Kristall verursacht, die dann in geeigneter Weise gemessen und möglicherweise nach mehreren Transformationen zum Schluß mit Hilfe eines Voltmeters angezeigt wird.

Wir dürfen nach wie vor behaupten, daß alle diese Einrichtungen im Rahmen der Physik behandelt werden. Es läßt sich aber nicht sagen, ohne das Gehäuse zu öffnen, ob hierfür der Teilbereich Mechanik starrer Körper, Mechanik elastischer Körper, Elektronik oder eine Kombination von diesen Teilgebieten zuständig ist. Gemeinsam ist allen drei Typen von Einrichtungen nur die Beziehung zwischen dem aufgelegten Gewicht und der Bewegung des Zeigers.

Hier wird ein Abstraktionsvorgang, der vom physikalischen zum systemtheoretischen Problem führt, deutlich. In der Physik wird nicht das System Waage untersucht, eine Einrichtung, die eine Beziehung zwischen einem Gewicht und einem Zeigerausschlag herstellt, sondern entweder die Bewegung eines starren Körpers um eine Achse oder die Dehnung eines elastischen Körpers oder die Entstehung von elektrischen Feldern, Strömen und Spannungen. Das System Waage ist dagegen eine Abstraktion, die die Beziehung zwischen zwei physikalischen Größen bedeutet.

Ein weiterer Unterschied zwischen der physikalischen und der systemtheoretischen Betrachtungsweise besteht darin, daß in der Physik die Energieumsätze in den genannten Einrichtungen ebenfalls einen wichtigen Gegenstand der Untersuchungen bilden. In der Systemtheorie begnügt man sich oft mit der Feststellung, daß ein Signalfluß zwischen Eingang und Ausgang eines technischen Systems stets auch von einem Energieumsatz begleitet wird. Eine besondere Beachtung wird diesem Energieumsatz nicht gewidmet, es sei denn, gerade er sei für die Beziehung

zwischen Eingangsgröße und Ausgangsgröße von besonderer Bedeutung.
Der Abstraktionsvorgang nimmt extreme Formen an, wenn wir bedenken, daß die gleiche Beziehung wie die von Gewicht und Zeigerausschlag zwischen zwei Größen bestehen kann, welche nicht in physikalischen, sondern in beliebigen Systemen auftreten. Beispiele ließen sich in großer Anzahl aufzählen. Ich möchte hier nur einen Fall erwähnen, der die Möglichkeiten sehr drastisch vor Augen führt. Wenn der Bedarf eines Konsumgutes schlagartig steigt, so kann die Industrie zunächst darauf mit einer starken Überproduktion reagieren. Die produzierte Menge dieses Konsumgutes selbst kann um die Größe des Bedarfes eine Weile hin- und herschwanken, bis das Gleichgewicht zwischen Produktion und Bedarf wieder hergestellt ist. Die Beziehung zwischen Bedarfsanstieg als Eingangsgröße und Produktion als Ausgangsgröße kann also durchaus die gleiche sein, wie zwischen Gewichtsveränderung und Zeigerausschlag. Vom Standpunkt eines Systemtheoretikers, der sich für Beziehungen interessiert, können also eine Waage und ein Wirtschaftsraum durchaus zwei verschiedene Realisierungen eines einzigen abstrakten Systems sein. Damit sind wir bei einer weiteren Stufe der Abstraktion angelangt. In der ersten Stufe faßten wir eine Reihe grundsätzlich verschiedener physikalischer Systeme als Waage zusammen. In dieser zweiten Stufe sprechen wir nur noch von einem System, das eine bestimmte Beziehung zwischen zwei Größen, der Eingangsgröße und der Ausgangsgröße, herstellt, und kümmern wir uns nur an zweiter Stelle darum, ob dieses System durch physikalische Einrichtungen, durch einen Wirtschaftsraum oder aber durch biologische Objekte realisiert wird.
Zur Behandlung abstrakter Systeme wurden in der Technik, besonders in der Nachrichten- und Regelungstechnik, mathematische Methoden ausgearbeitet, die auch bei der Untersuchung nichttechnischer Systeme herangezogen werden können, da sie unabhängig von der materiellen Realisierung des abstrakten Systems anwendbar sind. Das Ausleihen von mathematischen Hilfsmitteln auf der Basis der hier dargelegten Gedanken wurde von Physikern und Technikern schon immer in großem Umfang, von Biologen gelegentlich praktiziert.
Die Bedeutung des Einbruchs der Systemtheorie und speziell eines ihrer Teilgebiete, der Regelungstheorie, in die Biologie würdigte *v. Holst* [26] wie folgt:
„Wir Biologen haben allen Grund, den Technikern dankbar zu sein, daß sie uns Denkmethoden liefern, die es ermöglichen, systemtheoretische Fragen in der Biologie präzise zu fassen, prüfbare Hypothesen zu entwickeln, Ergebnisse mathematisch zu formulieren und damit endlich zu beweisen, daß auch diese Art der Forschung legitime Wissenschaft ist. Diese Verfahrensweisen sind für uns so wichtig, daß wir sie selbst hätten

entwickeln müssen, wenn die Technik sie uns nicht angeboten hätte. Ja, wir waren dabei, sie mühsam zu entwickeln, denn manche Funktionsprinzipien von Regelsystemen sind ja auch im biologischen Bereich erkannt worden und gewiß nicht immer später, als der Techniker sie für menschliche Zwecke erfand."

Die Anwendbarkeit der Systemtheorie in den verschiedenen Disziplinen beruht auf der Feststellung, daß ein abstraktes System materiell verschiedenartig realisiert werden kann. Beim Studium der Systemtheorie könnte man sich nur auf abstrakte Systeme beschränken und die Frage, ob und wie sie materiell zu realisieren sind, erst gar nicht stellen. Die Überlegungen lassen sich jedoch veranschaulichen und somit auch leichter verstehen, wenn wir uns das jeweilige System stets z.B. physikalisch realisiert vorstellen. Es wäre dabei möglich, eine mechanische, elektrische, hydraulische, thermodynamische oder eine andere Realisierung, auch Kombinationen dieser Realisierungen, heranzuziehen. Im folgenden werden zur Veranschaulichung aus mehreren Gründen elektrische Netzwerke bevorzugt, denn in dieser Realisierung sind auch komplexe Systeme noch relativ überschaubar. Im Bereich der Biologie, speziell in der Sinnes- und Nervenphysiologie, sind elektrische Netzwerke Gegenstand der Untersuchungen. Die technischen Hilfsmittel in der biologischen Forschung sind überwiegend elektronische Geräte. Die Veranschaulichung der abstrakten Systeme durch elektrische Netzwerke vermittelt somit auch Kenntnisse, die bei elektrophysiologischen Untersuchungen und dem Umgang mit elektronischen Geräten unmittelbar zum Tragen kommen. Schließlich werden elektrische Systeme auch in der weiterführenden Literatur sehr oft als Beispiel herangezogen. Dem Leser wird somit der Anschluß erleichtert. Später (Kap. 2) werden nicht elektrische Systeme kurz erörtert.

Definitionen, Begriffe

Das Ziel systemtheoretischer Untersuchungen ist oft die Ermittlung von Eingangs-Ausgangs-Beziehungen. Im einfachsten Fall ist nur eine *Eingangsgröße*, auch *Erregung* genannt, und eine *Ausgangsgröße*, auch *Antwort* genannt, zu berücksichtigen. Zwei Beispiele dieser Art, durch elektrische Netzwerke realisiert, sind in Abb. 1 gezeigt. Im Netzwerk in Abb. 1a ist die Erregung die elektromotorische Kraft E einer Spannungsquelle, im zweiten Beispiel der Strom I einer Stromquelle. Als Ausgangsgröße kann z.B. der Spannungsabfall U_{ef} am Widerstand R_3 (Abb. 1a) bzw. U_{de} am Widerstand R_5 (Abb. 1b) betrachtet werden. Erregung und Antwort sind in diesem Fall beide elektrische Größen, die jedoch unterschiedliche Dimensionen haben können. Bei einem Gleichstrommotor wäre die Eingangsgröße die angelegte Spannung, die Ausgangsgröße z.B. die Drehzahl, eine nichtelektrische Größe.

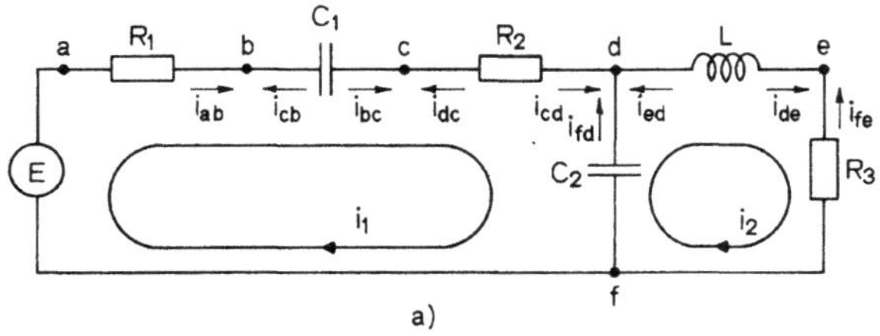

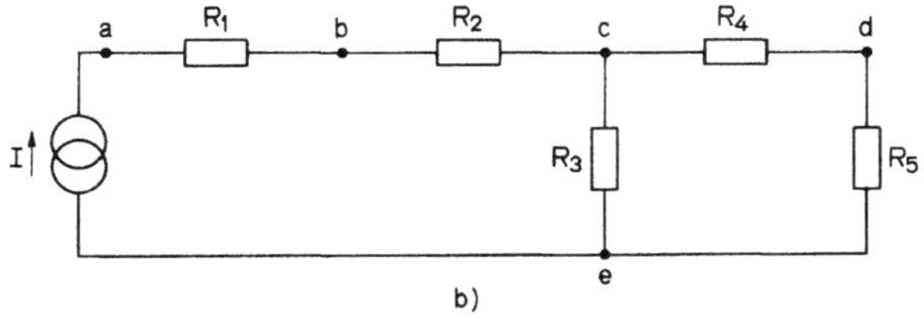

Abb. 1a und b. Elektrisches Netzwerk mit 3 Speicherelementen (a), ohne Speicherelement (b)

Die *Elemente* des Netzwerks in Abb. 1b sind ausschließlich Widerstände, d.h. *Verbraucherelemente.* Die Ausgangsgröße U_{de} hängt in jedem Zeitpunkt nur vom augenblicklichen Wert der Erregung I und selbstverständlich vom Wert der Widerstände R_1 bis R_5, der sogenannten *Systemparameter*, ab. Solche Systeme werden als *gedächtnislos* bezeichnet. Das Netzwerk in Abb. 1a enthält neben den Verbraucherelementen auch *Speicherelemente*, zwei Kondensatoren und eine Spule. In ihnen kann elektrische Energie in Form von elektrischer Ladung bzw. von einem elektromagnetischen Feld gespeichert werden. Dies hat zur Folge, daß die Antwort U_{ef} hier nicht allein vom augenblicklichen Wert der Erregung E bestimmt wird; vielmehr hängt U_{ef} auch von der Vorgeschichte, d.h. von der Stärke der vorangehenden Erregung, ab. Solche Systeme mit Gedächtnis bezeichnet man auch als *dynamische* Systeme. Ist die Erregung nur von einem Zeitpunkt t_0 an bekannt, so müssen wir wissen, wie stark die Speicher in diesem Zeitpunkt t_0 geladen sind, um die Ausgangsgröße eindeutig voraussagen zu können. Die Ladung der Speicher kann z.B. durch die Spannungsunterschiede $U_{C_1}(t)$, $U_{C_2}(t)$ an den Kondensatoren und durch die Stromstärke $i_L(t)$ durch die Spule angegeben werden. Diese Größen sind die *Zustandsgrößen* oder die *Zustandsvariablen* des Systems. Die Antwort dynamischer Systeme läßt sich allgemein nur durch die Angabe der Erregung, der Systemparameter und der Zustandsvariablen eindeutig bestimmen. Ein weiterer Unterschied zwischen gedächtnislosen und dynamischen Systemen — wie wir später noch im einzelnen sehen werden — besteht darin, daß erstere durch algebraische Gleichungen, letztere durch Differentialgleichungen beschrieben werden. Eine Zustandsvariable kann auch die Ausgangsgröße sein. Wir hätten im Netzwerk in Abb. 1a z.B. die Spannung an einem Kondensator oder den Strom durch die Spule als Antwort betrachten können.

Systeme können durch mehrere unabhängige Eingangsgrößen erregt werden und mehrere Ausgangsgrößen haben. Die Netzwerke in den Abbildungen 2b, c und 3n werden z.B. durch mehrere Quellen erregt. Sie haben nur eine unabhängige Ausgangsgröße. Systeme mit mehreren Erregungen und Antworten lassen sich prinzipiell in der gleichen Weise behandeln, wie Systeme mit nur einem Eingang und einem Ausgang. Der rechnerische Aufwand nimmt mit der Anzahl der Ein- und Ausgänge zu.

Bleiben die Systemparameter, die Widerstands-, Kapazitäts- und Induktivitätswerte in den betrachteten Netzwerken, konstant, so ist das System *zeitinvariant.* Die Systemparameter technischer Einrichtungen können sich langfristig z. B. durch Altern der verwendeten Stoffe ändern. Diese langsame Änderung braucht in der Regel bei der Systemanalyse nicht

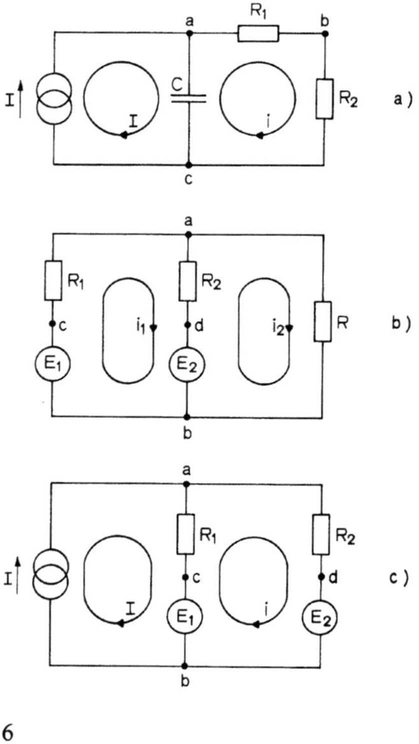

Abb. 2a—c. Beispiele für die Erregung elektrischer Netzwerke durch Strom- und Spannungsquellen

berücksichtigt zu werden. Nicht zu vernachlässigen sind solche Parameterveränderungen, die durch unerwünschte, aber oft unvermeidliche Einwirkungen verursacht werden, wie z.B. Temperatur oder Luftfeuchte. Schließlich können die Eingangsgrößen selbst eine Veränderung der Systemparameter verursachen.

Auch in biologischen Systemen sind die Parameter in der Regel altersabhängig. Sie sind oft auch tages-, monats- oder jahresperiodischen Schwankungen unterworfen. Die Eingangsgröße selbst verändert die biologischen Systemparameter besonders oft und stark: Viele Sinnesorgane passen sich kurzfristig der jeweiligen mittleren Reizstärke an. Die Erscheinung wird in der Psychophysik und in der Physiologie als *Adaptation* bezeichnet (vgl. auch Webersche Beziehung und Fechnersches Gesetz). Die Erscheinung wird leider oft mit Vorgängen verwechselt, die einer Veränderung von Speicherinhalten gleichzusetzen sind.

Bei der mathematischen Behandlung der Netzwerke in Abb. 1 wird die Abhängigkeit der betrachteten Größen einschließlich der Systemparameter von den Raumkoordinaten nicht berücksichtigt. Dies verursacht keinen groben Fehler in den Berechnungen, solange der Widerstand der leitenden Verbindungen neben dem Widerstand der Verbraucherelemente, ihre Induktivität neben der Induktivität der Spulen und ihre Kapazität neben der der Kondensatoren nicht ins Gewicht fällt. Solche Systeme sind *Systeme mit konzentrierten Parametern.* Bei sehr langen Leitungen oder im Falle eines koaxialen Kabels (Kap. 16) sind diese Bedingungen nicht mehr erfüllt. Solche Systeme heißen *Systeme mit verteilten Parametern.* Während dynamische Systeme mit konzentrierten Parametern durch *gewöhnliche Differentialgleichungen* beschrieben werden können, braucht man zur Beschreibung von Systemen mit verteilten Parametern *partielle Differentialgleichungen.*

Eine besonders wichtige und ausgezeichnete Klasse unter allen möglichen Systemen bilden die *linearen Systeme.* Sie genügen dem *Superpositionsprinzip.* Darunter ist folgendes zu verstehen: Wenn bei einem linearen System die Erregung $x_1(t)$ die Antwort $y_1(t)$, die Erregung $x_2(t)$ die Antwort $y_2(t)$ verursacht, so ist die Antwort auf die Erregung $x_1(t)+x_2(t)$ stets $y_1(t)+y_2(t)$. Hieraus folgt unmittelbar: Die Antwort auf die Erregung $c\,x(t)$ ist $c\,y(t)$, wenn $y(t)$ die Antwort auf $x(t)$ darstellt, und c ein konstanter Faktor ist. Systeme, die dem Superpositionsprinzip nicht genügen, sind sämtlich *nicht linear.* Es gibt eine geschlossene mathematische Theorie, die *Theorie linearer Filter*, die zur Beschreibung sämtlicher linearer Systeme herangezogen werden kann, während solche Theorien nur für bestimmte Klassen von nicht linearen Systemen, aber nicht für alle denkbaren nicht linearen Systeme existieren.

Die Netzwerke in Abb. 1 enthalten keine eigenen Energiequellen. Die gesamte Energie, die dem System am Ausgang entnommen werden kann, wird ihm durch die Erregung zugeführt. Ein solches System ist *passiv.*

Verfügt ein System über eigene Energiequellen, so ist es *aktiv*. Unter dem Einfluß der Eingangsgrößen können solche Systeme aus der eigenen Quelle dem Ausgang Energie zuführen.
Alle Größen, die wir im Zusammenhang mit den Netzwerken in Abb. 1 betrachtet hatten, sind — dimensionsbehaftete — physikalische Größen. Systeme, in denen alle Größen physikalische Größen sind (Strom, Spannung, Widerstand, Kraft, Geschwindigkeit, Konzentration, Drehzahl, Frequenz usw.), sind *analoge* Systeme. Diese Größen sind *Signale* im Sinne der Nachrichtentechnik, die *Information* tragen. Sind die Träger der Information geordnete Gruppen von Symbolen, so heißt das System ein *digitales System*. In biologischen Systemen wird die Information, von der genetischen Information und bestimmten Arten interindividueller Kommunikation abgesehen, nach unseren heutigen Kenntnissen durch analoge Signale getragen. Dies gilt auch für das Nervensystem, da dort — ebenfalls nach dem heutigen Stand unserer Kenntnisse — die Frequenz der Nervenimpulse für die Übertragung von Nachrichten von Bedeutung ist.
Systeme, für die die Eingangsgrößen analoge, die Ausgangsgrößen digitale Größen sind, heißen Analog-Digital-*Wandler* (AD-Wandler). Im umgekehrten Fall heißt das System Digital-Analog-Wandler (DA-Wandler). Bestimmte Systeme werden häufig als *Übertragungsglieder* bezeichnet. Der Name impliziert, daß die Ausgangsgrößen dieser Systeme als Eingangsgrößen für nachgeschaltete Systeme angesehen werden.
Wir haben bisher stillschweigend vorausgesetzt, daß die Ausgangsgrößen den Eingangsgrößen stets eindeutig zugeordnet werden können. Wir wollen uns auch fortan nur mit solchen *kausalen* Systemen befassen. Diese Einschränkung schließt natürlich nicht aus, daß die Eingangsgrößen selbst auch regellose Vorgänge sein können. Mit der Übertragung solcher Signale beschäftigt sich die Systemtheorie regelloser Vorgänge. Dieser Theorie kann hier nur ein kurzer Abschnitt gewidmet werden (Kap. 17).
Die nachfolgende Aufstellung der antagonistischen Eigenschaften von Systemen faßt die Aussagen der vorangegangenen Überlegungen tabellarisch zusammen.

System

analog	digital
gedächtnislos	dynamisch (mit Energiespeicher)
linear	nicht linear
passiv	aktiv
mit konzentrierten Parametern	mit verteilten Parametern
zeitinvariant	nicht zeitinvariant

Dem Leser wird empfohlen, eine Reihe von Labor- oder Haushaltsgeräten nach diesem Schema zu klassifizieren, z. B. Drehspulinstrument, Photoelement, Photozelle, Rundfunkgerät, Glühlampe, Telefon, Fernschreiber usw.

Ziele und Methoden

Der Systemtheoretiker, der sich mit technischen Problemen beschäftigt, möchte ein materiell zu realisierendes System einem zu erreichenden Ziel unter Berücksichtigung einer Reihe von Kriterien optimal anpassen. Er untersucht deshalb zunächst theoretisch das Verhalten verschiedener abstrakter Systeme, die voraussichtlich in Frage kommen, um dann anhand der gefundenen Systemeigenschaften zu entscheiden, welches System am günstigsten ist und realisiert werden sollte.

Die in der Biologie zu untersuchenden Systeme liegen bereits vor. Die Aufgabe besteht darin, dasjenige abstrakte System zu finden, dessen Realisierung das biologische System darstellt. Als ein gangbarer Weg bietet sich hierzu die sogenannte „black-box"-Analyse an: Man untersucht die Reaktionen des Objekts, d. h. die Ausgangsgrößen und möglicherweise auch die Zustandsvariablen, auf geeignet gewählte Eingangsgrößen (Reize). Aus den experimentell ermittelten Beziehungen versucht man auf ein abstraktes System zu schließen, für das die gleichen Beziehungen gelten. Für dieses abstrakte System lassen sich dann die Beziehungen zwischen beliebigen Eingangsgrößen und den Ausgangsgrößen theoretisch ermitteln. Wenn sich diese Voraussagen experimentell bestätigen lassen, so ist die Aufgabe gelöst. Treten Diskrepanzen auf, so war der Schluß aus den experimentellen Ergebnissen auf das abstrakte System nicht zutreffend, möglicherweise auch nicht zulässig, weil die experimentell ermittelten Daten für einen solchen Schluß nicht ausreichend waren.

Das Verfahren läßt sich bei Untersuchungen auf den verschiedensten Organisationsebenen anwenden, zur Analyse von Populationen ebenso wie zur Analyse des Verhaltens von Individuen, der Übertragungseigenschaften von Verbänden von Neuronen, einzelner Sinnes- oder Nervenzellen oder der Erregbarkeit von Membranen. Eine *Erklärung* für die gefundenen Beziehungen läßt sich freilich erst nach Öffnen des „schwarzen Kastens" finden. Zumindest wird häufig erst das Zurückführen der beobachteten und theoretisch beschriebenen Erscheinungen auf einer höheren Organisationsebene auf die Eigenschaften von Teilsystemen einer niedrigeren Organisationsebene als Erklärung akzeptiert.

Die Bemühungen bei der Lösung sowohl der technischen als auch der biologischen Aufgaben haben dann Aussicht auf Erfolg, wenn man möglichst viele abstrakte Systeme kennt, ihre mathematische Behandlung beherrscht und dadurch in der Lage ist, selbst weitere Systeme zu entwerfen.

Erster Teil

Theorie linearer Filter

1. Passive elektrische Netzwerke mit konzentrierten Parametern

Die grundlegenden Begriffe wurden bereits anhand der Abbildungen 1a und 1b eingeführt, ebenfalls die Symbole, die in diesem Text für Widerstand, Kondensator und Spule sowie Spannungs- und Stromquellen benützt werden. In der Literatur ist für einen Widerstand auch das Symbol —/\/\/\—, für eine Spule das Symbol —■— zu finden. Die Bezeichnungen R_1, $R_2,\ldots$, C_1, $C_2,\ldots$, L_1, $L_2,\ldots$ haben eine doppelte Bedeutung: Sie dienen einerseits zur Identifizierung der Elemente eines Netzwerkes. Andererseits stehen sie in Gleichungen für die Werte der entsprechenden Größen.
a, b, c ... bezeichnen in Abb. 1 die *Knotenpunkte* der Netzwerke. Die geschlossenen Wege abcdfa und defd in Abb. 1a, abcea und cdec in Abb. 1b heißen *Maschen*, die Strecken zwischen den Knotenpunkten *Zweige*. Gesucht wird die Abhängigkeit der Ströme in den Zweigen sowie die Abhängigkeit der Spannungsunterschiede zwischen benachbarten Knotenpunkten von der Erregung. Entsprechende Gleichungen lassen sich mit Hilfe der *Grundbeziehungen* und eines der *Kirchhoffschen Gesetze* aufstellen.
Die Grundbeziehungen geben die Spannungsdifferenzen U_R, U_C, U_L zwischen zwei Knotenpunkten an, die über einen Widerstand, einen Kondensator oder eine Spule miteinander verbunden sind, wenn durch diese Elemente ein Strom der Stärke i fließt. Die Umkehrung dieser Beziehungen gibt i_R, i_C, i_L als Funktion einer Spannungsdifferenz U zwischen den entsprechenden Knotenpunkten an. Diese physikalischen Gesetze werden als bekannt vorausgesetzt. Es sind:

$$U_C(t) = \frac{1}{C} \int_0^t i(t')\,dt' + U(0), \qquad i_C(t) = C\,\frac{dU(t)}{dt}, \tag{1.1}$$

$$U_R(t) = R\,i(t), \qquad i_R(t) = \frac{1}{R}\,U(t), \tag{1.2}$$

$$U_L(t) = L\,\frac{di(t)}{dt}, \qquad i_L(t) = \frac{1}{L} \int_0^t U(t')\,dt' + i(0). \tag{1.3}$$

Die Integrationsvariable („Zeit“) wurde in beiden Integralen zur Unterscheidung von der Integrationsgrenze (t, ebenfalls „Zeit“) durch t' bezeichnet. Diese Unterscheidung und die benutzten Symbole werden beibehalten und auch später ohne besonderen Hinweis gebraucht. Die Größen $U(0)$ und $i(0)$ geben den Wert dieser Zustandsvariablen im Zeitpunkt $t=0$ an. Wenn nicht ausdrücklich anders erwähnt, so wird fortan angenommen, sie seien Null. Um die Schreibweise zu vereinfachen, führen wir für das herkömmliche Symbol d/dt der Differentiation das Symbol D ein. Folgerichtig wird in der Regel $1/D$ anstelle des Symbols $\int_0^t dt'$ der Integration zwischen den Grenzen 0 und t benützt. Die herkömmliche Schreibweise wird nur dann angewandt, wenn hierfür besondere Gründe vorliegen. Die Umstellung auf diese vereinfachte Schreibweise ist im Endeffekt eine lohnende Anstrengung, selbst wenn sie zunächst einige Schwierigkeiten bereiten sollte.

In bestimmter Hinsicht läßt sich das Symbol D wie ein Faktor handhaben. So darf man z. B. $D\cdot(1/D)\,i(t)=(1/D)\,D\,i(t)=i(t)$, $D\cdot D\,U(t)=D^2\,U(t)$; $D^2\,D\,U(t)=D^3\,U(t)$, $(D^2+1/D)\,U(t)=D^2\,U(t)+(1/D)\,U(t)$, $D(D+1)\,U(t)=D^2\,U(t)+D\,U(t)$ schreiben. Man darf auch beide Seiten einer Gleichung mit D oder $1/D$ (von links) multiplizieren. Diese Operationen bedeuten, daß beide Seiten einer Gleichung differenziert oder integriert werden. Sinnlos und unerlaubt ist dagegen die Vertauschung der Reihenfolge von D oder $1/D$ und $i(t)$, D oder $1/D$ und $U(t)$. Um Fehler zu vermeiden, sollte man im Zweifelsfall, zumindest in Gedanken, zur ursprünglichen Schreibweise zurückkehren.

Ebenfalls um die Schreibweise zu vereinfachen, wird das Argument t der Zeitfunktionen, im vorliegenden Fall $U(t)$ und $i(t)$, nur dann ausgeschrieben, wenn hierfür besondere Gründe vorliegen.
In dieser vereinfachten Schreibweise und unter der Voraussetzung $U(0)=0$, $i(0)=0$, lauten die Grundbeziehungen:

$$U_C=\frac{1}{CD}\,i\,, \qquad i_C=C\,D\,U\,, \tag{1.4}$$

$$U_R=R\,i\,, \qquad i_R=\frac{U}{R}\,, \tag{1.5}$$

$$U_L=L\,D\,i\,, \qquad i_L=\frac{1}{LD}\,U\,. \tag{1.6}$$

Die Kirchhoffschen Gesetze. Das Kirchhoffsche *Stromgesetz* oder *Knotenpunktgesetz* wird auf die Erhaltung der Ladung zurückgeführt. Da in einem Knotenpunkt keine Ladungsträger entstehen oder verschwinden können, muß die Summe der hineinfließenden Ströme gleich der Summe der hinausfließenden Ströme sein:

$$\textstyle\sum_{\nu=1}^{k} i_{\mathrm{e}\nu}=\sum_{\nu=k+1}^{n} i_{\mathrm{a}\nu}\,. \tag{1.7}$$

In (1.7) bezeichnen z. B. $i_{e1} \ldots i_{ek}$ die in den Knotenpunkt hineinfließenden, $i_{a(k+1)} \ldots i_{an}$ die aus dem Knotenpunkt hinausfließenden Ströme. Ordnet man den Strömen ein Vorzeichen in dem Sinne zu, daß man z. B. alle Ströme, die dem Knotenpunkt zufließen, mit positivem, und alle Ströme, die abfließen, mit negativem Vorzeichen versieht (Vorzeichenregel 1), so kann man (1.7) in der homogenen Form

$$\sum_{\nu=1}^{n} i_\nu = 0 \qquad (1.8)$$

darstellen.

Das Kirchhoffsche *Spannungsgesetz* oder *Maschengesetz* beruht auf dem ersten Hauptsatz der Thermodynamik. Der elektrische Potentialunterschied zwischen zwei Punkten im Raum ist definitionsgemäß diejenige Arbeit, die pro Ladungseinheit geleistet wird, wenn ein elektrisch geladenes Teilchen von einem Punkt zum anderen bewegt wird. Wird das geladene Teilchen auf einer geschlossenen Bahn, z. B. entlang der Maschen des Netzwerkes in Abb. 1a von a über bcdef zurück bis an den Ausgangspunkt a oder von d über ef bis d transportiert, so muß die Summe der dabei gewonnenen und geleisteten Arbeit Null sein. Andernfalls würde man in einem Kreisprozeß mit Rückkehr in den Anfangszustand Energie gewinnen (oder verlieren) und hätte somit ein Perpetuum Mobile erster Art. Daher muß auch die Summe aller Potentialunterschiede entlang einer Masche Null sein:

$$\sum_{\nu=1}^{n} U_\nu = 0\,. \qquad (1.9)$$

Den Potentialunterschieden in (1.9) muß — in Analogie zu den Strömen in (1.8) — ebenfalls ein Vorzeichen zugeordnet werden, z. B. derart, daß alle Potentialabnahmen in Umlaufrichtung positiv, alle Potentialzunahmen negativ bezeichnet werden (Vorzeichenregel 2).

Die Kirchhoffschen Gesetze und die Grundbeziehungen (1.1)—(1.3) gestatten, bei Kenntnis der eingebauten Spannungs- und Stromquellen, die in einem Netzwerk auftretenden Ströme und Spannungen zu berechnen. Dabei muß über die beiden genannten Vorzeichenregeln hinaus noch eine Vereinbarung zwischen Stromrichtung und der Zu- oder Abnahme des Potentials getroffen werden. Das Potential soll z. B. in Richtung des Stromes abnehmen (Richtungsregel). Für die Sollvorschriften der beiden Vorzeichenregeln und der Richtungsregel können auch umgekehrte Vereinbarungen als hier genannt getroffen werden, nur müssen sie für ein Netzwerk einheitlich beibehalten werden. Unter Einhaltung dieser Regel darf man entweder die Stromrichtungen oder die Zu- bzw. Abnahme der Potentiale im Schaltbild eines Netzwerkes willkürlich einzeichnen. Nach Anwendung eines der Kirchhoffschen Gesetze und der Grundbeziehungen (1.1)—(1.3) erhält man für das Netzwerk ein Gleichungssystem, aus

dem alle unbekannten Spannungen und Ströme berechnet werden können. Stimmt die wahre Richtung eines Stromes mit der im Schaltbild eingezeichneten Richtung überein, so erhält man nach Lösung der Gleichungen für den Strom einen positiven, andernfalls einen negativen Wert. Das gleiche gilt für die Zu- bzw. Abnahme der Potentiale.
Die Anwendung des Verfahrens auf die Schaltkreise in Abb. 1a und Abb. 2a—c soll in die Praxis der Netzwerktheorie einführen. Es werden die als Beispiel genannten Vorzeichen- und Richtungsvereinbarungen getroffen. Für die einzelnen Knotenpunkte werden außerdem sämtliche Ströme als hineinfließend eingezeichnet und mit Doppelindizes so versehen, daß der erste Index den Ursprungspunkt, der zweite den Zielpunkt des Stromes bezeichnet. Nach dem Knotenpunktgesetz erhalten wir somit für das Schaltbild in Abb. 1a die Gleichungen:

$$i_{ab}+i_{cb}=0\,, \quad (1.10) \qquad i_{cd}+i_{ed}+i_{fd}=0\,, \quad (1.12)$$

$$i_{bc}+i_{dc}=0\,, \quad (1.11) \qquad i_{de}+i_{fe}=0\,. \quad (1.13)$$

Unter Benutzung der Grundbeziehungen lassen sich für die Ströme in (1.10)—(1.13) Ausdrücke einsetzen, die die Potentiale in den Knotenpunkten und die Parameter des Netzwerkes enthalten. Da wir vereinbart hatten, daß die Ströme vom Ort höheren Potentials zum Ort niedrigeren Potentials fließen sollten, bilden wir die Potentialunterschiede entsprechend der Reihenfolge der Indizes der Ströme:

$$\frac{U_a-U_b}{R_1}+C_1 D(U_c-U_b)=0\,, \tag{1.14}$$

$$C_1 D(U_b-U_c)+\frac{U_d-U_c}{R_2}=0\,, \tag{1.15}$$

$$\frac{U_c-U_d}{R_2}+\frac{U_e-U_d}{LD}+C_2 D(U_f-U_d)=0\,, \tag{1.16}$$

$$\frac{U_d-U_e}{LD}+\frac{U_f-U_e}{R_3}=0\,. \tag{1.17}$$

In diesen vier Gleichungen kommen neben den Systemparametern 6 Potentiale vor. Da das Potential eine relative Größe ist, kann sein Wert in einem der Knotenpunkte, im *Bezugspunkt*, willkürlich festgelegt werden. Zum Bezugspunkt wählt man üblicherweise einen Pol einer der Quellen im Netzwerk und setzt dort den Wert des Potentials zu Null. Im vorliegenden Fall soll dieser Punkt der Knotenpunkt f sein, so daß in (1.16) und (1.17) $U_f=0$ gesetzt werden kann. Bezogen auf diesen

Punkt ist U_a in (1.14) gleich der elektromotorischen Kraft E der Spannungsquelle, die als bekannt vorausgesetzt wird. Die verbleibenden 4 unbekannten Potentiale lassen sich durch Auflösung des Gleichungssystems (1.14)—(1.17) als Funktion der Systemparameter und E berechnen. Die Gleichungen (1.14)—(1.17) enthalten jedoch nicht nur die unbekannten Größen, sondern auch ihre Differentialquotienten und Integrale. Sie lassen sich demnach nicht nach den — als bekannt vorausgesetzten — Regeln für die Lösung von algebraischen Gleichungssystemen auflösen. Werden diejenigen Gleichungen, in denen Integrale, d. h. die *Operatoren* $1/D$ vorkommen, mit D multipliziert, so erhält man ein Gleichungssystem, in dem nur die unbekannten Funktionen selbst und ihre Differentialquotienten, nicht jedoch ihre Integrale vorkommen:

$$\frac{1}{R_1}(E-U_b)+C_1 D(U_c-U_b)=0\,, \tag{1.18}$$

$$C_1 D(U_b-U_c)+\frac{1}{R_2}(U_d-U_c)=0\,, \tag{1.19}$$

$$\frac{1}{R_2}D(U_c-U_d)+\frac{1}{L}(U_e-U_d)-C_2 D^2 U_d=0\,, \tag{1.20}$$

$$\frac{1}{L}(U_d-U_e)-\frac{1}{R_3}D\,U_e=0\,. \tag{1.21}$$

Es wurde hierbei bereits berücksichtigt, daß $U_f=0$ und $U_a=E$ ist. Um aus dem System der Differentialgleichungen (1.18)—(1.21) die unbekannten Spannungen U_b bis U_e zu berechnen, müssen wir entsprechende Lösungsverfahren finden. Die nachfolgenden Abschnitte behandeln diese Aufgabe.

Interessiert man sich nur für eine Spannung, z. B. für U_e als Ausgangsgröße des Systems, so kann man versuchen, die anderen unbekannten Spannungen in (1.18)—(1.21) zu eliminieren. Dies ist auch ohne spezielle Kenntnisse über die Lösung von Differentialgleichungen oder von Systemen von Differentialgleichungen möglich. Das mitunter mühsame Verfahren, das auch etwas Übung voraussetzt, soll am vorliegenden Beispiel demonstriert werden.

Wir berechnen zunächst U_c aus (1.20). Es ist

$$U_c=C_2 R_2 D\,U_d+U_d+\frac{R_2 U_d}{LD}-\frac{R_2 U_e}{LD}\,.$$

Dieser Ausdruck wird für U_c in (1.18) und (1.19) eingesetzt:

$$\begin{aligned}&\frac{1}{R_1}E-\frac{1}{R_1}U_b+R_2C_1C_2D^2U_d+C_1DU_d+\frac{R_2C_1}{L}U_d\\&\quad-\frac{R_2C_1}{L}U_e-C_1DU_b=0\,,\end{aligned}\tag{1.22}$$

$$\begin{aligned}&C_1DU_b-R_2C_1C_2D^2U_d-C_1DU_d-\frac{R_2C_1}{L}U_d+\frac{R_2C_1}{L}U_e\\&\quad-C_2DU_d-\frac{1}{L}\frac{U_d}{D}+\frac{1}{L}\frac{U_e}{D}=0\,.\end{aligned}\tag{1.23}$$

In diesem Ergebnis sind mögliche Kürzungen bereits berücksichtigt worden. Aus (1.21) wird U_d zu

$$U_d=U_e+\frac{L}{R_3}DU_e$$

errechnet und dieser Ausdruck in (1.22) und (1.23) eingesetzt. Nach Durchführung der möglichen Kürzungen und Ordnen der Summanden nach der Höhe der in ihnen vorkommenden Potenzen von D erhalten wir:

$$\begin{aligned}&\frac{1}{R_1}E-C_1DU_b-\frac{1}{R_1}U_b+\frac{R_2C_1C_2L}{R_3}D^3U_e+R_2C_1C_2D^2U_e\\&\quad+\frac{LC_1}{R_3}D^2U_e+C_1DU_e+\frac{R_2C_1}{R_3}DU_e=0\,,\end{aligned}\tag{1.24}$$

$$\begin{aligned}&C_1DU_b-\left(\frac{R_2C_1C_2L}{R_3}D^3U_e+R_2C_1C_2D^2U_e+\frac{C_1L}{R_3}D^2U_e\right.\\&\quad\left.+\frac{C_2L}{R_3}D^2U_e+C_1DU_e+\frac{R_2C_1}{R_3}DU_e+C_2DU_e+\frac{1}{R_3}U_e\right)=0\,.\end{aligned}\tag{1.25}$$

Wird aus (1.25) U_b berechnet und der gewonnene Ausdruck für U_b in (1.24) eingesetzt, so erhalten wir, wiederum nach den möglichen Kürzungen und nach Ausklammern der Faktoren der Differentialquotienten unterschiedlicher Ordnung,

$$\begin{aligned}&\left(\frac{LC_2}{R_3}+\frac{R_2LC_2}{R_1R_3}\right)D^2U_e+\left(C_2+\frac{R_2C_2}{R_1}+\frac{L}{R_1R_3}+\frac{LC_2}{R_1R_3C_1}\right)DU_e\\&\quad+\left(\frac{1}{R_3}+\frac{R_2}{R_1R_3}+\frac{1}{R_1}+\frac{C_2}{R_1C_1}\right)U_e+\frac{1}{R_1R_3C_1}\frac{U_e}{D}=\frac{1}{R_1}E\,.\end{aligned}$$

Werden schließlich beide Seiten dieser Gleichung mit $R_1 R_3 C_1 D$ multipliziert, so ergibt sich die Differentialgleichung des Schaltkreises in Abb. 1a in der üblichen Darstellung:

$$\begin{aligned}(R_2 L C_1 C_2 + R_1 L C_1 C_2) D^3 U_e \\ + (R_1 R_3 C_1 C_2 + R_2 R_3 C_1 C_2 + L C_1 + L C_2) D^2 U_e \\ + (R_1 C_1 + R_2 C_1 + R_3 C_1 + R_3 C_2) D U_e + U_e = R_3 C_1 D E .\end{aligned} \tag{1.26}$$

Das Kirchhoffsche Maschengesetz läßt sich im vorliegenden Fall wie folgt anwenden. Wir nehmen an, daß in den beiden Maschen im Uhrzeigersinn die Ströme i_1 und i_2 fließen. Entsprechend der Richtungsvereinbarung nehmen die Potentiale in der gleichen Richtung ab. Bezeichnen wir die Potentialunterschiede zwischen den Knotenpunkten in Umlaufrichtung der Reihe nach mit U_{ab}, U_{bc} usw., so erhalten wir mit Hilfe des Maschengesetzes

$$U_{ab} + U_{bc} + U_{cd} + U_{df} + U_{fa} = 0 , \tag{1.27}$$

$$U_{de} + U_{ef} + U_{fd} = 0 . \tag{1.28}$$

Wählt man hier wieder den Knotenpunkt f zum Bezugspunkt, und wird E relativ zu diesem Punkt angegeben, so muß in (1.27) wegen der getroffenen Richtungs- und Vorzeichenvereinbarung $U_{fa} = -E$ eingesetzt werden. Die restlichen Potentialunterschiede in (1.27) und (1.28) lassen sich aufgrund der Grundbeziehungen mit Hilfe der Ströme i_1 und i_2 sowie der Systemparameter ausdrücken. Bei der Anwendung der Grundbeziehungen ist zu beachten, daß im Zweig df der Masche abcdfa der Strom i_2 entgegen der Umlaufrichtung fließt und somit wegen der Richtungs- und Vorzeichenvereinbarung mit negativem Vorzeichen einzusetzen ist. Das gleiche gilt für den Strom i_1 im Zweig fd der Masche defd. Es ist somit

$$\left(R_1 + \frac{1}{C_1 D} + R_2 + \frac{1}{C_2 D}\right) i_1 - \frac{1}{C_2 D} i_2 - E = 0 , \tag{1.29}$$

$$\left(L D + R_3 + \frac{1}{C_2 D}\right) i_2 - \frac{1}{C_2 D} i_1 = 0 . \tag{1.30}$$

Aus den beiden Gleichungen (1.29), (1.30) können die beiden unbekannten Ströme i_1, i_2 als Funktion von E und der Systemparameter berechnet werden. Wird auch hier das Potential U_e als Ausgangsgröße angesehen, so kann es aus i_2 mit Hilfe der entsprechenden Grundbeziehung berechnet werden.

Aufgabe: Eliminiere aus (1.29) und (1.30) i_1, zeige dann durch Einsetzen von $i_2 = U_e/R_3$, daß auch das Maschengesetz die Gleichung (1.26) liefert.

Da die Gleichungen vom Typ (1.10)—(1.13) sowie (1.27) und (1.28) nur formale Darstellungen der Kirchhoffschen Gesetze für das jeweilige Netzwerk sind und stets mit Hilfe der Grundbeziehungen umgewandelt werden, braucht man sie in der Regel erst gar nicht aufzustellen. Vielmehr kann man nach Wahl der Ströme unmittelbar Gleichungen vom Typ (1.14)—(1.17) bzw. (1.29) und (1.30) gewinnen.
Bei der Anwendung des Maschengesetzes wurden willkürlich diejenigen Ströme benannt und als unbekannte Größen angesehen, die in den beiden Maschen abcdfa und defd im Uhrzeigersinn fließen. In der Tat hat man bei der Wahl der Ströme, die als unbekannte Größen in die Gleichungen eingehen, freie Hand, vorausgesetzt, daß man dabei alle voneinander unabhängigen Größen berücksichtigt. Bei komplizierteren Netzwerken ist es keinesfalls eine triviale Aufgabe, die notwendige und hinreichende Anzahl der Gleichungen zu finden. Dies trifft insbesondere für nicht planare Netzwerke zu, d. h. solche, die zweidimensional ohne Kreuzung von Zweigen nicht dargestellt werden können. Mit Hilfe der Graphentheorie wurde folgendes Verfahren ausgearbeitet: Eine beliebige Masche wird gewählt und der Strom in dieser Masche mit i_1 bezeichnet. Ein beliebiger Zweig in dieser Masche wird entfernt. Im verbleibenden Netzwerk wird eine zweite Masche gesucht, und der Strom in ihr mit i_2 bezeichnet. Das Verfahren wird fortgesetzt, bis nach n Schritten keine Masche mehr übrigbleibt. Die n Gleichungen für die n Maschen sind voneinander unabhängig und enthalten n unbekannte Ströme. Die Richtung der Ströme in den Maschen kann beliebig gewählt werden. Um Komplikationen mit dem Vorzeichen und dadurch auch mögliche Fehlerquellen bei den Berechnungen zu vermeiden, ist es zweckmäßig, sämtliche Ströme entweder im Uhrzeigersinn oder dem Uhrzeigersinn entgegengesetzt anzunehmen. Ein willkürliches Vorgehen bei der Festlegung der Maschen kann durchaus zu lösbaren Gleichungssystemen führen, die jedoch falsche Ergebnisse liefern. Im Zweifelsfall ist deshalb stets das hier angegebene systematische Verfahren anzuwenden.
Hinsichtlich weiterer Einzelheiten zu dieser Frage sei auf die weiterführende Literatur [8] hingewiesen. Hier soll nur noch die Anwendung des besprochenen Verfahrens anhand des Netzwerkes in Abb. 1a demonstriert werden. Wir wählen als erste Masche abcdfa und bezeichnen den Strom, der in dieser Masche im Uhrzeigersinn fließen soll, mit i_1. Streicht man z. B. den Zweig cd, so bleibt die Masche def übrig. Bezeichnet man den Strom, der in dieser Masche im Uhrzeigersinn fließt, mit i_2, so ergeben sich diejenigen Maschen und Ströme, die den Gleichungen (1.27)—(1.30) zugrunde lagen.

Aufgabe: In der Masche def soll der Strom entgegengesetzt dem Uhrzeigersinn mit i_2 bezeichnet werden. Zeige, daß die Auflösung der Maschengleichungen nach U_e auch in diesem Fall zu der Gleichung (1.26) führt. Beachte, daß jetzt $i_2 = -U_e/R_3$ ist!

Streicht man nach der Festlegung der ersten Masche abcdfa den Zweig df, so bleibt die Masche abcdefa übrig. Bezeichnet man die Ströme, die in diesen beiden Maschen im Uhrzeigersinn fließen mit i_1 und i_3, so erhält man die Maschengleichungen:

$$\left(R_1 + \frac{1}{C_1 D} + R_2\right)(i_1 + i_3) + \frac{1}{C_2 D} i_1 - E = 0, \tag{1.31}$$

$$\left(R_1 + \frac{1}{C_1 D} + R_2\right)(i_1 + i_3) + (LD + R_3)\, i_3 - E = 0. \tag{1.32}$$

Es ist hier $$i_3 = \frac{U_e}{R_3}. \tag{1.33}$$

Aufgabe: Zeige, daß die Auflösung des Gleichungssystems (1.31)—(1.33) nach U_e zu der Gleichung (1.26) führt.

Die Kirchhoffschen Gesetze lassen sich selbstverständlich auch dann anwenden, wenn ein Netzwerk durch eine Stromquelle oder durch mehrere Strom- und Spannungsquellen gleichzeitig erregt wird. Die Netzwerke in Abb. 2a—c dienen zur Demonstration des Verfahrens. Im Netzwerk in Abb. 2a fließen in den Knotenpunkt a der Strom I der Stromquelle sowie die Ströme $(U_b - U_a)/R_1$ und $CD(U_c - U_a) = -CD\,U_a$, in den Knotenpunkt b die Ströme $(U_a - U_b)/R_1$ sowie $(U_c - U_b)/R_2 = -U_b/R$. Die Knotenpunktgleichungen lauten somit:

$$I + \frac{1}{R_1}(U_b - U_a) - CD\,U_a = 0; \qquad \frac{1}{R_1}(U_a - U_b) - \frac{1}{R_2} U_b = 0.$$

Auch bei der Aufstellung der Maschengleichung ist zu berücksichtigen, daß der Strom I bekannt ist. Als einziger unbekannter Strom bleibt deshalb i in der Masche abca. Die Maschengleichung ist

$$(R_1 + R_2)\, i + \frac{1}{CD}(i - I) = 0.$$

Es ist außerdem $$i = U_b/R_2.$$

Aufgabe: Löse die Knotenpunkt- und die Maschengleichungen nach U_b auf.

Für das Netzwerk in Abb. 2b lautet die Gleichung für den Knotenpunkt a:

$$\frac{1}{R_1}(U_c - U_a) + \frac{1}{R_2}(U_d - U_a) + \frac{1}{R}(U_b - U_a) = 0 .$$

Die Potentiale U_c und U_d sind jeweils um die elektromotorischen Kräfte E_1 und E_2 höher als U_b:

$$U_c = U_b + E_1 ; \qquad U_d = U_b + E_2 .$$

Eines der vier unbekannten Potentiale U_a, U_b, U_c und U_d kann auch hier als Referenzwert willkürlich z. B. zu Null gewählt und die restlichen drei Potentiale können aus den drei unabhängigen Gleichungen berechnet werden.
Bei der Aufstellung der Maschengleichungen muß berücksichtigt werden, daß in der gewählten Umlaufrichtung die Potentialdifferenzen $U_{db} = U_d - U_b = E_2$ und $U_{bc} = U_b - U_c = -E_1$ sind. Für die zweite Masche ist in Umlaufrichtung $U_{bd} = U_b - U_d = -E_2$. Entsprechend sind die Maschengleichungen

$$(R_1 + R_2)i_1 - R_2 i_2 + E_2 - E_1 = 0 ; \qquad (R_2 + R)i_2 - R_2 i_1 - E_2 = 0 .$$

Aufgabe: Wähle b zum Referenzpunkt ($U_b = 0$). Berechne i_2 und U_a.

Für das Netzwerk in Abb. 2c erhält man nach dem gleichen Muster die Knotenpunktgleichungen

$$I + \frac{1}{R_1}(U_c - U_a) + \frac{1}{R_2}(U_d - U_a) = 0 ; \qquad U_c = U_b + E_1 ;$$
$$U_d = U_b + E_2 .$$

Die Aufstellung der Maschengleichung erfolgt ebenfalls in Analogie zu den Netzwerken in Abb. 2a und 2b. Sie ist:

$$(R_1 + R_2)i_1 - R_1 I + E_2 - E_1 = 0 .$$

Aufgabe: Wähle b zum Referenzpunkt ($U_b = 0$) und berechne U_a.

Aufgabe: In Abb. 3 sind die Schaltbilder von 14 Netzwerken gezeigt. Die Erregung erfolgt stets durch ideale Spannungsquellen (keine Veränderung der elektromotorischen Kraft durch Belastung) oder durch ideale Stromquellen (keine Veränderung des Stromes durch Belastung). Um die Anwendung der Kirchhoffschen Gesetze zu üben, stelle die Maschen- und/oder Knotenpunktgleichungen der Netzwerke auf. Löse die Gleichungen nach der jeweils benannten Spannung U oder Strom i auf. (In einigen Fällen sind mehrere unbekannte Größen benannt.) Die Lösungen einiger Übungsaufgaben werden im folgenden als bekannt vorausgesetzt.

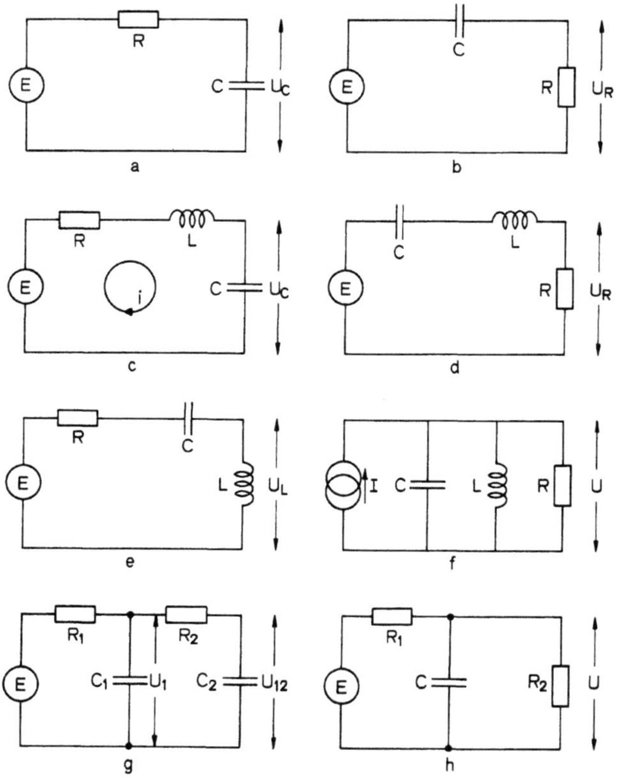

Abb. 3a–h

Abb. 3a–n. Übungsbeispiele

2. Nichtelektrische Systeme. Dualität elektrischer Netzwerke

2.1 Mechanische Systeme

In den mechanischen Translationssystemen wird die Energie durch Reibung (ϱ) verbraucht und in Form elastischer Energie in Federn (ε) und kinetischer Energie bewegter Massen (M) gespeichert. Die Erregung und Antwort kann eine Kraft (F) oder Geschwindigkeit (v) sein. Zwischen der Geschwindigkeit einerseits und den Kräften andererseits, die auf einen Massenpunkt wirken, bestehen folgende, hier als bekannt vorausgesetzte, Beziehungen:

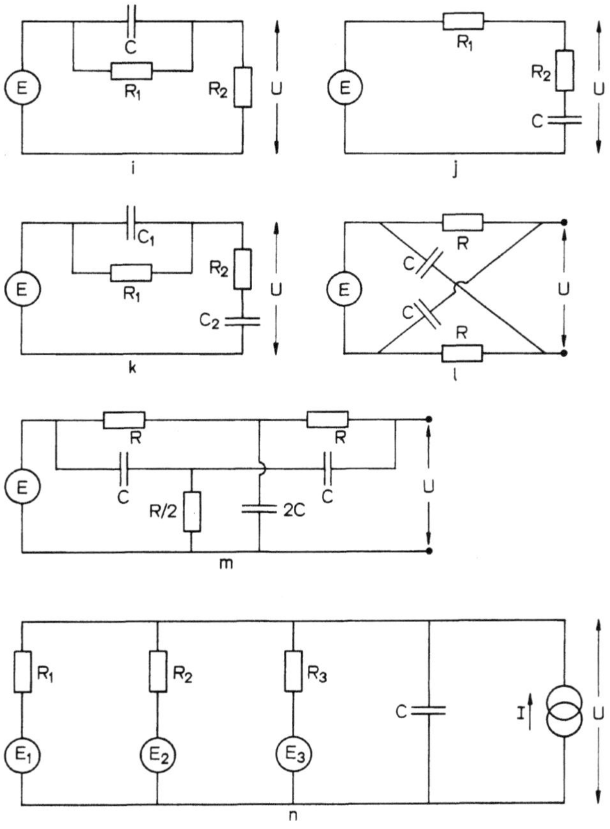

Abb. 3 i–n

$$v_M(t) = \frac{1}{M} \int_0^t F(t')\,dt' + v(0)\,, \qquad F_M(t) = M\,\frac{dv(t)}{dt}\,,$$

$$v_\varrho(t) = \frac{1}{\varrho}\,F(t)\,, \qquad F_\varrho(t) = \varrho\,v(t)\,,$$

$$v_\varepsilon(t) = \varepsilon\,\frac{dF(t)}{dt}\,, \qquad F_\varepsilon(t) = \frac{1}{\varepsilon} \int_0^t v(t')\,dt' + F(0)\,.$$

Es wurde hier angenommen, daß die Elemente des Systems (ϱ, ε, M) räumlich konzentrierte Parameter darstellen. Für die Feder soll das Hookesche Gesetz gelten, die Reibung soll eine viskose Reibung sein.

Zwischen diesen Grundbeziehungen mechanischer Translationssysteme und den Grundbeziehungen (1.1)—(1.3) passiver elektrischer Netzwerke mit konzentrierten Parametern besteht eine formale Analogie. Man findet folgende Entsprechungen:

elektrische Systeme		mechanische Translationssysteme
Spannung U, E	$\longleftrightarrow$	Geschwindigkeit v
Strom i, I	$\longleftrightarrow$	Kraft F
Kapazität C	$\longleftrightarrow$	Masse M
Leitfähigkeit $\frac{1}{R}$	$\longleftrightarrow$	Reibung ϱ
Induktivität L	$\longleftrightarrow$	Elastizität ε

Wegen dieser Analogie kann man auch von *mechanischen Netzwerken* sprechen. In Abb. 4 ist gezeigt, wie einem mechanischen System (Abb. 4a)

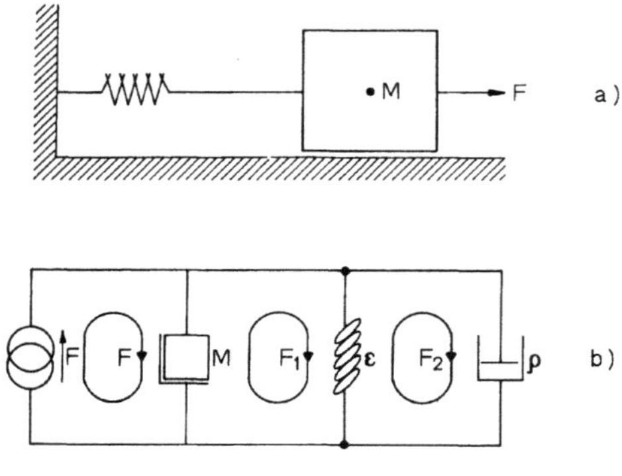

Abb. 4a und b. Mechanisches Translationssystem (a) und das entsprechende Netzwerk (b)

ein mechanisches Netzwerk (Abb. 4b) zugeordnet werden kann. Die in einem Punkt konzentriert gedachte Masse M im mechanischen System in Abb. 4a kann in der horizontalen Ebene geradlinige Bewegungen mit der Geschwindigkeit v durchführen. Das System wird durch die äußere Kraft F erregt. Neben F wirken auf den Massenpunkt die elastische Kraft F_ε der Feder, die Reibungskraft F_ϱ zwischen dem Körper und der Unterlage sowie die Trägheitskraft F_M der bewegten Masse. Da die Kräfte auf den Massenpunkt additiv wirken und die Kraft F in einem elektrischen Netzwerk dem Strom i entspricht, müssen die Elemente des entsprechenden mechanischen Netzwerks parallel geschaltet werden (Abb. 4b). Dem gemeinsamen Knotenpunkt a, in dem sich die Zweige F, M, ϱ, ε treffen, wird die Geschwindigkeit des — einzigen — bewegten Massen-

punkts zugeordnet, dem Knotenpunkt b die Geschwindigkeit des Bezugssystems, die willkürlich zu Null gewählt werden kann. Die in Abb. 4b benutzten Symbole für die Elemente M, ε, ϱ und für den Kraftgenerator bedürfen keiner weiteren Erläuterung.
Der Vorteil der Netzwerkdarstellung besteht darin, daß die Kirchhoffschen Gesetze sinngemäß auch hier zur Aufstellung der Differentialgleichung des Netzwerkes herangezogen werden können. Das Knotenpunktgesetz lautet für Netzwerke mechanischer Translationssysteme: Die Summe aller in einem Knotenpunkt wirkender Kräfte, d. h. die Summe aller *Kraftflüsse*, ist Null. Bei der Aufstellung der Knotenpunktgleichung ist genauso zu verfahren, wie bei elektrischen Netzwerken. Es ist

$$F + M\,D(v_b - v_a) + \varrho(v_b - v_a) + \frac{1}{\varepsilon D}(v_b - v_a) = 0\,.$$

In dieser Gleichung bedeuten v_b und v_a die Geschwindigkeiten in den Knotenpunkten b und a. (Für die Differential- und Integraloperatoren wurden hier wieder die Bezeichnungen D und $1/D$ herangezogen.) Wird v_b zu Null gewählt, so erhalten wir die aus der Mechanik bekannte Differentialgleichung eines Masse-Feder-Systems mit Reibung:

$$M\,D\,v_a + \varrho\,v_a + \frac{1}{\varepsilon D}\,v_a = F\,, \tag{2.1}$$

oder, unter Berücksichtigung der Beziehung zwischen der Raumkoordinaten r des Massenpunktes und seiner Geschwindigkeit v

$$M\,D^2\,r + \varrho\,D\,r + \frac{1}{\varepsilon}\,r = F\,. \tag{2.2}$$

Das mechanische Netzwerk in Abb. 4b entspricht genau dem elektrischen Netzwerk im Übungsbeispiel in Abb. 3f, die Differentialgleichungen (2.1) und (2.2) der Differentialgleichung des elektrischen Netzwerkes. Lediglich die Symbole in den Diagrammen sowie die Bezeichnungen der Zeitfunktionen und der Koeffizienten wurden unterschiedlich gewählt. Findet man die Lösung der Differentialgleichung des elektrischen Netzwerkes, so hat man folglich auch die Lösung der Differentialgleichung des entsprechenden mechanischen Netzwerkes.
Nach dem Kirchhoffschen Maschengesetz ist die Summe aller Geschwindigkeitsunterschiede zwischen den Knotenpunkten entlang einer Masche Null. Selbstverständlich kann auch das Maschengesetz zur Aufstellung der Differentialgleichung des Netzwerkes in Abb. 4b herangezogen werden. Da der Kraftfluß F bekannt ist, müssen nur die Maschen mit den

Kraftflüssen F_1 und F_2 berücksichtigt werden. Nach dem Muster der elektrischen Netzwerke in Abb. 2a und 2c erhalten wir:

$$\frac{1}{MD}(F_1 - F) + \varepsilon D(F_1 - F_2) = 0\,, \tag{2.3}$$

$$\varepsilon D(F_2 - F_1) + \frac{1}{\varrho} F_2 = 0\,. \tag{2.4}$$

Wird wieder die Geschwindigkeit v_a als Antwort des Systems betrachtet, so muß noch die Beziehung

$$F_2 = \varrho\, v_a \tag{2.5}$$

berücksichtigt werden.

Aufgabe: Zeige, daß die Auflösung des Gleichungssystems (2.3)—(2.5) nach v_a zu der Gleichung (2.1) führt.

Die Beschreibung mechanischer Systeme mit Hilfe von Netzwerken wird auch bei der Behandlung biologischer Probleme herangezogen. Ein Modell z. B. für die mechanischen Übertragungseigenschaften des Lamellenkörpers der Pacinischen Corpuskeln ist in [27] dargestellt.
In ähnlicher Weise wie mechanische Translationssysteme lassen sich auch mechanische Rotationssysteme als Netzwerke darstellen und behandeln. Das Verbraucherelement mechanischer Rotationssysteme ist ebenfalls die Reibung, die Speicherelemente sind die Drehelastizität und das Trägheitsmoment, die an Stelle der Elastizität und der Masse bei Translationssystemen treten. Ersetzt man noch die Kraft durch das Drehmoment und die Geschwindigkeit durch die Winkelgeschwindigkeit, so erhält man aus den Grundbeziehungen für die Translationssysteme die Grundbeziehungen für die Rotationssysteme. Das einem Rotationssystem entsprechende Netzwerk sowie die Differentialgleichungen werden analog den Translationssystemen erstellt.
Auch biologische Rotationssysteme werden häufig als Netzwerke beschrieben. Eine entsprechende Analyse z. B. der Bulbusbewegung ist in [28] dargestellt.
Eine eingehendere Behandlung mechanischer Systeme mit Hilfe der Netzwerktheorie findet man in [8].

2.2 Duale Netzwerke

In der nachfolgenden Zusammenstellung sind die Grundbeziehungen für mechanische Translationssysteme noch einmal dargestellt, jedoch in einer anderen Anordnung als zuvor.

$$F_\varepsilon(t) = \frac{1}{\varepsilon} \int_0^t v(t')\,dt' + F(0)\,, \qquad v_\varepsilon(t) = \varepsilon \frac{dF(t)}{dt}\,,$$

$$F_\varrho(t) = \varrho\, v(t)\,, \qquad v_\varrho(t) = \frac{1}{\varrho} F(t)\,,$$

$$F_M(t) = M \frac{dv(t)}{dt}\,, \qquad v_M(t) = \frac{1}{M} \int_0^t F(t')\,dt' + v(0)\,.$$

Vergleichen wir diese Zusammenstellung mit den Grundbeziehungen (1.1)—(1.3) für passive elektrische Netzwerke mit konzentrierten Parametern, so finden wir folgende Entsprechungen:

elektrische Systeme		mechanische Translationssysteme
Spannung U, E	$\longleftrightarrow$	Kraft F
Strom i, I	$\longleftrightarrow$	Geschwindigkeit v
Kapazität C	$\longleftrightarrow$	Elastizität ε
Widerstand R	$\longleftrightarrow$	Reibung ϱ
Induktivität L	$\longleftrightarrow$	Masse M

Aufgrund dieser Entsprechungen kann für das mechanische Translationssystem in Abb. 4a das äquivalente Netzwerk in Abb. 5 aufgestellt werden.

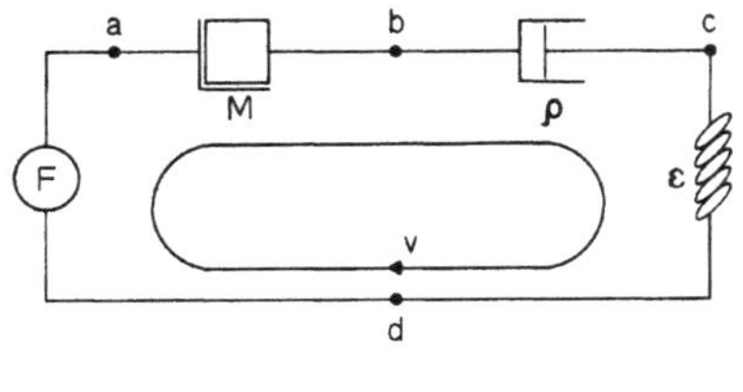

Abb. 5. Alternative zum Netzwerk in Abb. 4b

Wird in diesem Netzwerk die Kraft als eine Spannung und die Geschwindigkeit als ein Strom in elektrischen Netzwerken behandelt, so kann durch sinngemäße Anwendung der Kirchhoffschen Gesetze die Gleichung des Systems aufgestellt werden.

Aufgabe: Stelle mit Hilfe des Maschengesetzes die Differentialgleichung des Netzwerks in Abb. 5 auf und zeige, daß sie mit Gleichung (2.1) identisch ist, wenn v als Ausgangsgröße betrachtet wird. Stelle die Knotenpunktgleichungen auf und zeige, daß sie nach v aufgelöst ebenfalls zu Gleichung (2.1) führen.

Aus dem Vergleich der Entsprechungen auf S. 22 und S. 25 lassen sich weitere Schlußfolgerungen ziehen. In der nachfolgenden Zusammenstellung wird nochmal gezeigt, welche elektrischen Größen den mechanischen, bzw. welche mechanischen Größen den elektrischen Größen zugeordnet werden können. Die einzelnen Größen sind nur durch ihre Symbole dargestellt.

elektrische Größen		mechanische Größen		elektrische Größen	mechanische Größen		elektrische Größen		mechanische Größen
i, I	$\longleftrightarrow$	F	$\longleftrightarrow$	U, E	v	$\longleftrightarrow$	U, E	$\longleftrightarrow$	F
U, E	$\longleftrightarrow$	v	$\longleftrightarrow$	i, I	F	$\longleftrightarrow$	i, I	$\longleftrightarrow$	v
L	$\longleftrightarrow$	ε	$\longleftrightarrow$	C	M	$\longleftrightarrow$	C	$\longleftrightarrow$	ε
$\frac{1}{R}$	$\longleftrightarrow$	ϱ	$\longleftrightarrow$	R	$\frac{1}{\varrho}$	$\longleftrightarrow$	R	$\longleftrightarrow$	ϱ
C	$\longleftrightarrow$	M	$\longleftrightarrow$	L	ε	$\longleftrightarrow$	L	$\longleftrightarrow$	M

Aufgrund dieses Schemas kann man folgern, daß elektrische Netzwerke nicht nur mechanischen, sondern auch anderen elektrischen Netzwerken zugeordnet werden können. Die Differentialgleichung des zugeordneten Netzwerkes erhält man, indem man i, L und $1/R$ für U, C und R in die bekannte Differentialgleichung einsetzt. Die Netzwerke in Abb. 3c und 3f sind solche *duale Netzwerke*, wenn in Abb. 3f die Spannung U als Ausgangsgröße betrachtet wird. Die entsprechenden Differentialgleichungen lauten:

$$\left(LD + R + \frac{1}{CD}\right) i = E; \quad \left(CD + \frac{1}{R} + \frac{1}{LD}\right) U = I.$$

Die dem mechanischen System in Abb. 4a zugeordneten mechanischen Netzwerke in Abb. 4b und Abb. 5 entsprechen diesen beiden elektrischen Netzwerken.

Man erwartet aufgrund des vorangegangenen Schemas auch Dualität zwischen mechanischen Systemen. Die Differentialgleichung des dualen Systems ergibt sich wiederum durch Ersetzen der Größen v, M und $1/\varrho$ durch F, ε und ϱ.

Aufgabe: Finde das entsprechende duale System zu Abb. 4a.

Weitere Einzelheiten zur Dualität von Systemen findet man in [8]. Dort werden auch die Bedingungen für die Existenz von einem dualen zu einem gegebenen System diskutiert. Es läßt sich zeigen, daß planaren Netzwerken stets duale Netzwerke zugeordnet werden können.

2.3 Weitere nichtelektrische Systeme

Zwischen elektrischen Netzwerken und einer Reihe weiterer physikalischer Systeme läßt sich die gleiche Analogie nachweisen, wie zwischen elektrischen Netzwerken und mechanischen Systemen. Auch eine komprimierte Darstellung der Netzwerktheorie weiterer physikalischer Systeme würde den Rahmen dieses Buches sprengen. Eine systematische Behandlung solcher Systeme findet man in [9].
Eine besondere Bedeutung errang gerade im Hinblick auf biologische Probleme die Netzwerk-Thermodynamik, d. h. die Behandlung thermodynamischer Fragen mit Hilfe der Netzwerktheorie. Die jüngsten Ergebnisse auf diesem Gebiet sind vor kurzem in der Monographie [29] dargestellt worden.
In der Einleitung wurde die verschiedenartige materielle Realisierbarkeit abstrakter Systeme als Grundlage der weitverbreiteten Anwendbarkeit der Systemtheorie bezeichnet. In diesem Abschnitt wurde für eine Klasse von Systemen, für passive Systeme mit konzentrierten Parametern gezeigt, wie man unterschiedliche Realisierungen finden kann, und welche Beziehung solche Systeme zueinander haben.

Aufgabe: In Abb. 6 ist ein mechanisches Translationssystem gezeigt. Zeichne das entsprechende mechanische Netzwerk und finde die Differentialgleichung für die bezeichnete Ausgangsgröße. Finde das Duale zum Netzwerk in Abb. 3a.

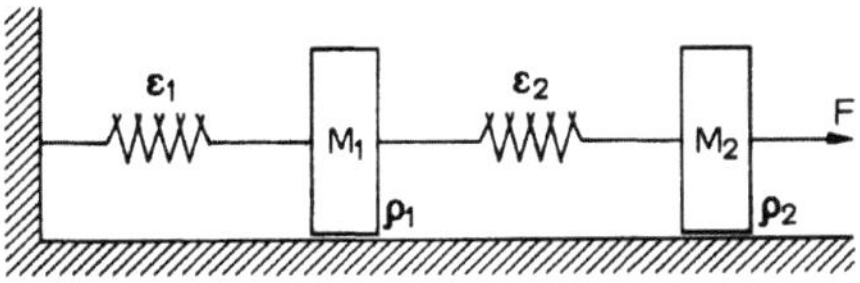

Abb. 6. Mechanisches Translationssystem (Übungsbeispiel)

3. Allgemeine Form der Differentialgleichungen passiver Netzwerke mit konzentrierten Parametern

In den Knotenpunktgleichungen eines passiven Netzwerkes mit konzentrierten Parametern kommen stets Glieder der Form CDU, $(1/R)U$, $(1/LD)U$, E oder I vor, in den Maschengleichungen Glieder der Form $(1/CD)i$, Ri, LDi, E oder I. Werden die Glieder der Form $(1/CD)i$, $(1/LD)U$ durch Integration beider Seiten der Gleichungen eliminiert, so erhält man in der Regel Glieder, die neben konstanten Faktoren auch $D^2 i$ oder $D^2 U$, möglicherweise auch DE und DI enthalten (vgl. Übungsbeispiele). Wird das Gleichungssystem nach einer Unbekannten aufgelöst, so erhält man auch Differentialquotienten höherer Ordnung. Die allgemeine Form der Differentialgleichungen zeitinvarianter Netzwerke mit konzentrierten Parametern ist daher

$$\begin{aligned}(\alpha_n D^n + \alpha_{n-1} D^{n-1} + \cdots + \alpha_2 D^2 + \alpha_1 D + \alpha_0)\, y(t) \\ = (\beta_m D^m + \beta_{m-1} D^{m-1} + \cdots + \beta_2 D^2 + \beta_1 D + \beta_0)\, x(t)\,,\end{aligned} \tag{3.1}$$

oder in Kurzform

$$\textstyle\sum_{\nu=0}^{n} \alpha_\nu D^\nu y(t) = \sum_{\mu=0}^{m} \beta_\mu D^\mu x(t)\,. \tag{3.2}$$

Mit $x(t)$ wurde hier die jeweilige Erregung, mit $y(t)$ die als Antwort betrachtete unbekannte Größe bezeichnet. Beide Funktionen können demnach sowohl Spannungen als auch Ströme sein.
Die höchste Potenz von D bestimmt die Ordnung der Differentialgleichung. Da aus Gründen, die später noch erörtert werden, in physikalisch realisierbaren Systemen stets

$$n \geq m \tag{3.3}$$

ist, ist für die Ordnung der Gleichung die höchste Potenz von D an der linken Seite von (3.1) maßgebend. Die Ordnung n der Gleichung ist der Anzahl der unabhängigen Speicherelemente im Netzwerk gleich. Zwei oder mehrere Speicherelemente sind dann unabhängig, wenn zwischen ihnen Energieaustausch möglich ist. Sind zwei gleichartige Speicher zueinander parallel oder unmittelbar hintereinander in Serie geschaltet, so ist zwischen ihnen kein Energieaustausch möglich.
α_ν und β_ν sind Ausdrücke, die C, R und L enthalten. Bei zeitinvarianten Netzwerken sind sie deshalb konstante Koeffizienten. In (1.26) sind z. B. $\alpha_0 = 1$, $\alpha_1 = R_1 C_1 + R_2 C_1 + R_3 C_1 + R_3 C_2$, usw., $\beta_0 = 0$, $\beta_1 = R_3 C_1$. Die Dimension von α_ν ist $[t^\nu]$, da die Summanden in (3.1) dimensionsgleich sein müssen und $D^\nu y$ die Dimension $[t^{-\nu}]\,[y]$ besitzt. In elektrischen Netzwerken besitzen die Ausdrücke „Widerstand mal Kapazität" und „Induktivität durch Widerstand" die Dimension „Zeit". Sie heißen deshalb auch „Zeitkonstanten". Oft werden die Koeffizienten α_ν und β_ν mit Hilfe von geeignet gewählten Zeitkonstanten und dimensionslosen Faktoren ausgedrückt. Wählt man z. B. für das Netzwerk in Abb. 1a $\tau_1 = R_1 C_1$, $\tau_2 = R_2 C_2$ und $\tau_3 = L/R_3$, so sind $\beta_1 = \tau_1 (R_3/R_1)$, $\alpha_1 = \tau_1 (R_1 + R_2 + R_3)/R_1 + \tau_2 (R_3/R_2)$.

Aufgabe: Zeige die Richtigkeit dieser Beziehungen und drücke auch α_2 und α_3 in (1.26) mit Hilfe der Zeitkonstanten aus. Haben α_2 und α_3 die Dimensionen $[t^2]$ bzw. $[t^3]$?

Bei einfachen Netzwerken werden häufig die mit Hilfe der Zeitkonstanten ausgedrückten Koeffizienten anstelle der allgemeinen Bezeichnungen α_ν und β_ν beibehalten.

In (3.1) kommen Produkte von y und x oder ihrer Ableitungen nicht vor. Sie ist somit eine *lineare Differentialgleichung n-ter Ordnung* (mit konstanten Koeffizienten). Sie genügt dem in der Einleitung dargestellten Superpositionsprinzip. Ist $y_1(t)$ die Antwort des Systems auf die Erregung $x_1(t)$, so ist $y_1(t)$ eine Lösung der Gleichung (3.1), und es besteht die Identität

$$(\alpha_n D^n + \cdots + \alpha_1 D + \alpha_0) y_1 \equiv (\beta_m D^m + \cdots + \beta_1 D + \beta_0) x_1 \,. \tag{3.4}$$

Ist $y_2(t)$ die Antwort auf $x_2(t)$, so gilt aus den gleichen Gründen

$$(\alpha_n D^n + \cdots + \alpha_1 D + \alpha_0) y_2 \equiv (\beta_m D^m + \cdots + \beta_1 D + \beta_0) x_2 \,. \tag{3.5}$$

Die Summe der Identitäten (3.4) und (3.5) ist

$$(\alpha_n D^n + \cdots + \alpha_1 D + \alpha_0)(y_1 + y_2) \equiv (\beta_m D^m + \cdots + \beta_1 D + \beta_0)(x_1 + x_2) \,, \tag{3.6}$$

da $\alpha_\nu D^\nu y_1 + \alpha_\nu D^\nu y_2 = \alpha_\nu D^\nu (y_1 + y_2)$, $\beta_\mu D^\mu x_1 + \beta_\mu D^\mu x_2 = \beta_\mu D^\mu (x_1 + x_2)$ ist. Aus der Identität (3.6) folgt, daß $y_1 + y_2$ die Antwort auf die Erregung $x_1 + x_2$ sein muß. Wird (3.4) mit dem konstanten Faktor a multipliziert, so ist

$$(\alpha_n D^n + \cdots + \alpha_1 D + \alpha_0) a y_1 \equiv (\beta_m D^m + \cdots + \beta_1 D + \beta_0) a x_1 \,. \tag{3.7}$$

Aus dieser Identität folgert man, daß ay_1 die Antwort auf die Erregung ax_1 ist. Systeme, die durch eine Differentialgleichung des Typs (3.2) beschrieben werden, sind deshalb linear.

4. Lösung linearer Differentialgleichungen erster Ordnung. Übergangsfunktion und Impulsantwort

Die Differentialgleichung des Netzwerkes a in Abb. 3 ist

$$(RCD + 1) U_C = E \,. \tag{4.1}$$

An diesem einfachen Beispiel werden im folgenden einige Eigenschaften von linearen Differentialgleichungen demonstriert und die als bekannt vorausgesetzten Kenntnisse über die „klassische" Lösung von linearen Differentialgleichungen aufgefrischt. Um die Schreibweise zu vereinfachen, führen wir neue Bezeichnungen ein, und zwar y für U_c, x für E und τ für RC. $\tau = RC$ wird auch als die *Zeitkonstante* des Netzwerkes bezeichnet. Mit diesen Bezeichnungen lautet die Gleichung, die nunmehr alle dem Netzwerk a in Abb. 3 gleichwertigen Systeme beschreibt,

$$(\tau D+1)\,y=x\,. \tag{4.2}$$

Die Gleichung (4.2) hat bei einer gegebenen Erregung x mehrere Lösungen. Ist z. B. $x(t)=at$, so sind für $t\geqq 0$ sowohl

$$y_1=a(t-\tau) \tag{4.3}$$

als auch $$y_2=a(t-\tau)+b\,\mathrm{e}^{-t/\tau} \tag{4.4}$$

Lösungen der Gleichung

$$(\tau D+1)\,y=at\,, \tag{4.5}$$

wobei a und b konstante Faktoren sind. y_1 ist ein Spezialfall von y_2.

Aufgabe: Setze y_1 und y_2 in (4.5) ein und zeige, daß beide Funktionen Lösungen sind.

Diese Mehrdeutigkeit der Lösungen entspricht der in der Einleitung aufgestellten Forderung, zur eindeutigen Beschreibung eines dynamischen Systems müssen auch die Zustandsgrößen, im vorliegenden Fall die Spannung am Kondensator C zur Zeit $t=0$, angegeben werden. In der Tat enthalten die Lösungen y_1 und y_2 die Annahme, daß $y_1(0)=-a\tau$ und $y_2(0)=-a\tau+b$ sind. Die Lösung der Gleichung (4.2) ist deshalb nur dann eindeutig zu bestimmen, wenn neben $x(t)$ auch der Anfangswert $y(0)$ der Lösung y angegeben wird.
Da y_1 und y_2 Lösungen der Gleichung (4.5) sind, gelten die Identitäten

$$(\tau D+1)\,y_1\equiv at\,, \tag{4.6}$$

$$(\tau D+1)\,y_2\equiv at\,. \tag{4.7}$$

Subtrahiert man (4.6) aus (4.7), so findet man die Identität

$$(\tau D+1)\,(y_2-y_1)\equiv 0\,.$$

Aus dieser Identität folgt, daß

$$Y=b\,\mathrm{e}^{-t/\tau}=y_2-y_1 \tag{4.8}$$

für $t\geqq 0$ die Lösung der Differentialgleichung

$$(\tau D+1)\,Y=0 \tag{4.9}$$

ist. Die Gleichung (4.9) ist die *homogene Differentialgleichung* zu (4.2).

Da Y in (4.8) nur dann eine eindeutige Funktion darstellt, wenn $b = Y(0)$ ein Zahlenwert zugeordnet wird, heißt Y die *allgemeine Lösung* der homogenen Gleichung (4.9). Sie beschreibt eine Kurvenschar, deren Glieder sich durch den Zahlenwert von b unterscheiden.
Die physikalische Bedeutung der homogenen Gleichung und deren Lösung ist: Wenn zur Zeit $t=0$ der Kondensator auf die Spannung $Y(0)$ aufgeladen ist und für $t>0$ die Erregung $E=0$ bleibt, so beschreibt Y die Entladung des Kondensators über R und der Spannungsquelle. Die Spannung nimmt vom Anfangswert $b = Y(0)$ mit der Zeit exponentiell ab. Die Abnahme erfolgt um so schneller, je kleiner die Zeitkonstante τ ist. Bis zum Zeitpunkt $t=\tau$ wird die Spannung von b auf $b \cdot e^{-1} = b/e$, d.h. auf den e-ten Teil des ursprünglichen Wertes absinken.
Die Lösung der homogenen Gleichung erhält man auch nach *Separation der Variablen* durch Integration. Kehrt man zu der herkömmlichen Schreibweise des Differentialoperators zurück, so ist die homogene Gleichung

$$\tau \frac{dY}{dt} + Y = 0,$$

d.h. $$\tau \frac{dY}{dt} = -Y. \tag{4.10}$$

Wird (4.10) formal mit $dt/\tau Y$ multipliziert, so erhält man

$$\frac{dY}{Y} = -\frac{1}{\tau} dt. \tag{4.11}$$

Beide Seiten der Gleichung (4.11) werden zwischen den angegebenen Grenzen integriert:

$$\int_{Y(0)}^{Y(t)} \frac{dY}{Y} = -\frac{1}{\tau} \int_0^t dt.$$

Die Integrale und danach $Y(t)$ werden in folgenden Schritten berechnet:

(F)[1] $$\ln Y(t) - \ln Y(0) = -\frac{t}{\tau},$$

(F) $$\ln \frac{Y(t)}{Y(0)} = -\frac{t}{\tau}; \quad \frac{Y(t)}{Y(0)} = e^{-t/\tau}; \quad Y(t) = Y(0) e^{-t/\tau}. \tag{4.12}$$

[1] Im folgenden wird durch (F) auf mathematische Formeln oder Sätze hingewiesen, die hier als bekannt vorausgesetzt werden müssen. Man findet sie in entsprechenden Formelsammlungen und Taschenbüchern, z. B. in [3, 4, 5].

Ist $Y_1(t)$ eine beliebige nicht triviale, d. h. von Null verschiedene Lösung der homogenen Differentialgleichung (4.9), so findet man die Lösung der inhomogenen Gleichung (4.2) für beliebige Eingangsfunktionen $x(t)$ nach der klassischen Lösungsmethode in der Form

$$y(t) = v(t)\, Y_1(t)\,. \tag{4.13}$$

$v(t)$ ist eine vorerst noch unbekannte Funktion, die sich durch Substitution von $v(t)\, Y_1(t)$ aus (4.13) für y in (4.2) bestimmen läßt. Da in (4.2) auch $Dy = dy/dt$ vorkommt, müssen wir zunächst (4.13) differenzieren:

$$\text{(F)} \qquad \frac{dy}{dt} = Y_1 \frac{dv}{dt} + v \frac{dY_1}{dt}\,. \tag{4.14}$$

(4.13) und (4.14) in (4.2) substituiert ergibt

$$\tau Y_1 \frac{dv}{dt} + \tau v \frac{dY_1}{dt} + v Y_1 = x\,,$$

$$\text{d. h.} \qquad \tau Y_1 \frac{dv}{dt} + v\left(\tau \frac{dY_1}{dt} + Y_1\right) = x\,. \tag{4.15}$$

Ist Y_1 eine Lösung der Gleichung (4.9), so ist $\tau(dY_1/dt) + Y_1$ in Gleichung (4.15) Null. Es ist deshalb

$$\tau Y_1 \frac{dv}{dt} = x\,,$$

$$\text{d. h.} \qquad \frac{dv}{dt} = \frac{1}{\tau Y_1} x\,. \tag{4.16}$$

Integriert man beide Seiten von (4.16) nach der Zeit von 0 bis t, so erhält man

$$v(t) = \int_0^t \frac{1}{Y_1(t')} x(t')\, dt' + c \tag{4.17}$$

wobei c hier eine Integrationskonstante ist. Da $Y_1(t)$ eine beliebige Lösung der homogenen Gleichung (4.9) sein darf, kann man in (4.12) $Y(0) = 1$ wählen und $\exp(-t/\tau)$ für $Y_1(t)$, d. h. $\exp(t/\tau)$ für $1/Y_1(t)$ substituieren. Setzt man $v(t)$ mit diesem Wert von $Y_1(t)$ aus (4.17) in (4.13) ein, so erhält man

$$y(t)=\left[\int_0^t \frac{1}{\tau}\,\mathrm{e}^{t'/\tau}x(t')\,dt'+c\right]\mathrm{e}^{-t/\tau}. \tag{4.18}$$

Den Wert der Integrationskonstanten gewinnt man aus (4.18), wenn man dort $t=0$ substituiert: $y(0)=c$.
Löst man die Klammer in (4.18) auf und bringt den Faktor $\exp(-t/\tau)$, der im Argument nicht die Integrationsvariable t', sondern die Grenze der Integration t enthält, unter das Integralzeichen, so erhält man die Lösung der nicht homogenen Gleichung (4.2) in der üblichen Darstellungsform:

$$y_C(t)=\int_0^t \frac{1}{\tau}\,\mathrm{e}^{-(t-t')/\tau}x(t')\,dt'+y(0)\,\mathrm{e}^{-t/\tau}. \tag{4.19}$$

Das Produkt $\exp(-t/\tau)\cdot\exp(t'/\tau)$ wurde hier gleich zu einer Exponentialfunktion mit dem Argument $-(t-t')/\tau$ zusammengefaßt (F). Der Index C neben y zeigt hier an, daß y z.B. die Spannung U_C am Kondensator C im Netzwerk a in Abb. 3 darstellt.
Mit (4.19) wurde die Lösung der Differentialgleichung (4.2) auf die Berechnung eines Integrals zurückgeführt. Das Integral kann je nach Eingangsfunktion $x(t)$ geschlossen oder zumindest numerisch berechnet werden. Es liefert eine Zeitfunktion, da die obere Integrationsgrenze die Zeit t ist.
Man könnte nach dem hier praktizierten Verfahren auch die Lösung der Differentialgleichung des Netzwerkes b in Abb. 3,

$$(RCD+1)\,U_R=RCDE,$$

bzw. in der allgemeinen Form

$$(\tau D+1)\,y_R=\tau Dx, \tag{4.20}$$

ermitteln. Wir können die Lösung aber auch indirekt gewinnen. Die Schaltkreise a und b in Abb. 3 unterscheiden sich nur darin, daß in einem Fall U_C, im anderen Fall U_R als Ausgangsgröße betrachtet wird. Nach dem Kirchhoffschen Spannungsgesetz muß aber

$$U_C+U_R=E,$$

d.h. $\quad U_R=E-U_C,$

bzw. mit den allgemeinen Bezeichnungen

$$y_R = x - y_C \tag{4.21}$$

sein.
Setzt man y_C aus (4.19) in (4.21) ein, so ist

$$y_R = x - \int_0^t \frac{1}{\tau} e^{-(t-t')/\tau} x(t') dt' - y_C(0) e^{-t/\tau}.$$

Für zwei spezielle Eingangsfunktionen, die in der Theorie linearer Systeme eine besondere Rolle spielen, soll hier die Antwort der Netzwerke a und b in Abb. 3 auch explizite berechnet werden. Eine dieser Funktionen ist die *Sprungfunktion* oder *Einheitsstufe*. Ihre formelmäßige Darstellung ist

$$\begin{aligned} x(t) &= \mathbf{1}(t) \quad \text{für} \quad t \geq 0 \\ &= 0 \quad \text{für} \quad t \leq 0 . \end{aligned}$$

Sie bedeutet, daß die Erregung zur Zeit $t=0$ von 0 auf 1 erhöht wird. Diese Funktion wird gelegentlich auch Heaviside-Funktion genannt und mit $\mathbf{H}(t)$ bezeichnet. Die Antwort auf die Einheitsstufe heißt *Übergangsfunktion* oder *Stufenantwort*. Sie wird üblicherweise mit $h(t)$ bezeichnet.
Wir setzen voraus, daß $y(0)=0$ ist. Aus (4.19) ist dann

$$h_C(t) = \int_0^t \frac{1}{\tau} e^{-(t-t')/\tau} dt' . \tag{4.22}$$

Das Integral in Gleichung (4.22) läßt sich wie folgt berechnen:

$$\int_{t'=0}^t \frac{1}{\tau} e^{-(t-t')/\tau} dt' = \int_{t'=0}^t \frac{1}{\tau} e^{-t/\tau} e^{t'/\tau} dt'$$

$$\text{(F)} \quad = \left| {}_{t'=0}^{t} \; \frac{1}{\tau} e^{-t/\tau} \cdot (\tau e^{t'/\tau}) \right| = \frac{\tau}{\tau} e^{-t/\tau} [e^{t/\tau} - 1] .$$

Nach Auflösen des Klammerausdrucks erhält man hieraus:

$$h_C(t) = 1 - e^{-t/\tau} . \tag{4.23}$$

Den Verlauf dieser Antwortfunktion zeigt Kurve 1 in Abb. 12a. Erfolgt der Sprung nicht von 0 auf 1, sondern von 0 auf einen beliebigen Wert a, so ist die Antwort wegen der Linearität

$$y_C(t) = a\,h_C(t) = a(1 - e^{-t/\tau}) .$$

Die zweite besondere Eingangsfunktion ist der *Einheitsimpuls*, auch *Nadelfunktion*, *δ-Funktion*, *Dirac-Funktion* genannt. Sie ist mathematisch als ein Grenzfall folgendermaßen definiert:

$$\delta(t) = \lim_{\Delta t \to 0} x(t) ,$$

wobei

$$\begin{aligned} x(t) &= 0 \quad \text{für} \quad t \geq \Delta t \quad \text{und} \quad t < 0 \\ &= \frac{1}{\Delta t} \quad \text{für} \quad 0 < t < \Delta t \end{aligned} \qquad (4.24)$$

ist. Hieraus folgt, daß $\delta(t) = 0$ für $t \neq 0$, aber $\lim_{t \to 0} \delta(t) = \infty$ und

$$\int_{-\infty}^{\infty} \delta(t)\,dt = 1 \qquad (4.25)$$

ist. Die Richtigkeit der Gleichung (4.25) läßt sich wie folgt nachweisen:

$$\int_{-\infty}^{\infty} \delta(t)\,dt = \lim_{t \to 0} \int_0^{\Delta t} \frac{1}{\Delta t}\,dt = \lim_{\Delta t \to 0} \frac{1}{\Delta t} \left|_{t=0}^{\Delta t} t\right| = \lim_{t \to 0} \frac{1}{\Delta t}(\Delta t - 0) = 1 .$$

Die Integrationsgrenzen durften hier zu 0 und Δt statt $-\infty$ und $+\infty$ gewählt werden, da wegen (4.24) der Integrand außerhalb dieser Grenzen Null ist.

Der Einheitsimpuls ist physikalisch nicht zu realisieren, sondern nur — in den meisten Fällen ausreichend — zu approximieren, und zwar in der Regel durch einen Puls der Dauer Δt und der Höhe $1/\Delta t$. Wir werden später noch untersuchen, wie klein Δt für eine ausreichende Approximation in den einzelnen Fällen zu wählen ist. Für theoretische Berechnungen läßt sich die δ-Funktion trotz physikalischer Unrealisierbarkeit mit Vorteil heranziehen, auch wenn sie oft nicht als eine „ordentliche" Funktion zu behandeln ist. Im Zweifelsfall sollten die Ergebnisse dadurch kontrolliert werden, daß man die Berechnung auch mit einem Puls der Dauer Δt und der Höhe $1/\Delta t$ durchführt und erst dann den Grenzwert für $\Delta t \to 0$ ermittelt.

Bevor wir die Antwort auf den Einheitsimpuls im vorliegenden Fall berechnen, müssen wir einige wichtige Eigenschaften der δ-Funktion kennenlernen. Es ist

$$\int_{-\infty}^{\infty} x(t)\,\delta(t)\,dt = x(0)\,. \tag{4.26}$$

Die Gültigkeit dieser Beziehung kann folgendermaßen eingesehen werden: Da $\delta(t)$ bis auf $t=0$ überall Null ist, ist auch der Integrand überall Null, nur an der Stelle $t=0$ nicht. Für $t=0$ hat die Funktion $x(t)$ den Wert $x(0)$. Da $x(0)$ eine Zahl ist, kann man sie vor dem Integralzeichen schreiben:

$$\int_{-\infty}^{\infty} x(0)\,\delta(t)\,dt = x(0)\int_{-\infty}^{\infty} \delta(t)\,dt\,.$$

Wegen (4.25) ist jedoch

$$x(0)\int_{-\infty}^{\infty} \delta(t)\,dt = x(0)\cdot 1 = x(0)\,.$$

Aufgabe: Die Gültigkeit folgender Beziehungen soll in gleicher Weise anschaulich klar gemacht werden:

$$\int_{-\infty}^{\infty} x(t_1 - t)\,\delta(t)\,dt = x(t_1)\,, \tag{4.27}$$

$$\int_{-\infty}^{\infty} x(t)\,\delta(t - t_1)\,dt = x(t_1)\,, \tag{4.28}$$

t_1 ist hier stets ein fester Wert von t. Bei den Überlegungen zu (4.28) muß beachtet werden, daß die δ-Funktion nur dann von Null verschieden ist, wenn das Argument, hier $t-t_1$, Null ist.

Die Antwort eines Systems auf einen Einheitsimpuls heißt *Impulsantwort* und wird gewöhnlich mit $g(t)$ bezeichnet. Setzt man wieder $y(0)=0$ voraus, so ist die Impulsantwort des Netzwerkes in Abb. 3a aus (4.19)

$$g_C(t) = \int_0^t \frac{1}{\tau}\,\mathrm{e}^{-(t-t')/\tau}\,\delta(t')\,dt'\,.$$

Wegen (4.27) ist hieraus

$$g_C(t) = \frac{1}{\tau}\,\mathrm{e}^{-t/\tau}\,. \tag{4.29}$$

Den Verlauf dieser Impulsantwort stellt die Kurve 0 in Abb. 7a dar.
Da die δ-Funktion physikalisch nur approximiert aber nicht realisiert werden kann, beschreibt (4.29) die Impulsantwort eines physikalisch

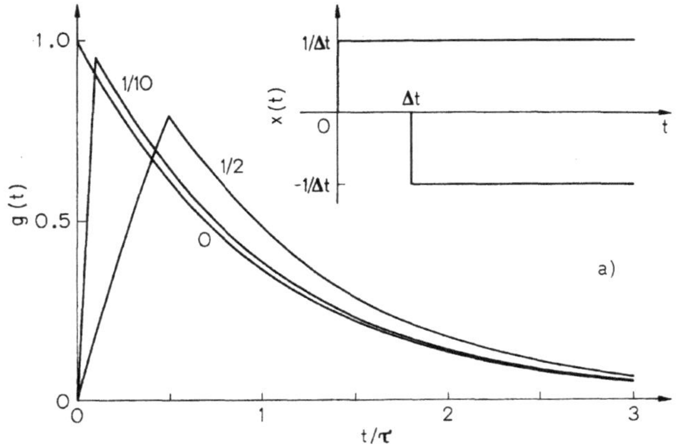

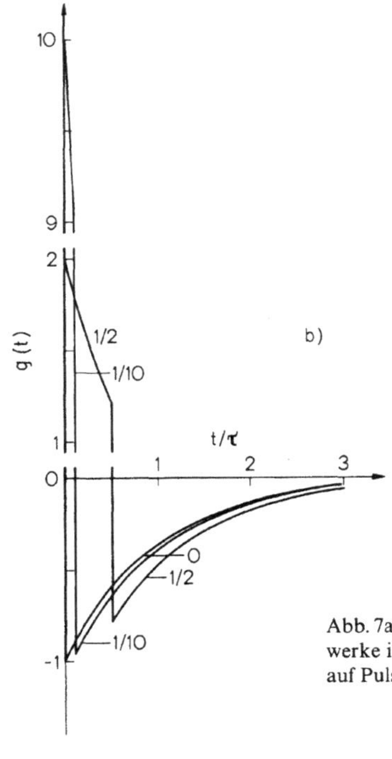

Abb. 7a und b. Die Antwort der Netzwerke in Abb. 3a (a) und Abb. 3b (b) auf Pulse unterschiedlicher Dauer

realisierten Netzwerkes in mehr oder weniger guter Näherung. Um die Güte der Näherung beurteilen zu können, ermitteln wir die Antwort des Systems auch auf einen Puls der Dauer Δt und der Höhe $1/\Delta t$, und vergleichen sie dann mit der Impulsantwort. Dieser Puls läßt sich als die Differenz zweier Stufen

$$x(t) = \frac{1}{\Delta t}\,1(t) - \frac{1}{\Delta t}\,1(t-\Delta t)$$

darstellen (vgl. Einschaltbild in Abb. 7a).
Wegen der Superponierbarkeit der Lösungen von (4.2) ist die Antwort des Netzwerkes gleich der Summe der beiden Stufenantworten. Nach (4.23) ist daher

$$y_C(t) = \frac{1}{\Delta t}(1-\mathrm{e}^{-t/\tau}) \quad \text{für} \quad 0 \leqq t \leqq \Delta t\,, \tag{4.30}$$

und $$y_C(t) = \frac{1}{\Delta t}(1-\mathrm{e}^{-t/\tau}) - \frac{1}{\Delta t}(1-\mathrm{e}^{-(t-\Delta t)/\tau}) \quad \text{für} \quad t \geqq \Delta t\,, \tag{4.31}$$

woraus nach kurzer Rechnung

$$y_C(t) = \frac{1}{\Delta t}(\mathrm{e}^{\Delta t/\tau}-1)\,\mathrm{e}^{-t/\tau} \tag{4.32}$$

folgt.
Der Verlauf der Antwort nach (4.30) und (4.32) ist für $\Delta t/\tau = 1/10$ und $\Delta t/\tau = 1/2$ ebenfalls in Abb. 7 dargestellt. Wir stellen fest, daß die Antwort auf einen Puls der Dauer Δt und Höhe $1/\Delta t$ die Impulsantwort um so besser annähert, je kleiner das Verhältnis $\Delta t/\tau$ ist. Für $\Delta t/\tau = 1/100$ ist der Unterschied zwischen beiden Antworten graphisch nicht mehr darzustellen. Eine δ-Funktion kann somit durch einen Puls endlicher Dauer ausreichend angenähert werden, wenn die Dauer Δt des Pulses nicht wesentlich länger ist als 1/100 der Zeitkonstanten τ.
In diesen Fällen beschreibt (4.30) nur den schnellen, kurzen Anstieg der Antwortfunktion, während (4.32) den nachfolgenden, länger andauernden Teil der Antwortkurve darstellt. Es ist leicht zu zeigen, daß dieser Teil der Antwortfunktion im Grenzfall $\Delta t \to 0$ die Impulsantwort ergibt.
$\mathrm{Exp}(\Delta t/\tau)$ in (4.32) läßt sich durch ihre Potenzreihe

$$\text{(F)} \quad \mathrm{e}^{\Delta t/\tau} = 1 + \frac{\Delta t}{\tau} + \frac{(\Delta t)^2}{2!\,\tau^2} + \frac{(\Delta t)^3}{3!\,\tau^3} + \cdots$$

darstellen und wegen $\Delta t \ll \tau$ durch die ersten beiden Glieder der Reihe approximieren. Es ist

$$\mathrm{e}^{\Delta t/\tau} \simeq 1 + \frac{\Delta t}{\tau}\,,$$

wenn $\Delta t \ll \tau$ ist. Damit wird y_C in (4.32) zu

$$\lim_{\Delta t \to 0} y_C(t) = \lim_{\Delta t \to 0} \frac{1}{\Delta t}\left(1 + \frac{\Delta t}{\tau} - 1\right) e^{-t/\tau} = \frac{1}{\tau} e^{-t/\tau}. \tag{4.33}$$

Ist die Höhe des Pulses nicht $1/\Delta t$, sondern eine beliebige Größe a, so muß in Gleichung (4.32) $1/\Delta t$ durch diesen Faktor ersetzt werden. Nach der Approximation der Exponentialfunktion durch die abgebrochene Potenzreihe $1 + \Delta t/\tau$ erhalten wir in diesem Fall statt Gleichung (4.33)

$$y_C(t) = \frac{a\,\Delta t}{\tau} e^{-t/\tau}. \tag{4.34}$$

$a\,\Delta t$ ist jedoch gerade der Flächeninhalt oder Zeitintegral B des Rechteckpulses, durch den wir die δ-Funktion approximiert haben. Wird demnach eine Impulsfunktion durch einen sehr kurzen Rechteckpuls des Zeitintegrals B angenähert, so wird die Antwort das B-fache der Impulsantwort in (4.29).
Es läßt sich zeigen, daß die δ-Funktion nicht nur durch einen Rechteckpuls der Dauer Δt und Höhe $1/\Delta t$ zu approximieren ist, sondern auch durch einen Puls $x(t)$ beliebigen Zeitverlaufs, wenn nur seine Dauer Δt die Bedingung $\Delta t \ll \tau$ erfüllt, und sein Zeitintegral $\int_0^{\Delta t} x(t)\,dt = B$ den endlichen Wert B besitzt. Die Antwort auf einen solchen Puls ist ebenfalls das B-fache des Ausdrucks in (4.29).
Die Übergangsfunktion und die Impulsantwort des Netzwerkes b in Abb. 3 kann unmittelbar aufgrund (4.21) berechnet werden. Setzt man $1(t)$ für x und $h_C(t)$ aus (4.23) für y_C ein, so erhält man $h_R(t) = e^{-t/\tau}$. Die Stufenantwort ist eine abklingende Exponentialfunktion. Nach genügend langer Zeit wird die Antwort auf eine stufenförmige Erregung zu Null. Das Netzwerk überträgt keine konstanten Eingangssignale. Wird $\delta(t)$ für x und $g_C(t)$ aus (4.29) in (4.21) substituiert, so ergibt sich

$$g_R(t) = \delta(t) - \frac{1}{\tau} e^{-t/\tau}.$$

Den Verlauf dieser Funktion zeigt Kurve 0 in Abb. 7b. In der gleichen Abbildung ist auch die Antwort des Netzwerkes auf Pulse der Dauer Δt und Höhe $1/\Delta t$ für die angegebenen Werte des Verhältnisses $\Delta t/\tau$ dargestellt.
Die besprochenen Netzwerke sind die einfachsten Vertreter zweier Klassen linearer Systeme. Das Netzwerk a in Abb. 3 wird als *Integrator* oder *Tiefpaß erster Ordnung*, das Netzwerk b als *träger Differentiator* oder *Hochpaß erster Ordnung* bezeichnet. Die Bezeichnungen Integrator und Differentiator weisen auf die Form der Übergangsfunktion hin. Die

Übergangsfunktion $h_C(t)$ steigt für kleine t-Werte linear an, wie das Integral einer Stufenfunktion. Die Übergangsfunktion $h_R(t)$ ist für große t-Werte Null, wie der Differentialquotient einer konstanten Größe. Die Bezeichnungen Tiefpaß und Hochpaß werden in einem späteren Kapitel begründet.

5. Das Faltungsintegral

Der Integrand in (4.19) ist das Produkt der Eingangsfunktion $x(t)$ und einer Exponentialfunktion, in deren Argument nicht die Integrationsvariable t', sondern die Differenz $t-t'$ steht. Diese Exponentialfunktion ist formal mit der Impulsantwort $g_C(t)$ in (4.29) identisch. Für $y(0)=0$ ist

$$y_C(t) = \int_0^t g_C(t-t')\,x(t')\,dt' \tag{5.1}$$

mit (4.19) identisch. Ein Integral der Form (5.1) heißt *Faltungsintegral*, die Funktion $g_C(t)$ in ihm die *Gewichtsfunktion* der entsprechenden Differentialgleichung.

Die formale Übereinstimmung der Gewichtsfunktion und der Impulsantwort, und damit auch die Natur des Faltungsintegrals, läßt sich veranschaulichen. Eine beliebige Eingangsfunktion mit der Eigenschaft $x(t)=0$ für $t\leq 0$, (ausgezogene Linie in Abb. 8a), läßt sich durch eine Serie von Impulsen gleicher Dauer $\Delta t'$ approximieren. Die Höhe der Impulse ist durch den Funktionswert $x(\nu\Delta t')$ $(\nu=0,1,2\ldots)$ zu Beginn der Intervalle $\nu\Delta t'\leqq t\leqq(\nu+1)\Delta t'$ gegeben. Die Näherung ist um so besser, je kleiner $\Delta t'$ ist. Die Antwort auf die einzelnen Impulse im Zeitpunkt t ist nach (4.34)

$$y_\nu(t) = x(\nu\,\Delta t')\,\Delta t'\,\frac{1}{\tau}\,\mathrm{e}^{-(t-\nu\Delta t')/\tau}\,, \qquad t\geqq\nu\,\Delta t'\,,$$

da der Flächeninhalt der einzelnen Impulse $x(\nu\Delta t')\,\Delta t'$ ist. Als Argument der Exponentialfunktion muß $t-\nu\Delta t'$ eingesetzt werden, da sein Wert im Zeitpunkt $t=\nu\Delta t'$ Null sein muß (vgl. auch (4.31)). Wegen des Superpositionsprinzips erhält man die Antwort $y^*(t)$ auf die Pulsfolge im Zeitpunkt $t=n\Delta t'$ als die Summe der Teilantworten auf alle vorangehenden Pulse:

$$y^*(t) = \sum_{\nu=0}^{n} \frac{1}{\tau}\,\mathrm{e}^{-(t-\nu\Delta t')/\tau}\,x(\nu\,\Delta t')\,\Delta t'\,. \tag{5.2}$$

Der Grenzwert $\lim_{\Delta t'\to 0} y^*(t)$ ist die Antwort auf die Erregung $x(t)$, da für beliebig kleine $\Delta t'$-Werte die Pulsserie die Erregung $x(t)$ beliebig

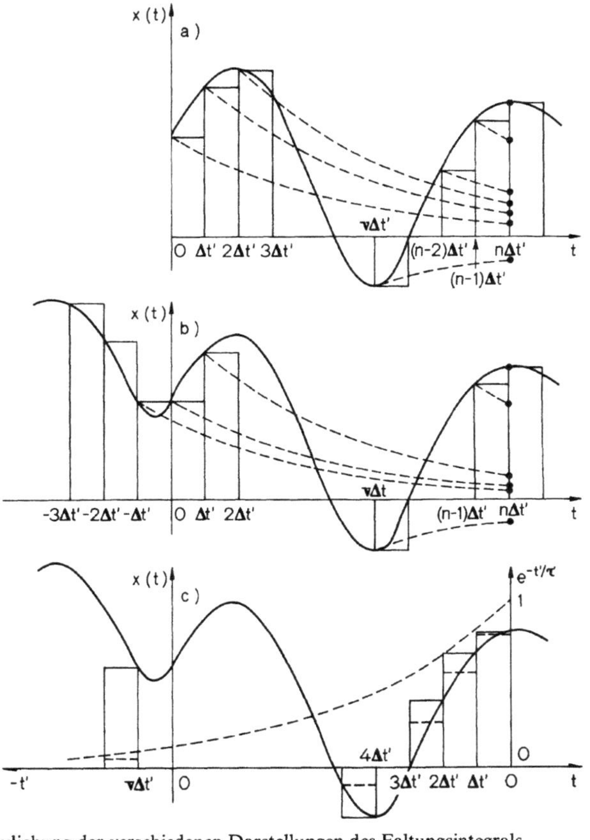

Abb. 8. Veranschaulichung der verschiedenen Darstellungen des Faltungsintegrals

genau approximiert. Bei der Grenzwertbildung geht bekanntlich die Summe in (5.2) in ein Integral, $\Delta t'$ in dt' und $\nu\Delta t'$ in die Integrationsvariable t' über. Die Grenzen der Summation werden zu Grenzen der Integration. Da der letzte Summand den Funktionswert im Zeitpunkt $n\Delta t'=t$ darstellt, ist die obere Integrationsgrenze t. Nach dem Grenzübergang muß somit für die Summe das Faltungsintegral in (4.19) eingesetzt werden.

Bei dieser Überlegung haben wir vorausgesetzt, daß $y(0)$, der Anfangswert der Antwortfunktion Null war. In (4.19) wurde ein möglicher, von Null verschiedener Anfangswert durch ein zweites Glied auf der rechten Seite der Gleichung berücksichtigt. In der Einleitung wurde besprochen, daß die Angabe des Anfangswertes einer Zustandsvariablen deshalb notwendig ist, weil bei dynamischen Systemen der Zustand des Systems in jedem Zeitpunkt, also auch zu Beginn der Untersuchung zur Zeit $t=0$, von seiner Vergangenheit beeinflußt wird. Die Vergangenheit des Systems wird jedoch von der Eingangsgröße bestimmt die vor $t=0$ auf das System gewirkt hat. Es läßt sich deshalb wahlweise anstelle von $y(0)$ die Eingangsfunktion vor $t=0$ heranziehen, um den Zustand des Systems in einem Zeitpunkt $t>0$ eindeutig zu charakterisieren, vorausgesetzt, daß $x(t)$ auch für $t<0$ bekannt ist. Ist dies der Fall, so kann man $x(t)$ auch im Bereich negativer t-Werte in eine Pulsfolge zerlegen (Abb. 8b), und den Beitrag der einzelnen Pulse zur Antwort im Zeitpunkt t in gleicher Weise wie zuvor berechnen. Versieht man die einzelnen Pulse links von dem Nullpunkt mit den negativen Indizes -1, -2, -3 usw., so erhält man anstelle von (5.2)

$$y^*(t) = \sum_{\nu=-\infty}^{n} \frac{1}{\tau}\, e^{-(t-\nu\Delta t')/\tau} x(\nu\Delta t')\,\Delta t'\,,$$

und nach dem Grenzübergang $\Delta t \to 0$

$$y(t) = \int_{-\infty}^{t} \frac{1}{\tau}\, e^{-(t-t')/\tau} x(t')\,dt'\,. \tag{5.3}$$

Die Darstellungsform des Faltungsintegrals in (5.3) hat eher theoretische Bedeutung, aber sie ist in der weiterführenden Literatur häufig zu finden.

Bei den bisherigen Überlegungen wurde angenommen, daß die Impulsantwort $g_C(t)$ die Antwort eines Tiefpasses ist. Die Überlegung läßt sich jedoch mit dem gleichen Ergebnis für jede beliebige Impulsantwort $g(t)$ wiederholen, vorausgesetzt, daß das Superpositionsprinzip gilt, und somit das System linear ist. Die Lösung einer linearen Differentialgleichung erhält man daher stets durch die *Faltung* oder *Convolution* der Eingangsfunktion $x(t)$ mit der Gewichtsfunktion $g(t)$. Es ist

$$y(t) = \int_0^t g(t-t')\,x(t')\,dt'\,, \tag{5.4}$$

wenn $x(t)=0$ für $t<0$ und $y(0)=0$ ist, und

$$y(t) = \int_{-\infty}^{t} g(t-t')\,x(t')\,dt'\,, \tag{5.5}$$

wenn $x(t) \neq 0$ und bekannt für $t<0$ ist.

Die Integrale in (5.4) und (5.5) findet man in der Literatur auch in einer anderen Darstellungsform, die man durch Substitution erhält. Wird

$$t-t'=u \tag{5.6}$$

substituiert, so muß auch $t'=t-u$, und $dt'=-du$ in die Integrale eingesetzt werden (F). Die Integrationsgrenzen für die neue Integrationsvariable erhält man durch Einsetzen der ursprünglichen Grenzwerte für t' in (5.6). Anstelle von (5.4) tritt somit

$$y(t)=-\int_t^0 g(u)\,x(t-u)\,du\,, \quad \text{d. h.} \quad \text{(F)} \quad y(t)=\int_0^t g(u)\,x(t-u)\,du\,, \tag{5.7}$$

anstelle von (5.5) $y(t)=-\int_\infty^0 g(u)\,x(t-u)\,du$, d. h.

$$\text{(F)} \quad y(t)=\int_0^\infty g(u)\,x(t-u)\,du\,. \tag{5.8}$$

In (5.7) und (5.8) kann die Integrationsvariable u selbstverständlich wieder auch durch t' oder durch ein beliebiges Symbol ersetzt werden. Auch diese Darstellungsform des Faltungsintegrals läßt sich veranschaulichen. Abb. 8c zeigt wiederum die Zerlegung der Eingangsfunktion $x(t)$ in eine Pulsfolge. Um den Beitrag der einzelnen Pulse zur Antwort im Zeitpunkt t zu ermitteln, können wir die Gewichtsfunktion von t nach links entlang der t'-Achse einzeichnen (gestrichelt gezeichnete Exponentialkurve) und die Höhe der einzelnen Pulse mit dem jeweiligen Wert dieser Funktion multiplizieren (gestrichelt gezeichnete Pulshöhen). Zählt man die Pulse vom Zeitpunkt t ausgehend nach links, so sind die einzelnen Beiträge $(1/\tau)\cdot x(t)\Delta t$, $(1/\tau)\exp(-\Delta t'/\tau)\cdot x(t-\Delta t')\Delta t'$, $(1/\tau)\exp(-2\Delta t'/\tau)\cdot x(t-2\Delta t')\Delta t'$, im allgemeinen $(1/\tau)\exp(-\nu\Delta t'/\tau)\cdot x(t-\nu\Delta t')\Delta t'$. Ist $x(t)=0$ für $t<0$, und sind insgesamt n Pulse zwischen 0 und t vorhanden, so ist

$$y^*(t)=\sum_{\nu=0}^{n}\frac{1}{\tau}\,e^{-\nu\Delta t'/\tau}\,x(t-\nu\Delta t')\,\Delta t'\,.$$

Nach dem Grenzübergang $\Delta t'\to 0$ erhalten wir (5.7) mit $g(t)=(1/\tau)\exp(-t/\tau)$. Ist $x(t)\neq 0$ für $t<0$, so ist die angenäherte Ausgangsfunktion

$$y^*(t)=\sum_{\nu=0}^{\infty}\frac{1}{\tau}\,e^{-\nu\Delta t'/\tau}\,x(t-\nu\Delta t')\,\Delta t'\,.$$

Hieraus bekommen wir nach dem Grenzübergang ebenfalls (5.8) mit $g(t)=(1/\tau)\exp(-t/\tau)$. Auch diese Überlegung läßt sich nicht nur für den Tiefpaß erster Ordnung, sondern auch für sämtliche lineare Systeme in gleicher Weise durchführen.

Aus den Feststellungen im Zusammenhang mit dem Faltungsintegral kann man folgende Schlüsse ziehen: Um die Lösung einer linearen Differentialgleichung für beliebige Eingangsfunktionen zu erhalten, genügt es, die Gewichtsfunktion $g(t)$ zu bestimmen. Für Gleichungen erster Ordnung wurde dies in zwei Fällen bereits durchgeführt. Eine Methode zur Bestimmung der Gewichtsfunktion von Gleichungen höherer Ordnung, die von Praktikern bevorzugt wird, wird in den folgenden Kapiteln besprochen.

Liegt das System materiell realisiert und in einer für experimentelle Untersuchungen zugänglichen Form vor, so können wir $g(t)$ im Versuch bestimmen. Man braucht nur die Antwort des Systems auf einen genügend kurzen Rechteckpuls zu ermitteln. Ob der Puls genügend kurz ist, kann man dadurch feststellen, daß man die Pulsdauer bei konstantem Flächeninhalt in sukzessiven Versuchen variiert und beobachtet, ob die Antwort sich meßbar ändert.

Ist dies nicht der Fall, so ist die Pulsdauer hinreichend kurz (vgl. Abb. 7). Zuvor muß man sich selbstverständlich davon überzeugen, ob das System linear ist, d. h., ob es dem Superpositionsprinzip genügt. Eine einfache Methode hierfür ist: Die Höhe der Pulse wird in sukzessiven Versuchen variiert. Ändert sich die Stärke der Antwort proportional zu der Pulsamplitude, so ist das System linear. Biologische Systeme sind, wenn überhaupt, stets nur in begrenzten Bereichen der Eingangsgrößen linear.

Da (5.7) für sämtliche lineare Differentialgleichungen mit konstanten Koeffizienten gültig ist, kann eine allgemeine Beziehung zwischen der Übergangsfunktion und der Impulsantwort eines linearen Systems abgeleitet werden. Setzt man in (5.7) $x(t)=1(t)$, die Einheitsstufe ein, so ergibt sich die Stufenantwort

$$h(t)=\int_0^t g(t')\,dt' . \tag{5.9}$$

Für die Integrationsvariable wurde hier wieder das Symbol t' verwendet. Die Umkehrung von (5.9) ist

$$g(t)=\frac{dh(t)}{dt} . \tag{5.10}$$

Die Beziehungen (5.9) und (5.10) zeigen, daß die Impulsantwort und die Stufenantwort gleichwertige Funktionen zur Charakterisierung eines linearen Systems sind. Die eine kann aus der anderen durch Integration bzw. Differentiation gewonnen werden. Deshalb kann auch bei der experimentellen Untersuchung eines linearen Systems anstelle der Antwort auf einen Puls auch die Antwort auf eine Stufe herangezogen werden.

6. Rückwirkungsfrei hintereinander geschaltete Netzwerke

Komplexe Netzwerke entstehen oft dadurch, daß zwei oder mehrere Tiefpässe oder Hochpässe hintereinander geschaltet werden. Diese zusammengesetzten Netzwerke lassen sich leicht beschreiben, wenn die Ausgangsfunktion des ersten Netzwerkes als die Eingangsfunktion des zweiten Netzwerkes angesehen werden kann. Wir setzen zunächst voraus, daß diese Bedingung erfüllt ist. Sind die beiden Netzwerke z. B. Tiefpässe mit den Zeitkonstanten τ_1 und τ_2, so sind ihre Gewichtsfunktionen

$$g_1(t) = \frac{1}{\tau_1}\,\mathrm{e}^{-t/\tau_1} \qquad \text{und} \qquad g_2(t) = \frac{1}{\tau_2}\,\mathrm{e}^{-t/\tau_2}.$$

Möchte man die Gewichtsfunktion $g_{12}(t)$ des zusammengesetzten Netzwerkes berechnen, so muß in (5.4) $g_2(t)$ für $g(t)$ und $g_1(t)$ für $x(t)$ eingesetzt werden. Es ist

$$g_{12}(t) = \int_0^t \frac{1}{\tau_2}\,\mathrm{e}^{-(t-t')/\tau_2}\,\frac{1}{\tau_1}\,\mathrm{e}^{-t'/\tau_1}\,dt'. \tag{6.1}$$

Das Integral in (6.1) wird in folgenden Schritten berechnet:

$$\int_0^t \frac{1}{\tau_2}\,\mathrm{e}^{-(t-t')/\tau_2}\,\frac{1}{\tau_1}\,\mathrm{e}^{-t'/\tau_1}\,dt' = \int_0^t \frac{1}{\tau_1\tau_2}\,\mathrm{e}^{-t/\tau_2}\,\mathrm{e}^{\left(\frac{1}{\tau_2}-\frac{1}{\tau_1}\right)t'}\,dt'$$

$$= \left|_{t'=0}^{t} \frac{1}{\tau_1\tau_2}\,\mathrm{e}^{-\frac{t}{\tau_2}}\,\frac{1}{\dfrac{1}{\tau_2}-\dfrac{1}{\tau_1}}\,\mathrm{e}^{\left(\frac{1}{\tau_2}-\frac{1}{\tau_1}\right)t'}\right|$$

$$= \frac{1}{\tau_1-\tau_2}\,\mathrm{e}^{-\frac{t}{\tau_2}}\left[\mathrm{e}^{\left(\frac{1}{\tau_2}-\frac{1}{\tau_1}\right)t}-1\right] = \frac{1}{\tau_1-\tau_2}\left[\mathrm{e}^{-\frac{t}{\tau_1}}-\mathrm{e}^{-\frac{t}{\tau_2}}\right].$$

Es ist deshalb

$$g_{12}(t) = \frac{1}{\tau_1-\tau_2}\left[\mathrm{e}^{-\frac{t}{\tau_1}}-\mathrm{e}^{-\frac{t}{\tau_2}}\right]. \tag{6.2}$$

Die Gewichtsfunktion eines zusammengesetzten Netzwerkes kann aus den Gewichtsfunktionen der einzelnen Komponenten ermittelt werden, ohne daß die Differentialgleichung des zusammengesetzten Netzwerkes aufgestellt werden muß. Wenn die Gewichtsfunktion bekannt ist, kann die Antwort auf beliebige Eingangsfunktionen berechnet werden.
Es ist leicht die Differentialgleichung, deren Gewichtsfunktion $g_{12}(t)$ in (6.2) ist, zu erstellen. Ist die Antwort des ersten Tiefpasses $y_1(t)$, die des

zusammengesetzten Netzwerkes $y_{12}(t)$, so ist $y_1(t)$ die Lösung der Gleichung

$$(\tau_1 D+1)\,y_1 = x\,, \tag{6.3}$$

$y_{12}(t)$ die Lösung der Gleichung

$$(\tau_2 D+1)\,y_{12} = y_1\,. \tag{6.4}$$

Um y_1 zu eliminieren, substituiert man y_1 aus (6.4) in (6.3). Es ist

$$(\tau_1 D+1)(\tau_2 D+1)\,y_{12} = x\,,$$

oder nach Durchführung der Multiplikation

$$[\tau_1 \tau_2 D^2 + (\tau_1 + \tau_2) D + 1]\,y_{12} = x\,. \tag{6.5}$$

Es bleibt noch zu prüfen, ob und unter welchen Bedingungen die Ausgangsfunktion $y_1(t)$ eines vorangehenden Netzwerkes als Eingangsfunktion eines nachgeschalteten Netzwerkes angesehen werden kann. Im Netzwerk g der Abb. 3 wurden die beiden Tiefpässe durch Leitungen miteinander verbunden. Die Differentialgleichung dieses Netzwerkes ist mit $\tau_1 = R_1 C_1$, $\tau_2 = R_2 C_2$ und $\tau_{12} = R_1 C_2$

$$[\tau_1 \tau_2 D^2 + (\tau_1 + \tau_2 + \tau_{12}) D + 1]\,U_{12} = E\,. \tag{6.6}$$

Vergleicht man (6.6) mit (6.5), so stellt man fest, daß das Netzwerk g in Abb. 3 den gestellten Bedingungen nicht genügt: In (6.6) ist der Faktor im Glied erster Ordnung $\tau_1 + \tau_2 + \tau_{12}$ statt $\tau_1 + \tau_2$. Der zusätzliche Term τ_{12} spiegelt eine *Rückwirkung* (nicht zu verwechseln mit Rückkopplung!) des zweiten Tiefpasses auf den ersten wieder: Für die Spannung U_1 im gleichen Netzwerk erhält man die Gleichung

$$[\tau_1 \tau_2 D^2 + (\tau_1 + \tau_2 + \tau_{12}) D + 1]\,U_1 = (\tau_2 D + 1)\,E\,, \tag{6.7}$$

während die Gleichung des ersten Tiefpasses (4.1) ist. Der erste Tiefpaß wird durch den zweiten belastet und als Folge die Ausgangsspannung gegenüber dem unbelasteten Tiefpaß verändert. Ein ähnlicher Fall liegt auch im Netzwerk h der Abb. 3 vor. Die Differentialgleichung dieses Netzwerkes ist mit $\tau = R_1 C$

$$\left(\frac{R_2}{R_1 + R_2}\,\tau D + 1\right) U = \frac{R_2}{R_1 + R_2}\,E\,. \tag{6.8}$$

In diesem Fall wird der Tiefpaß nur durch das Verbraucherelement R_2 belastet. Diese Belastung verändert nicht die Ordnung der Differentialgleichung, sondern nur die Konstanten in der Gleichung.
Um die Rückwirkung des zweiten Tiefpasses auf den ersten zu verhindern, müssen besondere Vorkehrungen getroffen werden. Üblicherweise wird zwischen beiden Tiefpässen ein aktives Element, ein Verstärker mit dem Verstärkungsfaktor 1 geschaltet. Er muß einen sehr hohen Eingangswiderstand haben, um den ersten Tiefpaß nicht zu belasten. (Für $R_2 \to \infty$ geht (6.8) in (4.1) über.) Andererseits muß der Ausgangswiderstand des Verstärkers sehr klein sein, damit er als eine ideale Spannungsquelle wirkt. (6.5) ist demnach die Differentialgleichung des Netzwerkes in Abb. 9. Die beiden Tiefpässe sind in diesem Netzwerk *rückwirkungsfrei hintereinander geschaltet*.

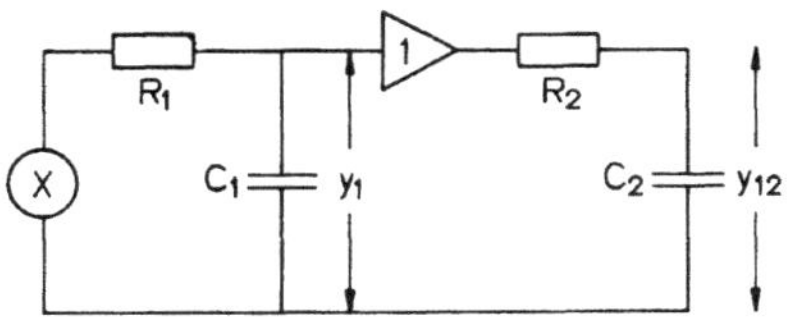

Abb. 9. Zwei rückwirkungsfrei hintereinander geschaltete RC-Netzwerke

In Abb. 10 ist ein Netzwerk gezeigt, das durch die rückwirkungsfreie Hintereinanderschaltung von n Tiefpässen mit identischen Zeitkonstanten τ aufgebaut wurde. Die Impulsantwort und die Übergangsfunktion dieses Netzwerkes wird berechnet.

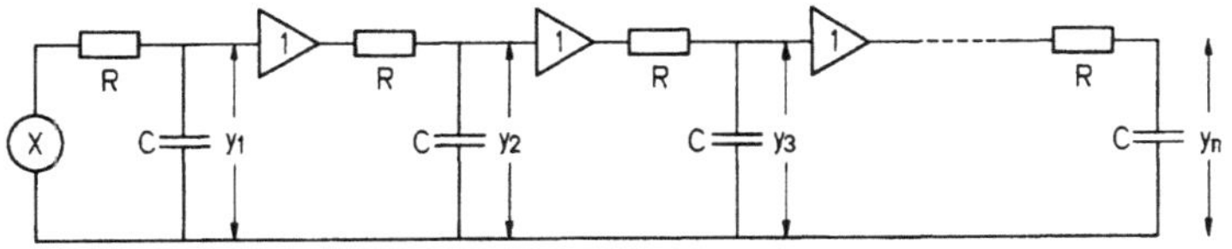

Abb. 10. Tiefpaß n-ter Ordnung

Die Impulsantwort des ersten Tiefpasses ist

$$g_1(t) = \frac{1}{\tau} e^{-t/\tau} . \qquad (6.9)$$

Sie ist die Eingangsfunktion des zweiten Tiefpasses. Es ist deshalb

$$g_2(t) = \int_0^t \frac{1}{\tau} e^{-(t-t')/\tau} \frac{1}{\tau} e^{-t'/\tau} dt' ,$$

wobei hier mit $g_2(t)$ die gemeinsame Gewichtsfunktion der beiden ersten Tiefpässe bezeichnet wurde. Das Integral liefert nach Auflösung

$$g_2(t) = \frac{t}{\tau^2} \mathrm{e}^{-t/\tau} . \tag{6.10}$$

Die relativ einfache Berechnung dieses und der folgenden Integrale wird hier im einzelnen nicht durchgeführt.

Aufgabe: Prüfe die Richtigkeit der Ergebnisse durch Berechnung der Integrale (unter Heranziehung einer Tabelle von Integralen, z. B. in [3] oder [4]).

Bei der Berechnung von $g_3(t)$ wird $g_2(t)$, bei der Berechnung von $g_4(t)$ die Impulsantwort $g_3(t)$, usw. als Eingangsfunktion herangezogen. Die Ausgangsgleichungen und die Ergebnisse sind:

$$g_3(t) = \int_0^t \frac{1}{\tau} \mathrm{e}^{-(t-t')/\tau} \frac{t'}{\tau^2} \mathrm{e}^{-t'/\tau} dt' = \frac{t^2}{2\tau^3} \mathrm{e}^{-t/\tau} ; \tag{6.11}$$

$$g_4(t) = \int_0^t \frac{1}{\tau} \mathrm{e}^{-(t-t')/\tau} \frac{(t')^2}{2\tau^3} \mathrm{e}^{-t'/\tau} dt' = \frac{t^3}{2 \cdot 3 \cdot \tau^4} \mathrm{e}^{-t/\tau} . \tag{6.12}$$

Aufgrund von (6.9)—(6.12) wird vermutet, daß die allgemeine Form der Impulsantwort n rückwirkungsfrei hintereinander geschalteter Tiefpässe, d. h. eines *Tiefpasses n-ter Ordnung*

$$g_n(t) = \frac{t^{n-1}}{(n-1)!\,\tau^n} \mathrm{e}^{-t/\tau} \tag{6.13}$$

ist. Die Richtigkeit dieser Vermutung kann durch vollständige Induktion (F) nachgewiesen werden. Ist (6.13) die Impulsantwort eines Tiefpasses n-ter Ordnung, so muß die Impulsantwort eines Tiefpasses $(n+1)$-ter Ordnung einerseits

$$g_{n+1}(t) = \int_0^t \frac{1}{\tau} \mathrm{e}^{-(t-t')/\tau} \frac{(t')^{n-1}}{(n-1)!\,\tau^n} \mathrm{e}^{-t'/\tau} dt' , \tag{6.14}$$

andererseits

$$g_{n+1}(t) = \frac{t^n}{n!\,\tau^{n+1}} \mathrm{e}^{-t/\tau} \tag{6.15}$$

sein. Das Integral in (6.14) liefert in der Tat die Formel in (6.15)

Abb. 11a zeigt den Verlauf der Impulsantworten von $n=1$ bis 6. Die Maxima der Kurven werden mit zunehmendem n kleiner und verschieben sich zu größeren t-Werten. Die Lage t_{max} der Maxima läßt sich aus (6.13) nach den Regeln der Extremwertberechnung (F) ermitteln. t_{max} ist die Lösung der Gleichung

$$\text{(F)}\quad \frac{dg_n(t)}{dt}=\frac{1}{(n-1)!\,\tau^n}\left[(n-1)t^{n-2}\,e^{-t/\tau}-\frac{1}{\tau}t^{n-1}\,e^{-t/\tau}\right]=0\,, \tag{6.16}$$

d. h.

$$t_{max}=(n-1)\tau\,. \tag{6.17}$$

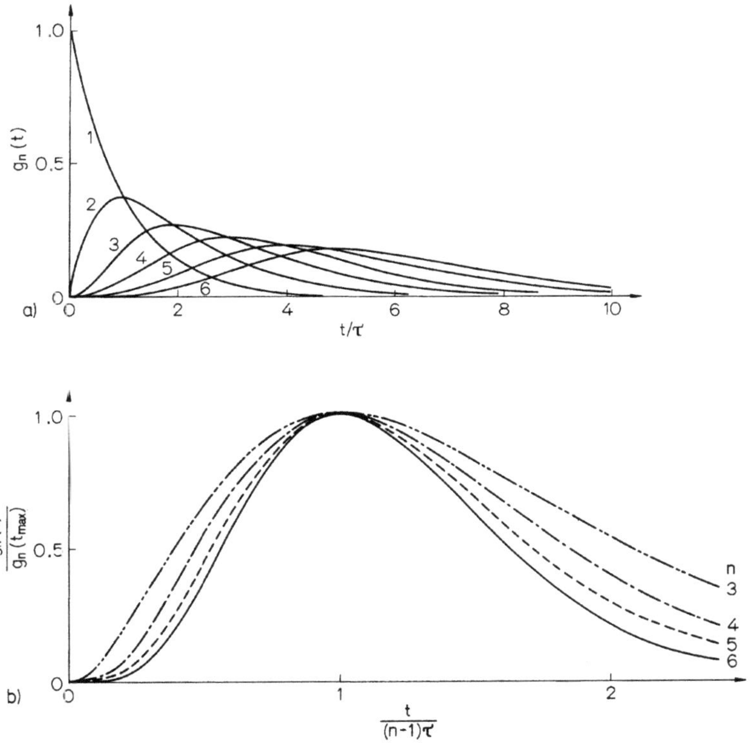

Abb. 11. (a) Impulsantwort von Tiefpässen 1.–6. Ordnung. (b) Normierte Impulsantwort von Tiefpässen 1.–6. Ordnung mit $\tau=t_{max}/(n-1)$

Setzt man diesen Wert von t in (6.13) ein, so erhält man die Höhe der Maxima als Funktion von n:

$$g_n(t_{\max}) = \frac{(n-1)^{n-1}}{(n-1)!\,\tau} \, e^{-(n-1)} .$$

Da nach der Stirling-Formel (F) für große n-Werte $\quad n! \simeq \sqrt{2\pi n}\, n^n e^{-n}$

ist, ist $\quad g_n(t_{\max}) \simeq \dfrac{1}{\tau\sqrt{2\pi(n-1)}}\,. \qquad (6.18)$

Die Steigung der Impulsantworten von Tiefpässen erster, zweiter sowie dritter oder höherer Ordnung an der Stelle $t=0$ ist aus (6.16):

$$\left[\frac{dg_1(t)}{dt}\right]_{t=0} = -\frac{1}{\tau}\,, \qquad (6.19)$$

$$\left[\frac{dg_2(t)}{dt}\right]_{t=0} = \frac{1}{\tau^2}\,, \qquad (6.20)$$

$$\left[\frac{dg_n(t)}{dt}\right]_{\substack{t=0\\ n\geq 3}} = 0\,. \qquad (6.21)$$

Dem Unterschied zwischen (6.20) und (6.21) kommt eine gewisse Bedeutung bei der Unterscheidung zwischen einem Tiefpaß zweiter oder höherer Ordnung zu, wenn diese aufgrund von experimentellen Befunden zu treffen ist.
Die Übergangsfunktion von Tiefpässen höherer Ordnung berechnet man, wenn die Impulsantworten bekannt sind, mit Hilfe der Gleichung (5.9). Auf die Durchführung der einzelnen Schritte dieser Berechnungen soll hier verzichtet und auf die entsprechenden Formeln in den Tabellenwerken hingewiesen werden. Die Ergebnisse sind:

$$h_1(t) = 1 - e^{-t/\tau}\,, \qquad h_3(t) = 1 - e^{-t/\tau}\left(\frac{t^2}{2\tau^2} + \frac{t}{\tau} + 1\right),$$

$$h_2(t) = 1 - e^{-t/\tau}\left(\frac{t}{\tau} + 1\right), \qquad h_4(t) = 1 - e^{-t/\tau}\left(\frac{t^3}{2\cdot 3\tau^3} + \frac{t^2}{2\tau^2} + \frac{t}{\tau} + 1\right),$$

oder allgemein

$$h_n(t) = 1 - e^{-t/\tau} \sum_{\nu=0}^{n-1} \frac{t^\nu}{\nu!\,\tau^\nu}\,.$$

Die Übergangsfunktionen von Tiefpässen erster bis sechster Ordnung sind in Abb. 12a gezeigt.

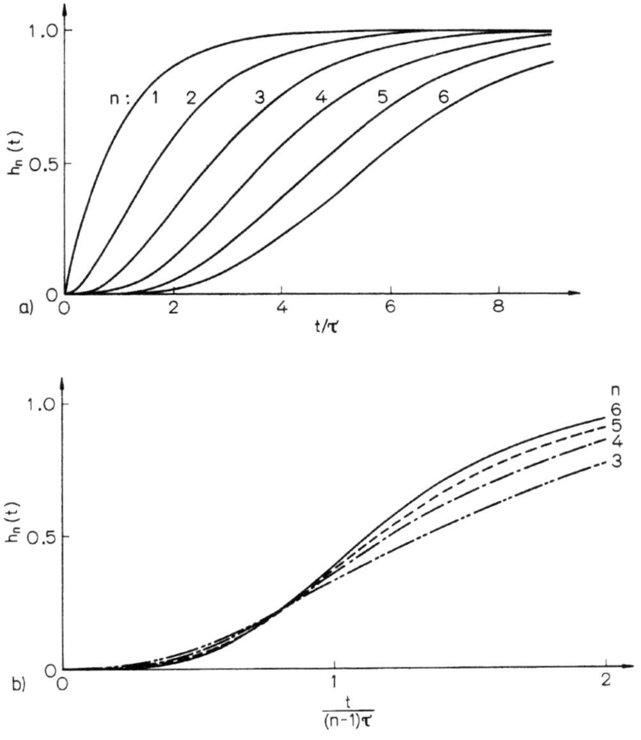

Abb. 12. (a) Stufenantwort von Netzwerken 1.–6. Ordnung. (b) Stufenantwort von Netzwerken 1.–6. Ordnung. Zeitachse normiert

In biologischen Systemen fand man häufig Übertragungsglieder, deren Übertragungseigenschaften mit den Eigenschaften von Tiefpässen höherer Ordnung übereinstimmen (vgl. z. B. [30, 31, 32]). Ab etwa $n=5$ ist jedoch im Rahmen der Meßgenauigkeit schwer zu entscheiden, ob eine experimentell gewonnene Kurve der Impulsantwort eines Tiefpasses fünfter, sechster, siebenter oder höherer Ordnung entspricht. Da zunächst weder die Ordnung des Tiefpasses noch die Zeitkonstante τ bekannt ist, paßt man den gemessenen Kurven der Reihe nach Impulsantworten von Tiefpässen verschiedener Ordnung mit der Zeitkonstanten $\tau = t_{max}/(n-1)$ an. Die so errechneten theoretischen Kurven unterscheiden sich jedoch von $n=5$ aufwärts nur unwesentlich (vgl. Abb. 11b). Mit der gleichen Unsicherheit sind auch die Stufenantworten behaftet (vgl. Abb. 12b).

Aufgabe: Die Impulsantworten zweier rückwirkungsfrei hintereinander geschalteter Tiefpässe mit unterschiedlichen bzw. identischen Zeitkonstanten sind in (6.2) und (6.10) dargestellt. Zeige, daß $\lim_{\tau_2 \to \tau_1} g_{12}(t)$ in (6.2) die Formel in (6.10) mit τ_1 anstelle von τ liefert. Anmerkung: Bei der Berechnung des Grenzübergangs muß die L'Hospital-Regel (F) angewandt werden.

Werden n Hochpässe rückwirkungsfrei hintereinander geschaltet, so erhält man einen *Hochpaß n-ter Ordnung.* Werden Tiefpässe und Hochpässe hintereinander geschaltet, so entstehen *Bandpässe.* Diese Bezeichnung wird im nächsten Kapitel begründet. Netzwerk-Kombinationen dieser Art soll der Leser anhand von Übungsbeispielen kennenlernen.

Aufgabe: In Abb. 13 sind fünf Netzwerke gezeigt, die rückwirkungsfrei hintereinander geschaltete Tiefpässe und Hochpässe enthalten. Berechne

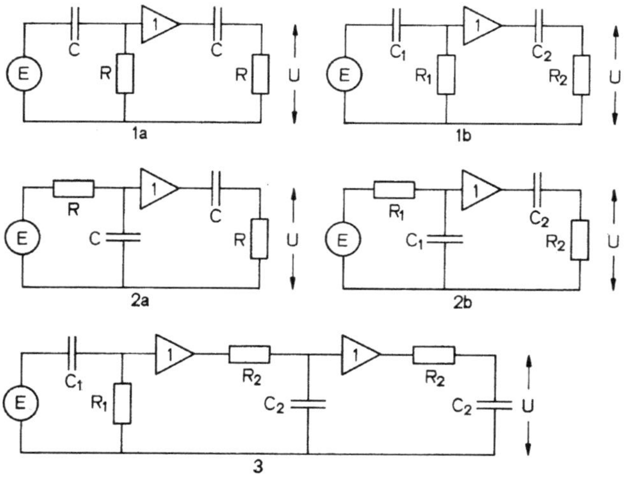

Abb. 13. Rückwirkungsfrei hintereinander geschaltete Netzwerke (Übungsbeispiele)

die Impulsantwort und die Übergangsfunktion dieser Netzwerke. Prüfe, ob und bei welchen t-Werten diese Funktionen Nulldurchgänge und Extremwerte haben. Schreibe auch die Differentialgleichung für die jeweilige Ausgangsgröße auf.

7. Die Antwort auf sinusförmige Erregung. Amplituden- und Phasenfrequenzgang

Neben dem Einheitsimpuls und der Stufenfunktion spielt die Sinusfunktion

$$x(t) = a \sin(\omega t + \varphi_0) \tag{7.1}$$

als Eingangsgröße bei der Analyse linearer Systeme eine wichtige Rolle. Es sind hier a die *Amplitude*,

$$\omega = 2\pi\nu = \frac{2\pi}{T} \tag{7.2}$$

die Kreisfrequenz, ν die Frequenz in Hz, T die Periodendauer der Sinusfunktion und φ_0 [Grad] eine Anfangsphase. Die Antwort des Tiefpasses erster Ordnung auf eine Sinusfunktion mit $a=1$ und $\varphi_0=0$ wird mit Hilfe des Faltungsintegrals berechnet. Es wird $y(0)=0$ vorausgesetzt. Es ist

$$y(t) = \int_0^t \frac{1}{\tau} e^{-(t-t')/\tau} \sin \omega t' \, dt' .$$

Löst man das Integral in diesem Ausdruck, so erhält man nach den möglichen Kürzungen

$$\text{(F)} \quad y(t) = \frac{1}{1+\tau^2\omega^2} \sin \omega t - \frac{\tau\omega}{1+\tau^2\omega^2} \cos \omega t + \frac{\tau\omega}{1+\tau^2\omega^2} e^{-t/\tau} . \tag{7.3}$$

In (7.3) klingt das dritte Glied mit der Zeit ab. Danach, in dem sogenannten *eingeschwungenen Zustand* ist die Antwort des Tiefpasses die Differenz zweier harmonischer Funktionen, einer Sinusfunktion und einer Cosinusfunktion gleicher Kreisfrequenz. Die Amplitudenfaktoren sind Funktionen der Kreisfrequenz ω.

Ausdrücke der Form

$$y(t) = a \sin \omega t + b \cos \omega t \tag{7.4}$$

lassen sich auch in der Form

$$y(t) = A \sin(\omega t + \varphi) \tag{7.5}$$

schreiben, wobei A und der Phasenwinkel φ von a und b abhängen. Da von dieser Umwandlung im folgenden des öfteren Gebrauch gemacht wird, soll hier gezeigt werden, wie man A und φ als Funktion von a und b berechnet. Aus (7.4) und (7.5) folgt

$$a \sin \omega t + b \cos \omega t = A \sin(\omega t + \varphi), \tag{7.6}$$

oder nach Auflösung der Klammer auf der rechten Seite

(F) $$a \sin \omega t + b \cos \omega t = A \sin \omega t \cos \varphi + A \cos \omega t \sin \varphi. \tag{7.7}$$

Gleichung (7.7) kann nur dann Lösungen für A und φ haben, wenn die Koeffizienten von $\sin \omega t$ und $\cos \omega t$ auf beiden Seiten gleich, d. h., wenn

$$a = A \cos \varphi \quad (7.8) \qquad b = A \sin \varphi \quad (7.9)$$

sind. Werden (7.8) und (7.9) quadriert und addiert, so erhalten wir

$$a^2 + b^2 = A^2, \quad \text{da}$$

(F) $$\sin^2 \varphi + \cos^2 \varphi = 1$$

ist. Es ist deshalb

$$A = \sqrt{a^2 + b^2}. \tag{7.10}$$

Wird (7.9) durch (7.8) dividiert, so erhält man $\dfrac{\sin \varphi}{\cos \varphi} = \dfrac{b}{a}$,

d. h. $$\operatorname{tg} \varphi = \frac{b}{a} \tag{7.11}$$

oder $$\varphi = \operatorname{arctg} \frac{b}{a} + k\pi, \quad k = 0, 1, 2 \ldots \tag{7.12}$$

Das Glied $k\pi$ muß auf der rechten Seite hinzugefügt werden, weil $\operatorname{tg} \varphi$ die Periode π hat und die Inverse, $\operatorname{arctg} \varphi$ deshalb mehrdeutig ist. Da $\sin \omega t = \cos(\omega t + \pi/2)$ ist, gilt auch die Beziehung

$$a \sin \omega t + b \cos \omega t = A \cos\left(\omega t + \varphi + \frac{\pi}{2}\right).$$

Setzt man aus (7.3) $1/(1 + \tau^2 \omega^2)$ für a und $-\tau\omega/(1 + \tau^2 \omega^2)$ für b in (7.10) und (7.12) ein, so erhält man für die Antwort des Tiefpasses erster Ordnung im eingeschwungenen Zustand

$$y(t)=\frac{1}{\sqrt{1+\tau^2\omega^2}}\sin(\omega t+\varphi) \tag{7.13}$$

mit

$$\varphi=-\operatorname{arctg}\tau\omega\,, \qquad \operatorname{tg}\varphi=-\tau\omega\,. \tag{7.14}$$

Die Antwort des Tiefpasses erster Ordnung auf eine sinusförmige Erregung ist im eingeschwungenen Zustand somit ebenfalls eine Sinusfunktion mit dem Amplitudenfaktor

$$A(\omega)=\frac{1}{\sqrt{1+\tau^2\omega^2}} \tag{7.15}$$

und mit dem Phasenwinkel nach (7.14).
Ganz allgemein kann man zeigen, daß die Antwort eines beliebigen zeitinvarianten linearen Systems auf eine sinusförmige Erregung im eingeschwungenen Zustand ebenfalls eine Sinusfunktion ist. Auf der rechten Seite der Differentialgleichung (3.1) dieser Systeme stehen Ableitungen bis zur m-ten Ordnung der Eingangsfunktion $x(t)=\sin\omega t$. Sie sind

$$\text{(F)}\quad \begin{array}{ll} D^0x(t)=\sin\omega t & D^1x(t)=\omega\cos\omega t \\ D^2x(t)=-\omega^2\sin\omega t & D^3x(t)=-\omega^3\cos\omega t \\ D^4x(t)=\omega^4\sin\omega t & D^5x(t)=\omega^5\cos\omega t \\ D^6x(t)=-\omega^6\sin\omega t & D^7x(t)=-\omega^7\cos\omega t \\ \text{usw.} & \end{array} \tag{7.16}$$

Diese Ableitungen sind der Reihe nach mit den Koeffizienten $\beta_0, \beta_1, \beta_2 \dots$ multipliziert. Die rechte Seite der Gleichung (3.1) ist somit

$$\begin{aligned}\textstyle\sum_{\mu=0}^{m}\beta_\mu D^\mu x(t)=&(\beta_0-\beta_2\omega^2+\beta_4\omega^4-\beta_6\omega^6+-\cdots)\sin\omega t\\ &+(\beta_1\omega-\beta_3\omega^3+\beta_5\omega^5-\beta_7\omega^7+-\cdots)\cos\omega t\,.\end{aligned} \tag{7.17}$$

Dieser Ausdruck ist andererseits der linken Seite der Gleichung (3.1) gleich. Folglich muß auch die linke Seite der Gleichung die Summe einer Sinus- und einer Cosinusfunktion sein. Da jedoch auch dort die Ableitungen höherer Ordnung der Ausgangsfunktion $y(t)$ stehen, muß gefordert werden, daß

$$y(t)=A(\omega)\sin(\omega t+\varphi) \tag{7.18}$$

ist. $A(\omega)$ und φ können wir durch Substituieren von (7.18) in (3.1) errechnen. Die Ableitungen höherer Ordnung von $y(t)$ werden errechnet wie die Ableitungen von $x(t)$ in (7.16):

$$\begin{aligned}
&(\alpha_0-\alpha_2\omega^2+\alpha_4\omega^4-\alpha_6\omega^6+-\cdots)A(\omega)\sin(\omega t+\varphi)\\
&\quad+(\alpha_1\omega-\alpha_3\omega^3+\alpha_5\omega^5-\alpha_7\omega^7+-\cdots)A(\omega)\cos(\omega t+\varphi)\\
&\quad=(\beta_0-\beta_2\omega^2+\beta_4\omega^4-\beta_6\omega^6+-\cdots)\sin\omega t\\
&\quad+(\beta_1\omega-\beta_3\omega^3+\beta_5\omega^5-\beta_7\omega^7+-\cdots)\cos\omega t\,,
\end{aligned} \tag{7.19}$$

oder

$$\alpha_s A(\omega)\sin(\omega t+\varphi)+\alpha_c A(\omega)\cos(\omega t+\varphi)=\beta_s\sin\omega t+\beta_c\cos\omega t\,, \tag{7.20}$$

wenn wir die Koeffizienten der Sinus- und Cosinusfunktionen der Reihe nach mit

$$\begin{aligned}
\alpha_s&=(\alpha_0-\alpha_2\omega^2+\alpha_4\omega^4-\alpha_6\omega^6+-\cdots)\,,\\
\alpha_c&=(\alpha_1\omega-\alpha_3\omega^3+\alpha_5\omega^5-\alpha_7\omega^7+-\cdots)\,,\\
\beta_s&=(\beta_0-\beta_2\omega^2+\beta_4\omega^4-\beta_6\omega^6+-\cdots)\,,\\
\beta_c&=(\beta_1\omega-\beta_3\omega^3+\beta_5\omega^5-\beta_7\omega^7+-\cdots)
\end{aligned} \tag{7.21}$$

bezeichnen.
Löst man in (7.20) die Klammer auf, so erhält man zunächst

$$\begin{aligned}
&\alpha_s A(\omega)\,[\sin\,\omega t\cos\varphi+\cos\omega t\sin\varphi]+\alpha_c A(\omega)\,[\cos\omega t\cos\varphi-\sin\,\omega t\sin\varphi]\\
&\qquad=\beta_s\sin\omega t+\beta_c\cos\omega t\,,
\end{aligned} \tag{F}$$

oder nach Ausklammern von $A(\omega)\sin\omega t$ und $A(\omega)\cos\omega t$ auf der linken Seite

$$\begin{aligned}
&A(\omega)\,[\alpha_s\cos\varphi-\alpha_c\sin\varphi]\sin\omega t+A(\omega)\,[\alpha_s\sin\varphi+\alpha_c\cos\varphi]\cos\omega t\\
&=\beta_s\sin\omega t+\beta_c\cos\omega t\,.
\end{aligned} \tag{7.22}$$

Da (7.22) wiederum nur dann Lösungen für $A(\omega)$ und φ besitzt, wenn die Koeffizienten der Sinus- und der Cosinusfunktionen von ωt auf beiden Seiten identisch sind, erhalten wir für die Bestimmung von $A(\omega)$ und φ die Gleichungen

$$A(\omega)\,[\alpha_s\cos\varphi-\alpha_c\sin\varphi]=\beta_s\,, \tag{7.23}$$

$$A(\omega)\,[\alpha_s\sin\varphi+\alpha_c\cos\varphi]=\beta_c\,. \tag{7.24}$$

Die Gleichungen (7.23) und (7.24) können nach $A(\omega)$ und φ in der gleichen Weise aufgelöst werden, wie (7.8) und (7.9).

Aufgabe: Zeige, daß das Gleichungssystem (7.23)—(7.24) die Lösungen

$$A(\omega)=\sqrt{\frac{\beta_s^2+\beta_c^2}{\alpha_s^2+\alpha_c^2}} \tag{7.25}$$

und $$\operatorname{tg}\varphi(\omega)=\frac{\alpha_s\beta_c-\alpha_c\beta_s}{\alpha_s\beta_s+\alpha_c\beta_c}, \tag{7.26}$$

d. h. $$\varphi(\omega)=\operatorname{arctg}\frac{\alpha_s\beta_c-\alpha_c\beta_s}{\alpha_s\beta_s+\alpha_c\beta_c}+k\pi \tag{7.27}$$

hat.

Der Amplitudenfaktor $A(\omega)$ und der Phasenwinkel $\varphi(\omega)$ werden — als Funktion von ω betrachtet — *Amplitudenfrequenzgang* und *Phasenfrequenzgang* genannt. Sie werden nach (7.25)—(7.27) allein durch die Koeffizienten α_0 bis α_n und β_0 bis β_m in der Differentialgleichung (3.1) bestimmt und können mit Hilfe der angegebenen Formeln berechnet werden. Für den Tiefpaß erster Ordnung sind sie bereits in (7.15) und (7.14) angegeben. Für den Hochpaß erster Ordnung sind aus (4.20)

$$\alpha_s=1\,,\qquad \alpha_c=\tau\omega\,,\qquad \beta_s=0\,,\qquad \beta_c=\tau\omega\,.$$

Wenn diese Werte in (7.25) und (7.27) eingesetzt werden, erhält man die Gleichungen

$$A(\omega)=\frac{\tau\omega}{\sqrt{1+\tau^2\omega^2}}, \tag{7.28}$$

und $$\varphi(\omega)=\operatorname{arctg}\frac{1}{\tau\omega}+k\pi \qquad (k=0,1,2\ldots). \tag{7.29}$$

Aufgabe: Berechne den Amplitudenfrequenzgang und den Phasenfrequenzgang für die Netzwerke c—m in Abb. 3.

Der Amplitudenfrequenzgang eines linearen zeitinvarianten Systems ist stets ein gebrochener rationaler Ausdruck, in dessen Zähler und Nenner Polynome m-ter und n-ter Ordnung stehen. Wäre m größer als n, so würde der Amplitudenfrequenzgang für sehr große ω-Werte unbegrenzt ansteigen. Das ist der Grund für die in (3.3) angegebene Bedingung für physikalisch realisierbare Systeme.

Für rückwirkungsfrei hintereinander geschaltete Netzwerke können wir den Amplituden- und Phasenfrequenzgang aus den Amplituden- und

Phasenfrequenzgängen der einzelnen Netzwerke auch ohne Kenntnis der Differentialgleichung des zusammengesetzten Netzwerkes berechnen.
Die Amplitude einer sinusförmigen Eingangsfunktion wird von jedem Netzwerk in der Reihe um den Faktor $A_1(\omega), A_2(\omega), \dots A_\nu(\omega) \dots A_n(\omega)$ verändert. Da die Eingangsfunktion für ein Glied in der Reihe die Ausgangsfunktion des vorangehenden Gliedes ist, ist der Amplitudenfaktor nach dem ersten Glied $A_1(\omega)$, nach dem zweiten Glied $A_1(\omega)A_2(\omega)$, nach dem dritten Glied $A_1(\omega)A_2(\omega)A_3(\omega)$, im allgemeinen das Produkt aller Amplitudenfrequenzgänge:

$$A(\omega) = \prod_{\nu=1}^{n} A_\nu(\omega). \tag{7.30}$$

Für die Phasenveränderung gilt: Das erste Glied verändert die Phase um $\varphi_1(\omega)$ Grad, das zweite Glied um weitere $\varphi_2(\omega)$ Grad, insgesamt also um $\varphi_1(\omega)+\varphi_2(\omega)$, das dritte Glied um weitere $\varphi_3(\omega)$ Grad, usw. Insgesamt wird die Phase um die Summe aller Phasenfrequenzgänge verändert:

$$\varphi(\omega) = \sum_{\nu=1}^{n} \varphi_\nu(\omega). \tag{7.31}$$

Da die Reihenfolge weder der Faktoren in (7.30) noch der Summanden in (7.31) das Ergebnis beeinflußt, ist auch die Reihenfolge der rückwirkungsfrei hintereinander geschalteten Netzwerke ohne Einfluß auf die Eigenschaften des gesamten Netzwerkes. Das ist eine wichtige Eigenschaft linearer Systeme.
Sind die rückwirkungsfrei hintereinander geschalteten n Netzwerke Tiefpässe mit der identischen Zeitkonstanten τ, so ist der Amplitudenfrequenzgang aus (7.15) und (7.30)

$$A(\omega) = \frac{1}{\sqrt{(1+\tau^2\omega^2)^n}}, \tag{7.32}$$

und der Phasenfrequenzgang aus (7.14) und (7.31)

$$\varphi(\omega) = -n \operatorname{arctg} \tau\omega + k\pi, \quad (k=0,1,2\dots). \tag{7.33}$$

Ebenso erhält man für einen Hochpaß n-ter Ordnung aus (7.28) und (7.30)

$$A(\omega) = \frac{(\tau\omega)^n}{\sqrt{(1+\tau^2\omega^2)^n}} \tag{7.34}$$

sowie aus (7.29) und (7.31)

$$\varphi(\omega) = n \operatorname{arctg} \frac{1}{\tau\omega} + k\pi, \quad (k=0,1,2\dots). \tag{7.35}$$

Trägt man $A(\omega)$ doppelt-logarithmisch und $\varphi(\omega)$ halblogarithmisch auf, so erhält man ein *Bode-Diagramm.* Das Bode-Diagramm für Tiefpässe 1—4-ter Ordnung (ausgezogene Linien) und für Hochpässe 1—3-ter Ordnung (gestrichelte Linien) ist für $\tau=1$ in Abb. 14a, b gezeigt. In Abb. 14c ist auch der Zeitverlauf der Eingangsfunktion und der beiden Ausgangsfunktionen für $n=1$ und $\omega=1$ dargestellt. Ein Tiefpaß reduziert die Amplitude hochfrequenter Eingangsfunktionen stark. Die Amplitude niederfrequenter Eingangsfunktionen wird nicht oder kaum beeinflußt. Daher heißt das Netzwerk *Tiefpaß*, oder auch *Tiefpaßfilter*. Ein Tiefpaß erster Ordnung schiebt die Phase der Ausgangsfunktion relativ zur Eingangsfunktion bei hohen Frequenzen bis zu -90°. Die Ausgangsfunktion läuft der Eingangsfunktion nach. Wird eine Sinusfunktion integriert, so ist das Ergebnis

$$\text{(F)} \quad \int \sin \omega t \, dt = -\frac{1}{\omega} \cos \omega t = \frac{1}{\omega} \sin\left(\omega t - \frac{\pi}{2}\right).$$

Ein Integrator verschiebt die Phase unabhängig von der Frequenz um -90° und reduziert die Amplitude umgekehrt proportional zu ω. Auch diese Ähnlichkeit zwischen einem Integrator und einem Tiefpaß begründet die Bezeichnung eines Tiefpasses als Integrierglied oder als IT_1-*Glied* (vgl. Kap. 4 und [10]).

Ein Hochpaß reduziert die Amplitude niederfrequenter Eingangsfunktionen stark. Die Amplitude hochfrequenter Eingangsfunktionen wird nicht oder kaum beeinflußt. Daher heißt das Netzwerk *Hochpaß* oder *Hochpaßfilter.* Ein Hochpaß erster Ordnung verschiebt die Phase der Ausgangsfunktion relativ zur Eingangsfunktion bei niedrigen Frequenzen bis zu $+90^\circ$. Die Ausgangsfunktion eilt der Eingangsfunktion vor. Wird eine Sinusfunktion differenziert, so ist das Ergebnis

$$\text{(F)} \quad \frac{d}{dt} \sin \omega t = \omega \cos \omega t = \omega \sin\left(\omega t + \frac{\pi}{2}\right).$$

Ein Differentiator verschiebt die Phase unabhängig von der Frequenz um $+90^\circ$ und erhöht die Amplitude proportional zu ω. Auch diese Ähnlichkeit zwischen einem Differentiator und einem Hochpaß begründet die Bezeichnung eines Hochpasses als träger Differentiator, oder als DT_1-*Glied* (vgl. Kap. 4 und [10]).

Die Darstellung der Amplituden- und Phasenfrequenzgänge im Bode-Diagramm gestattet eine schnelle graphische Konstruktion der Amplituden- und Phasenfrequenzgänge rückwirkungsfrei hintereinander geschalteter Filter. Da sich die Amplitudenfrequenzgänge der einzelnen Glieder multiplikativ zum resultierenden Amplitudenfrequenzgang verrechnen, müssen die Abstände der entsprechenden Kurven von der

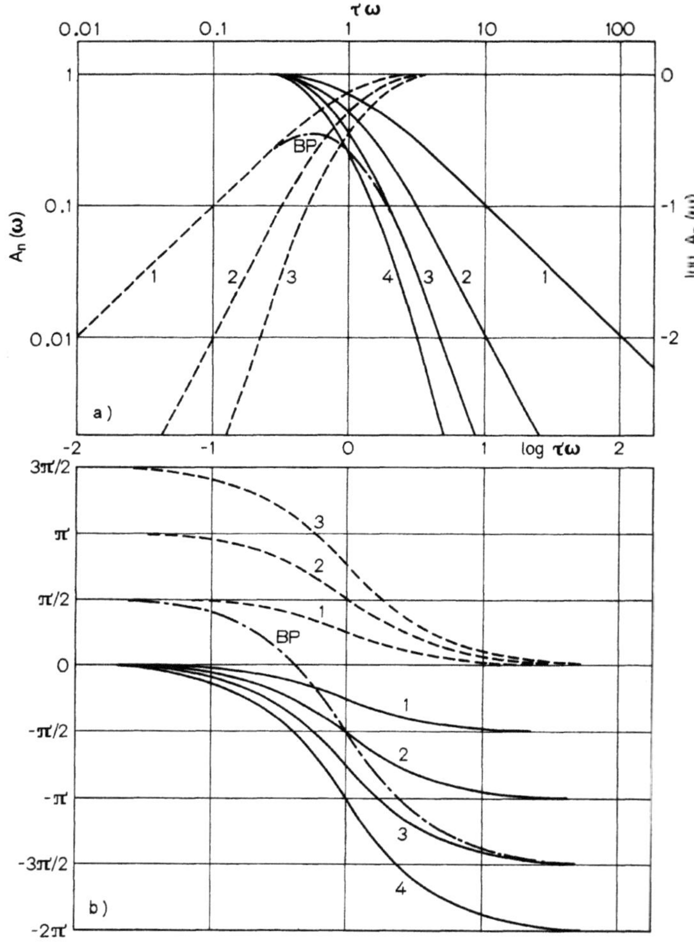

Abb. 14 a u. b

Abb. 14a–c. Bode-Diagramm von Tief- und Hochpässen sowie eines (unsymmetrischen) Bandpasses (a, b), Zeitverlauf der Erregung und der Antwort von Tief- und Hochpaß (c)

$\log A(\omega) = 0$-Achse zueinander addiert werden. So erhält man die Kurven 2 in Abb. 14, wenn man den Abstand der Kurven 1 von der $\log A = 0$-Achse verdoppelt, die Kurven 3, wenn man diese Abstände der Kurven 1 und 2 addiert. Für die Phasenfrequenzgänge, die additiv verrechnet werden müssen, gilt dieses Verfahren in der halblogarithmi-

Abb. 14 c

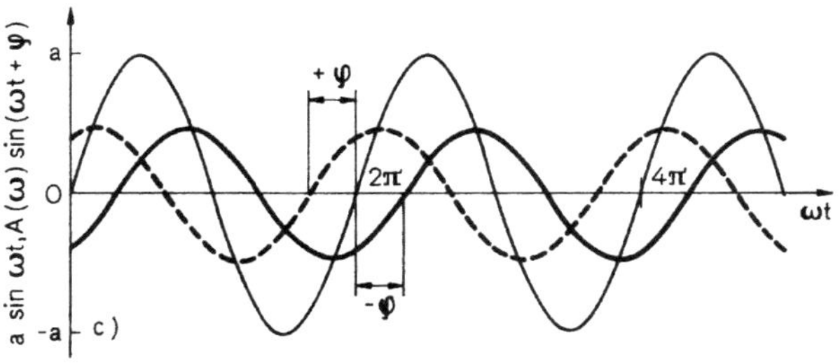

schen Darstellung. Addiert werden müssen — vorzeichengerecht — die Abstände von der $\varphi = 0$-Achse.

Die mit BP bezeichneten Kurven in Abb. 14 stellen den in dieser Weise ermittelten Amplituden- und Phasenfrequenzgang eines — unsymmetrischen — Bandpasses dar, der durch die Hintereinander-Schaltung eines Hochpasses erster und eines Tiefpasses dritter Ordnung entsteht. Ein solches Netzwerk reduziert die Amplitude sinusförmiger Eingangsfunktionen sowohl bei niedrigen als auch bei hohen Frequenzen stark. Sinusfunktionen werden nur in einem bestimmten Frequenzbereich, d. h. in einem *Frequenzband*, relativ wenig gedämpft. Daher heißt das Netzwerk *Bandpaß* oder *Bandpaßfilter*.

Aufgabe: Berechne die Amplituden- und Phasenfrequenzgänge für die Netzwerke in Abb. 13.

Die Amplitudenfrequenzgänge der Tiefpässe verlaufen bei hohen Frequenzen im Bode-Diagramm geradlinig. Bei diesen Frequenzen ist im Nenner in (7.32) 1 neben $\tau^2\omega^2$ zu vernachlässigen. Deshalb gilt in guter Näherung

$$A(\omega) = \frac{1}{(\tau\omega)^n} \quad \text{für} \quad \tau\omega \to \infty\,, \qquad \text{bzw.} \tag{7.36}$$

$$\text{(F)} \quad \log A(\omega) = -n \log(\tau\omega)\,. \tag{7.37}$$

Die geraden Teilstücke der Amplitudenfrequenzgänge haben die Gleichung (7.37): $\log A(\omega)$ ist $\log(\tau\omega)$ proportional. Der Proportionalitätsfaktor, d. h. die Steigung der Kurven ist $-n$. Es ist üblich, die Steigung in *Dezibel* (dB) zu messen und entweder für eine *Oktave* oder für eine *Dekade* anzugeben. Das Dezibel ist ein logarithmisches Maß für die Veränderung der Amplitude und wird als $20\log(A_2/A_1)$ berechnet. Die Oktave entspricht einem Frequenzverhältnis von 2:1, die Dekade einem Frequenzverhältnis von 10:1. Aus Gleichung (7.36) ist die Amplitudenveränderung bei einem Tiefpaß n-ter Ordnung

$$20 \log \frac{A(2\omega)}{A(\omega)} = 20 \log \frac{\dfrac{1}{(2\tau\omega)^n}}{\dfrac{1}{(\tau\omega)^n}} = -20n \log 2 = -6n \text{ dB/Oktave}$$

oder

$$20 \log \frac{A(10\omega)}{A(\omega)} = 20 \log \frac{\dfrac{1}{(10\tau\omega)^n}}{\dfrac{1}{(\tau\omega)^n}} = -20n \log 10 = -20n \text{ dB/Dekade.}$$

Die Amplitudenfrequenzgänge von Hochpässen verlaufen bei niedrigen Frequenzen im Bode-Diagramm geradlinig. In Gleichung (7.34) kann bei niedrigen Frequenzen $\tau^2\omega^2$ neben 1 vernachlässigt werden. Es ist daher in guter Näherung

$$A(\omega) = (\tau\omega)^n \quad \text{für} \quad \tau\omega \to 0\,, \tag{7.38}$$

bzw. $$\log A(\omega) = n \log(\tau\omega)\,. \tag{7.39}$$

Auch hier ist $\log A(\omega)$ proportional zu $\log(\tau\omega)$. Der Proportionalitätsfaktor ist $+n$. Die Steigung der Geraden ist daher $6n$ dB/Oktave oder $20n$ dB/Dekade.
Verlängert man die geraden Teilstücke der Kurven im Bode-Diagramm bis zur $A(\omega)=1$-Achse, so wird die Frequenz ω_0 im Schnittpunkt *charakteristische Frequenz* oder *Eckfrequenz* (engl. „corner frequency") genannt. Mit $A(\omega)=1$ ist aus (7.36) $1/(\tau\omega_0)^n = 1$,

d. h. $$\tau = \frac{1}{\omega_0}\,, \tag{7.40}$$

ebenso aus (7.38)

$$(\tau\omega_0)^n = 1\,,$$

woraus ebenfalls (7.40) folgt. Bei der charakteristischen Frequenz wird die Amplitude der Eingangsfunktion sowohl eines Tiefpasses als auch eines Hochpasses erster Ordnung um den Faktor $1/\sqrt{1+1} = 1/\sqrt{2}$ oder -3 dB vermindert. Es ist üblich, bei technischen Einrichtungen diese „3 dB-Grenze" als obere oder untere Grenzfrequenz anzugeben, auch dann, wenn der Amplitudenfrequenzgang des Gerätes nicht dem Amplitudenfrequenzgang eines Tiefpasses oder Hochpasses 1. Ordnung entspricht.

Die Gleichung (7.40) wird in der Regel verwendet, um aus dem Amplitudenfrequenzgang die Zeitkonstante τ zu bestimmen. Die Ordnung der Filter läßt sich aus der Steigung der geraden Teilstücke der Amplitudenfrequenzgänge ermitteln. Sind die Filter sehr hoher Ordnung, so wird man auch bei diesem Verfahren mit der gleichen Schwierigkeit konfrontiert, wie im Falle der Impulsantwort oder der Übertragungsfunktion. Innerhalb der Meßgenauigkeit kann man kaum mehr entscheiden, ob es sich um einen Filter fünfter, sechster oder noch höherer Ordnung handelt.

Der Amplituden- und der Phasenfrequenzgang werden oft in einem Diagramm dargestellt. Man trägt in einem Polarkoordinatensystem die Endpunkte von Zeigern ein, die bei einer gegebenen Frequenz die Länge $A(\omega)$ haben und mit der positiven horizontalen Achse den Winkel $\varphi(\omega)$ einschließen. Die Punkte verbindet man zu einer sogenannten *Ortskurve*. Negative Winkel bedeuten, wie üblich, eine Drehung des Zeigers im Uhrzeigersinn. Die Werte von ω werden neben der Ortskurve als laufender Parameter angegeben. Abb. 15a zeigt die Ortskurve für Tiefpässe erster bis vierter Ordnung, Abb. 15b die Ortskurven für Hochpässe erster bis dritter Ordnung und für den Bandpaß (BP) (s. auch Kap. 11).

In Versuchen an biologischen Objekten findet man Amplitudenfrequenzgänge, deren Steigung in ihren linearen Bereichen im Bode-Diagramm nicht $\pm 6n$ dB/Oktave ist, sondern z. B. $+3$ dB/Oktave oder -9 dB/Oktave. Die zugrunde liegenden Systeme können dabei durchaus linear sein (vgl. z. B. [33]). Sie müßten folglich als ein Hochpaß 0,5-ter Ordnung oder ein Tiefpaß 1,5-ter Ordnung bezeichnet werden. In späteren Kapiteln wird ein Formalismus, der auch die Beschreibung solcher Systeme gestattet, erörtert.

In Kap. 5 wurde gezeigt, daß die Lösung der Differentialgleichung (3.1) auf eine Integration zurückgeführt werden kann, wenn die Gewichtsfunktion $g(t)$ bekannt ist. Das Integral stellt — im infinitesimalen Grenzfall — die Summe von Antworten auf Pulse dar, in die die Eingangsfunktion zerlegt wurde. Um die Methode zur Lösung einer beliebigen linearen Differentialgleichung mit konstanten Koeffizienten anwenden zu können, fehlt noch ein Verfahren zur Bestimmung der Gewichtsfunktion $g(t)$.

In diesem Kapitel wurde eine Eingangsfunktion gefunden, für die die Antwort stets und leicht zu ermitteln ist. Sie ist die Sinusfunktion, oder allgemeiner, eine harmonische Funktion, da $x(t)$ in (7.1) mit $\varphi_0 = +\pi/2$ auch die Cosinusfunktion einschließt. Es wurde $\varphi_0 = 0$ nur gewählt, um die Berechnungen zu vereinfachen. Könnte man eine beliebige Eingangsfunktion $x(t)$ als die Summe einer Reihe von harmonischen Funktionen darstellen, so ließe sich wegen des Superpositionsprinzips die Antwort $y(t)$ als die Summe der Antworten auf die einzelnen harmonischen Eingangsfunktionen gewinnen. Mit der Zerlegung von Funktionen in ihre

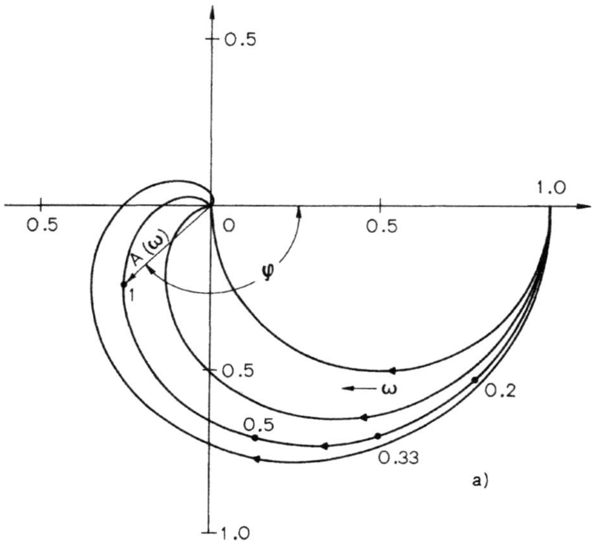

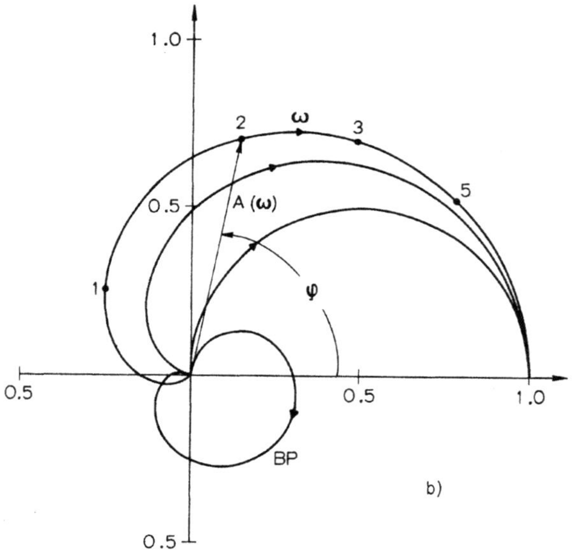

Abb. 15a und b. Ortskurven von Tiefpässen (a) und Hochpässen sowie eines (unsymmetrischen) Bandpasses (b)

harmonischen Komponenten befaßt sich die *Fourier-Theorie*. In den nächsten Kapiteln wird diese Theorie in ihren Grundzügen und unter dem Gesichtspunkt der nachfolgenden Anwendung zur Lösung von Differentialgleichungen kurz dargestellt.

8. Die Fourier-Reihe. Periodische Eingangsfunktionen

Periodische Funktionen, definiert durch die Gleichung

$$x(t+T)=x(t)\,, \tag{8.1}$$

wobei T die Periodendauer ist, können unter sehr allgemeinen Bedingungen als die Summe unendlich vieler harmonischer Funktionen dargestellt werden. Es gilt:

$$\begin{aligned} x(t)=a_0^*+a_1\cos\omega t+a_2\cos 2\omega t+a_3\cos 3\omega t+\cdots \\ +b_1\sin\omega t+b_2\sin 2\omega t+b_3\sin 3\omega t+\cdots\,, \end{aligned} \tag{8.2}$$

kurz $\quad x(t)=a_0^*+\sum_{k=1}^{\infty}(a_k\cos k\omega t+b_k\sin k\omega t)\,, \qquad (8.3)$

mit $\quad \omega=2\pi/T.$

$a_1, a_2 \ldots a_k \ldots$ sind die *Fourier-Cosinus-Koeffizienten*, $b_1, b_2 \ldots b_k \ldots$ die *Fourier-Sinus-Koeffizienten*. Die Summe in (8.2) ist die *Fourier-Reihe* der Funktion $x(t)$. Die Koeffizienten hängen von $x(t)$ ab und sind für $x(t)$ charakteristisch. Sie müssen nicht alle von Null verschieden sein.
Integriert man (8.2) von t bis $t+T$ und dividiert durch T, so liefern die Sinus- und Cosinusglieder auf der rechten Seite Null, das erste Glied a_0^*. Es ist deshalb

$$a_0^*=\frac{1}{T}\int_t^{t+T}x(t')\,dt'\,. \tag{8.4}$$

Das Integral in (8.4) und folglich auch a_0^* ist der Mittelwert $\bar{x}$ der Funktion $x(t)$.
Um die Koeffizienten a_k und b_k $(k\neq 0)$ berechnen zu können, müssen folgende Integralformeln bekannt sein:

$$\int_t^{t+T}\cos l\omega t'\,dt'=0\,; \qquad \int_t^{t+T}\sin l\omega t'\,dt'=0\,; \tag{8.5}$$

$$\int_t^{t+T}\sin k\,\omega t'\,\sin l\omega t'\,dt'=\begin{cases}0 & \text{für } l\neq k\\ \dfrac{T}{2} & \text{für } l=k\end{cases} \tag{8.6}$$

$$\int_t^{t+T} \cos k\omega t' \cos l\omega t' \, dt' = \begin{cases} 0 & \text{für} \quad l \neq k \\ \dfrac{T}{2} & \text{für} \quad l = k \end{cases} \tag{8.7}$$

$$\int_t^{t+T} \sin k\omega t' \cos l\omega t' \, dt' = \int_t^{t+T} \cos k\omega t' \sin l\omega t' \, dt' = 0 \,. \tag{8.8}$$

In diesen Formeln sind l, k: $1, 2, 3 \ldots$.

Aufgabe: Veranschauliche die Gültigkeit dieser Beziehungen durch — grobe — graphische Darstellung der Integranden.

Wird (8.2) mit $\cos l\omega t$ multipliziert ($l = 1, 2, 3 \ldots$) und von t bis $t+T$ integriert, so sind außer einem Glied sämtliche anderen Glieder Null. Das von Null verschiedene Glied ist dasjenige Cosinusglied, für welches $l = k$ ist. Dieses Glied liefert nach der Integration $a_k \cdot T/2$. Da auf der linken Seite der Gleichung $\int_t^{t+T} x(t') \cos k\omega t' \, dt'$ steht, ist

$$a_k \frac{T}{2} = \int_t^{t+T} x(t') \cos k\omega t' \, dt' \,,$$

d. h.

$$a_k = \frac{2}{T} \int_t^{t+T} x(t') \cos k\omega t' \, dt' \,, \qquad k = 1, 2, 3 \ldots \,. \tag{8.9}$$

Wird (8.2) mit $\sin l\omega t$ multipliziert und von t bis $t+T$ integriert, so gilt die gleiche Überlegung für das k-te Sinusglied. Es ist deshalb

$$b_k = \frac{2}{T} \int_t^{t+T} x(t') \sin k\omega t' \, dt' \,, \qquad k = 1, 2, 3 \ldots \,. \tag{8.10}$$

Für $k = 0$ beträgt das Integral in (8.9) das zweifache von a_0^* in (8.4). Deshalb verzichtet man oft auf die explizite Angabe von (8.4). Stattdessen läßt man den Index k in (8.9) mit 0 beginnen, und schreibt $a_0/2$ in (8.2) und (8.3) anstelle von a_0^*:

$$a_k = \frac{2}{T} \int_t^{t+T} x(t') \sin k\omega t' \, dt' \,, \qquad k = 0, 1, 2, 3 \ldots \tag{8.11}$$

$$x(t) = \frac{a_0}{2} + \sum_{k=1}^{\infty} (a_k \cos k\omega t + b_k \sin k\omega t) \,. \tag{8.12}$$

Die Fourier-Koeffizienten a_k und b_k und somit auch die Fourier-Reihe existieren immer dann, wenn die Integrale in (8.10) und (8.11) existieren.

Sie existieren z. B. dann nicht, wenn die Funktion $x(t)$ im Intervall $(t, t+T)$ unendliche viele Nulldurchgänge hat. Selbst wenn die Fourier-Reihe existiert, müßte streng genommen von Fall zu Fall gesondert geprüft werden, ob sie für $k \to \infty$ konvergiert, und im Falle der Konvergenz, ob die Summe in jedem Zeitpunkt t dem entsprechenden Funktionswert $x(t)$ gleich ist. Hinsichtlich dieser Fragen muß hier auf die weiterführende Literatur verwiesen werden. In der Praxis kommen selten Fälle vor, für die diese Probleme von entscheidender Bedeutung sind. Sollten einmal unverständliche Ergebnisse auftreten, so empfiehlt es sich, zunächst diesen Fragen nachzugehen.
In Kap. 7 wurde gezeigt, daß sich die Summe einer Sinus- und einer Cosinusfunktion mit den Amplitudenfaktoren a und b stets als eine Sinus- oder eine Cosinusfunktion mit dem Amplitudenfaktor A nach (7.10) und mit den Phasenwinkeln φ bzw. $\varphi+\pi/2$ nach (7.12) darstellen läßt. (8.12) läßt sich demnach auch in der Form

$$x(t)=\frac{a_0}{2}+\sum_{k=1}^{\infty} A_k \sin(k\omega t+\varphi_k)$$

oder $$x(t)=\frac{a_0}{2}+\sum_{k=1}^{\infty} A_k \cos\left(k\omega t+\varphi_k+\frac{\pi}{2}\right)$$

schreiben, mit

$$A_k=\sqrt{a_k^2+b_k^2} \tag{8.13}$$

und $$\varphi_k=\operatorname{arctg}\frac{a_k}{b_k}\,. \tag{8.14}$$

Die Gesamtheit der Koeffizienten A_k ist das *Fourier-Amplitudenspektrum*, die Gesamtheit der Phasenwinkel φ_k ist das *Phasenspektrum* der Funktion $x(t)$.
Die praktische Handhabung der Formel in (8.10)—(8.12) soll anhand zweier Beispiele dargestellt werden. Die erste Funktion, deren Fourier-Reihe wir berechnen, ist eine äquidistante Pulsfolge (Abb. 16). Die Dauer der Pulse beträgt Δt, die Höhe 1 und die Periodendauer T. Der Nullpunkt der Zeitachse kann willkürlich gewählt werden. Er soll mit der Mitte eines Pulses zusammenfallen. Es ist somit

$$\begin{aligned} x(t)&=1 \text{ für } -\frac{\Delta t}{2}\le t\le +\frac{\Delta t}{2},\\ &=0 \text{ sonst.}\end{aligned} \tag{8.15}$$

Im übrigen gilt (8.1). In (8.10) und (8.11) wird t zweckmäßigerweise zu $-T/2$ gewählt. Da der Integrand außerhalb des Intervalls $(-\Delta t/2, +\Delta t/2)$

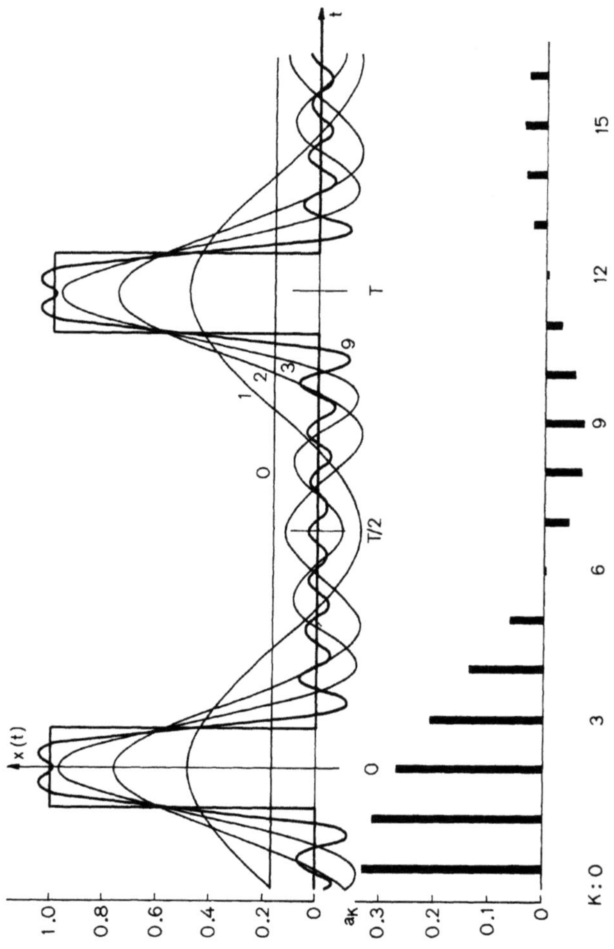

Abb. 16. Pulsfolge und ihre Approximation durch Fourier-Teilsummen (oben), Fourier-Koeffizienten der Pulsfolge (unten)

Null ist, sind die Integrationsgrenzen $-\Delta t/2$ und $+\Delta t/2$. Die Fourier-Cosinus-Koeffizienten sind somit

$$a_k = \frac{2}{T}\int_{-\Delta t/2}^{\Delta t/2} \cos k\,\omega t\,dt = \frac{2}{T}\left|_{-\Delta t/2}^{\Delta t/2} \frac{1}{k\omega}\sin k\,\omega t\right|$$

$$= \frac{1}{k\pi}\left[\sin k\frac{2\pi}{T}\,\frac{\Delta t}{2} - \sin k\frac{2\pi}{T}\left(-\frac{\Delta t}{2}\right)\right],$$

da $\omega=2\pi/T$ ist. Hieraus ergibt sich weiter

$$\text{(F)} \quad a_k=\frac{2}{k\pi}\sin k\pi\frac{\Delta t}{T}, \qquad (k=1,2,3\ldots). \tag{8.16}$$

Um a_0 zu erhalten, müssen wir in (8.16) den Grenzübergang $k\to 0$ durchführen. Es ist

$$a_0=\lim_{k\to 0}\frac{2}{k\pi}\sin k\pi\frac{\Delta t}{T}=\lim_{k\to 0}\frac{2\Delta t}{T}\,\frac{\sin k\pi\frac{\Delta t}{T}}{k\pi\frac{\Delta t}{T}}=\frac{2\Delta t}{T},$$

da $\lim_{\alpha\to 0}(\sin\alpha)/\alpha=1$ ist (F). Die Fourier-Sinus-Koeffizienten sind

$$\begin{aligned} b_k&=\frac{2}{T}\int_{-\Delta t/2}^{\Delta t/2}\sin k\omega t\,dt=\frac{2}{T}\left|_{\Delta t/2}^{\Delta t/2} -\frac{1}{k\omega}\cos k\omega t\right| \\ &=\frac{1}{k\pi}\left[-\cos k\frac{2\pi}{T}\frac{\Delta t}{2}+\cos k\frac{2\pi}{T}\left(-\frac{\Delta t}{2}\right)\right]=0, \end{aligned} \tag{8.17}$$

da $\cos k[(2\pi/T)(-\Delta t/2)]=\cos k[(2\pi/T)(\Delta t/2)]$ ist. Die Fourier-Reihe enthält nur Cosinus-Glieder und ist somit

$$\begin{aligned} x(t)=\frac{\Delta t}{T}+\frac{2}{\pi}\Bigg[&\sin\pi\frac{\Delta t}{T}\cos\omega t+\frac{1}{2}\sin 2\pi\frac{\Delta t}{T}\cos 2\omega t \\ &+\frac{1}{3}\sin 3\pi\frac{\Delta t}{T}\cos 3\omega t+\cdots\Bigg]. \end{aligned}$$

Wir stellen uns die Frage, ob die Fourier-Koeffizienten einer periodischen Funktion von der Wahl des Nullpunktes der Zeitachse abhängen und berechnen die Fourier-Reihe der gleichen Pulsfolge, wählen aber den Nullpunkt so, daß er mit der ansteigenden Flanke eines Pulses zusammenfällt. Es ist dann

$$\begin{aligned} x(t)&=1 \quad \text{für} \quad 0\leqq t\leqq \Delta t \\ &=0 \quad \text{sonst.} \end{aligned} \tag{8.18}$$

Da der Mittelwert der Funktion durch die Wahl des Nullpunktes nicht beeinflußt wird, hat a_0 nach wie vor den Wert $2\Delta t/T$. Die Fourier-Cosinus-Koeffizienten sind:

$$a_k = \frac{2}{T}\int_0^{\Delta t}\cos k\omega t\,dt = \frac{2}{T}\left|_0^{\Delta t}\frac{1}{k\omega}\sin k\omega t\right|$$
$$= \frac{1}{k\pi}\left[\sin k\frac{2\pi}{T}\Delta t - 0\right] = \frac{1}{k\pi}\sin k 2\pi\frac{\Delta t}{T}, \tag{8.19}$$

und die Fourier-Sinus-Koeffizienten

$$b_k = \frac{2}{T}\int_0^{\Delta t}\sin k\omega t\,dt = \frac{2}{T}\left|_0^{\Delta t} - \frac{1}{k\omega}\cos k\omega t\right|$$
$$= \frac{1}{k\pi}\left[-\cos k\frac{2\pi}{T}\Delta t + 1\right] = \frac{1}{k\pi}\left[1 - \cos k 2\pi\frac{\Delta t}{T}\right]. \tag{8.20}$$

Jetzt enthält die Fourier-Reihe der Pulsfolge sowohl Cosinus- als auch Sinusglieder. Der scheinbare Widerspruch läßt sich leicht aufklären, wenn man das Amplitudenspektrum in beiden Fällen berechnet. Aus (8.16) und (8.17) ist

$$A_k = \sqrt{\left(\frac{2}{k\pi}\sin k\pi\frac{\Delta t}{T}\right)^2 + 0} = \left|\frac{2}{k\pi}\sin k\pi\frac{\Delta t}{T}\right|,$$

aus (8.19) und (8.20)

$$A_k = \sqrt{\left(\frac{1}{k\pi}\sin k 2\pi\frac{\Delta t}{T}\right)^2 + \left[\frac{1}{k\pi}\left(1 - \cos k 2\pi\frac{\Delta t}{T}\right)^2\right]}$$
$$= \sqrt{\left(\frac{1}{k\pi}\right)^2\left[\sin^2 k 2\pi\frac{\Delta t}{T} + 1 - 2\cos k 2\pi\frac{\Delta t}{T} + \cos^2 k 2\pi\frac{\Delta t}{T}\right]}$$
$$= \left|\frac{2}{k\pi}\sin k\pi\frac{\Delta t}{T}\right|,$$

da $\quad \sin^2 k 2\pi\frac{\Delta t}{T} + \cos^2 k 2\pi\frac{\Delta t}{T} = 1$

und $\quad 2\left(1 - \cos k 2\pi\frac{\Delta t}{T}\right) = 4\sin^2 k\pi\frac{\Delta t}{T}$ ist (F).

Für die Phasenspektren gilt (8.14).

Die Wahl des Nullpunktes der Zeitachse beeinflußt zwar das Phasenspektrum, nicht aber das Amplitudenspektrum der Funktion $x(t)$. Es ist trivial, daß eine Verschiebung der Funktion $x(t)$ entlang der Zeitachse die gleiche Verschiebung der Fourier-Komponenten nach sich

zieht. Eine Verschiebung harmonischer Funktionen entlang der Zeitachse äußert sich wiederum in der Veränderung ihrer Anfangsphase.
Die Funktion in (8.15) ist nicht nur eine periodische, sondern auch eine *symmetrische* oder *gerade Funktion* mit der Eigenschaft

$$x(t) = x(-t)\,.$$

Ist $x(t)$ eine gerade Funktion, so ist auch $x(t)\cos k\omega t$ gerade, $x(t)\sin k\omega t$ jedoch eine ungerade Funktion. Wählt man in (8.10) $t = -T/2$, so sieht man sofort, daß die Koeffizienten b_k in der Fourierreihe einer beliebigen geraden Funktion Null sind, weil

$$\begin{aligned} b_k &= \int_{-T/2}^{T/2} x(t)\sin k\omega t\,dt \\ &= \int_{-T/2}^{0} x(t)\sin k\omega t\,dt + \int_0^{T/2} x(t)\sin k\omega t\,dt \\ \text{(F)}\qquad &= -\int_0^{T/2} x(t)\sin k\omega t\,dt + \int_0^{T/2} \sin k\omega t\,dt = 0 \end{aligned}$$

ist. Ist dagegen $x(t)$ eine *antisymmetrische* oder *ungerade* Funktion mit der Eigenschaft

$$x(t) = -x(-t)\,,$$

so ist $x(t)\cos k\omega t$ ebenfalls eine ungerade, $x(t)\sin k\omega t$ dagegen eine gerade Funktion. Folglich sind in diesem Fall sämtliche Koeffizienten a_k in der Fourier-Reihe Null. Ist der Nullpunkt der Zeitachse von vornherein nicht festgelegt, so ist es zweckmäßig, ihn nach Möglichkeit so zu wählen, daß $x(t)$ entweder eine gerade oder eine ungerade Funktion darstellt. Dadurch erhält man die Fourier-Reihe in der einfachsten Form.

Aufgabe: In Abb. 18 sind drei äquidistante Rechteckfunktionen (Mäanderfunktion) gezeigt. Sie unterscheiden sich nur in der Lage entlang der Zeitachse. Berechne die Fourier-Reihen für die drei Funktionen und zeige, daß das Amplitudenspektrum in allen drei Fällen das gleiche ist. Zeige, daß die Fourier-Reihe der Pulsfolge in Abb. 16 für $\Delta t = T/2$ von a_0 abgesehen in die Fourier-Reihe der Funktion in Abb. 18a übergeht.

Das zweite Beispiel (Abb. 17) ist eine gleichgerichtete Cosinusfunktion:

$$\begin{aligned} x(t) &= \cos\omega t \quad \text{für} \quad -\frac{T}{4} \le t \le \frac{T}{4}\,, \\ &= 0 \quad \text{sonst.} \end{aligned}$$

Die Funktion ist symmetrisch, so daß wir nur die Koeffizienten a_k zu berechnen haben. Es ist

$$a_k = \frac{2}{T}\int_{-T/4}^{T/4} \cos\omega t \cos k\omega t\,dt\,. \tag{8.21}$$

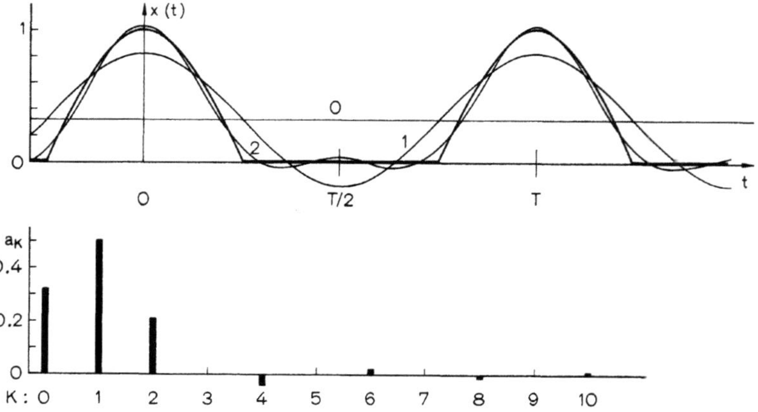

Abb. 17. Gleichgerichtete Cosinusfunktion und ihre Approximation durch Fourier-Teilsummen (oben), Fourier-Koeffizienten der gleichgerichteten Cosinusfunktion (unten)

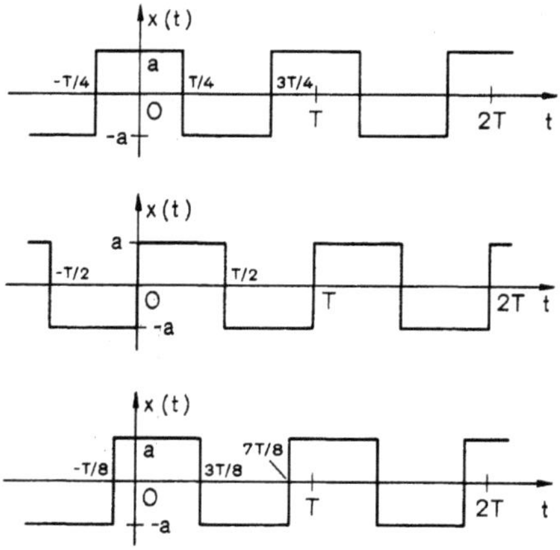

Abb. 18. Äquidistante Mäanderfunktionen, die sich nur durch die Wahl des Nullpunktes der Zeitachse unterscheiden (Übungsbeispiele)

Auf die Berechnung des Integrals in (8.21) soll hier verzichtet werden. Der Wert des Integrals zwischen den Grenzen $-T/4$ und $+T/4$ ist

$$a_k = -\frac{2\cos k\,\dfrac{\pi}{2}}{\pi(k-1)(k+1)}. \tag{8.22}$$

Die Formel in (8.22) liefert für $k=1$ den unbestimmten Ausdruck 0/0. Deshalb muß a_1 durch Lösung des Integrals in (8.21) für $k=1$ gesondert berechnet werden. Es ist

$$a_1 = \frac{2}{T} \int_{-T/4}^{T/4} \cos^2 \omega t \, dt = \frac{1}{2} .$$

Alle anderen Koeffizienten können aus (8.22) errechnet werden.
In Abb. 16 und Abb. 17 sind jeweils durch eine Säulenreihe die Koeffizienten der Pulsfolge bzw. der halbierten Cosinusfunktion dargestellt. In beiden Fällen nehmen sie mit zunehmendem k ab. Will man eine Funktion $x(t)$ aus ihrer Fourier-Reihe mit einer vorgegebenen Genauigkeit berechnen, so summiert man die Reihe nur bis zu einem bestimmten Höchstwert von k. Die restlichen Glieder in der Reihe liefern Beiträge, die kleiner sind als der vorgegebene Fehler. Wie groß der höchste, noch zu berücksichtigende Wert von k ist, hängt davon ab, wie stark die Koeffizienten a_k (und b_k) mit wachsendem k abnehmen, d. h. wie schnell die Reihe *konvergiert.* Die Reihe der halbierten Cosinusfunktion konvergiert schnell, da im Nenner in (8.22) $(k-1)(k+1)$, d. h. ein quadratischer Ausdruck von k steht. Im Nenner in (8.16) steht dagegen nur k, weshalb die Reihe der Pulsfolge langsam konvergiert. Während die halbierte Cosinus-Funktion bereits durch die ersten 3 Fourier-Komponenten mit den Koeffizienten $a_0/2$, a_1 und a_2 gut approximiert werden kann (Abb. 17, Kurve 2), wird die Pulsfolge in Abb. 16 selbst dann nur mäßig angenähert, wenn man alle Komponenten bis $k=9$ addiert (Abb. 16, Kurve 9). Die Kurven 1, 2 und 3 stellen die Teilsummen bis $k=1$, 2 und 3 dar. Im allgemeinen konvergiert eine Fourier-Reihe um so schneller, je weniger die Funktion $x(t)$ von einer Sinus- oder Cosinusfunktion abweicht. Die Konvergenzeigenschaften der Fourier-Reihe einer Pulsfolge hängen deshalb vom Verhältnis $\Delta t/T$ ab. Optimal ist die Konvergenz für $\Delta t = T/2$. Die Pulsfolge ist dann einer äquidistanten Rechteckfunktion gleich. Je mehr Δt von diesem Wert abweicht, um so langsamer konvergiert die Reihe. In Abb. 16 ist das Verhältnis $\Delta t/T = 1/6$.
Die Pulsfolge in Abb. 16 ist an den Sprungstellen (bei $t = \pm \Delta t/2$, $T \pm \Delta t/2$, $2T \pm \Delta t/2 \ldots$) eine unstetige Funktion. Selbst wenn man anhand Abb. 16 annimmt, daß die Fourier-Reihe mit den Koeffizienten nach (8.16) konvergiert und in allen anderen Zeitpunkten $x(t)$ darstellt, muß man sich fragen wie groß die Summe der Fourier-Reihe an den Sprungstellen ist. Nach einem Satz, der hier im einzelnen nicht näher erörtert werden soll, liefert eine Fourier-Reihe an den Sprungstellen stets den arithmetischen Mittelwert der beiden Funktionswerte.

Aufgabe: Zeige, daß die Fourier-Reihe der Mäander-Funktion in Abb. 18a an der Stelle $t = T/4$ den Wert Null liefert. Zeige, daß die gleiche Fourier-Reihe an der Stelle $t=0$ den Funktionswert $x(0)=1$, an der

Stelle $t = T/2$ den Funktionswert $x(T/2) = -1$ liefert. Hierzu muß man wissen, daß die Funktion $\operatorname{arctg}\alpha$ für $|\alpha| \leq 1$ durch die Potenzreihe (F)

$$\operatorname{arctg}\alpha = \alpha - \frac{\alpha^3}{3} + \frac{\alpha^5}{5} - \frac{\alpha^7}{7} + \cdots$$

dargestellt wird.
Aufgrund bisher gewonnener Kenntnisse sollte man in der Lage sein, die Lösung der Differentialgleichung (3.1) für beliebige periodische Eingangsfunktionen $x(t)$, die sich durch Fourier-Reihen darstellen lassen, zumindest numerisch ermitteln zu können. Die Antwort $y_k(t)$ eines linearen Systems auf die k-te Fourier-Komponente ist nach (7.18) und (8.12)

$$y_k(t) = A(k\omega_0)\left[a_k \cos(k\omega_0 t + \varphi_k) + b_k \sin(k\omega_0 t + \varphi_k)\right]. \tag{8.23}$$

Die Grundfrequenz der periodischen Eingangsfunktion wurde hier mit ω_0 bezeichnet, um Verwechslungen mit der kontinuierlichen Variablen ω im Amplitudenfrequenzgang $A(\omega)$ zu vermeiden. $A(k\omega_0)$ bezeichnet den Wert des Amplitudenfrequenzganges $A(\omega)$ an der Stelle $\omega = k\omega_0$. φ_k ist der entsprechende Wert des Phasenwinkels $\varphi(\omega)$. Die Summe der Antworten auf alle Fourier-Komponenten,

$$y(t) = A(0)\frac{a_0}{2} + \textstyle\sum_{k=1}^{\infty} A(k\omega_0)\left[a_k \cos k\omega_0 t + b_k \sin k\omega_0 t\right], \tag{8.24}$$

ist wegen des Superpositionsprinzips zugleich auch die Antwort auf die gegebene periodische Eingangsfunktion im eingeschwungenen Zustand. Wird z. B. ein Tiefpaß erster Ordnung durch eine Pulsfolge erregt, so ist die Antwort

$$y(t) = \frac{\Delta t}{T} + \frac{2}{\pi}\textstyle\sum_{k=1}^{\infty} \frac{1}{k\sqrt{1+(\tau k\omega_0)^2}} \sin k\pi \frac{\Delta t}{T} \cos(k\omega_0 t + \varphi_k). \tag{8.25}$$

In Abb. 19 ist gezeigt, wie $y(t)$ (ausgezogene Linien) durch die Summe der ersten drei (gestrichelt gezeichnete Linie) bzw. der ersten fünf (Punkte) Fourier-Komponenten nach (8.25) approximiert wird. Das Verhältnis $\Delta t/T$ war auch in diesem Beispiel 1/6, der Wert der Zeitkonstanten τ des Tiefpasses $\tau = T/2$.
Eine Methode zur Lösung der allgemeinen Gleichung (3.1) bei beliebigen Eingangsfunktionen $x(t)$ ist in greifbare Nähe gerückt. Würde man in Abb. 16 die Höhe der Pulse zu $1/\Delta t$ wählen und in (8.25) den Grenzwert $\lim_{\Delta t \to 0,\, T \to \infty} y(t)$ berechnen, so sollte dieser Grenzwert, wenn er existiert, gerade die Impulsantwort des Tiefpasses erster Ordnung, bzw. für einen beliebigen Amplituden- und Phasenfrequenzgang die entsprechende Ge-

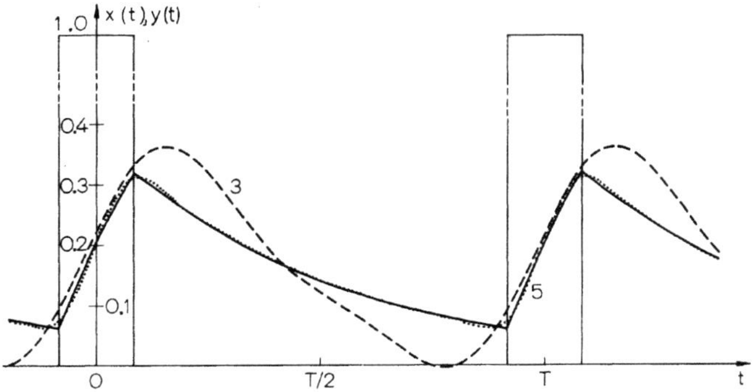

Abb. 19. Die Antwort eines Tiefpasses auf eine Pulsfolge und ihre Approximation durch Fourier-Teilsummen

wichtsfunktion liefern. In Kenntnis der Gewichtsfunktion könnte man dann mit Hilfe des Faltungsintegrals die Antwort auf eine beliebige Eingangsfunktion gewinnen. Neben diesem indirekten Weg bietet sich eine zweite Möglichkeit an: Man muß versuchen, nicht nur periodische, sondern beliebige Funktionen als Summe von harmonischen Funktionen darzustellen. Diese Möglichkeit wird im nächsten Kapitel besprochen.

9. Fourier-Integral. Fourier-Transformation

Die Funktion $x(t)$ in Abb. 20 (ausgezogene Linie) soll eine nichtperiodische begrenzte Funktion der Zeit mit endlich vielen Sprungstellen sein. Die Funktion $v(t)$ (gestrichelt gezeichnete Kurve in Abb. 20) sei im Inter-

Abb. 20. Illustration des Übergangs von der Fourier-Entwicklung zur Fourier-Transformation

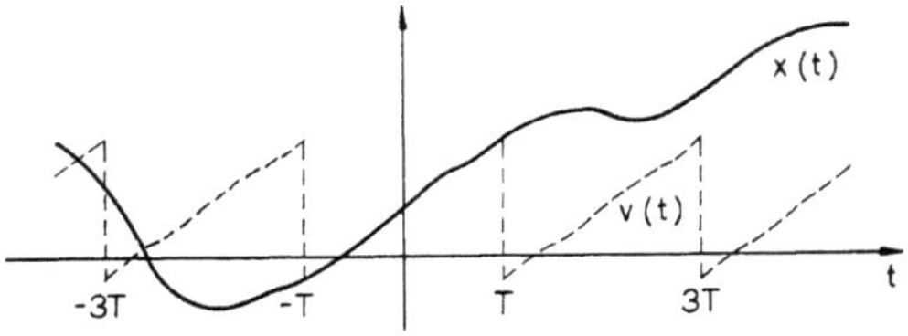

vall $-T_0 \leqq t \leqq +T_0$ mit $x(t)$ identisch und sonst periodisch. Die Periodendauer T ist hier $2\,T_0$. Es gilt daher

$$v(t+2\,T_0)=v(t)\,.$$

Für die Funktion $v(t)$ kann somit eine Fourier-Reihe angegeben werden. Die Reihe soll konvergieren und $v(t)$ darstellen. Sie stellt dann im Intervall $-T_0 \leqq t \leqq +T_0$ auch die Funktion $x(t)$ dar:

$$v(t) = x(t) = \frac{a_0}{2} + \sum_{k=1}^{\infty} (a_k \cos k\omega t + b_k \sin k\omega t) \quad \text{für} \quad -T_0 \leqq t \leqq +T_0 . \tag{9.1}$$

Da die Periodendauer hier $2\,T_0$ statt T_0 beträgt, sind

$$a_k = \frac{1}{T_0} \int_{-T_0}^{T_0} x(t) \cos k\omega t \, dt , \tag{9.2}$$

$$b_k = \frac{1}{T_0} \int_{-T_0}^{T_0} x(t) \sin k\omega t \, dt . \tag{9.3}$$

Wenn $T \to \infty$, so wird $v(t) = x(t)$ für alle Werte von t. Nach dem Grenzübergang $T_0 \to \infty$ müßte man analoge Beziehungen zu (9.1)—(9.3) erhalten, die nunmehr die Darstellung nicht periodischer Funktionen mit Hilfe harmonischer Funktionen gestatten.
Zunächst wird untersucht, welche Veränderungen im Amplitudenspektrum der Funktion $v(t)$ auftreten, wenn die Periodendauer $2\,T_0$ verdoppelt, verdreifacht, im allgemeinen um einen ganzzahligen Faktor vergrößert wird. Die Säulenreihe in Abb. 21a repräsentiere z. B. das Spektrum der

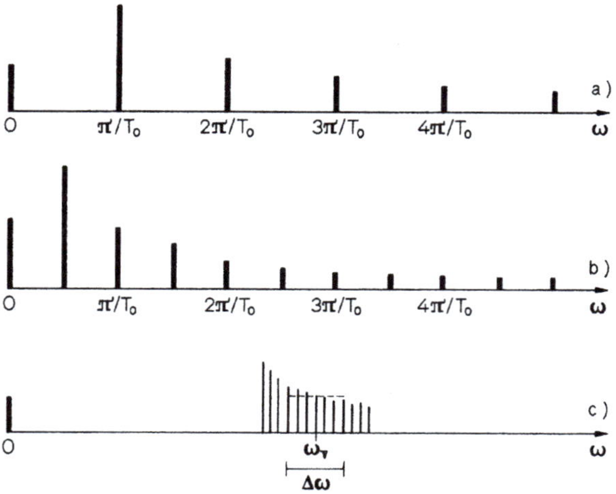

Abb. 21a–c. Die Veränderung des Fourier-Spektrums mit zunehmender Periodendauer. In (c) ist nur ein Ausschnitt des Spektrums gezeigt. (Die Höhe der Spektrallinien ist willkürlich gewählt)

Koeffizienten a_k einer nach $T=2T_0$ periodischen Funktion $v(t)$. Die Werte sind entlang der Frequenzachse ω aufgetragen. Die einzelnen Werte treten somit bei $\omega_0=0$, $\omega_1=2\pi/(2T_0)=\pi/T_0$, $\omega_2=2\cdot 2\pi/(2T_0)=2\pi/T_0$, im allgemeinen bei $\omega_k=k\cdot 2\pi/(2T_0)=k\cdot\pi/T_0$ $(k=0,1,2,3\ldots)$ auf. Wird die Periodendauer auf $T=4T_0$ verdoppelt, so kommen Spektrallinien bei $\omega_0=0$, $\omega_1=2\pi/(4T_0)=\pi/(2T_0)$, $\omega_2=2\cdot 2\pi/(4T_0)=\pi/T_0$, im allgemeinen bei $\omega_k=k\cdot 2\pi/(4T_0)=k\cdot\pi/(2T_0)$ vor (Abb. 21b). Wird die Periodendauer T weiter vergrößert, so verdichten sich die Spektrallinien entlang der ω-Achse mehr und mehr. Liegen die Spektrallinien für große T-Werte sehr dicht beieinander, so kann man die Berechnung der Fouriersumme in (9.1) folgendermaßen vereinfachen: Anstelle der einzelnen Koeffizienten a_k und b_k berücksichtigt man in einem Bereich $\Delta\omega$ um $\omega=\omega_\nu$ ihre durchschnittlichen Werte $a(\omega_\nu)$ und $b(\omega_\nu)$ (Abb. 21c, gestrichelte Linie). Die Beiträge aller Koeffizienten im Frequenzbereich $\Delta\omega$ sind dann näherungsweise $a(\omega_\nu)\Delta\omega\cos\omega_\nu t+b(\omega_\nu)\Delta\omega\sin\omega_\nu t$, da sie sowohl den durchschnittlichen Werten $a(\omega_\nu)$ und $b(\omega_\nu)$, als auch dem Bereich $\Delta\omega$ proportional sind. Anstelle von (9.1) können wir somit näherungsweise

$$x(t)\simeq\frac{a_0}{2}+\sum_{\nu=1}^{\infty}\left[a(\omega_\nu)\Delta\omega\cos\omega_\nu t+b(\omega_\nu)\Delta\omega\sin\omega_\nu t\right] \tag{9.4}$$

schreiben. Wenn $T\to\infty$, so werden die Spektrallinien unendlich dicht. Folglich kann $\Delta\omega$ beliebig, d. h. infinitesimal klein gewählt werden. Die diskreten Werte ω_ν gehen somit in die kontinuierliche Variable ω, die Summe in (9.4) in das Integral

$$x(t)=\int_0^\infty\left[a(\omega)\cos\omega t+b(\omega)\sin\omega t\right]d\omega \tag{9.5}$$

über.

Durch eine Analogie aus der Mechanik soll der hier geschilderte Vorgang veranschaulicht werden. Liegen im Raum vereinzelt Massenpunkte mit den Massen $M_1, M_2,\ldots M_k\ldots$ vor, so errechnet man die Gesamtmasse M als die Summe

$$M=\sum_{k=1}^{\infty}M_k\,.$$

Sind die Massenpunkte sehr dicht, so wird M aus dem Integral

$$M=\int\int\int q(\xi,\eta,\varrho)\,d\xi\,d\eta\,d\varrho\,,$$

ermittelt, wobei ξ, η und ϱ die drei Raumkoordinaten und $q(\xi,\eta,\varrho)$ die Dichtefunktion mit der Dimension $[q]=\mathrm{g}\cdot\mathrm{cm}^{-3}$ ist.

In Analogie zu $q(\xi,\eta,\varrho)$ werden auch die Spektralwerte $a(\omega)$ und $b(\omega)$ *spektrale Dichtefunktionen* genannt. Für ihre Dimension gilt:

$$[a(\omega)]=[a_k]\cdot\omega^{-1}=[a_k]\cdot\mathrm{s}\,.$$

Bereits diese Betrachtung zeigt, daß $a(\omega)$ und $b(\omega)$ nicht aus (9.2) und (9.3) errechnet werden können, wenn dort ∞ für T_0 eingesetzt wird. Die gesuchten Formeln für die Bestimmung von $a(\omega)$ und $b(\omega)$ können folgendermaßen gefunden werden. Man substituiert a_k und b_k aus (9.2) und (9.3) in (9.1) und führt den Grenzübergang $T \to \infty$ bzw. $\Delta\omega \to d\omega$ erst danach durch. Als Integrationsvariable wird t' eingeführt:

$$x(t) = \lim_{T\to\infty} \left\{ \frac{1}{2T} \int_{-T}^{T} x(t')\,dt' + \sum_{k=1}^{\infty} \frac{1}{T} \left(\left[\int_{-T}^{T} x(t') \cos\omega_k t'\,dt'\right] \cos\omega_k t \right.\right.$$
$$\left.\left. + \left[\int_{-T}^{T} x(t') \sin\omega_k t'\,dt'\right] \sin\omega_k t \right) \right\}. \tag{9.6}$$

Hier steht ω_k für $k \cdot 2\pi/(2T_0) = k \cdot \pi/T_0$. Nach Auflösung der Klammern [ ] in (9.6) erhält man

$$x(t) = \lim_{T\to\infty} \left\{ \frac{1}{2T} \int_{-T}^{T} x(t')\,dt' + \sum_{k=1}^{\infty} \frac{1}{T} \int_{-T}^{T} x(t') (\cos\omega_k t' \cos\omega_k t \right.$$
$$\left. + \sin\omega_k t' \sin\omega_k t)\,dt' \right\}$$
$$= \lim_{T\to\infty} \left\{ \frac{1}{2T} \int_{-T}^{T} x(t')\,dt' + \sum_{k=1}^{\infty} \frac{1}{T} \int_{-T}^{T} x(t') \cos\omega_k (t-t')\,dt' \right\}$$
$$= \lim_{T\to\infty} \frac{1}{\pi} \left\{ \frac{\pi}{2T} F(0) + \sum_{k=1}^{\infty} \frac{\pi}{T} F(\omega_k) \right\}. \tag{9.7}$$

Hier wurde aus der Beziehung $\cos(\alpha-\beta) = \cos\alpha\cos\beta + \sin\alpha\sin\beta$ (F) Gebrauch gemacht, mit π multipliziert und dividiert sowie die Bezeichnung

$$F(\omega_k) = \int_{-T}^{T} x(t') \cos\omega(t-t')\,dt' \tag{9.8}$$

eingeführt. Die Gleichung (9.7) ist die Näherungssumme eines Integrals über die Funktion $F(\omega_k)$, mit $\Delta\omega = \pi/T$ und $\omega_k = k \cdot \pi/T$. Das erste Glied in der Summe wird — bei $\omega_k = 0$ — mit der halben Intervallbreite $\pi/(2T)$ berücksichtigt. Es ist daher für $T \to \infty$

$$x(t) = \frac{1}{\pi} \int_0^{\infty} F(\omega)\,d\omega = \frac{1}{\pi} \int_0^{\infty} \int_{-\infty}^{\infty} x(t') \cos\omega(t-t')\,dt'\,d\omega$$
$$= \frac{1}{\pi} \int_0^{\infty} \left\{ \int_{-\infty}^{\infty} x(t') \cos\omega t' \cos\omega t\,dt'\,d\omega + \int_{-\infty}^{\infty} x(t') \sin\omega t' \sin\omega t\,dt'\,d\omega \right\}. \tag{9.9}$$

Hier wurde für $F(\omega)$ wieder (9.8) mit $T = \infty$ eingesetzt und von der genannten trigonometrischen Beziehung erneut Gebrauch gemacht. Die

Schritte von (9.6) zu (9.7) wurden hier nur durchgeführt, um den Ausdruck { } in (9.6) als eine Näherungssumme zu erkennen.
Die Gleichung (9.9) ist mit (9.5) dann identisch, wenn für $a(\omega)$

$$a(\omega)=\frac{1}{\pi}\int_{-\infty}^{\infty}x(t)\cos\omega t\,dt \tag{9.10}$$

und für $b(\omega)$

$$b(\omega)=\frac{1}{\pi}\int_{-\infty}^{\infty}x(t)\sin\omega t\,dt \tag{9.11}$$

substituiert wird.
Durch (9.10) und (9.11) werden der Zeitfunktion $x(t)$ die Frequenzfunktionen $a(\omega)$ und $b(\omega)$ eindeutig umkehrbar zugeordnet, da durch (9.5) $x(t)$ aus den spektralen Dichtefunktionen $a(\omega)$ und $b(\omega)$ errechnet werden kann. Diese Zuordnungen heißen *Fourier-Transformation* bzw. *Fourier-Rücktransformation*. Es sind folgende Bezeichnungen üblich:

$$a(\omega)=\mathscr{F}_c[x(t)]\,, \quad (9.12) \qquad b(\omega)=\mathscr{F}_s[x(t)]\,, \quad (9.13)$$

$$x(t)=\mathscr{F}_c^{-1}[a(\omega)]+\mathscr{F}_s^{-1}[a(\omega)]\,. \tag{9.14}$$

Je nach dem, ob $x(t)$ gerade oder ungerade ist, ist auch hier $b(\omega)=0$ oder $a(\omega)=0$.
Sofern die Fourier-Transformierten, d. h. die Spektralfunktionen $a(\omega)$ und $b(\omega)$ gefunden wurden, kann man die Lösung einer linearen Differentialgleichung mit konstanten Koeffizienten im Prinzip folgendermaßen finden. Die Antwort des linearen Systems auf die *Partialschwingungen* $a(\omega)\cos\omega t$ und $b(\omega)\sin\omega t$ ist (vgl. Kap. 7)

$$y_c(t,\omega)=A(\omega)\,a(\omega)\cos[\omega t+\varphi(\omega)]$$

bzw. $$y_s(t,\omega)=A(\omega)\,b(\omega)\sin[\omega t+\varphi(\omega)]\,.$$

Die Antwort auf die Funktion $x(t)$ ergibt sich als die Summe, im Grenzfall $T\to\infty$ als das Integral über sämtliche Partiallösungen:

$$y(t)=\int_0^{\infty}A(\omega)\{a(\omega)\cos[\omega t+\varphi(\omega)]+b(\omega)\sin[\omega t+\varphi(\omega)]\}\,d\omega\,,$$

oder, wenn man den Phasenwinkel $\varphi(\omega)$ im Argument der Cosinus- und Sinusfunktion eliminiert (vgl. Kap. 7),

$$\begin{aligned} y(t)&=\int_0^{\infty}A(\omega)\bar{a}(\omega)\cos\omega t\,d\omega+\int_0^{\infty}A(\omega)\,b(\omega)\sin\omega t\,d\omega \\ &=\mathscr{F}_c^{-1}[A(\omega)\,\bar{a}(\omega)]+\mathscr{F}_s^{-1}[A(\omega)\,b(\omega)]\,. \end{aligned} \tag{9.15}$$

Die Größen $\bar{a}(\omega)$ und $\bar{b}(\omega)$ ergeben sich dabei zu

$$\bar{a}(\omega) = a(\omega)\cos\varphi(\omega) + b(\omega)\sin\varphi(\omega)\,, \tag{9.16}$$

$$\bar{b}(\omega) = b(\omega)\cos\varphi(\omega) - a(\omega)\sin\varphi(\omega)\,. \tag{9.17}$$

Der zweite prinzipiell mögliche Weg zur Ermittlung der Lösungsfunktion führt über die Berechnung der Gewichtsfunktion der Differentialgleichung mit Hilfe der Fourier-Transformation. Diese Methode sei hier am bekannten Beispiel des Tiefpasses erster Ordnung demonstriert. Die Fourier-Cosinus- bzw. Sinustransformierten der δ-Funktion sind nach (4.26), (9.10) und (9.11)

$$a_\delta(\omega) = \frac{1}{\pi}\int_{-\infty}^{\infty} \delta(t)\cos\omega t\,dt = \frac{1}{\pi}\,, \tag{9.18}$$

$$b_\delta(\omega) = \frac{1}{\pi}\int_{-\infty}^{\infty} \delta(t)\sin\omega t\,dt = 0\,. \tag{9.19}$$

Das Fourier-Spektrum der δ-Funktion ist konstant; in ihm treten sämtliche Frequenzen von $\omega=0$ bis $\omega=\infty$ mit der gleichen Amplitude auf. Es sind somit nach (9.18), (9.19) und (7.15)

$$y_c(t,\omega) = \frac{1}{\sqrt{1+\tau^2\omega^2}}\cdot\frac{1}{\pi}\cos\left[\omega t + \varphi(\omega)\right]\,, \qquad y_s(t,\omega) = 0\,, \qquad \text{d. h.}$$

(F) $$y_c(t,\omega) = \frac{1}{\sqrt{1+\tau^2\omega^2}}\cdot\frac{1}{\pi}\left[\cos\omega t\cos\varphi(\omega) - \sin\omega t\sin\varphi(\omega)\right]\,. \tag{9.20}$$

Da aus (7.14)

(F) $$\cos\varphi = \frac{1}{\sqrt{1+\mathrm{tg}^2\varphi}} = \frac{1}{\sqrt{1+\tau^2\omega^2}}$$

und

(F) $$\sin\varphi = \frac{\mathrm{tg}\varphi}{\sqrt{1+\mathrm{tg}^2\varphi}} = \frac{-\tau\omega}{\sqrt{1+\tau^2\omega^2}}$$

sind, erhält man schließlich aus (9.16) und (9.17)

$$\bar{a}(\omega)=\frac{1}{\pi}\frac{1}{\sqrt{1+\tau^2\omega^2}}, \tag{9.21}$$

$$\bar{b}(\omega)=\frac{1}{\pi}\frac{\tau\omega}{\sqrt{1+\tau^2\omega^2}}. \tag{9.22}$$

Um die Gewichtsfunktion $g_C(t)$ zu erhalten, müssen daher nach (9.15), die Integrale in

$$\varphi_c(t)=\frac{1}{\pi}\int_0^\infty \frac{1}{1+\tau^2\omega^2}\cos\omega t\,d\omega+\frac{1}{\pi}\int_0^\infty \frac{\tau\omega}{1+\tau^2\omega^2}\sin\omega t\,d\omega$$

berechnet werden, die nach bekannten Integralformeln

(F) $\quad g_C(t)=\frac{1}{2\tau}e^{-t/\tau}+\frac{1}{2\tau}e^{-t/\tau}=\frac{1}{\tau}e^{-t/\tau}$

liefern.
Das Verfahren, so verlockend und einfach es auch erscheinen mag, ist nicht ohne praktische Schwierigkeiten. Sie bestehen in der Regel darin, daß die auftretenden Integrale entweder nicht konvergieren oder zumindest analytisch nicht zu ermitteln sind. Die Anwendbarkeit der Methode wurde durch Einführung der sog. *Laplace-Transformation* (vgl. Kap. 12) erheblich erweitert.

10. Komplexe Schreibweise trigonometrischer Funktionen. Fourier-Reihe und Fourier-Integral im komplexen Bereich

Um zu der Laplace-Methode zu gelangen, sind Kenntnisse über die komplexe Schreibweise trigonometrischer Funktionen erforderlich. Es folgt eine kurze Einführung in die Theorie der komplexen Zahlen.
Die Lösung der algebraischen Gleichung $z^2+z+1=0$ ist

(F) $\quad z_{1,2}=-\frac{1}{2}\pm\frac{1}{2}\sqrt{1-4}=-\frac{1}{2}\pm\frac{1}{2}\sqrt{-3}.$

Da die Quadratwurzel einer negativen Zahl im Bereich der reellen Zahlen nicht existiert, gibt es dort auch keine Lösung für z. Um Gleichungen dieser Art zumindest formal lösen zu können, wurde die *imaginäre* Einheit

$$j=\sqrt{-1}$$

eingeführt. Damit ist die Lösung der Gleichung

$$z_{1,2} = -\frac{1}{2} \pm \sqrt{-1}\,\frac{3}{2} = -\frac{1}{2} \pm \mathrm{j}\frac{\sqrt{3}}{2}.$$

Die allgemeine Form derartiger Ausdrücke ist

$$z = a + \mathrm{j}b. \tag{10.1}$$

z ist eine *komplexe Zahl*, a ist ihr *Realteil*, b ihr *Imaginärteil*. Komplexe Zahlen lassen sich in der *komplexen Ebene* (Abb. 22) als Punkte oder

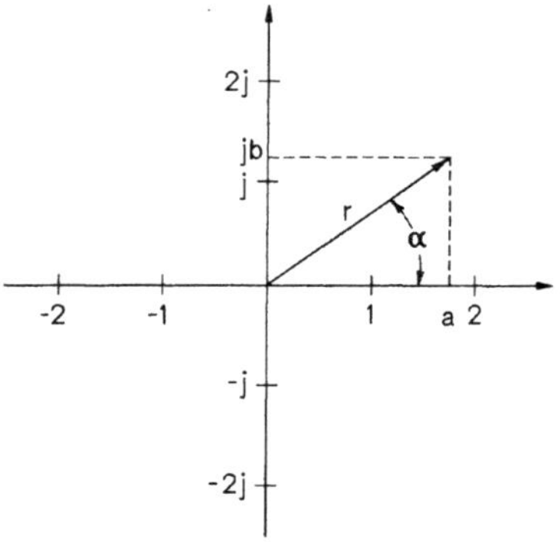

Abb. 22. Darstellung einer komplexen Zahl in der komplexen Ebene

Zeiger darstellen. Die horizontale Achse ist die reelle, die vertikale die imaginäre Achse der komplexen Ebene. Die Zahl

$$z^* = a - \mathrm{j}b \tag{10.2}$$

ist die zu z *konjugierte* komplexe Zahl. Folgende Beziehungen sind anhand der geometrischen Darstellung in Abb. 22 direkt abzulesen. Der *Betrag* r von z ist

$$r = \sqrt{a^2 + b^2}. \tag{10.3}$$

Es sind

$$\operatorname{tg}\alpha = \frac{b}{a}; \qquad \alpha = \operatorname{arctg}\frac{b}{a} + k\pi; \tag{10.4}$$

$$a = r\cos\alpha, \quad (10.5) \qquad b = r\sin\alpha. \quad (10.6)$$

Aus (10.1), (10.5) und (10.6) folgt

$$z = r(\cos\alpha + \mathrm{j}\sin\alpha)\,, \tag{10.7}$$

und somit $z(r,\alpha) = z(r, \alpha \pm 2k\pi)\,.$ (10.8)

Diese Gleichung besagt, daß jede komplexe Größe eine periodische Funktion ihres *Arguments* α ist. Ist

$z_1 = a_1 + \mathrm{j}b_1$ und $z_2 = a_2 + \mathrm{j}b_2$, so ist

$$z_1 + z_2 = (a_1 + a_2) + \mathrm{j}(b_1 + b_2)\,. \tag{10.9}$$

Aus (10.2) und (10.9) folgt:

$$z + z^* = 2a\,; \qquad z - z^* = 2\mathrm{j}b\,. \tag{10.10}$$

Zu einer Reihe wichtiger Beziehungen gelangt man durch den Vergleich der *Potenzreihen* (F) der trigonometrischen Funktionen $\cos\alpha$, $\sin\alpha$ und der Exponentialfunktion e^{α}. Es sind

(F) $$\cos\alpha = 1 - \frac{\alpha^2}{2!} + \frac{\alpha^4}{4!} - \frac{\alpha^6}{6!} + \frac{\alpha^8}{8!} - + \cdots \tag{10.11}$$

(F) $$\sin\alpha = \alpha - \frac{\alpha^3}{3!} + \frac{\alpha^5}{5!} - \frac{\alpha^7}{7!} + \frac{\alpha^9}{9!} - + \cdots \tag{10.12}$$

(F) $$\mathrm{e}^{\alpha} = 1 + \frac{\alpha}{1!} + \frac{\alpha^2}{2!} + \frac{\alpha^3}{3!} + \frac{\alpha^4}{4!} + \cdots \tag{10.13}$$

Steht im Argument der Exponentialfunktion $\mathrm{j}\alpha$ statt α, so ist

$$\mathrm{e}^{\mathrm{j}\alpha} = 1 + \frac{\mathrm{j}\alpha}{1!} + \frac{(\mathrm{j}\alpha)^2}{2!} + \frac{(\mathrm{j}\alpha)^3}{3!} + \frac{(\mathrm{j}\alpha)^4}{4!} + \cdots$$

Da $\mathrm{j}^2 = -1$, $\mathrm{j}^3 = -\mathrm{j}$, $\mathrm{j}^4 = 1$, $\mathrm{j}^5 = \mathrm{j} \ldots$ ist, ist auch

$$\begin{aligned} \mathrm{e}^{\mathrm{j}\alpha} &= 1 + \mathrm{j}\frac{\alpha}{1!} - \frac{\alpha^2}{2!} - \mathrm{j}\frac{\alpha^3}{3!} + \frac{\alpha^4}{4!} + \mathrm{j}\frac{\alpha^5}{5!} - \frac{\alpha^6}{6!} - \cdots \\ &= \left(1 - \frac{\alpha^2}{2!} + \frac{\alpha^4}{4!} - \frac{\alpha^6}{6!} + - \cdots\right) + \mathrm{j}\left(\alpha - \frac{\alpha^3}{3!} + \frac{\alpha^5}{5!} - \frac{\alpha^7}{7!} + - \cdots\right). \end{aligned} \tag{10.14}$$

Vergleicht man (10.11) und (10.12) mit (10.14), so findet man die Beziehung

$$\cos\alpha + \mathrm{j}\sin\alpha = \mathrm{e}^{\mathrm{j}\alpha}. \tag{10.15}$$

Vergleicht man die Potenzreihe von $\exp(-\mathrm{j}\alpha)$ mit (10.11) und (10.12), erhält man in gleicher Weise

$$\cos\alpha - \mathrm{j}\sin\alpha = \mathrm{e}^{-\mathrm{j}\alpha}. \tag{10.16}$$

Werden (10.15) und (10.16) addiert, so erhält man $2\cos\alpha = \mathrm{e}^{\mathrm{j}\alpha} + \mathrm{e}^{-\mathrm{j}\alpha}$, d. h.

$$\cos\alpha = \frac{\mathrm{e}^{\mathrm{j}\alpha} + \mathrm{e}^{-\mathrm{j}\alpha}}{2}. \tag{10.17}$$

Subtrahiert man (10.16) aus (10.15), so ergibt sich

$$\sin\alpha = \frac{\mathrm{e}^{\mathrm{j}\alpha} - \mathrm{e}^{-\mathrm{j}\alpha}}{2\mathrm{j}}. \tag{10.18}$$

Aus (10.15)—(10.18) leitet man folgende weitere Beziehung ab:

$$\mathfrak{z} = r\,\mathrm{e}^{\mathrm{j}\alpha} \tag{10.19}$$

$$\mathfrak{z}^* = r\,\mathrm{e}^{-\mathrm{j}\alpha} \tag{10.20}$$

(F) $\mathfrak{z}_1 \cdot \mathfrak{z}_2 = r_1 r_2\,\mathrm{e}^{\mathrm{j}(\alpha_1+\alpha_2)}$ (10.21) (F) $\mathfrak{z}^n = r^n\,\mathrm{e}^{\mathrm{j}n\alpha}$ (10.22)

(F) $\sqrt[n]{\mathfrak{z}} = \sqrt[n]{r}\,\mathrm{e}^{\mathrm{j}\frac{\alpha}{n}}$ (10.23) (F) $\frac{\mathfrak{z}_1}{\mathfrak{z}_2} = \frac{r_1}{r_2}\,\mathrm{e}^{\mathrm{j}(\alpha_1-\alpha_2)}$ (10.24)

(F) $\mathfrak{z}\cdot\mathfrak{z}^* = r^2.$ (10.25)

Von diesen Beziehungen wird im folgenden ohne besonderen Hinweis Gebrauch gemacht. Das Argument α einer komplexen Zahl kann selbstverständlich auch eine Funktion der Zeit sein. Im einfachsten Fall ist $\alpha = \omega t$. Es sind dann

$$\mathfrak{z} = r\,\mathrm{e}^{\mathrm{j}\omega t} \tag{10.26}$$

und $$\cos\omega t = \frac{\mathrm{e}^{\mathrm{j}\omega t} + \mathrm{e}^{-\mathrm{j}\omega t}}{2}; \tag{10.27}$$

$$\sin\omega t = \frac{\mathrm{e}^{\mathrm{j}\omega t} - \mathrm{e}^{-\mathrm{j}\omega t}}{2\mathrm{j}} = \mathrm{j}\,\frac{\mathrm{e}^{-\mathrm{j}\omega t} - \mathrm{e}^{\mathrm{j}\omega t}}{2}. \tag{10.28}$$

Die Zeiger $z = \exp(j\omega t)$ und $z^* = \exp(-j\omega t)$ bewegen sich mit der konstanten Winkelgeschwindigkeit ω in positiver (entgegen dem Uhrzeigersinn) bzw. negativer (im Uhrzeigersinn) Richtung. Die halbe Summe von z in (10.26) und z^* in (10.27) ist stets eine reelle Zahl, deren Wert mit der Kreisfrequenz ω harmonisch oszilliert. Die halbe Differenz von z und z^* ist eine reine imaginäre Zahl, deren Betrag mit der Kreisfrequenz ω harmonisch oszilliert. (Vgl. auch (10.10) und die Illustration in Abb. 23.)

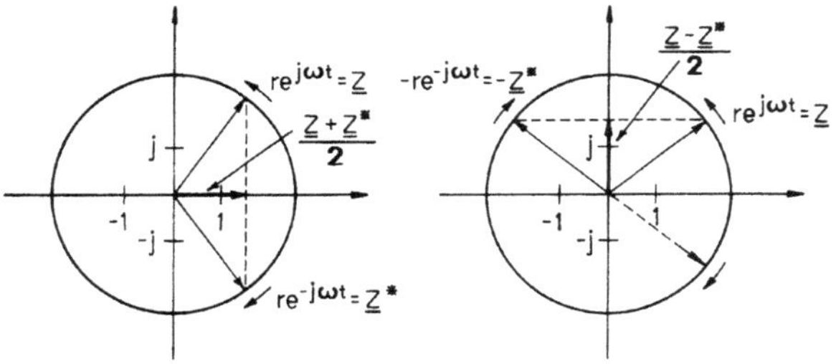

Abb. 23. Die Darstellung harmonischer Schwingungen in der komplexen Ebene

Die Anwendung der komplexen Schreibweise vereinfacht die mit trigonometrischen Funktionen durchzuführenden Berechnungen. Als Beispiel soll im folgenden die Darstellung der Fourier-Reihe und des Fourier-Integrals in der komplexen Schreibweise eingeführt werden. Zunächst werden für $\cos k\omega t$ und $\sin k\omega t$ in (8.3) die entsprechenden Ausdrücke aus (10.17) und (10.18) substituiert. Es ist

$$x(t) = \frac{a_0}{2} + \sum_{k=1}^{\infty} \left[a_k \frac{e^{jk\omega t} + e^{-jk\omega t}}{2} + b_k \frac{e^{jk\omega t} - e^{jk\omega t}}{2j} \right]$$

$$= \frac{a_0}{2} + \sum_{k=1}^{\infty} \left[\frac{a_k}{2} e^{jk\omega t} + \frac{a_k}{2} e^{-jk\omega t} - j\frac{b_k}{2} e^{jk\omega t} + j\frac{b_k}{2} e^{-jk\omega t} \right]$$

$$= \frac{a_0}{2} + \sum_{k=1}^{\infty} \frac{a_k - jb_k}{2} e^{jk\omega t} + \sum_{k=1}^{\infty} \frac{a_k + jb_k}{2} e^{-jk\omega t} .$$

Dieser Ausdruck kann wie folgt weiter vereinfacht werden. Läßt man in der zweiten Summe den Index k nicht von $k=1$ bis $k=\infty$ laufen, sondern von $k=-\infty$ bis $k=-1$, so kann man

$$\sum_{k=1}^{\infty} \frac{a_k + jb_k}{2} e^{-jk\omega t} = \sum_{-\infty}^{-1} \frac{a_k + jb_k}{2} e^{jk\omega t}$$

substituieren, und man erhält

$$x(t)=\sum_{k=-\infty}^{\infty} c_k e^{jk\omega t}, \tag{10.29}$$

wobei

$$c_k=c_{+k}=\frac{a_k-jb_k}{2}=c_{-k}^* \quad \text{für} \quad k>0 \tag{10.30}$$

$$c_k=c_0 \;=\frac{a_0}{2} \qquad\qquad \text{für} \quad k=0 \tag{10.31}$$

$$c_k=c_{-k}=\frac{a_k+jb_k}{2}=c_{+k}^* \quad \text{für} \quad k<0 \tag{10.32}$$

sind.

Diese Schreibweise bedeutet freilich erst dann eine Vereinfachung, wenn eine Formel gefunden wird, die die Berechnung der Fourier-Koeffizienten c_k unabhängig vom Vorzeichen von k gestattet.

Aufgabe: Zeige mit Hilfe von (10.15) und (10.16), daß die Formel

$$c_k=\frac{1}{T}\int_t^{t+T} x(t)\,e^{-jk\omega t}\,dt \tag{10.33}$$

für alle Werte von k die richtigen in (10.30)—(10.32) angegebenen Werte von c_k liefert. Hinweis: Es müssen die Ausdrücke $(a_k-jb_k)/2$, $a_0/2$ und $(a_k+jb_k)/2$ mit Hilfe von (8.10) und (8.11) berechnet werden.

Sind die komplexen Fourier-Koeffizienten c_k ermittelt, so lassen sich selbstverständlich durch Umkehrung der Beziehungen (10.30)—(10.32) die reellen Koeffizienten a_k und b_k ermitteln. Wir erhalten:

$$a_k=c_k+c_{-k}=2\,\mathrm{Re}[c_k] \tag{10.34}$$

$$\frac{a_0}{2}=c_0 \tag{10.35}$$

$$b_k=j(c_{+k}-c_{-k})=2\,\mathrm{Im}[c_{-k}]=-2\,\mathrm{Im}[c_{+k}] \tag{10.36}$$

Re bedeutet hier Realteil, Im steht für Imaginärteil.

Diese Beziehungen lassen sich durch Einsetzen von c_k, c_0 und c_{-k} aus (10.30)—(10.32) unmittelbar nachweisen.

Als Beispiel soll hier die komplexe Fourier-Reihe der Impulsfolge nach (8.15) berechnet werden. Es ist mit $\omega = 2\pi/T$ aus (8.15) und (10.33)

$$c_k = \frac{1}{T}\int_{-\Delta t/2}^{\Delta t/2} \mathrm{e}^{-\mathrm{j}k\frac{2\pi}{T}t}\,dt = \frac{1}{T}\left|\begin{matrix}\Delta t/2\\ \\ -\Delta t/2\end{matrix}\right. -\frac{1}{\mathrm{j}k\dfrac{2\pi}{T}}\,\mathrm{e}^{-\mathrm{j}k\frac{2\pi}{T}t}\Bigg|$$

$$= -\frac{1}{\mathrm{j}k2\pi}\left[\mathrm{e}^{-\mathrm{j}k\frac{2\pi}{T}\frac{\Delta t}{2}} - \mathrm{e}^{\mathrm{j}k\frac{2\pi}{T}\frac{\Delta t}{2}}\right],$$

oder nach weiterer Vereinfachung

$$c_k = \frac{1}{k\pi}\,\frac{\mathrm{e}^{\mathrm{j}k\pi\frac{\Delta t}{T}} - \mathrm{e}^{-\mathrm{j}k\pi\frac{\Delta t}{T}}}{2\mathrm{j}}, \qquad \text{und wegen (10.28)}$$

$$c_k = \frac{1}{k\pi}\sin k\pi\frac{\Delta t}{T}. \tag{10.37}$$

Nach (10.34)—(10.36) ist

$$a_k = \frac{2}{k\pi}\sin k\pi\frac{\Delta t}{T}, \qquad a_0 = \frac{2\Delta t}{T}, \qquad b_k = 0$$

in Übereinstimmung mit den Ergebnissen in Kap. 8. (Um a_0 zu gewinnen, muß der gleiche Grenzübergang durchgeführt werden, wie in Kap. 8.)
Den Übergang von der Fourier-Reihe zum Fourier-Integral kann man analog zum Verfahren im reellen Bereich (vgl. Kap. 9) durchführen. Entsprechend (9.7) ist jetzt

$$\begin{aligned} x(t) &= \lim_{T\to\infty}\sum_{k=-\infty}^{\infty}\left[\frac{1}{2T}\int_{-T}^{T} x(t)\,\mathrm{e}^{-\mathrm{j}\omega_k t}\,dt\right]\mathrm{e}^{\mathrm{j}\omega_k t} \\ &= \lim_{T\to\infty}\sum_{k=-\infty}^{\infty}\frac{1}{2\pi}\left[\int_{-T}^{T} x(t)\,\mathrm{e}^{-\mathrm{j}\omega_k t}\,dt\right]\mathrm{e}^{\mathrm{j}\omega_k t}\,\frac{\pi}{T}. \end{aligned} \tag{10.38}$$

Die Gleichung (10.38) ist die Näherungssumme des Integrals

$$x(t) = \int_{-\infty}^{\infty} c(\omega)\,\mathrm{e}^{\mathrm{j}\omega t}\,d\omega, \tag{10.39}$$

wenn $\quad c(\omega) = \dfrac{1}{2\pi}\displaystyle\int_{-\infty}^{\infty} x(t)\,\mathrm{e}^{-\mathrm{j}\omega t}\,dt \qquad (10.40)$

ist. Man hätte auch sagen können, daß (10.38) die Näherungssumme des Integrals

$$x(t)=\frac{1}{2\pi}\int_{-\infty}^{\infty} c(\omega)\,\mathrm{e}^{\mathrm{j}\omega t}\,d\omega \tag{10.41}$$

ist, wenn

$$c(\omega)=\int_{-\infty}^{\infty} x(t)\,\mathrm{e}^{-\mathrm{j}\omega t}\,dt \tag{10.42}$$

beträgt. Die Formeln in (10.39) und (10.40) unterscheiden sich von den Formeln in (10.41) und (10.42) nur darin, daß der Faktor $1/2\pi$ einmal in der Transformationsgleichung für $c(\omega)$, und im zweiten Fall in der Transformationsgleichung für $x(t)$ berücksichtigt wird. Diese unterschiedliche Handhabung der Transformationsgleichungen in verschiedenen Quellen führt gelegentlich zu Mißverständnissen. Es ist jedoch gleichgültig, ob bei der Transformation von $x(t)$ in $c(\omega)$ und bei einer anschließenden Rücktransformation der möglicherweise veränderten Spektralfunktion $c(\omega)$ in $x(t)$ der Faktor $1/2\pi$ während der Hin- oder während der Rücktransformation berücksichtigt wird. Neben (10.39)—(10.42) findet man sogar oft die symmetrischen Formen

$$x(t)=\frac{1}{\sqrt{2\pi}}\int_{-\infty}^{\infty} c(\omega)\,\mathrm{e}^{\mathrm{j}\omega t}\,d\omega\,, \tag{10.43}$$

$$c(\omega)=\frac{1}{\sqrt{2\pi}}\int_{-\infty}^{\infty} x(t)\,\mathrm{e}^{-\mathrm{j}\omega t}\,dt\,. \tag{10.44}$$

In den Formeln (10.39), (10.41) und (10.43) wird über die Kreisfrequenz ω von $-\infty$ bis $+\infty$ integriert. Dies bedeutet natürlich nicht, daß in einem entsprechenden physikalischen System negative Frequenzen auftreten. Vielmehr ist das Auftreten dieses Bereichs negativer Frequenzen auf die negativen Indizes $-k$ zurückzuführen, die zur Vereinfachung der Schreibweise der komplexen Fourier-Summe in (10.29) herangezogen wurden.
Zwischen $c(\omega)$ einerseits sowie $a(\omega)$ und $b(\omega)$ andererseits besteht die gleiche Beziehung wie zwischen c_k bzw. a_k und b_k. Vergleicht man (9.10) und (9.11) mit (10.40), so erhält man sofort

$$c(\omega)=\frac{a(\omega)-\mathrm{j}b(\omega)}{2}\,, \tag{10.45}$$

woraus $$a(\omega)=c(\omega)+c^{*}(\omega)=2\,\mathrm{Re}\,[c(\omega)]\,, \tag{10.46}$$

$$b(\omega)=\mathrm{j}\,[c(\omega)-c^{*}(\omega)]=-2\,\mathrm{Im}\,[c(\omega)] \tag{10.47}$$

folgt. Somit lassen sich die reellen Spektralfunktionen $a(\omega)$ und $b(\omega)$ aus der komplexen Fourier-Transformierten berechnen. Als Beispiel sei hier die Fourier-Transformierte der $\delta(t)$ Funktion berechnet. Nach (10.40) ist

$$c_\delta(\omega)=\frac{1}{2\pi}\int_{-\infty}^{\infty}\delta(t)\,\mathrm{e}^{-\mathrm{j}\omega t}\,dt=\frac{1}{2\pi}, \tag{10.48}$$

woraus nach (10.46) und (10.47) das bereits bekannte Ergebnis

$$a_\delta(\omega)=\frac{1}{\pi}, \qquad b_\delta(\omega)=0$$

folgt.

Die Fourier-Methode läßt sich selbstverständlich auch in der komplexen Schreibweise zur Lösung von linearen Differentialgleichungen heranziehen (siehe Kap. 12).

11. Komplexer Frequenzgang

Ist die Eingangsfunktion der allgemeinen Differentialgleichung (3.1)

$$x(t)=\cos\omega t+\mathrm{j}\sin\omega t=\mathrm{e}^{\mathrm{j}\omega t}, \tag{11.1}$$

so ist die Antwort im eingeschwungenen Zustand wegen des Superpositionsprinzips

$$\begin{aligned} y(t)&=A(\omega)\{\cos[\omega t+\varphi(\omega)]+\mathrm{j}\sin[\omega t+\varphi(\omega)]\}\\ &=A(\omega)\,\mathrm{e}^{\mathrm{j}[\omega t+\varphi(\omega)]}=A(\omega)\,\mathrm{e}^{\mathrm{j}\varphi(\omega)}\,\mathrm{e}^{\mathrm{j}\omega t}. \end{aligned} \tag{11.2}$$

Der Faktor

$$G(\mathrm{j}\omega)=A(\omega)\,\mathrm{e}^{\mathrm{j}\varphi(\omega)} \tag{11.3}$$

in (11.2) wird *komplexer Frequenzgang* genannt.

Er enthält in sich sowohl den Amplitudenfrequenzgang $A(\omega)$ als auch den Phasenfrequenzgang $\varphi(\omega)$. Es sind

$$A(\omega)=|G(\mathrm{j}\omega)| \quad \text{Betrag von } G(\mathrm{j}\omega), \tag{11.4}$$

$$\varphi(\omega)=\underline{/G(\mathrm{j}\omega)} \quad \text{Argument von } G(\mathrm{j}\omega). \tag{11.5}$$

Um $G(\mathrm{j}\omega)$ zu berechnen, wird $x(t)=\exp(\mathrm{j}\omega t)$ und $y(t)=G(\mathrm{j}\omega)\exp(\mathrm{j}\omega t)$ in (3.1) eingesetzt. Dabei benötigt man die Ableitungen dieser

Funktionen bis zur m-ten bzw. n-ten Ordnung. Es sind $D\exp(\mathrm{j}\omega t)=\mathrm{j}\omega\exp(\mathrm{j}\omega t)$, $D^2\exp(\mathrm{j}\omega t)=D[D\exp(\mathrm{j}\omega t)]=(\mathrm{j}\omega)^2\exp(\mathrm{j}\omega t)$, $D^3\exp(\mathrm{j}\omega t)=D[D^2\exp(\mathrm{j}\omega t)]=(\mathrm{j}\omega)^3\exp(\mathrm{j}\omega t)$, im allgemeinen $D^n\exp(\mathrm{j}\omega t)=(\mathrm{j}\omega)^n\exp(\mathrm{j}\omega t)$. Damit erhält man

$$[\alpha_n(\mathrm{j}\omega)^n+\alpha_{n-1}(\mathrm{j}\omega)^{n-1}+\cdots+\alpha_2(\mathrm{j}\omega)^2+\alpha_1\mathrm{j}\omega+\alpha_0]\,G(\mathrm{j}\omega)\mathrm{e}^{\mathrm{j}\omega t}$$
$$=[\beta_m(\mathrm{j}\omega)^m+\beta_{m-1}(\mathrm{j}\omega)^{m-1}+\cdots+\beta_2(\mathrm{j}\omega)^2+\beta_1\mathrm{j}\omega+\beta_0]\,\mathrm{e}^{\mathrm{j}\omega t},$$

woraus unmittelbar

$$G(\mathrm{j}\omega)=\frac{\beta_0+\beta_1(\mathrm{j}\omega)+\beta_2(\mathrm{j}\omega)^2+\cdots+\beta_{m-1}(\mathrm{j}\omega)^{m-1}+\beta_m(\mathrm{j}\omega)^m}{\alpha_0+\alpha_1(\mathrm{j}\omega)+\alpha_2(\mathrm{j}\omega)^2+\cdots+\alpha_{n-1}(\mathrm{j}\omega)^{n-1}+\alpha_n(\mathrm{j}\omega)^n} \tag{11.6}$$

folgt. $G(\mathrm{j}\omega)$ ist ein gebrochener rationaler Ausdruck in $(\mathrm{j}\omega)$. Es ist daher eine ω-abhängige komplexe Größe mit Realteil $P(\omega)$ und Imaginärteil $Q(\omega)$. Ebenso kann man schreiben:

$$G(\mathrm{j}\omega)=P(\omega)+\mathrm{j}Q(\omega)\,. \tag{11.7}$$

Aus (11.7), (11.4) und (11.5) folgt

$$A(\omega)=\sqrt{P^2(\omega)+Q^2(\omega)}\,, \tag{11.8}$$

und

$$\operatorname{tg}\varphi=\frac{Q(\omega)}{P(\omega)}\,. \tag{11.9a}$$

Um $A(\omega)$ und $\operatorname{tg}\varphi$ explizite zu erhalten, müssen der Realteil $P(\omega)$ und der Imaginärteil $Q(\omega)$ des komplexen Frequenzganges in (11.6) ermittelt werden. Mit den in (7.21) eingeführten Kurzbezeichnungen ist

$$G(\mathrm{j}\omega)=\frac{\beta_\mathrm{s}+\mathrm{j}\beta_\mathrm{c}}{\alpha_\mathrm{s}+\mathrm{j}\alpha_\mathrm{c}}\,. \tag{11.9b}$$

Werden in (11.9b) der Zähler und der Nenner mit dem konjugiert komplexen Ausdruck $\alpha_\mathrm{s}-\mathrm{j}\alpha_\mathrm{c}$ des Nenners multipliziert, so erhält man

$$G(\mathrm{j}\omega)=\frac{\beta_\mathrm{s}+\mathrm{j}\beta_\mathrm{c}}{\alpha_\mathrm{s}+\mathrm{j}\alpha_\mathrm{c}}\cdot\frac{\alpha_\mathrm{s}-\mathrm{j}\alpha_\mathrm{c}}{\alpha_\mathrm{s}-\mathrm{j}\alpha_\mathrm{c}}=\frac{\alpha_\mathrm{s}\beta_\mathrm{s}+\alpha_\mathrm{c}\beta_\mathrm{c}+\mathrm{j}\alpha_\mathrm{s}\beta_\mathrm{c}-\mathrm{j}\alpha_\mathrm{c}\beta_\mathrm{s}}{\alpha_\mathrm{s}^2+\alpha_\mathrm{c}^2}$$
$$=\frac{\alpha_\mathrm{s}\beta_\mathrm{s}+\alpha_\mathrm{c}\beta_\mathrm{c}}{\alpha_\mathrm{s}^2+\beta_\mathrm{s}^2}+\mathrm{j}\,\frac{\alpha_\mathrm{s}\beta_\mathrm{c}-\alpha_\mathrm{c}\beta_\mathrm{s}}{\alpha_\mathrm{s}^2+\beta_\mathrm{s}^2}$$

und hieraus durch Vergleich mit (11.7)

$$P(\omega)=\frac{\alpha_s\beta_s+\alpha_c\beta_c}{\alpha_s^2+\beta_s^2}, \quad (11.10) \qquad Q(\omega)=\frac{\alpha_s\beta_c-\alpha_c\beta_s}{\alpha_s^2+\beta_s^2}. \quad (11.11)$$

Aufgabe: Zeige durch Substitution von $P(\omega)$ und $Q(\omega)$ aus (11.10) und (11.11) in (11.8) und (11.9a), daß man für $A(\omega)$ und $\operatorname{tg}\varphi$ auch hier die Formeln (7.25) und (7.26) erhält.

Während der komplexe Frequenzgang bei theoretischen Überlegungen wesentlich einfacher zu handhaben ist als der Amplituden- und der Phasenfrequenzgang, müssen in der praktischen Arbeit meist letztere ermittelt werden. Auch der komplexe Frequenzgang ist jedoch für die Anschauung zugänglich. Aufgrund von (11.7)—(11.9a) erkennt man, daß die in Kap. 7 besprochene Ortskurve mit dem in der $(P,\mathrm{j}Q)$-Ebene dargestellten komplexen Frequenzgang identisch ist.

Aufgabe: Schreibe die komplexen Frequenzgänge für die Übungsbeispiele in Abb. 3 auf. Berechne $P(\omega)$ und $Q(\omega)$.

12. Laplace-Transformation. Übertragungsfunktion

In Kap. 9 wurde die Fourier-Transformation als eine prinzipiell mögliche Methode zur Lösung von linearen Differentialgleichungen mit beliebigen Eingangsfunktionen bezeichnet. Wir haben sie als einen Grenzfall der Fourier-Reihe angesehen. Es wurde ohne Beweis angenommen, daß das Superpositionsprinzip auch im Falle kontinuierlicher Spektraldichtefunktionen genauso anwendbar ist, wie im Falle diskreter Spektrallinien. Die folgenden Überlegungen sollen das Verfahren erläutern und seine Anwendbarkeit beweisen.

Um die Schreibweise zu vereinfachen, werden die Bezeichnungen

$$\mathscr{F}[x(t)]=\tilde{x}(\omega), \qquad \mathscr{F}[y(t)]=\tilde{y}(\omega) \qquad (12.1)$$

eingeführt. Die Bezeichnungen $\tilde{x}(\omega)$ und $\tilde{y}(\omega)$ weisen darauf hin, daß $x(t)$ und $\tilde{x}(\omega)$ bzw. $y(t)$ und $\tilde{y}(\omega)$ die gleichen Funktionen sind, die man entweder im *Zeitbereich*, oder im *Frequenzbereich* darstellen kann.

Die Fourier-Transformation ist eine eindeutig umkehrbare Operation. Sind zwei Funktionen oder zwei Summen von Funktionen einander gleich, so werden auch ihre Fourier-Transformierten einander gleich sein. Deshalb kann auf beiden Seiten der allgemeinen Differentialgleichung (3.1) die Fourier-Transformation angewendet werden. Es gilt:

$$\mathscr{F}[(\alpha_n D^n+\cdots+\alpha_1 D+\alpha_0)y(t)]=\mathscr{F}[(\beta_m D^m+\cdots+\beta_1 D+\beta_0)x(t)]. \quad (12.2)$$

Da eine Summe gliedweise integriert werden darf, kann man die Fourier-Transformierten auf beiden Seiten von (12.2) gliedweise berechnen. Zu ermitteln sind demnach für die rechte Seite von (12.2) Integrale vom Typ

$$\mathscr{F}[D^\nu x(t)] = \int_{-\infty}^{\infty} \{D^\nu x(t)\} \mathrm{e}^{-\mathrm{j}\omega t} dt; \quad (\nu = 0, 1, 2 \ldots).$$

Ähnliches gilt auch für die linke Seite von (12.2) mit $y(t)$ anstelle von $x(t)$. Vorausgesetzt wird, daß die Fourier-Transformierte der Eingangsfunktion $x(t)$ existiert und gemäß (12.1)

$$\int_{-\infty}^{\infty} x(t) \mathrm{e}^{-\mathrm{j}\omega t} dt = \tilde{x}(\omega) \tag{12.3}$$

ist. Der Faktor $1/2\pi$ soll fortan nur bei Bedarf und entsprechend (10.41) bei der Rücktransformation berücksichtigt werden. Für $\nu = 1$ ergibt sich durch partielle Integration (F)

$$\begin{aligned} \int_{-\infty}^{\infty} \{Dx(t)\} \mathrm{e}^{-\mathrm{j}\omega t} dt &= \left|_{-\infty}^{\infty} x(t) \mathrm{e}^{-\mathrm{j}\omega t}\right| - \int_{-\infty}^{\infty} x(t) \{-\mathrm{j}\omega \mathrm{e}^{-\mathrm{j}\omega t}\} dt \\ &= \lim_{t \to \infty} x(t) \mathrm{e}^{-\mathrm{j}\omega t} - \lim_{t \to -\infty} x(t) \mathrm{e}^{-\mathrm{j}\omega t} + \mathrm{j}\omega \int_{-\infty}^{\infty} x(t) \mathrm{e}^{-\mathrm{j}\omega t} dt. \end{aligned} \tag{12.4}$$

In (12.4) kommen zwei Grenzwerte vor. Da $\exp(-\mathrm{j}\omega t)$ eine periodische Funktion ist, ist ihr Grenzwert für $t \to \pm\infty$ nicht definiert. Nur diejenigen Eingangsfunktionen $x(t)$, die vor dem Zeitpunkt $t = 0$ überall Null sind und für $t \to 0$ einen endlichen Wert besitzen, werden berücksichtigt:

$$x(t) = 0 \quad \text{für} \quad t < 0, \quad (12.5) \qquad \lim_{t \to 0} x(t) = x(+0). \quad (12.6)$$

Der Grenzwert $x(+0)$ drückt aus, daß $t = 0$ von größeren t-Werten her angenähert wird. Es muß demnach nicht unbedingt $x(0) = x(+0)$ sein. Der Funktionswert $x(0)$ braucht auch nicht definiert zu sein, wie z. B. im Falle einer Sprungfunktion. Dort ist $\lim_{t \to +0} 1(t) = 1$, wogegen die Funktion selbst an der Stelle $t = 0$ einen beliebigen Wert zwischen 0 und 1 haben kann. Für die Untersuchung eines physikalischen oder sonstigen realen Systems bedeuten (12.5) und (12.6) keine besonderen Einschränkungen, da man $x(t)$ für $t < 0$ in der Regel willkürlich zu Null wählen kann.

Um Eindeutigkeit des Integrals in (12.4) zu erreichen, muß man

$$\lim_{t \to \infty} x(t) = 0 \tag{12.7}$$

fordern.

Sind die Bedingungen (12.5)—(12.7) erfüllt, so erhält man aus (12.4) und (12.3)

$$\int_0^\infty \{Dx(t)\}\,\mathrm{e}^{-\mathrm{j}\omega t}\,dt = \mathrm{j}\omega\,\tilde{x}(\omega) - x(+0)\,. \tag{12.8}$$

Hier wurde bereits berücksichtigt, daß die untere Integrationsgrenze wegen (12.5) Null ist. Es sei betont, daß in (12.8) $\tilde{x}(\omega)$ eine Funktion von ω ist, während $x(+0)$ nur einen Zahlenwert, und zwar den Grenzwert der Zeitfunktion $x(t)$ für $t \to +0$ darstellt.
Für $v=2$ ergibt sich ebenfalls durch partielle Integration

$$\begin{aligned}\int_0^\infty \{D^2 x(t)\}\,\mathrm{e}^{-\mathrm{j}\omega t}\,dt &= \Big|_0^\infty \{Dx(t)\}\,\mathrm{e}^{-\mathrm{j}\omega t}\Big| - \int_0^\infty \{Dx(t)\}\,\{-\mathrm{j}\omega\,\mathrm{e}^{-\mathrm{j}\omega t}\}\,dt \\ &= \lim_{t\to\infty} \{Dx(t)\}\,\mathrm{e}^{-\mathrm{j}\omega t} - \lim_{t\to 0} Dx(t) + \mathrm{j}\omega \int_0^\infty \{Dx(t)\}\,\mathrm{e}^{-\mathrm{j}\omega t}\,dt\,. \end{aligned} \tag{12.9}$$

Das Integral im letzten Glied von (12.9) ist das gleiche, wie in (12.8). Wegen der auftretenden Grenzwerte muß auch hier

$\lim_{t\to\infty} Dx(t) = 0$ sein sowie der Grenzwert $\lim_{t\to+0} Dx(t) = Dx(+0)$

existieren. Dann ist aus (12.9) und (12.8)

$$\int_0^\infty \{D^2 x(t)\}\,\mathrm{e}^{-\mathrm{j}\omega t}\,dt = (\mathrm{j}\omega)^2\,\tilde{x}(\omega) - \mathrm{j}\omega\,x(+0) - D\,x(+0)\,. \tag{12.10}$$

Das letzte Glied in (12.10) ist der Wert der Ableitung $Dx(t)$ für $t \to +0$.
Die Berechnung der Integrale für größere v-Werte kann in ähnlicher Weise durchgeführt werden.
Durch vollständige Induktion (F) läßt sich jedoch die allgemeine Formel

$$\int_0^\infty \{D^v x(t)\}\,\mathrm{e}^{-\mathrm{j}\omega t}\,dt = (\mathrm{j}\omega)^v\,\tilde{x}(\omega) - R_{x,v} \tag{12.11}$$

gewinnen, wobei das Restglied

$$\begin{aligned} R_{x,v} = {} & (\mathrm{j}\omega)^{v-1}\,x(+0) + (\mathrm{j}\omega)^{v-2}\,D\,x(+0) + \cdots + (\mathrm{j}\omega)\,D^{v-2}\,x(+0) \\ & + D^{v-1}\,x(+0) \end{aligned} \tag{12.12}$$

beträgt. (Für die vollständige Induktion vgl. auch die Berechnung von (6.13).) Voraussetzung für die Gültigkeit von (12.11) und (12.12) ist wiederum

$$\lim_{t\to\infty} D^v x(t) = 0\,, \qquad (v=0,1,2\ldots) \tag{12.13}$$

und die Existenz der Grenzwerte

$$\lim_{t\to+0} D^\nu x(t) = D^\nu x(+0), \qquad (\nu=0,1,2\ldots). \tag{12.14}$$

Die Gleichungen (12.1)—(12.14) gelten auch für $y(t)$ anstelle von $x(t)$. Setzt man die Werte für die Fourier-Transformierten der Ableitungen von $x(t)$ und $y(t)$ in (12.2) ein und klammert $\tilde{x}(\omega)$ und $\tilde{y}(\omega)$ aus, so erhält man

$$\begin{aligned} &\{\alpha_n(\mathrm{j}\omega)^n + \cdots + \alpha_1(\mathrm{j}\omega) + \alpha_0\}\,\tilde{y}(\omega) - R_y \\ &= \{\beta_m(\mathrm{j}\omega)^m + \cdots + \beta_1(\mathrm{j}\omega) + \beta_0\}\,\tilde{x}(\omega) - R_x\,. \end{aligned} \tag{12.15}$$

Mit R_y und R_x wurden hier abgekürzt die Summen aller Glieder bezeichnet, die $R_{y,\nu}$ und $R_{x,\nu}$ enthalten. Da R_x sich aus den Anfangswerten von $x(t)$ und deren Ableitungen zusammensetzt, können wir $R_x=0$ willkürlich wählen. R_y enthält die Anfangswerte $y(+0)$, $Dy(+0)\ldots D^{n-1}y(+0)$. Diese insgesamt n Anfangswerte müssen sämtlich bekannt sein, um das Verhalten des Systems für $t>0$ eindeutig voraussagen zu können. Die Gleichung (12.15) vereinfacht sich zu

$$\{\alpha_n(\mathrm{j}\omega)^n + \cdots + \alpha_1(\mathrm{j}\omega) + \alpha_0\}\,\tilde{y}(\omega) = \{\beta_m(\mathrm{j}\omega)^m + \cdots + \beta_1(\mathrm{j}\omega) + \beta_0\}\,\tilde{x}(\omega)\,,$$

wenn wir $R_x=0$ und $R_y=0$ voraussetzen, woraus

$$\tilde{y}(\omega) = \frac{\beta_0 + \beta_1(\mathrm{j}\omega) + \cdots + \beta_m(\mathrm{j}\omega)^m}{\alpha_0 + \alpha_1(\mathrm{j}\omega) + \cdots + \alpha_n(\mathrm{j}\omega)^n}\,\tilde{x}(\omega) \tag{12.16}$$

folgt. Der gebrochene rationale Ausdruck in (12.16) ist der im vorherigen Kapitel besprochene komplexe Frequenzgang $G(\mathrm{j}\omega)$. Deswegen gilt:

$$\tilde{y}(\omega) = G(\mathrm{j}\omega)\,\tilde{x}(\omega)\,. \tag{12.17}$$

Die Fourier-Transformierte $\tilde{y}(\omega)$ der Lösungsfunktion $y(t)$ ist das Produkt der Fourier-Transformierten $\tilde{x}(\omega)$ der Eingangsfunktion $x(t)$ und des komplexen Frequenzgangs $G(\mathrm{j}\omega)$. Aus $\tilde{y}(\omega)$ gewinnt man durch Fourier-Rücktransformation die Lösungsfunktion $y(t)$:

$$\begin{aligned} y(t) &= \mathscr{F}^{-1}[\tilde{y}(\omega)] = \mathscr{F}^{-1}[G(\mathrm{j}\omega)\,\tilde{x}(\omega)] &&\text{für}\quad t>0\,, \\ &= 0 &&\text{für}\quad t<0\,. \end{aligned} \tag{12.18}$$

Die Gleichung (12.18) ist die durch die komplexe Schreibweise vereinfachte Darstellung von (9.15). Wir haben somit gezeigt, daß die in Kap. 9 angestellte und zu Beginn dieses Kapitels wiederholte Überlegung im

Prinzip richtig ist. Die Anwendung der Methode ist jedoch nur auf eine bestimmte Klasse von Funktionen beschränkt. Wir haben eingangs dieses Kapitels vorausgesetzt, daß die Fourier-Transformierte der Eingangsfunktion existiert, ohne zu fragen, welche Bedingungen $x(t)$ hierzu zu erfüllen hat. Diese Bedingungen, die die praktische Anwendung der Fourier-Transformation zur Lösung von linearen Differentialgleichungen stark einengen, können hier im einzelnen nicht erörtert werden. Über die Existenz der Fourier-Transformierten hinaus muß die Eingangsfunktion auch der Bedingung in (12.13) genügen, wenn auf der rechten Seite der Gleichung Ableitungen von $x(t)$ vorkommen.

Ein auch in der praktischen Anwendung bewährtes Verfahren erhält man aufgrund folgender Überlegung. Das wesentliche bei der Fourier-Methode war, daß man die Lösung der Differentialgleichung durch eine eindeutig umkehrbare Integraltransformation auf die Lösung der algebraischen Gleichung (12.15) und eine anschließende Rücktransformation zurückführen konnte. Der Vorgang ist im nachfolgenden Schema als Alternative zum Faltungsintegral schematisch dargestellt.

Differentialgleichung + Anfangsbedingungen	⟶ (Faltungsintegral) ⟶	Lösung
↓		↑
Integral-Transformation		Integral-Rücktransformation
↓		↑
algebraische Gleichung	⟶	Lösung

Den durch die obere Zeile gezeigten Weg nennt man „Behandlung der Gleichung im Zeitbereich oder *Originalraum*“, den Weg über die Integral-Transformation „Behandlung der Gleichung im *Bildraum*“. Die Behandlung im Originalraum ist nur dann leicht durchzuführen, wenn man die Gewichtsfunktion kennt und die Aufgabe somit auf die Lösung eines Faltungsintegrals zurückführen kann. Während wir für die Ermittlung der Gewichtsfunktion von den einfachsten Fällen abgesehen keine Vorschriften haben, läßt sich die algebraische Gleichung unmittelbar anhand der Differentialgleichung angeben.

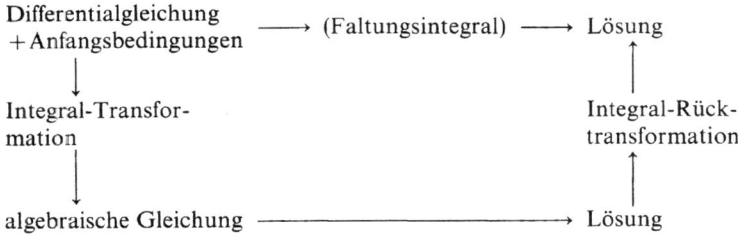

Nach dem gleichen Schema ließe sich jedoch eine beliebige Integraltransformation zur Lösung der Differentialgleichung heranziehen, sofern sie der Differentialgleichung eine algebraische Gleichung eindeutig umkehrbar zuordnet. Unter praktischen Gesichtspunkten müßte man noch verlangen, daß sie sich auf eine möglichst große Klasse von Eingangsfunktionen anwenden läßt. Eine solche Integraltransformation, die *Laplace-Transformation*, läßt sich aus der Fourier-Transformation folgendermaßen ableiten. Erfüllt $x(t)$ selbst die Bedingung (12.13) nicht, so wird sie die Funktion

$$x^*(t) = x(t)\mathrm{e}^{-\sigma t} \tag{12.19}$$

mit $\sigma > 0$ für eine große Klasse von Funktionen $x(t)$ erfüllen, da

$$\lim_{t\to\infty} D^\nu[x(t)\mathrm{e}^{-\sigma t}] = 0 \tag{12.20}$$

stets gilt, sofern $x(t)$ und die Ableitungen $D^\nu[x(t)]$ langsamer ansteigen als $\exp(\sigma t)$. Die Bedingung (12.20) ist z. B. erfüllt, wenn $x(t)$ ein Polynom oder ein gebrochener rationaler Ausdruck ist. Selbst wenn $x(t) = \exp(at)$ eine Exponentialfunktion ist, ist der Grenzwert in (12.20) Null, sofern $\sigma > a$ ist. Läßt sich ein σ finden, so daß (12.20) gilt, dann existiert die Fourier-Transformierte

$$\int_0^\infty [x(t)\mathrm{e}^{-\sigma t}]\mathrm{e}^{-\mathrm{j}\omega t}\,dt = \int_0^\infty x(t)\mathrm{e}^{-(\sigma+\mathrm{j}\omega)t}\,dt = \tilde{x}(\sigma+\mathrm{j}\omega)\,. \tag{12.21}$$

Durch die Fourier-Rücktransformation von $\tilde{x}(\sigma+\mathrm{j}\omega)$ erhalten wir selbstverständlich $x(t)\exp(-\sigma t)$, und nicht $x(t)$. Um $x(t)$ zu gewinnen, müssen wir die Fourier-Rücktransformierte von $\tilde{x}(\sigma+\mathrm{j}\omega)$ mit $\exp(\sigma t)$ multiplizieren:

$$x(t) = \mathrm{e}^{\sigma t}\mathscr{F}^{-1}[\tilde{x}(\sigma+\mathrm{j}\omega)] = \frac{1}{2\pi}\,\mathrm{e}^{\sigma t}\int_{-\infty}^{\infty}\tilde{x}(\sigma+\mathrm{j}\omega)\mathrm{e}^{\mathrm{j}\omega t}\,d\omega\,. \tag{12.22}$$

Wird nun $\tilde{x}(\sigma+\mathrm{j}\omega)$ mit $G(\mathrm{j}\omega)$ multipliziert und das Produkt $G(\mathrm{j}\omega)\tilde{x}(\sigma+\mathrm{j}\omega)$ rücktransformiert, so erhält man freilich nicht die gesuchte Lösungsfunktion $y(t)$, sondern die Antwort $y^*(t)$ auf $x^*(t)$ in (12.19). Selbst wenn man die Rücktransformation nach (12.22) durchführt, erhält man nicht das gewünschte Ergebnis, weil $\exp(\sigma t)\,y^*(t)$ nicht mit $y(t)$ identisch ist.

Aufgabe: Zeige die Richtigkeit dieser Behauptung anhand der Antwort des Tiefpasses erster Ordnung auf $x(t) = \mathbf{1}(t)$. Hinweis: Berechne $y^*(t)$ mit Hilfe des Faltungsintegrals als Antwort auf $x^*(t) = \exp(-\sigma t)$!

Unser Ziel, $y(t)$ über eine Spektralfunktion in Analogie zum Fourier-Integral zu finden, erreichen wir durch folgende weitere Überlegung. Die Beziehungen (12.21) und (12.22) sind wie (10.41) und (10.42) ein Paar von Transformationsgleichungen, die die Funktionen $x(t)$ und $\tilde{x}(\sigma+\mathrm{j}\omega)$ einander eindeutig zuordnen. Der Unterschied zur Fourier-Transformation besteht lediglich darin, daß $\tilde{x}(\sigma+\mathrm{j}\omega)$ eine Funktion der komplexen Variablen

$$s = \sigma + \mathrm{j}\omega \tag{12.23}$$

anstelle von ω ist. Führen wir in (12.21) und auch in (12.22) die Bezeichnung aus (12.23) ein, so lassen sich die Transformationsgleichungen formal wie folgt vereinfachen. (12.23) wird zu

$$\tilde{x}(s) = \int_0^\infty x(t) \mathrm{e}^{-st} dt \,. \tag{12.24}$$

In (12.22) wird der Faktor $\exp(\sigma t)$ unter das Integralzeichen gebracht und (12.23) substituiert. Da σ konstant ist, ist

$$ds = \mathrm{j} d\omega \,,$$

woraus $d\omega = \frac{1}{\mathrm{j}} ds$

folgt. Damit wird (12.22) zu

$$x(t) = \frac{1}{2\pi \mathrm{j}} \int_{\sigma - \mathrm{j}\infty}^{\sigma + \mathrm{j}\infty} \tilde{x}(s) \mathrm{e}^{st} ds \,. \tag{12.25}$$

$\tilde{x}(s)$ in (12.24) heißt die *Laplace-Transformierte* von $x(t)$, und $x(t)$ in (12.25) die *Laplace-Rücktransformierte* von $\tilde{x}(s)$. Es sind die Bezeichnungen

$$\tilde{x}(s) = \mathscr{L}[x(t)] \,, \qquad x(t) = \mathscr{L}^{-1}[\tilde{x}(s)] \tag{12.26}$$

gebräuchlich. $\mathscr{L}$ heißt auch *Laplace-Operator.*

Man kann nun aufgrund der zuvor im Zusammenhang mit der Fourier-Transformation angestellten Überlegungen beide Seiten der Gleichung (3.1) einer Laplace-Transformation unterziehen:

$$\mathscr{L}[(\alpha_n D^n + \cdots + \alpha_1 D + \alpha_0) y(t)] = \mathscr{L}[(\beta_m D^m + \cdots + \beta_1 D + \beta_0) x(t)] \,. \tag{12.27}$$

Auch im weiteren kann man wie im Anschluß an (12.2) vorgehen. Die einzelnen Rechenschritte sollen hier nicht wiederholt, nur die Ergebnisse dargestellt werden. In Analogie zu (12.11) und (12.12) ist

$$\int_0^\infty \{D^\nu x(t)\} \mathrm{e}^{-st} dt = s^\nu \tilde{x}(s) - R_{x,\nu} \qquad \text{mit} \tag{12.28}$$

$$R_{x,\nu} = s^{\nu-1} x(+0) + s^{\nu-2} D x(+0) + \cdots + s D^{\nu-2} x(+0) + D^{\nu-1} x(+0) \,. \tag{12.29}$$

Die Existenz der Grenzwerte $x(+0)$, $Dx(+0) \ldots$ muß auch hier vorausgesetzt werden. Auch die Beziehungen (12.28) und (12.29) gelten sinngemäß für $y(t)$ anstelle von $x(t)$. Setzt man die Laplace-Transformierte der Ableitungen von $x(t)$ und $y(t)$ aus (12.28) und (12.29) in (12.27) ein und klammert $\tilde{y}(s)$ und $\tilde{x}(s)$ aus, so erhalten wir

$$(\alpha_n s^n + \cdots + \alpha_1 s + \alpha_0)\,\tilde{y}(s) - R_y = (\beta_m s^m + \cdots + \beta_1 s + \beta_0)\,\tilde{x}(s) - R_x . \quad (12.30)$$

Mit R_y und R_x wurden auch hier die Summen aller Restglieder $R_{y,\nu}$ und $R_{x,\nu}$ bezeichnet. Die Laplace-Transformierte der allgemeinen Gleichung (3.1) erhält man — von den Restgliedern R_y und R_x abgesehen — durch Substitution von s^ν für D^ν, $\tilde{y}(s)$ für $y(t)$ und $\tilde{x}(s)$ für $x(t)$.
Setzt man $R_x = 0$ und $R_y = 0$ voraus, so ist aus (12.20)

$$\tilde{y}(s) = \frac{\beta_0 + \beta_1 s + \cdots + \beta_m s^m}{\alpha_0 + \alpha_1 s + \cdots + \alpha_n s^n}\,\tilde{x}(s) . \quad (12.31)$$

Der gebrochene rationale Ausdruck in (12.31) ist eine dem komplexen Frequenzgang entsprechende Funktion. Sie heißt *Übertragungsfunktion* und wird mit $G(s)$ bezeichnet. Es ist

$$\tilde{y}(s) = G(s)\,\tilde{x}(s) . \quad (12.32)$$

Die Laplacetransformierte $\tilde{y}(s)$ der Lösungsfunktion $y(t)$ ist das Produkt der Übertragungsfunktion $G(s)$ und der Laplace-Transformierten $\tilde{x}(s)$ der Eingangsfunktion $x(t)$. Bei der experimentellen Untersuchung von Systemen, deren Differentialgleichung unbekannt ist, ist die Umkehrung von (12.32) von Bedeutung:

$$G(s) = \frac{\beta_0 + \beta_1 s + \cdots + \beta_m s^m}{\alpha_0 + \alpha_1 s + \cdots + \alpha_n s^n} = \frac{\tilde{y}(s)}{\tilde{x}(s)} . \quad (12.33)$$

Die Übertragungsfunktion ist der Quotient der Laplace-Transformierten der Antwortfunktion und der Erregung. Sind R_y und R_x nicht Null, so tritt anstelle von (12.32)

$$\tilde{y}(s) = G(s)\,\tilde{x}(s) + \frac{R_y - R_x}{D(s)} \quad (12.34)$$

worin mit $D(s)$ das Nennerpolynom $\alpha_0 + \alpha_1 s + \cdots + \alpha_n s^n$ der Übertragungsfunktion bezeichnet wurde.
Durch Laplace-Rücktransformation gewinnen wir aus $\tilde{y}(s)$ die Lösungsfunktion $\tilde{y}(t)$. Im allgemeinsten Fall ist

$$y(t) = \mathscr{L}^{-1}[\tilde{y}(s)] = \mathscr{L}^{-1}\left[G(s)\,\tilde{x}(s) + \frac{R_y - R_x}{D(s)}\right] . \quad (12.35)$$

Ist $x(t)=0$ und damit auch $\tilde{x}(s)=0$, so ergibt $y(t)$ in (12.35) die Lösung der homogenen Gleichung.
Wir stellen fest, daß die Laplace-Transformation formal in jeder Hinsicht wie die Fourier-Transformation zu handhaben ist, wenn man sie zur Lösung von Differentialgleichungen heranziehen möchte. Da die Bedingung (12.20) wesentlich schwächer ist als die Bedingung (12.13), verspricht die Laplace-Transformation auch praktisch anwendbar zu sein. Inwieweit dies zutrifft, ist noch zu prüfen.
Das auf S. 95 dargestellte Schema gilt gleichwohl auch für die Laplace-Methode und ist eine Veranschaulichung des sogenannten *Faltungssatzes*, zu dem wir durch folgende Überlegung gelangen. $y(t)$ ist einerseits dem Faltungsintegral in (5.4) gleich. Aus (12.32) ist andererseits unter den dort gemachten Bedingungen

$$y(t)=\mathscr{L}^{-1}[G(s)\tilde{x}(s)]\,. \tag{12.36}$$

Somit folgt aus (5.4) und (12.36)

$$\int_0^t g(t-t')\,x(t')\,dt'=\mathscr{L}^{-1}[G(s)\tilde{x}(s)]\,, \tag{12.37}$$

oder als Umkehrung von (12.37)

$$\mathscr{L}\left[\int_0^t g(t-t')\,x(t')\,dt'\right]=G(s)\tilde{x}(s)\,. \tag{12.38}$$

In der Literatur wird in diesem Zusammenhang für das Faltungsintegral oft auch die Bezeichnung

$$\int_0^t g(t-t')\,x(t')\,dt'=g(t)*x(t) \tag{12.39}$$

benützt. Die Beziehungen (12.37) und (12.38) sind mit dieser Bezeichnung

$$g(t)*x(t)=\mathscr{L}^{-1}[G(s)\tilde{x}(s)]\,,\qquad \mathscr{L}[g(t)*x(t)]=G(s)\tilde{x}(s)\,.$$

Bevor wir die praktische Anwendung der Laplace-Transformation zur Lösung von Differentialgleichungen behandeln, sollten wir sie uns — so weit möglich — veranschaulichen. Die Herleitung der Transformationsgleichungen (12.24) und (12.25) bietet sich unmittelbar für folgende Interpretation an. Anstelle der Funktion $x(t)$ berechnen wir die Fourier-Transformierte der Funktion $x^*(t)$ in (12.19). Die Lösungsfunktion $y(t)$ erhalten wir anstelle der Fourier-Rücktransformation in (12.18) durch die Laplace-Rücktransformation in (12.35). Eine weitere Überlegung führt zu folgenden Analogien zwischen der Fourier- und der Laplace-Transformation. Die Funktion $x(t)$ wird nicht nach der harmonischen Funktion $\exp(-j\omega t)$, sondern nach den abklingenden Schwingungen $\exp(-st)$ entwickelt. Die Lösungsfunktion $y(t)$ erhalten wir als Superposition der angefachten Schwingungen $G(s)\tilde{x}(s)\exp(st)$.

13. Die Anwendung der Laplace-Transformation zur Lösung linearer Differentialgleichungen mit konstanten Koeffizienten

13.1 Berechnung der Impulsantwort

Durch die Herleitung der Gleichung (12.35) haben wir unsere ursprüngliche Aufgabe, für die allgemeine Differentialgleichung (3.1) bei beliebigen Eingangsfunktionen $x(t)$ die Lösung $y(t)$ angeben zu können, im Prinzip gelöst. Das praktische Arbeiten mit der Laplace-Methode setzt jedoch eine Reihe weiterer Überlegungen und Detailkenntnisse voraus. So müßte man z.B. die Technik der Laplace-Rücktransformation auf einem hohen Niveau beherrschen, wenn man (12.35) in der Tat bei beliebigen Eingangsfunktionen $x(t)$ anwenden möchte. Dies kann ohne gute Kenntnisse der Theorie komplexer Funktionen kaum erreicht werden. Im folgenden wird deshalb ein weniger anspruchsvoller Weg eingeschlagen, der aber trotzdem zu einem weitreichenden Einblick in die Methode und auch zu ihrer praktischen Anwendung führt.
Als erster Schritt wollen wir mit Hilfe der Laplace-Methode die Impulsantwort berechnen. Zunächst benötigen wir hierzu die Laplace-Transformierte der δ-Funktion, die wir aus (12.24) zu

$$\tilde{\delta}(s)=\int_0^\infty \delta(t)e^{-st}dt=1 \tag{13.1}$$

errechnen. Die Laplace-Transformierte der δ-Funktion ist ebenso wie deren Fourier-Transformierte eine Konstante. Im allgemeinsten Fall benötigten wir freilich auch die Laplace-Transformierte der Ableitungen der δ-Funktion, da auf der rechten Seite von (3.1) auch Differentialquotienten der Eingangsfunktion $x(t)$ bis zur m-ten Ordnung auftreten können. $\delta(t)$ ist jedoch keine analytische, sondern eine sogenannte Pseudofunktion, deren Ableitungen im Rahmen der Analysis nicht definiert werden. Wir sind diesem Problem bis jetzt aus dem Wege gegangen. Als einziger Fall, wo eine Ableitung auch auf der rechten Seite der Gleichung auftrat, war der Hochpaß 1. Ordnung. Wir haben uns dort in Kenntnis der Impulsantwort des Tiefpasses durch die direkte Anwendung des Kirchhoffschen Maschengesetzes geholfen. Für dieses Problem liefert auch die Laplace-Methode keine unmittelbare und anschauliche Lösung. Auch bei der Berechnung der Laplace-Transformierten der höheren Ableitungen von $\delta(t)$ müßten wir nach (12.29) die Ableitungen $D^\nu\delta(t)$, ja sogar ihre Grenzwerte an der Stelle $t=+0$ kennen. Wir stellen das Problem vorerst noch ein weiteres Mal zurück und beschränken uns auf Differentialgleichungen, die auf der rechten Seite keine Ableitungen enthalten. Wir nehmen außerdem an, daß die

Anfangswerte $D^\nu y(0)$ Null sind. In solchen Fällen ist die Laplace-Transformierte $\tilde{g}(s)$ der Impulsantwort $g(t)$ aus (12.32) und (13.1)

$$\tilde{g}(s) = G(s)\,. \tag{13.2}$$

Die Übertragungsfunktion ist die Laplace-Transformierte der Impulsantwort. Um die Impulsantwort und damit auch die Gewichtsfunktion zu erhalten, müssen wir lediglich die Laplace-Rücktransformierte von $G(s)$ ermitteln:

$$g(t) = \mathscr{L}^{-1}[\tilde{g}(s)] = \mathscr{L}^{-1}[G(s)]\,. \tag{13.3}$$

Unter den gemachten Voraussetzungen ist $G(s)$ ein rational gebrochener Ausdruck der komplexen Variablen s, dessen Zähler die Konstante β_0 und dessen Nenner ein Polynom

$$D(s) = \alpha_0 + \alpha_1 s + \cdots + \alpha_n s^n \tag{13.4}$$

ist. Ein Polynom läßt sich jedoch stets als ein Produkt

(F) $$D(s) = \alpha_n(s - s_1^*)(s - s_2^*) \ldots (s - s_n^*) \tag{13.5}$$

darstellen, wobei $s_1^*, s_2^* \ldots s_n^*$ die Lösungen der algebraischen Gleichung

$$\alpha_n s^n + \alpha_{n-1} s^{n-1} + \cdots + \alpha_1 s + \alpha_0 = 0$$

sind. Unter den Wurzeln $s_1^* \ldots s_n^*$ können auch Mehrfachwurzeln vorkommen; die entsprechenden Faktoren in (13.5) sind dann identisch und werden in der Regel zu $(s - s_\nu^*)^k$ zusammengefaßt, wobei k die Vielfachheit der Wurzel s_ν^* ist. Kommen auch komplexe Wurzeln vor, so treten sie stets paarweise als konjugiert komplexe Zahlen auf. Wir können die Übertragungsfunktion demnach auch in der Form

$$G(s) = \frac{\beta_0}{\alpha_n} \frac{1}{(s - s_1^*)(s - s_2^*) \ldots (s - s_n^*)} \tag{13.6}$$

schreiben. Ausdrücke wie (13.6) lassen sich wiederum in *Partialbrüche* zerlegen und als eine Summe

(F) $$G(s) = \frac{\beta_0}{\alpha_n}\left[\frac{A_1}{s - s_1^*} + \frac{A_2}{s - s_2^*} + \cdots + \frac{A_n}{s - s_n^*}\right] \tag{13.7}$$

zerlegen, wenn sämtliche Wurzeln einfach sind. Kommt eine k-fache Wurzel s_ν^* vor, so liefert sie im allgemeinen Fall einen Beitrag der Form

$$\text{(F)} \qquad \frac{A_{\nu 1}}{s-s_\nu^*}+\frac{A_{\nu 2}}{(s-s_\nu^*)^2}+\cdots+\frac{A_{\nu i}}{(s-s_\nu^*)^i}+\cdots+\frac{A_{\nu k}}{(s-s_\nu^*)^k}. \tag{13.8}$$

Die konstanten A_ν bzw. $A_{\nu i}$ lassen sich ermitteln, wenn man die Partialbrüche auf den gemeinsamen Nenner bringt und die Koeffizienten der verschiedenen Potenzen von s im Zähler des so gewonnenen Ausdruckes den entsprechenden Koeffizienten im Zähler von $G(s)$ gleichsetzt. Ein Beispiel wird das Verfahren noch demonstrieren.
Da die Laplace-Transformierte einer Summe gliedweise berechnet werden darf, haben wir somit die Aufgabe in (13.3) auf die Berechnung der Laplace-Rücktransformierten der einzelnen Partialbrüche, d.h. auf die Berechnung von Integralen der Form

$$y_{\nu i}(t)=\frac{A_{\nu i}}{2\pi \mathrm{j}}\int_{\sigma-\mathrm{j}\infty}^{\sigma+\mathrm{j}\infty}\frac{1}{(s-s_\nu^*)^i}\,\mathrm{e}^{st}\,ds \tag{13.9}$$

zurückgeführt. $y_{\nu i}(t)$ bezeichnet hier die νi-te Teilantwort. Es ist $i=1$, wenn s_ν^* eine einfache, und $i=1,2,\ldots k$, wenn s_ν^* eine k-fache Wurzel des Nennerpolynoms $D(s)$ ist. Die Impulsantwort der Differentialgleichung erhalten wir dann durch Aufsummieren aller Teilantworten y_ν bzw. $y_{\nu i}$. Die Summe muß gemäß (13.6) noch mit dem Faktor β_0/α_n multipliziert werden.
Das Integral in (13.9) kann wiederum nur unter Heranziehung der Theorie komplexer Funktionen gelöst werden. Hier sei nur das Ergebnis angegeben. Es ist

$$y_\nu(t)=A_\nu\,\mathrm{e}^{ts_\nu^*} \tag{13.10}$$

für Einfachwurzeln, und

$$y_{\nu i}=A_{\nu i}\frac{t^{i-1}}{(i-1)!}\,\mathrm{e}^{ts_\nu^*} \tag{13.11}$$

für Partialbrüche, die durch eine Mehrfachwurzel geliefert werden. Diese Formeln können wir leicht überprüfen, wenn wir die Laplace-Transformierte der rechten Seiten von (13.10) und (13.11) berechnen. Als Lösung müssen wir $A_\nu/(s-s_\nu^*)$ bzw. $A_{\nu i}/(s-s_\nu^*)^i$ erhalten.

Aufgabe: Führe die Berechnung mit Hilfe einer Integraltafel durch. Anmerkung: Im Falle von Mehrfachwurzeln berechne zunächst die Laplace-Transformierte für $i=1,2,3$ und zeige dann durch vollständige Induktion die Gültigkeit von (13.11).

Bei der Lösung der obigen Aufgabe wird es sich zeigen, daß die Integrale in den einzelnen Fällen nur dann konvergieren, wenn

$$\mathrm{Re}[s] > \mathrm{Re}[s_\nu^*] \tag{13.12}$$

ist. Somit können wir auch angeben, wie groß σ in (12.23) mindestens zu wählen ist, um die Vorteile der Laplace-Methode gegenüber der Fourier-Methode ausnützen zu können. Da σ für die gesamte Übertragungsfunktion festzulegen ist, muß es größer sein als der größte Realteil unter allen Wurzeln s_ν^* des Nennerpolynoms $D(s)$.

Angewandt auf den Tiefpaß 1. Ordnung liefert die Laplace-Methode mit den soeben gewonnenen Erkenntnissen folgendes bekanntes Ergebnis: Die Gewichtsfunktion ist

$$G(s) = \frac{1}{\tau} \frac{1}{s + \frac{1}{\tau}}. \tag{13.13}$$

Die Wurzel des Nennerpolynoms

$$D(s) = s + \frac{1}{\tau} \quad \text{ist} \quad s_1^* = -\frac{1}{\tau}.$$

Die Gewichtsfunktion ist daher nach (13.13) und (13.10)

$$g_C(t) = \frac{1}{\tau} e^{-t/\tau}.$$

Wir wollen die Methode auch an einem anspruchsvolleren Beispiel erproben und ziehen hierzu den *RLC*-Kreis c in Abb. 3 heran. Die Differentialgleichung dieses Netzwerkes ist

$$(\alpha_2 D^2 + \alpha_1 D + 1) y = x \tag{13.14}$$

mit

$$\alpha_1 = RC, \quad \alpha_2 = LC. \tag{13.15}$$

Die Übertragungsfunktion ist

$$G(s) = \frac{1}{\alpha_2 s^2 + \alpha_1 s + 1} = \frac{1}{\alpha_2} \frac{1}{(s - s_1^*)(s - s_2^*)}, \tag{13.16}$$

und die Wurzeln des Nennerpolynoms sind aus $\alpha_2 s^2 + \alpha_1 s + 1 = 0$

$$s_{1,2}^* = \frac{-\alpha_1 \pm \sqrt{\alpha_1^2 - 4\alpha_2}}{2\alpha_2} = -\frac{\alpha_1}{2\alpha_2} \pm \sqrt{\frac{\alpha_1^2}{4\alpha_2^2} - \frac{1}{\alpha_2}}.$$

Die Wurzeln sind einfach und (konjugiert) komplex, wenn $4\alpha_2 > \alpha_1^2$ ist. Ist dagegen $4\alpha_2 = \alpha_1^2$, so ist $s^* = -\alpha_1/2\alpha_2$ eine zweifache reelle Wurzel. Für $4\alpha_2 < \alpha_1^2$ erhalten wir schließlich zwei verschiedene reelle Wurzeln. Im Falle der Zweifachwurzel kann man die rechte Seite von (13.16) nicht weiter zerlegen. Es ist

$$G(s) = \frac{1}{\alpha_2} \frac{1}{\left(s + \frac{\alpha_1}{4\alpha_2}\right)^2}$$

und daraus mit Hilfe von (13.10)

$$g(t) = \frac{t}{\alpha_2} \mathrm{e}^{-\frac{\alpha_1 t}{4\alpha_2}}$$

oder unter Berücksichtigung der Werte der Konstanten α_1 und α_2

$$g(t) = \frac{t}{LC} \mathrm{e}^{-t\frac{R}{L}}$$

erhalten. Die Impulsantwort verläuft somit wie die Impulsantwort eines Tiefpasses 2. Ordnung mit der Zeitkonstanten $\tau = L/R$. Eine Abweichung besteht nur hinsichtlich des Amplitudenfaktors.
Sind die Wurzeln einfach, so ist eine Partialbruchzerlegung durchzuführen. Nach (13.6) und (13.7) ist

$$G(s) = \frac{1}{\alpha_2}\left(\frac{A_1}{s - s_1^*} + \frac{A_2}{s - s_2^*}\right) \tag{13.17}$$

Wir berechnen A_1 und A_2 zunächst allgemein und substituieren erst zum Schluß die Werte von s_1^* und s_2^*. Es muß nach (13.16) und (13.17)

$$\frac{1}{(s - s_1^*)(s - s_2^*)} = \frac{A_1(s - s_2^*) + A_2(s - s_1^*)}{(s - s_1^*)(s - s_2^*)}, \quad \text{d. h.} \quad \begin{aligned} A_1 + A_2 &= 0, \\ A_1 s_2^* + A_2 s_1^* &= -1 \end{aligned} \tag{13.18}$$

sein. Die Auflösung des Gleichungssystems (13.18) nach A_1 und A_2 ergibt

$$A_1 = \frac{1}{s_1^* - s_2^*}; \qquad A_2 = \frac{1}{s_2^* - s_1^*},$$

oder nach Substitution der Werte von s_1^* und s_2^*

$$A_1 = \frac{1}{2\sqrt{\frac{\alpha_1^2}{4\alpha_2^2} - \frac{1}{\alpha_2}}}; \qquad A_2 = -\frac{1}{\sqrt{\frac{\alpha_1^2}{4\alpha_2^2} - \frac{1}{\alpha_2}}}. \tag{13.19}$$

Um die weitere Schreibweise zu vereinfachen, führt man die Bezeichnungen

$$\frac{\alpha_1}{2\alpha_2} = \eta; \qquad \left| \frac{\alpha_1^2}{4\alpha_2^2} - \frac{1}{\alpha_2} \right| = \omega^2 \tag{13.20}$$

ein. Aus (13.17), (13.19) und (13.20) erhält man somit

$$G(s) = \frac{1}{2\alpha_2\omega}\left[\frac{1}{s+\eta-\omega} - \frac{1}{s+\eta+\omega}\right] \tag{13.21}$$

für $\alpha_1^2 > 4\alpha_2$, und

$$G(s) = \frac{1}{2\alpha_2 j\omega}\left[\frac{1}{s+\eta-j\omega} - \frac{1}{s+\eta+j\omega}\right] \tag{13.22}$$

für $\alpha_1^2 < 4\alpha_2$.

Mit (13.10) ist hieraus die Gewichtsfunktion

$$g(t) = \frac{1}{2\alpha_2\omega}\left[e^{-t(\eta-\omega)} - e^{-t(\eta+\omega)}\right] \quad \text{für} \quad \alpha_1^2 > 4\alpha_2 \tag{13.23}$$

bzw.

$$g(t) = \frac{1}{2\alpha_2 j\omega}\left[e^{-t(\eta-j\omega)} - e^{-t(\eta+j\omega)}\right] \quad \text{für} \quad \alpha_1^2 < 4\alpha_2. \tag{13.24}$$

Es ist leicht zu erkennen, daß (13.24) nach (10.18) auch in der Form

$$g(t) = \frac{1}{\alpha_2\omega} e^{-\eta t} \sin\omega t \tag{13.25}$$

geschrieben werden kann. Die Lösung ist in diesem Fall eine Sinusfunktion, die mit der Exponentialfunktion $\exp(-\eta t)$ multipliziert ist. Da η im Falle des hier betrachteten passiven Netzwerks positiv ist, ist die Gewichtsfunktion eine abklingende Sinusfunktion. Ist $\alpha_1^2 > 4\alpha_2$, dann ist nach (13.20) auch $\eta > \omega$, so daß nicht nur $\eta + \omega > 0$, sondern auch $\eta - \omega > 0$ ist. Die Gewichtsfunktion ist in diesem Fall die Differenz zweier abklingender Exponentialfunktionen, wie wenn zwei Tiefpässe mit unterschiedlichen Zeitkonstanten rückwirkungsfrei hintereinander geschaltet sind (vgl. Übungsbeispiel 2b in Abb. 13).
Üblicherweise wird auch (13.23) mit Hilfe der Beziehung

$$\text{(F)} \quad \sinh \omega t = \frac{e^{\omega t} - e^{-\omega t}}{2} \quad \text{(Sinus hyperbolicus)}$$

in der Form $g(t) = \dfrac{1}{\alpha_2 \omega} e^{-\eta t} \sinh \omega t$ dargestellt.

Nach diesem Muster lassen sich alle Gewichtsfunktionen behandeln, deren Nennerpolynom zweiter Ordnung und deren Zählerpolynom eine Konstante ist. Ist das Nennerpolynom dritter oder vierter Ordnung, so lassen sich dessen Wurzeln — wenn auch etwas mühsam — explizit berechnen. In diesem Zusammenhang sei auf die entsprechenden Lehrbücher der Algebra und Analysis hingewiesen. Da für algebraische Gleichungen höherer als vierter Ordnung keine Lösungsformeln existieren, müssen deren Wurzeln numerisch bestimmt werden. Für die Praxis ist dieser Umstand kaum von Bedeutung, da sich lineare Systeme häufig durch die rückwirkungsfreie Hintereinanderschaltung von Filtern erster und zweiter Ordnung darstellen lassen. In gleicher Weise wie wir es für den Amplitudenfrequenzgang getan haben, können wir nachweisen, daß bei rückwirkungsfreier Hintereinanderschaltung zweier oder mehrerer Netzwerke auch die Übertragungsfunktion als Produkt der Übertragungsfunktionen der einzelnen Komponenten zu errechnen ist. Das resultierende Nennerpolynom liegt dann aber bereits als Produkt von Faktoren erster oder zweiter Ordnung vor. Zur Anwendung der Laplace-Methode muß dann im wesentlichen nur die Partialbruchzerlegung durchgeführt und die Beziehungen (13.10) oder (13.11) angewandt werden. Wahlweise kann man freilich auch durch sukzessive Anwendung des Faltungsintegrals die resultierende Gewichtsfunktion ermitteln. Die Laplace-Methode bietet jedoch in der Regel rechnerische Vorteile.
Treten bei einer Aufgabe kompliziertere Funktionen auf, deren Laplace-Transformierte oder Laplace-Rücktransformierte benötigt werden, so empfiehlt es sich, entsprechende Tabellenwerke heranzuziehen. Man findet sie in der Regel in allen Büchern über Laplace-Transfor-

mation. Eine besonders praxisorientierte und relativ reichhaltige Formelsammlung enthält [11]. Als klassisches Standardwerk gilt [6].
Wir kehren nun zu dem anfangs erwähnten Problem der Ableitungen der Eingangsfunktion $x(t)$ auf der rechten Seite einer Differentialgleichung n-ter Ordnung zurück. Um die Problematik deutlicher vor Augen zu führen, werden zunächst anhand des Hochpasses die durch die Anwendung der Laplace-Methode entstehenden Fragen geprüft. Nach Laplace-Transformation beider Seiten der Gleichung $(\tau D+1)y=\tau Dx$ erhält man gemäß (12.28)

$$\tau s\tilde{y}(s)-\tau y(+0)+\tilde{y}(s)=\tau s\tilde{x}(s)-\tau x(+0)\,. \tag{13.26}$$

Selbst wenn man eine Eingangsfunktion $x(t)$ wählt, deren Grenzwert $x(+0)$ bekannt ist, und den Anfangswert $y(0)$ vorgibt, entsteht ein Problem, da auf der linken Seite von (13.26) $y(+0)$ steht, also der Wert von y, wenn wir $t=0$ von größeren t-Werten her annähern. Daß dieser Grenzwert nicht Null zu sein braucht, sehen wir sofort ein, wenn wir an die Stufenantwort des Hochpasses denken. Sie ist $h_R(t)=\exp(-t/\tau)$ mit Grenzwert $h(+0)=1$. Die Problematik wird noch deutlicher, wenn man für die Eingangsfunktion die δ-Funktion einsetzt. In diesem Fall müßte man den rechtsseitigen Grenzwert von $\delta(t)$ für $t\to+0$ definieren, eine Aufgabe, die im Rahmen der Analysis — wie bereits erwähnt — nicht zu lösen ist. Es erscheint demnach, daß die Einführung der δ-Funktion, so nützlich sie bisher auch war, jetzt mehr Probleme als Vorteile bringt. Glücklicherweise kann man — allerdings mit recht aufwendigen mathematischen Methoden — zeigen (vgl. [12] S. 21 und 105), daß man für die Impulsantwort stets richtige Ergebnisse erhält, wenn man sowohl $x(+0)$ als auch $y(+0)$ zu Null setzt. (Den Anfangswert $y(0)$ darf man ohnehin willkürlich zu Null wählen). Der Beweis für diese Behauptung kann hier nicht geführt, lediglich ihre Richtigkeit an Beispielen demonstriert werden.
Setzt man in (13.26) für $\tilde{x}(s)$ die Laplace-Transformierte 1 der δ-Funktion ein, sowie 0 für $x(+0)$ und $y(+0)$, so erhält man $(\tau s+1)\tilde{g}(s)=\tau s$, d. h.

$$\tilde{g}(s)=\frac{\tau s}{\tau s+1}=\frac{s}{s+\dfrac{1}{\tau}}=G(s)\,,$$

oder mit der Bezeichnung $\tilde{f}(s)=\dfrac{1}{s+\dfrac{1}{\tau}}$,

$$\tilde{g}(s)=s\tilde{f}(s)\,.$$

Die Impulsantwort ist dann

$$g(t)=\mathscr{L}^{-1}[s\tilde{f}(s)]. \tag{13.27}$$

Nun wissen wir aber bereits aus (12.28) und (12.29), wenn wir dort $v=1$ und $f(t)$ für $x(t)$ substituieren, daß

$$\mathscr{L}[Df(t)]=s\tilde{f}(s)-f(+0) \tag{13.28}$$

ist. Nach Umkehrung der Formel in (13.28) durch Laplace-Rücktransformation beider Seiten erhalten wir

$$Df(t)=\mathscr{L}^{-1}[s\tilde{f}(s)]-\mathscr{L}^{-1}[f(+0)], \qquad \text{und daraus}$$

$$\mathscr{L}^{-1}[s\tilde{f}(s)]=Df(t)+\mathscr{L}^{-1}[f(+0)]. \tag{13.29}$$

Die Laplace-Rücktransformierte $f(t)$ von $f(s)$ ist gemäß (13.10)

$$f(t)=\mathrm{e}^{-t/\tau}, \tag{13.30}$$

woraus $\quad f(+0)=1 \qquad (13.31)$

folgt. Substituiert man (13.30) und (13.31) in (13.29), so erhält man unter Berücksichtigung von (13.1) und (13.27)

$$g(t)=-\frac{1}{\tau}\,\mathrm{e}^{-t/\tau}+\delta(t), \qquad \text{das bereits bekannte richtige Ergebnis.}$$

Als ein weiteres Beispiel betrachten wir einen Hochpaß zweiter Ordnung, d.h. zwei rückwirkungsfrei hintereinander geschaltete Hochpässe mit identischen Zeitkonstanten. Die Differentialgleichung des ersten Hochpasses sei

$$(\tau D+1)\,y_1=\tau Dx,$$

die des zweiten Hochpasses

$$(\tau D+1)\,y=\tau Dy_1.$$

Differenziert man die erste Gleichung und setzt aus der zweiten Gleichung Dy_1 und D^2y_1 ein, so erhält man

$$(\tau D+1)^2y=\tau^2D^2x. \tag{13.32}$$

Die Gewichtsfunktion von (13.32) kann man durch Anwendung des Faltungsintegrals berechnen: Die Impulsantwort des ersten Hochpasses, $g_1(t)=\delta(t)-(1/\tau)\exp(-t/\tau)$, ist die Erregung für den zweiten Hochpaß, dessen Gewichtsfunktion ebenfalls $\delta(t)-(1/\tau)\exp(-t/\tau)$ ist. Die Impulsantwort des Hochpasses 2. Ordnung ist somit

$$g(t)=\int_0^t\left[\delta(t-t')-\frac{1}{\tau}\,e^{-(t-t')/\tau}\right]\left[\delta(t')-\frac{1}{\tau}\,e^{-t'/\tau}\right]dt' . \tag{13.33}$$

Aufgabe: Zeige durch Berechnung des Integrals in (13.33), daß

$$g(t)=\delta(t)+e^{-t/\tau}\left[\frac{t}{\tau^2}-\frac{2}{\tau}\right] \tag{13.34}$$

ist.

Setzt man nach der Laplace-Transformation von (13.32) 1 für $\tilde{x}(s)$ und Null für die Funktionswerte $x(+0)$, $Dx(+0)$, $y(+0)$ sowie $Dy(+0)$ ein, so erhält man $(\tau s+1)^2\tilde{g}(s)=\tau^2 s^2$, d. h.

$$\tilde{g}(s)=\frac{\tau^2 s^2}{(\tau s+1)^2}=\frac{s^2}{\left(s+\dfrac{1}{\tau}\right)^2}=s^2\tilde{f}_0(s) . \tag{13.35}$$

Es ist hier $\quad \tilde{f}_0(s)=\dfrac{1}{\left(s+\dfrac{1}{\tau}\right)^2}$.

Die Laplace-Rücktransformierte von $\tilde{f}_0(s)$ ist nach (13.11) $f_0(t)=t\,e^{-t/\tau}$.

Um hieraus die Laplace-Rücktransformierte von $s^2\tilde{f}(s)$ und damit die Gewichtsfunktion $g(t)$ zu gewinnen, müssen wir von (13.29) zweimal Gebrauch machen. Im ersten Schritt erhalten wir mit $\tilde{f}_1(s)=s\tilde{f}_0(s)$

$$f_1(t)=\mathscr{L}^{-1}[s\tilde{f}_0(s)]=Df_0(t)+\mathscr{L}^{-1}[f_0(+0)] ,$$

woraus $\quad f_1(t)=e^{-t/\tau}-\dfrac{t}{\tau}\,e^{-t/\tau} \quad$ folgt, da $\quad f_0(+0)=0$

ist. Der zweite Schritt liefert schließlich

$$g(t)=\mathscr{L}^{-1}[s\tilde{f}_1(s)]=Df_1(t)+\mathscr{L}^{-1}[f_1(+0)] , \qquad \text{d. h.}$$

$$g(t)=-\frac{2}{\tau}\,e^{-t/\tau}+\frac{t}{\tau^2}\,e^{-t/\tau}+\delta(t) , \tag{13.36}$$

da $\quad f_1(+0)=1$

ist. Es ist leicht zu erkennen, daß (13.36) und (13.34) identisch sind. Auch in diesem Fall führte unser Vorgehen zum richtigen Ergebnis.
Selbst wenn wir die Richtigkeit unseres Verfahrens hier mathematisch nicht exakt nachweisen können, wird es durch folgende Überlegung vielleicht plausibel. Differentialgleichungen mit Ableitungen der Eingangsfunktion beschreiben sogenannte *sprungfähige Systeme.* Als Beispiel dient der Hochpaß 1. Ordnung. Wird bei solchen Systemen die Eingangsgröße zur Zeit $t=0$ sprunghaft verändert, so erscheint dieser Sprung zur Zeit $t=0$ auch am Ausgang (vgl. Abb. 7b). Das bedeutet aber, daß die rechtsseitigen Grenzwerte $x(+0)$ und $y(+0)$ z. B. in (13.26) identisch sind und somit auf beiden Seiten der Gleichung gestrichen werden können. Deshalb machen wir keinen Fehler, wenn wir sie von vornherein zu Null wählen.

13.2 Berechnung der Stufenantwort

Wir haben in Kap. 5 festgestellt, daß die Übergangsfunktion durch Integration aus der Impulsantwort zu gewinnen ist (vgl. (5.9)). Sie kann selbstverständlich durch die Laplace-Methode auch direkt ermittelt werden. Die Laplace-Transformierte der Einheitsstufe ist nach (12.24)

$$\tilde{\mathbf{1}}(s)=\int_0^\infty 1\cdot e^{-st}\,dt=\frac{1}{s}.$$

Betrachtet man wieder die allgemeine Differentialgleichung (3.1), jedoch ohne Ableitungen auf der rechten Seite, so ist nach Laplace-Transformation

$$(\alpha_n s^n+\cdots+\alpha_1 s+\alpha_0)\tilde{h}(s)=\frac{\beta_0}{s},$$

d. h.

$$\tilde{h}(s)=\frac{\beta_0}{s(\alpha_0+\alpha_1 s+\cdots+\alpha_n s^n)}=\frac{1}{s}\tilde{g}(s). \tag{13.37}$$

Nach Laplace-Rücktransformation erhalten wir aus (13.27) $h(t)$.
Die direkte Anwendung der Laplace-Methode zur Berechnung der Stufenantwort bringt jedoch selten rechnerische Vorteile und führt im letzten Schritt in der Regel zur Lösung der Aufgabe in (5.9). Man kann dies am Beispiel des Tiefpasses 1. Ordnung demonstrieren. In diesem Fall ist

$$\tilde{h}(s)=\frac{1}{s(\tau s+1)}=\frac{1}{\tau s\left(s+\dfrac{1}{\tau}\right)}=\frac{1}{\tau}\cdot\frac{1}{s}\tilde{f}(s). \tag{13.38}$$

$\tilde{f}(s)$ ist hier wie in (13.27). Zu berechnen ist

$$h(t) = \mathscr{L}^{-1}\left[\frac{1}{s}\tilde{f}(s)\right]$$

in Kenntnis von $\mathscr{L}^{-1}[\tilde{f}(s)] = \mathrm{e}^{-t/\tau}$. Dies geschieht mit Hilfe der Beziehung

$$\mathscr{L}^{-1}\left[\frac{1}{s}\tilde{f}(s)\right] = \int_0^t f(t')\,dt' \,. \tag{13.39}$$

Die entsprechende Originalbeziehung

$$[\int_0^t f(t')\,dt'] = (1/s)\tilde{f}(s)$$

kann in einem ähnlichen Verfahren abgeleitet werden, wie die Beziehung (13.28). Auf die Berechnung soll hier verzichtet und auf die Literatur (z. B. [11, 12, 13]) verwiesen werden.
Damit erhält man aus (13.38) $h(t) = (1/\tau)\int_0^t \mathrm{e}^{-t'/\tau}\,dt'$, den gleichen Ausdruck wie aus (5.9), der dann natürlich $h(t) = 1 - \mathrm{e}^{-t/\tau}$ liefert.
Vorteilhaft läßt sich die Laplace-Methode jedoch bei der Berechnung der Stufenantwort sprungfähiger Systeme heranziehen. Im Falle des Hochpasses 1. Ordnung erhält man mit $x(t) = 1$ nach der Laplace-Transformation wiederum mit $x(+0) = 0$ und $y(+0) = 0$

$$(\tau s + 1)\tilde{h}(s) = \tau s \cdot \frac{1}{s} = \tau \,,$$

d. h. $$\tilde{h}(s) = \frac{\tau}{\tau s + 1} = \frac{1}{s + \dfrac{1}{\tau}} \,,$$

woraus man gemäß (13.10) unmittelbar die bekannte Stufenantwort des Hochpasses 1. Ordnung,

$$h(t) = \mathrm{e}^{-t/\tau}$$

gewinnt. Der Vorteil der Laplace-Methode besteht hier darin, daß sich auf der rechten Seite der Gleichung die sowohl im Zähler als auch im Nenner auftretenden Faktoren s wegkürzen lassen. Die Berechnung der Stufenantwort ist somit einfacher als die Berechnung der Impulsantwort.

Aufgabe: Berechne die Impulsantwort und die Übergangsfunktion für die Netzwerke d, e, f, k, l und m in Abb. 3.

13.3 Lineare Systeme mit Laufzeit

Bei den bisher betrachteten Netzwerken sind wir stets davon ausgegangen, daß sich die Signale in den leitenden Verbindungen unendlich schnell ausbreiten. Die Laufzeit der Signale kann aber oft, besonders in biologischen Systemen, nicht vernachlässigt werden. Dies hat zur Folge, daß die Erregung $x(t)$ z. B. nach q Sekunden die Übertragungsglieder erreicht. Ist das System linear, so ist folglich eine Differentialgleichung der Form

$$(\alpha_n D^n + \cdots + \alpha_1 D + \alpha_0) y(t) = (\beta_m D^m + \cdots + \beta_1 D + \beta_0) x(t-q)$$

zu lösen. Diese Gleichung ist mit Hilfe der Laplace-Methode besonders einfach zu behandeln. Die Laplace-Transformierte der Eingangsfunktion ist

$$\mathscr{L}[x(t-q)] = \int_0^\infty x(t-q) e^{-st} dt .$$

Durch die Substitution

$$t - q = t' ,$$

$$t = t' + q$$

erhält man hieraus

$$\begin{aligned}\mathscr{L}[x(t-q)] &= \int_0^\infty x(t') e^{-sq} e^{-st'} dt' \\ &= e^{-sq} \int_0^\infty x(t') e^{-st'} dt' = e^{-sq} \tilde{x}(s) . \qquad (13.40)\end{aligned}$$

Die untere Integrationsgrenze bleibt hier auch nach der Substitution Null, da

$$x(t') = 0$$

für $t' < 0$ ist.
Die Übertragungsfunktion des Systems ist demnach

$$G(s) = \frac{e^{-qs}(\beta_0 + \beta_1 s + \cdots + \beta_m s^m)}{\alpha_0 + \alpha_1 s + \cdots + \alpha_n s^n} = e^{-qs} G_0(s) , \qquad (13.41)$$

wobei $G_0(s)$ die Übertragungsfunktion eines entsprechenden Systems ohne Laufzeit bezeichnet. Für die Lösung im Zeitbereich liefert die Laplace-Rücktransformation

$$y(t) = \mathscr{L}^{-1}[G(s)] = \mathscr{L}^{-1}[e^{-qs} G_0(s)\, \tilde{x}(s)] \tag{13.42}$$

ein triviales Ergebnis. Entsprechend der Umkehrung der Beziehung in (13.40) ist

$$\mathscr{L}^{-1}[e^{-qs} x_0(s)] = x(t-q) . \tag{13.43}$$

Demnach ist aus (13.43)

$$y(t) = y_0(t-q) ,$$

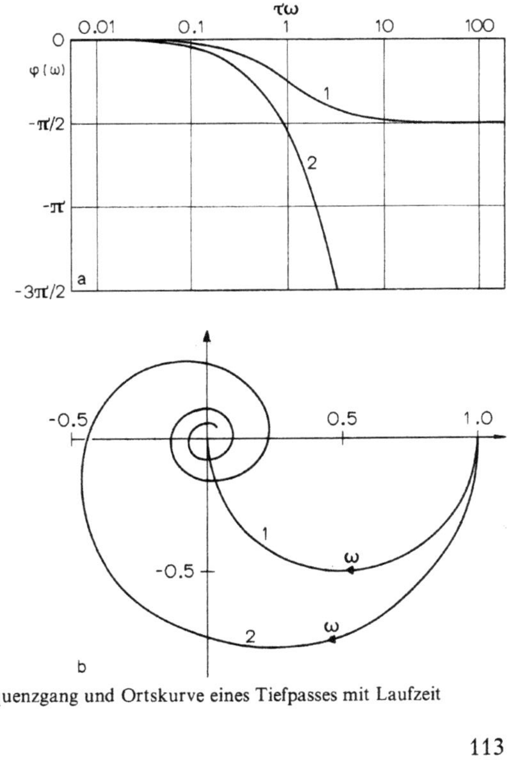

Abb. 24a und b. Phasenfrequenzgang und Ortskurve eines Tiefpasses mit Laufzeit

wobei y_0 die Antwort des entsprechenden Systems ohne Laufzeit ist. Die Antwort des Systems wird ebenfalls um q verzögert.
Etwas aufschlußreicher ist der komplexe Frequenzgang, den man aus der Übertragungsfunktion mit $\sigma = 0$, d.h.

$$s = \mathrm{j}\omega$$

erhält:

$$G(\mathrm{j}\omega) = \mathrm{e}^{-q\mathrm{j}\omega} A(\omega)\,\mathrm{e}^{\mathrm{j}\varphi} = A(\omega)\,\mathrm{e}^{\mathrm{j}(\varphi - \omega q)} \tag{13.44}$$

(vgl. (11.3)). Die Laufzeit q verursacht eine zusätzliche Phasenverschiebung $-\omega q$ (Abb. 24a). Dies hat zur Folge, daß sich die Phasenverschiebung z.B. eines Tiefpasses 1. Ordnung mit wachsender Kreisfrequenz ω nicht dem Grenzwert $\varphi = -\pi/2$ nähert, wie die mit 1 bezeichnete Kurve, sondern unendlich groß wird (Kurve 2). Den Unterschied illustriert Abb. 24b anhand der Ortskurven.
Der experimentell gewonnene Phasenfrequenzgang z.B. des pupillomotorischen Systems des Menschen läßt sich nur deuten, wenn man eine Laufzeit von ca. 200 ms berücksichtigt [34, 35].

13.4 Filter ungeradzahliger Ordnung

Ebenfalls bei der Untersuchung biologischer Systeme wird häufig festgestellt, daß die Steigung des Amplitudenfrequenzganges im linearen Teil des Bode-Diagramms nicht $\pm 6n$ dB, sondern z.B. ± 3 oder ± 9 dB beträgt. Eine Steigung von -9 dB würde nach unserer Terminologie bedeuten, daß die Übertragungseigenschaften des Systems den Übertragungseigenschaften eines Tiefpasses entsprechen, dessen Ordnung 9/6 ist. Hinsichtlich der Differentialgleichung des Systems bedeutet dies wiederum Differentiation ungeradzahliger Ordnung. Obwohl sich Systeme mit solchen Eigenschaften unserer Vorstellung entziehen, kann man sie mit Hilfe der Laplace-Transformation behandeln.
Findet man einen Amplitudenfrequenzgang mit der ungeradzahligen Steigung $-p/6$ dB im linearen Bereich im Bode-Diagramm, so entspricht er einer Übertragungsfunktion von

$$G(s) = \frac{1}{\left(s + \frac{1}{\tau}\right)^{p}}. \tag{13.45}$$

Man kann hieraus den Zeitverlauf einer Antwortfunktion ermitteln, da die Laplace-Rücktransformierte solcher Ausdrücke existiert. Sie ist für die Übertragungsfunktion in (13.45)

$$\mathcal{L}^{-1}\left[\frac{1}{\left(s+\frac{1}{\tau}\right)^{p}}\right]=\frac{t^{p-1}}{\Gamma(p)}\,e^{-t/\tau}\,. \tag{13.46}$$

Der Ausdruck in (13.46) unterscheidet sich von (13.10) nur darin, daß in seinem Nenner anstelle von $(n-1)!$ die sogenannte *Gammafunktion* Γ mit dem Argument p auftritt. In (13.46) ist außerdem der Wert der Wurzel s_ν^* als $-1/\tau$ spezifiziert. Die Funktion $\Gamma(p)$ besitzt folgende Eigenschaften:

$$\Gamma(n)=(n-1)! \quad \text{für} \quad n=0,1,2,3\ldots,$$

$$\Gamma(p)=\lim_{k\to\infty}\frac{k!\,k^{p-1}}{p(p+1)(p+2)\ldots(p+k-1)}=\int_0^\infty e^{-t}t^{p-1}\,dt$$

für beliebige positive Werte von p. Es ist außerdem stets

$$\Gamma(p+1)=p\Gamma(p)\,.$$

$\Gamma(p)$ ist tabelliert, in der Regel für $1\leqq p\leqq 2$. Für andere Werte des Arguments p kann der Funktionswert mit Hilfe der letzten Formel berechnet werden (z.B. [3]).
Da der Ausdruck in (13.46) die Impulsantwort des Systems darstellt, kann die Antwort auf andere Eingangsfunktionen nach dem Faltungssatz mit Hilfe des Faltungsintegrals berechnet werden.
Übertragungsglieder ungeradzahliger Ordnung findet man auch im Bereich der Technik, und zwar dort, wo Systeme mit verteilten Parametern auftreten.

13.5 Systeme von Differentialgleichungen

Unsere Überlegungen bezogen sich bisher stets auf die allgemeine Differentialgleichung n-ter Ordnung (3.1). Diese Gleichung gewannen wir jedoch in der Regel nach Auflösung eines Systems von Differentialgleichungen nach einer unbekannten Größe, die wir als Ausgangsgröße betrachteten. Die Ausgangsgleichungen, in denen nur Differentialquotienten erster Ordnung oder einfache Integrale vorkamen, leitete man durch die Anwendung der Kirchhoffschen Gesetze auf die zur Veranschaulichung dienenden Netzwerke ab. Die Eliminierung nicht interes-

sierender Unbekannten wurde dadurch erleichtert, daß wir die Operatoren D und $1/D$ als Faktoren ansehen und folglich das System von Differentialgleichungen wie ein System von algebraischen Gleichungen behandeln konnten.
Mit Hilfe der Laplace-Methode können wir dieses Vorgehen exakt begründen. Die Laplace-Transformation, die einer Differentialgleichung eine algebraische Gleichung zuordnet, kann selbstverständlich auch auf die Ausgangsgleichungen angewendet werden. Das Verfahren soll hier an zwei Beispielen demonstriert werden.
Als erstes Beispiel betrachten wir wieder den RLC-Kreis c in Abb. 3. Die Knotenpunktgleichungen für dieses Netzwerk lauten:

$$\frac{E-U_1}{R}+\frac{U_2-U_1}{LD}=0\,, \qquad \frac{U_2-U_1}{LD}-CDU_2=0\,.$$

Hierin bezeichnet U_1 die Spannung im Knotenpunkt zwischen dem Widerstand R und der Induktivität L, U_2 die Spannung im Knotenpunkt zwischen der Induktivität L und der Kapazität C. Im obigen Gleichungssystem kommen sowohl Ableitungen (D) als auch Integrale ($1/D$) vor. Die Laplace-Transformierten solcher Ausdrücke kennen wir bereits. Nach (12.28) und (12.29) ist

$$\mathscr{L}[Dx(t)]=s\tilde{x}(s)-x(+0)\,, \tag{13.47}$$

und durch Umkehrung der Beziehung (13.39) erhalten wir mit $x(t)$ anstelle von $f(t)$

$$\mathscr{L}\left[\frac{1}{D}\,x(t)\right]=\frac{1}{s}\,\tilde{x}(s)\,. \tag{13.48}$$

Bereits im Zusammenhang mit der allgemeinen Gleichung (3.1), in welcher nur Ableitungen vorkamen, haben wir festgestellt, daß die Laplace-Transformation weiter nichts als die Substitution von s für D, $\tilde{y}(s)$ für $y(t)$ und $\tilde{x}(s)$ für $x(t)$ bedeutet, wenn man von den Restgliedern absieht. Die Gleichung (13.48) zeigt nun, daß man für den Operator $1/D$ ebenfalls $1/s$ zu substituieren hat. Führen wir die allgemeinen Bezeichnungen x für E, y für U_2 und z für U_1 ein, so erhalten wir nach Laplace-Transformation das Gleichungssystem

$$\frac{\tilde{x}-\tilde{z}}{R}+\frac{\tilde{y}-\tilde{z}}{Ls}=0\,, \qquad \frac{\tilde{z}-\tilde{y}}{Ls}-Cs\tilde{y}+Cy(+0)=0\,.$$

Dieses Gleichungssystem besteht aus algebraischen Gleichungen und kann entsprechend behandelt werden. Nach Multiplikation mit dem jeweiligen gemeinsamen Nenner und Umordnen erhält man es in der üblichen Form:

$$R\tilde{y} - (R + Ls)\tilde{z} = -Ls\tilde{x},$$

$$(LCs^2 + 1)\tilde{y} - \tilde{z} = -LCs\tilde{y}(+0). \tag{13.49}$$

Aufgabe: Löse das Gleichungssystem (13.49) mit $\tilde{y}(+0) = 0$ nach $\tilde{y}$ auf, berechne $G(s)$ und vergleiche das Ergebnis mit (13.16).

Als zweites Beispiel betrachten wir den Hochpaß 1. Ordnung und schreiben die Maschengleichung auf. Sie ist

$$\frac{1}{CD} i + Ri = E,$$

oder mit $i = U_R/R$

$$\frac{1}{RCD} U + U = E.$$

Mit den Bezeichnungen $E = x$, $U = y$ und $RC = \tau$ wird hieraus

$$\frac{1}{\tau D} y + y = x,$$

und nach Laplace-Transformation

$$\frac{1}{\tau s} \tilde{y} + \tilde{y} = \tilde{x}, \quad \text{woraus}$$

$$\tau s \tilde{y} + \tilde{y} = \tau s \tilde{x} \tag{13.50}$$

folgt. In (13.50) treten im Gegensatz zu (13.26) die Anfangswerte $y(+0)$ und $x(+0)$ erst gar nicht auf. Dieser Unterschied ist darauf zurückzuführen, daß wir die Laplace-Transformation vor der Differentiation durchgeführt hatten. Es kann demnach durchaus vorkommen, daß wir selbst die Probleme, die im Zusammenhang mit der Impulsantwort diskutiert wurden, durch Manipulation der ursprünglichen Kirchhoffschen Gleichungen im Zeitbereich verursachen (vgl. [12] S. 105). Es ist deshalb sehr zu empfehlen, stets die Maschen- oder Knotenpunktgleichungen zum Ausgangspunkt der Behandlung des Systems im Laplace-Bereich zu wählen.

13.6 Homogene Gleichungen

Homogene Gleichungen bzw. Gleichungssysteme beschreiben das Verhalten eines Systems ohne Erregung ab dem Zeitpunkt $t=0$. Wir haben bereits in Kap. 4 festgestellt, daß die homogene Gleichung eines passiven Netzwerkes nur dann nicht trivial ist, wenn die Zustandsvariablen zur Zeit $t=0$, d.h. die Anfangswerte, nicht sämtlich Null sind.
Die Laplace-Methode eignet sich selbstverständlich auch zur Lösung von homogenen Differentialgleichungen. Als Beispiel ziehen wir wieder den *RLC*-Kreis c aus Abb. 3 heran. Die homogene Gleichung ist aus (13.14) mit $x=0$

$$(\alpha_2 D^2 + \alpha_1 D + 1)\, y = 0\,. \tag{13.51}$$

Die Anfangswerte von y und Dy seien $y(0)$ und $\dot{y}(0)$. Ist $y(0) \neq 0$, so ist der Kondensator zur Zeit $t=0$ aufgeladen. Ist $\dot{y}(0) \neq 0$, so fließt zur Zeit $t=0$ ein Strom durch den Kreis. Die Laplace-Transformierte von (13.51) ist nach (12.28) und (12.29)

$$(\alpha_2 s^2 + \alpha_1 s + 1)\,\tilde{y}(s) - \dot{y}(0) - s y(0) - y(0) = 0\,,$$

d.h. $$\tilde{y}(s) = \frac{\dot{y}(0) + s y(0) + y(0)}{\alpha_2 s^2 + \alpha_1 s + 1}\,. \tag{13.52}$$

In (13.52) wurden für $y(+0)$ und $\dot{y}(+0)$ die Anfangswerte $y(0)$ und $\dot{y}(0)$ eingesetzt. Es ist selbstverständlich, daß sich in einem System ohne Erregung die Zustandsvariablen nur vom Anfangswert ausgehend ändern und folglich die rechtsseitigen Grenzwerte $y(+0)$ und $\dot{y}(+0)$ mit den Anfangswerten identisch sein müssen.
Die Lösung im Zeitbereich erhält man durch die Laplace-Rücktransformation von (13.52). Sie hängt auch hier entscheidend davon ab, ob die Wurzeln des Nennerpolynoms komplex oder reell bzw. einfach oder mehrfach sind.

Aufgabe: Berechne die Laplace-Rücktransformierte von (13.52) für alle drei möglichen Wurzelkombinationen. Analysiere den Verlauf der Lösungskurven im allgemeinen Fall $y(0) \neq 0$ und $\dot{y}(0) \neq 0$ sowie in den Spezialfällen $\dot{y}(0)=0$, $y(0) \neq 0$ bzw. $\dot{y}(0) \neq 0$, $y(0)=0$. Wie ist die Lösung für ein rein imaginäres Wurzelpaar (für $\alpha_1 = 0$)?

Nach Lösung der inhomogenen Gleichung (13.14) mit $y(0)=0$ und $\dot{y}(0)=0$ und der homogenen Gleichung (13.51) kann man trivialerweise auch die Lösung im allgemeinsten Fall $x(t) \neq 0$, $y(0) \neq 0$ und $\dot{y}(0)=0$ angeben. Sie ist wegen des Superpositionsprinzips die Summe der Lösungen in den beiden speziellen Fällen.

13.7 Das Matrix-Verfahren

Wir haben vorangehend festgestellt, daß die Laplace-Transformation zweckmäßigerweise auf das ursprüngliche Gleichungssystem angewandt wird, das man aufgrund der Kirchhoffschen Gesetze für ein Netzwerk erhält. Es empfiehlt sich dann, das nunmehr algebraische Gleichungssystem mit den üblichen Methoden der Matrix-Algebra zu behandeln. Das Verfahren ist so bestechend in seiner mathematischen Eleganz, daß es immer häufiger auch dann herangezogen wird, wenn ursprünglich eine Differentialgleichung n-ter Ordnung vorliegt. Hierzu wird die Gleichung n-ter Ordnung in ein System von n Gleichungen erster Ordnung zerlegt (s. weiter unten). Obwohl wir von dieser Methode im weiteren keinen Gebrauch machen, soll sie im folgenden kurz eingeführt werden. Für das Verständnis sind zumindest elementare Kenntnisse der Matrix-Algebra erforderlich.

Wir wollen zunächst an einem konkreten Beispiel ein System von Gleichungen betrachten und ziehen wieder den *RLC*-Kreis c aus Abb. 3 heran. Es empfiehlt sich bei der Anwendung des Matrix-Verfahrens als unbekannte Größen stets die Zustandsvariablen, d.h. die Speicherinhalte zu wählen und alle anderen Größen mit deren Hilfe auszudrükken. Dies sind im Beispiel der Strom i durch die Spule (und somit auch im gesamten Kreis) und die Spannung U am Kondensator. Wir schreiben deshalb die Maschengleichung in folgender, etwas ungewohnter Form auf:

$$(R+LD)i+U=E\,. \tag{13.53}$$

Die Grundbeziehung

$$i=CDU \tag{13.54}$$

liefert die zweite Gleichung.

Wir betrachten zunächst nur die homogene Gleichung ($E=0$), führen die allgemeinen Bezeichnungen

$$U=y_1\,, \qquad i=y_2$$

ein, und ordnen die beiden Gleichungen so, daß auf der linken Seite jeweils nur die Ableitung einer der unbekannten Größen steht.

Aus (13.54) erhalten wir somit

$$Dy_1=\frac{1}{C}y_2\,, \tag{13.55}$$

und aus (13.53)

$$Dy_2 = -\frac{1}{L}y_1 - \frac{R}{L}y_2\,,$$

woraus nach Laplace-Transformation

$$\begin{aligned} s\tilde{y}_1 - y_1(0) &= \frac{1}{C}\tilde{y}_2\,, \\ s\tilde{y}_2 - y_2(0) &= -\frac{1}{L}\tilde{y}_1 - \frac{R}{L}\tilde{y}_2 \end{aligned} \tag{13.56}$$

wird. Geht man zur Matrix-Schreibweise über, so vereinfacht sich (13.56) zu

$$s\tilde{y} - y(+0) = A\tilde{y}\,, \tag{13.57}$$

worin $\tilde{y}$ und $y(+0)$ die Vektoren

$$\tilde{y} = \begin{pmatrix} \tilde{y}_1 \\ \tilde{y}_2 \end{pmatrix}; \qquad y(0) = \begin{pmatrix} y_1(+0) \\ y_2(+0) \end{pmatrix}$$

sind, und A die quadratische Matrix

$$A = \begin{pmatrix} 0\,, & \frac{1}{C} \\ -\frac{1}{L}\,, & -\frac{R}{L} \end{pmatrix}$$

ist. Aus (13.57) ist

$$(sI - A)\tilde{y} = y(+0)\,, \tag{13.58}$$

d.h. $$\tilde{y} = (sI - A)^{-1} y(+0)\,. \tag{13.59}$$

I ist hier die Einheitsmatrix. Es wurde vorausgesetzt, daß die Inverse $(sI - A)^{-1}$ zu $(sI - A)$ existiert. Durch Laplace-Rücktransformation erhält man $y(t)$ aus (13.59).

Liegt die homogene Differentialgleichung n-ter Ordnung

$$(\alpha_n D^n + \cdots + \alpha_2 D^2 + \alpha_1 D + \alpha_0) y_0 = 0 \tag{13.60}$$

vor, so kann sie folgendermaßen in ein System von Gleichungen erster Ordnung zerlegt werden. Wir führen als neue Variablen

$$
\begin{aligned}
Dy_0 &= y_1 \\
Dy_1 &= y_2 \\
Dy_2 &= y_3 \\
&\vdots \\
Dy_{n-2} &= y_{n-1}
\end{aligned}
\qquad (13.61)
$$

ein. Substituiert man diese in (13.60) und bringt alle Glieder, die keine Ableitungen enthalten, auf die rechte Seite, so erhält man

$$
Dy_{n-1} = -\frac{\alpha_0}{\alpha_n} y_0 - \frac{\alpha_1}{\alpha_n} y_1 - \frac{\alpha_2}{a_n} y_2 - \cdots - \frac{\alpha_{n-1}}{\alpha_n} y_{n-1} \,. \qquad (13.62)
$$

(13.61) und (13.62) sind zusammen n Gleichungen für die n Unbekannten $y_0, y_1, \ldots y_{n-1}$, die ebenfalls die Zustandsvariablen des Systems sind. Schreibt man das Gleichungssystem nach Laplace-Transformation in Matrix-Form, so erhält man auch hier (13.58) bzw. (13.54) mit

$$
\tilde{y} = \begin{pmatrix} \tilde{y}_0 \\ \tilde{y}_1 \\ \vdots \\ \tilde{y}_{n-1} \end{pmatrix}, \qquad y(0) = \begin{pmatrix} y_0(+0) \\ y_1(+0) \\ \vdots \\ y_{n-1}(+0) \end{pmatrix}
$$

und

$$
A = \begin{pmatrix}
0 & 1 & 0 \ldots & 0 \\
0 & 0 & 0 \ldots & 0 \\
. & . & .\;.\;.\;. & . \\
. & . & .\;.\;.\;. & . \\
. & . & .\;.\;.\;. & 1 \\
-\frac{\alpha_0}{\alpha_n}, & -\frac{\alpha_1}{\alpha_n}, & .\;.\;.\;. & -\frac{\alpha_{n-1}}{\alpha_n}
\end{pmatrix},
$$

welche ebenfalls eine quadratische Matrix ist.

Eine inhomogene Gleichung wird in der gleichen Weise behandelt. Als Beispiel betrachten wir (13.53) und (13.54) mit $E = x_2 \neq 0$. Anstelle von (13.55) erhalten wir

$$
Dy_1 = \frac{1}{C} y_2 \,,
$$

$$
Dy_2 = -\frac{1}{L} y_1 - \frac{R}{L} y_2 + \frac{1}{L} x_2 \,,
$$

oder nach Laplace-Transformation

$$s\tilde{y}_1 - y_1(+0) = \frac{1}{C} y_2$$

$$s\tilde{y}_2 - y_2(+0) = -\frac{1}{L}\tilde{y}_1 - \frac{R}{L}\tilde{y}_2 + \frac{1}{L}\tilde{x}_2\,,$$

bzw. in Matrix-Schreibweise

$$s\tilde{y} - y(+0) = A\tilde{y} + B\tilde{x}\,, \tag{13.63}$$

wobei $\tilde{x}$ hier der Vektor

$$\tilde{x} = \begin{pmatrix} 0 \\ \tilde{x}_2 \end{pmatrix}$$

und B die Matrix $B = \begin{pmatrix} 0 & 0 \\ 1/L & 0 \end{pmatrix}$ ist. Die anderen Größen sind wie im Falle der homogenen Gleichung. Aus (13.63) ist

$$\tilde{y} = (sI - A)^{-1}(B\tilde{x} + y(+0))\,,$$

woraus durch Laplace-Rücktransformation $y(t)$ zu gewinnen ist.
So elegant dieses Verfahren auch ist, kann man mit seiner Hilfe das Problem der Lösung des Nennerpolynoms $D(s)$ der Übertragungsfunktion $G(s)$ freilich nicht umgehen. Bevor wir auf $\tilde{y}(s)$ die Laplace-Rücktransformation anwenden, müssen wir die inverse Matrix $(sI - A)^{-1}$ berechnen. Hierzu muß bekanntlich die Determinante von $(sI - A)$ errechnet werden, die dann den Nenner auf der rechten Seite von (13.59) bildet. Die Determinante von $(sI - A)$ ist aber nichts anderes, als das Nennerpolynom $D(s)$. Wir zeigen dies für den RLC-Kreis. Es ist

$$\|(sI - A)\| = \left\| s\begin{pmatrix} 1 & 0 \\ 0 & 1 \end{pmatrix} - \begin{pmatrix} 0 & \frac{1}{C} \\ -\frac{1}{L} & -\frac{R}{L} \end{pmatrix} \right\| = \left\| \begin{pmatrix} s, & -\frac{1}{C} \\ \frac{1}{L}, & s + \frac{R}{L} \end{pmatrix} \right\|$$

$$= s^2 + s\frac{R}{L} + \frac{1}{LC} = s^2 + s\frac{\alpha_1}{\alpha_2} + \frac{1}{\alpha_2} = D(s)\,,$$

da $\alpha_1 = RC$ und $\alpha_2 = LC$ ist (vgl. (13.14) und (13.15)).

Aufgabe: Zeige auch für die allgemeine Gleichung (13.60), daß $\|(sI - A)\| = D(s)$ ist.

Will man durch Laplace-Rücktransformation die Zeitfunktion $y(t)$ gewinnen, so muß man nach wie vor die Wurzeln s_ν^* des Nennerpolynoms $D(s)$ ermitteln und die übliche Partialbruchzerlegung durchführen.

14. Die Bedeutung der Pole und Nullstellen der Übertragungsfunktion

Die Übertragungsfunktion eines passiven Netzwerkes ist gemäß (12.31) stets ein rational gebrochener Ausdruck, in dessen Zähler ein Polynom m-ter Ordnung, in dessen Nenner ein Polynom n-ter Ordnung steht. In Analogie zu (13.4) führen wir auch für das Zählerpolynom eine Kurzbezeichnung, und zwar $C(s)$ ein:

$$C(s)=\beta_0+\beta_1 s+\beta_2 s^2+\cdots+\beta_m s^m\,. \tag{14.1}$$

In Kenntnis der Wurzeln $\beta_1^0, \beta_2^0, \ldots \beta_\nu^0 \ldots \beta_m^0$ der Gleichung

$$\beta_0+\beta_1 s+\beta_2 s^2+\cdots+\beta_m s^m=0$$

kann auch $C(s)$ als das Produkt

$$C(s)=\beta_m(s-s_1^0)(s-s_2^0)\ldots(s-s_\nu^0)\ldots(s-s_m^0) \tag{14.2}$$

dargestellt werden. Die sogenannte *Wurzeldarstellung* der Übertragungsfunktion $G(s)$ ist somit

$$G(s)=\frac{\beta_m(s-s_1^0)(s-s_2^0)\ldots(s-s_\nu^0)\ldots(s-s_m^0)}{\alpha_n(s-s_1^*)(s-s_2^*)\ldots(s-s_\nu^*)\ldots(s-s_n^*)}\,. \tag{14.3}$$

Die Potenzform nach (12.33) und die Wurzeldarstellung nach (14.3) sind vollständig gleichwertig. In beiden Fällen wird das Zählerpolynom $C(s)$ durch $m+1$ Konstanten, das Nennerpolynom durch $n+1$ Konstanten bestimmt. Im ersten Fall sind es die Koeffizienten $\beta_0 \ldots \beta_m$ und $\alpha_0 \ldots \alpha_n$, im zweiten Fall die Wurzeln $s_1^0 \ldots s_m^0$ und $s_1^* \ldots s_n^*$ sowie die Faktoren β_m und α_n. Daß die Wurzeldarstellung von größerem praktischen Wert ist, haben wir bereits bei der Berechnung der Impulsantwort festgestellt. Erst als uns die Wurzeln s_ν^* des Nennerpolynoms bekannt waren, waren wir in der Lage, eine Partialbruchzerlegung der Übertragungsfunktion durchzuführen und dadurch die Laplace-Rücktransformation unter Anwendung nur zweier Formeln (13.10) und (13.11) zu berechnen. In diesem Kapitel werden wir einige Schlußfolgerungen

besprechen, die wir, wenn die Wurzeln des Zähler- und des Nennerpolynoms bekannt sind, auch ohne Partialbruchzerlegung und Laplace-Rücktransformation ziehen können.
Bei allen unseren bisherigen Überlegungen sind wir davon ausgegangen, daß der Realteil σ von s eine konstante Größe ist. Wir konnten im vorherigen Kapitel angeben, wie groß σ zu wählen ist, um die Laplace-Methode überhaupt anwenden zu können: Es mußte größer sein als der größte unter allen Realteilen der Wurzeln s_ν^*. Wir bezeichnen diesen Wert mit σ_1. Durch die Festlegung von σ_1 wird auch der Integrationsweg für die Laplace-Rücktransformation in (12.25) ebenfalls festgelegt. Er führt in der komplexen $(\sigma, j\omega)$-Ebene entlang einer senkrechten Geraden durch σ_1 von $j\omega = -j\infty$ bis $j\omega = +j\infty$ (Abb. 25). In dieser Ebene können wir auch die Wurzeln s_ν^* des Nennerpolynoms (Kreuze) und die des Zählerpolynoms (Kreise) eintragen, da sie Zahlen in der $(\sigma, j\omega)$-Ebene — oder kurz s-Ebene — sind. Ein solches Diagramm gibt die Übertragungsfunktion ebenfalls eindeutig wieder. Diese graphische Darstellung ist freilich erst dann sinnvoll, wenn wir auch σ — vorübergehend — als eine variable Größe ansehen, unbeschadet der Tatsache, daß man bei der Berechnung des Integrals in (12.25) nur den festen Wert σ_1 zu berücksichtigen hat. (Es sei daran erinnert, daß wir dieser Aufgabe aus dem Wege gingen, um Kenntnisse in der Theorie komplexer Funktionen nicht voraussetzen zu müssen.)
Wird auch σ als eine variable Größe betrachtet, so hängt $G(s)$ von den beiden Variablen σ und ω ab. Diese Funktion besitzt folgende Eigenschaften: Überall dort, wo das Argument s den Wert einer der Wurzeln s_ν^0 besitzt, ist $G(s)$ Null. Die Wurzeln s_ν^0 des Zählerpolynoms heißen deshalb auch die *Nullstellen* von $G(s)$. Überall dort, wo das Argument s den Wert einer der Wurzeln s_ν^* besitzt, wird $G(s)$ unendlich oder *singulär*. Die Wurzeln s_ν^* des Nennerpolynoms werden als *Pole* von $G(s)$ bezeichnet.
Die Diagramme in Abb. 25 sind die *Pol-Nullstellen-Darstellungen* zweier Übertragungsfunktionen. In Abb. 25a repräsentiert das Doppelkreuz ⋇ einen zweifachen Pol.

Aufgabe: Stelle die Zahlenwerte der in Abb. 25a und 25b angegebenen Pole und Nullstellen fest und gib $G(s)$ formelmäßig sowohl in der Wurzeldarstellung als auch in der Potenzform an.

In Abb. 25b sind auch rechts von der imaginären Achse, d. h. in der *rechten Halbebene*, Pole angegeben. Der Realteil dieser Pole ist positiv. Nach (13.10) und (13.11) liefert jeder Pol, wenn wir i-fache Pole i-mal zählen, einen Beitrag zur Impulsantwort, der eine Exponentialfunktion der Form

$$e^{s_\nu^* t} = e^{(\sigma_\nu + j\omega_\nu)t} = e^{\sigma_\nu t} e^{j\omega_\nu t}$$

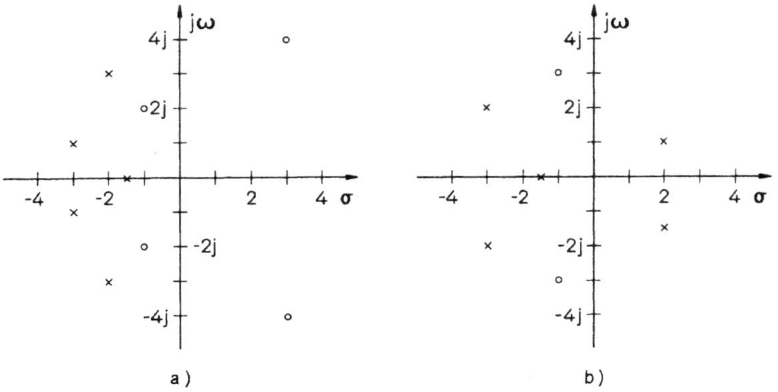

Abb. 25a und b. Die Pol- und Nullstellendarstellung von Übertragungsfunktionen

enthält. Ist σ positiv, so steigt der entsprechende Beitrag mit zunehmendem t unbegrenzt an. Ein System dieser Art ist durch passive Netzwerke physikalisch nicht zu realisieren. In der Tat haben die Pole der Übertragungsfunktion aller passiven Netzwerke negative Realteile. Wir können uns anhand der Übungsbeispiele hiervon überzeugen. Es gibt jedoch aktive Systeme, für die wir Differentialgleichungen mit Polen in der rechten Halbebene erhalten. Die Ausgangsfunktion solcher Systeme fängt in der Tat nach der kleinsten Erregung zu steigen an. Der Anstieg setzt sich freilich nicht unbegrenzt fort, sondern nur bis zu einem physikalisch möglichen Sättigungswert. Da eine kleine Erregung wegen des unvermeidbaren (thermischen) Rauschens in jedem System früher oder später auftritt, sind solche Systeme *instabil:* Die Ausgangsgröße fängt auch ohne Erregung irgendwann zu wachsen an. Mit den Problemen der Stabilität von aktiven Systemen befaßt sich das nächste Kapitel.

Die Nullstellen des Zählerpolynoms dürfen dagegen auch bei stabilen und somit auch bei passiven Systemen sowohl links als auch rechts von der imaginären Achse liegen. Sie haben auf das Stabilitätsverhalten des Systems keinen Einfluß.

Das Pol-Nullstellen Diagramm eines passiven Netzwerkes kann in sehr anschaulicher Weise zur Feststellung seines Phasenverhaltens herangezogen werden. Hierzu folgende Überlegung: Die Übertragungsfunktion ist für einen gegebenen Wert von ω eine komplexe Zahl, genauso wie der komplexe Frequenzgang. Liegen alle Pole links von der imaginären Achse, so können wir $\sigma_1 = 0$ wählen, wodurch die Übertragungsfunktion $G(s)$ identisch wird mit dem komplexen Frequenzgang $G(j\omega)$. Die Wurzeldarstellung (14.3) der Übertragungsfunktion ist dann zugleich auch die Wurzeldarstellung des komplexen Frequenzgangs. Das Zählerpolynom ergibt sich dabei als Produkt von m komplexen Zahlen des Typs

$$\varkappa_\nu^0(\omega) = \mathrm{j}\omega - (\sigma_\nu^0 + \mathrm{j}\omega_\nu^0) = -\sigma_\nu^0 + \mathrm{j}(\omega - \omega_\nu^0), \tag{14.4}$$

das Nennerpolynom als Produkt von n komplexen Zahlen des Typs

$$\varkappa_\nu^*(\omega) = [\mathrm{j}\omega - (\sigma_\nu^* + \mathrm{j}\omega_\nu^*)] = -\sigma_\nu^* + \mathrm{j}(\omega - \omega_\nu^*). \tag{14.5}$$

Wir wissen aus Kap. 10, daß sich der Phasenwinkel des Produkts zweier komplexen Zahlen als die Summe der Phasenwinkel der einzelnen Faktoren errechnet. Für den Quotienten zweier komplexer Zahlen gilt: Der Phasenwinkel ist die Differenz der Phasenwinkel des Zählers und des Nenners. Daraus folgt, daß der Wert $\varphi(\omega)$ des Phasenfrequenzgangs für einen gegebenen Wert von ω durch

$$\varphi(\omega) = \textstyle\sum_{\nu=1}^{m} \varphi_\nu^0(\omega) - \sum_{\nu=1}^{n} \varphi_\nu^*(\omega) \tag{14.6}$$

ist, wobei $\varphi_\nu^0(\omega)$ den Phasenwinkel des ν-ten Faktors im Zähler, $\varphi_\nu^*(\omega)$ den Phasenwinkel des ν-ten Faktors im Nenner bedeutet.
Der jeweilige Wert von $\varphi_\nu^0(\omega)$ bzw. $\varphi_\nu^*(\omega)$ hängt für einen gegebenen Wert von ω auch von σ_ν^0 und ω_ν^0 bzw. von σ_ν^* und ω_ν^* ab. Der Gesamtwert der Phasenänderung, der von einem der Faktoren herrührt, während sich ω von Null bis ∞ ändert, hängt dagegen nur vom Vorzeichen von σ_ν^0 bzw. σ_ν^* ab und ist stets $+\pi/2$ oder $-\pi/2$. Wir können diese Behauptung folgendermaßen einsehen: Ist z.B. die Wurzel s_ν^0 des Zählerpolynoms $C(s)$ reell, so ist der entsprechende Faktor aus (14.4)

$$\varkappa_\nu^0(\omega) = -\sigma_\nu^0 + \mathrm{j}\omega .$$

Ist $\sigma_\nu^0 > 0$, so liegt $\varkappa_\nu^0(0)$ auf der negativen reellen Achse. Der Phasenwinkel $\varphi_\nu^0(0)$ beträgt $\pm\pi$. Wächst ω von 0 bis ∞ an, so ändert sich die Phase von $\pm\pi$ bis $+\pi/2$ (Abb. 26a links). Da Winkelveränderungen im Uhrzeigersinn negativ sind, ist die Gesamtveränderung $\Delta\varphi_\nu^0$ der Phase $-\pi/2$. Ist $\sigma_\nu^0 < 0$, so liegt $\varkappa_\nu^0(0)$ auf der positiven reellen Achse und der Phasenwinkel ist Null. Wächst ω von 0 bis ∞ an, so ändert sich die Phase von 0 bis $\pi/2$. Es ist deshalb $\Delta\varphi_\nu^0 = +\pi/2$ (Abb. 26a, rechts).
Ist eine Wurzel komplex, so ist der entsprechende Faktor durch (14.4) gegeben.
Sind $\sigma_\nu^0 > 0$ und $\omega_\nu^0 > 0$, so liegt $\varkappa_\nu^0(0)$ links von der imaginären und unterhalb der reellen Achse. Die Anfangsphase ist (vgl. Abb. 26b links) $+\pi + \varphi_\nu^0(0)$ mit $\varphi_\nu^0(0) = \mathrm{arctg}(\omega_\nu^0/\sigma_\nu^0)$. Ändert sich ω von 0 bis ∞, so

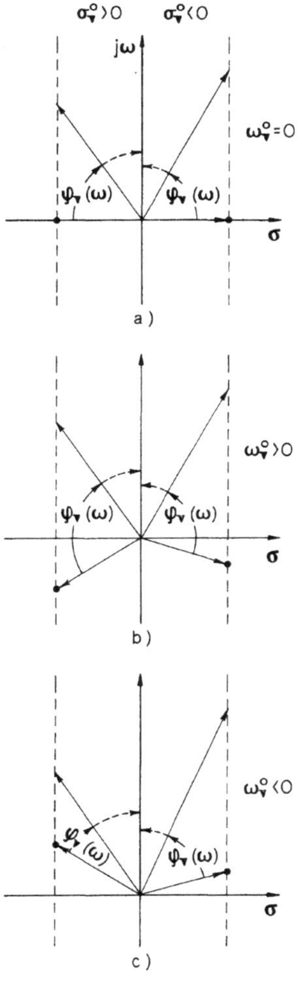

Abb. 26a–c. Der Beitrag von Nullstellen zur Gesamtphasenverschiebung in Abhängigkeit vom Vorzeichen ihrer Real- und Imaginärteile

ändert sich die Phase von diesem Wert bis $+\pi/2$. Die Gesamtveränderung ist daher

$$\Delta\varphi_\nu^0 = -\left[\frac{\pi}{2} + \varphi_\nu^0(0)\right]. \tag{14.7}$$

Es wurde bereits gesagt, daß komplexe Wurzeln stets als Paare von konjugiert komplexen Zahlen vorkommen. Neben der eben betrachteten Wurzel gibt es also eine weitere, z.B. $s_{\nu+1}^0$, mit dem gleichen Realteil wie s_ν^0, deren Imaginärteil jedoch negativ, aber dem Betrag nach mit dem Imaginärteil von s_ν^0 identisch ist. Die Anfangsphase von $\varkappa_{\nu+1}^0(0)$ ist somit $\pi-\varphi_\nu^0(0)$ (vgl. Abb. 26c links). Ändert sich ω von 0 bis ∞, so ändert sich die Phase bis $+\pi/2$. Die Gesamtveränderung der Phase ist daher

$$\Delta\varphi_{\nu+1}^0 = -\left[\frac{\pi}{2} - \varphi_\nu^0(0)\right]. \tag{14.8}$$

Aus (14.7) und (14.8) erhält man für das konjugiert komplexe *Wurzelpaar* eine Gesamtphasenveränderung von

$$\Delta\varphi_{\nu,\nu+1}^0 = -2\frac{\pi}{2},$$

pro Wurzel demnach ebenfalls $-\pi/2$. In der gleichen Weise ergibt sich für ein konjugiert komplexes Wurzelpaar mit negativem Realteil eine Phasenveränderung von insgesamt $+2\pi/2$, d.h. pro Wurzel $+\pi/2$ (Abb. 26b, c, rechts).

Nehmen wir an, daß unter den m Wurzeln des Zählerpolynoms μ negative und $m-\mu$ positive Realteile haben. Die Phasenveränderung $\Delta\varphi^0$, die durch das Zählerpolynom insgesamt verursacht wird, ist dann

$$\Delta\varphi^0 = \mu\frac{\pi}{2} - (m-\mu)\frac{\pi}{2}. \tag{14.9}$$

Das Nennerpolynom kann bei stabilen Systemen nur Wurzeln mit negativen Realteilen haben. Die gesamte Phasenveränderung $\Delta\varphi^*$, die vom Nennerpolynom verursacht wird, ist daher

$$\Delta\varphi^* = n\frac{\pi}{2}. \tag{14.10}$$

Die Phasenveränderung $\Delta\varphi$, die bei Anwachsen der Frequenz von 0 bis ∞ am Ausgang des Filters gegenüber dem Eingang auftritt, ist somit nach (14.6), (14.9) und (14.10)

$$\Delta\varphi = [\mu-(m-\mu)-n]\frac{\pi}{2}. \tag{14.11}$$

Die Amplitude der Ausgangsfunktion wird durch die Beträge der Faktoren $\varkappa_\nu^0(\omega)$ und $\varkappa_\nu^*(\omega)$ bestimmt. Da der Betrag einer komplexen Zahl nicht vom Vorzeichen des Real- oder des Imaginärteils abhängt, hat das Vorzeichen des Realteils auf den Amplitudenfrequenzgang keinen Einfluß. Hieraus folgt dann, daß zwei Filter die sich nur im Vorzeichen der Realteile der Wurzeln des Zählerpolynoms $C(s)$ unterscheiden, den gleichen Amplitudenfrequenzgang, aber unterschiedliche Phasenfrequenzgänge haben. Aus (14.11) folgt weiterhin, daß bei gegebenen m und n der Betrag der gesamten Phasenveränderung $|\Delta\varphi|$ dann maximal ist, wenn alle Nullstellen in der rechten Halbebene liegen, d.h. $\mu=0$ ist. Es ist dann

$$|\Delta\varphi| = \left|(-m-n)\frac{\pi}{2}\right| = (n+m)\frac{\pi}{2}. \tag{14.12}$$

Liegen dagegen alle Nullstellen in der linken Halbebene ($\mu=m$), so ist

$$|\Delta\varphi| = \left|(m-n)\frac{\pi}{2}\right| = (n-m)\frac{\pi}{2}, \tag{14.13}$$

da stets $n \geq m$ ist. Die gesamte Phasenveränderung hat in diesem Fall — für die gegebenen Werte von m und n — den kleinstmöglichen Wert. Filter, deren Zählerpolynome alle Nullstellen in der linken Halbebene haben, heißen daher *minimalphasige Filter.*

Aufgabe: Stelle fest, welche Filter in Abb. 3 minimalphasig sind, welche nicht.

Eine weitere Folgerung aus unserer Überlegung ist, daß man Filter konstruieren kann, die die Amplitude einer sinusförmigen Eingangsfunktion unverändert übertragen, die Phase jedoch ändern. Ein solches Filter liegt vor, wenn $m=n$ ist, die Beträge der Wurzeln des Zähler- und des Nennerpolynoms identisch sind, aber die Realteile der Wurzeln des Zählerpolynoms positiv, die Realteile des Nennerpolynoms negativ sind. Bei der Berechnung des Amplitudenfrequenzgangs lassen sich dann alle Beträge $|z_\nu^0|$ im Zähler gegen die Beträge $|z_\nu^*|$ im Nenner kürzen, so daß

$$A(\omega) = |G(\mathrm{j}\omega)| = 1$$

wird. Als Gesamtphasendrehung erhalten wir jedoch aus (14.12) mit $m=n$ $|\Delta\varphi| = 2n(\pi/2) = n\pi$. Filter mit diesen Eigenschaften heißen *Allpaßfilter.*

Aufgabe: Stelle fest, welches der Netzwerke in Abb. 3 ein Allpaßfilter ist.

Es ist leicht einzusehen, daß jedes nichtminimalphasige Filter als Serienschaltung eines minimalphasigen Filters und eines Allpasses angesehen werden kann. Wir nehmen wieder an, daß μ Wurzeln des Zählerpolynoms negative und $m-\mu$ positive Realteile haben. Da man die Reihenfolge der Faktoren im Zähler beliebig wählen darf, kann man die Übertragungsfunktion bzw. wegen $\sigma_1=0$ den komplexen Frequenzgang wie folgt schreiben:

$$G(s)=G(\mathrm{j}\omega)=\frac{(\mathrm{j}\omega-s_1^0)\ldots(\mathrm{j}\omega-s_\mu^0)\;(\mathrm{j}\omega-s_{\mu+1}^0)\ldots(\mathrm{j}\omega-s_m^0)}{(\mathrm{j}\omega-s_1^*)\qquad\ldots\qquad(\mathrm{j}\omega-s_n^*)} \tag{14.14}$$

$$\text{mit}\quad \sigma_i^0<0\quad \text{für}\quad i\leq\mu\quad \text{und}\quad \sigma_i>0\quad \text{für}\quad i>\mu\,.$$

Es seien $\mathrm{j}\omega-s_{\nu+1,\mathrm{sp}}^0$, $\mathrm{j}\omega-s_{\nu+2,\mathrm{sp}}^0\ldots\mathrm{j}\omega-s_{n,\mathrm{sp}}^0$ Faktoren, die durch Spiegelung der Faktoren $\mathrm{j}\omega-s_{\nu+1}^0,\ldots\mathrm{j}\omega-s_m^0$ an der imaginären Achse, d.h. durch Änderung des Vorzeichens der Realteile entstehen. Wir erweitern den Ausdruck in (14.14) durch Multiplikation des Zählers und des Nenners mit dem Faktor $(\mathrm{j}\omega-s_{\nu+1,\mathrm{sp}}^0)\ldots(\mathrm{j}\omega-s_{m,\mathrm{sp}})$ zu

$$G(\mathrm{j}\omega)=\frac{(\mathrm{j}\omega-s_1^0)\ldots(\mathrm{j}\omega-s_\nu^0)\;(\mathrm{j}\omega-s_{\nu+1,\mathrm{sp}}^0)\ldots(\mathrm{j}\omega-s_{m,\mathrm{sp}}^0)}{(\mathrm{j}\omega-s_1^*)\qquad\ldots\qquad(\mathrm{j}\omega-s_n^*)}$$
$$\cdot\frac{(\mathrm{j}\omega-s_{\nu+1}^0)\ldots(\mathrm{j}\omega-s_m^0)}{(\mathrm{j}\omega-s_{\nu+1,\mathrm{sp}}^0)\ldots(\mathrm{j}\omega-s_{m,\mathrm{sp}}^0)}$$

und stellen fest, daß darin

$$G_1(\omega)=\frac{(\mathrm{j}\omega-s_1^0)\ldots(\mathrm{j}\omega-s_\nu^0)\;(\mathrm{j}\omega-s_{\nu+1,\mathrm{sp}}^0)\ldots(\mathrm{j}\omega-s_{m,\mathrm{sp}}^0)}{(\mathrm{j}\omega-s_1^*)\qquad\ldots\qquad(\mathrm{j}\omega-s_n^*)}$$

die Übertragungsfunktion eines minimalphasigen Filters ist, da in $G_1(\mathrm{j}\omega)$ alle Wurzeln des Zählerpolynoms negativ sind. Der restliche Faktor

$$G_2(\mathrm{j}\omega)=\frac{(\mathrm{j}\omega-s_{\nu+1}^0)\ldots(\mathrm{j}\omega-s_m^0)}{(\mathrm{j}\omega-s_{\nu+1,\mathrm{sp}}^0)\ldots(\mathrm{j}\omega-s_{m,\mathrm{sp}}^0)}$$

ist dagegen die Übertragungsfunktion eines Allpasses, da in $G_2(\mathrm{j}\omega)$ die Beträge der Faktoren $\varkappa_{\nu+1}^0$ bis $\varkappa_m^0$ im Zähler und $\varkappa_{\nu+1,\mathrm{sp}}^0$ bis $\varkappa_{n,\mathrm{sp}}^0$ im Nenner identisch sind, die Realteile der Faktoren im Zähler aber sämtlich negativ sind. Da

$$G(\mathrm{j}\omega)=G_1(\mathrm{j}\omega)\cdot G_2(\mathrm{j}\omega)$$

ist, ist die Behauptung bewiesen.

Bei der Untersuchung von biologischen Objekten werden gelegentlich Übertragungsglieder gefunden, die nur als nichtminimalphasige Filter beschrieben werden können. Als Beispiel sei das Steuersystem für die Augenbewegung des Menschen erwähnt [36].

15. Die Analyse linearer Regelkreise

15.1 Regelung durch negative Rückkopplung

Eine Regelung findet statt, wenn eine Größe y, die *Regelgröße*, in einem System gegen die Einflüsse aus der Umwelt, d.h. gegen die *Störgrößen* w_v durch eine besondere Einrichtung entweder konstant gehalten wird *(Festwertregelung)*, oder entsprechend einer vorgegebenen Zeitfunktion geändert wird *(Folgeregelung)*. Bei Festwertregelung wird der gewünschte Wert y_s als *Sollwert* der Regelgröße y bezeichnet. Bei Folgeregelungen heißt die vorgegebene Zeitfunktion $y_s(t)$ *Führungsgröße*. Im weiteren wird zwischen y_s und $y_s(t)$ nicht mehr unterschieden, da für die theoretische Behandlung von linearen Regelkreisen nicht von Belang ist, ob y_s konstant ist oder nicht. Die besondere Einrichtung zur Einstellung der Regelgröße ist ein *Regelkreis*. In ihm wird die Regelgröße durch einen *(Meß-)Fühler* ständig gemessen und im *Regler* mit dem Sollwert oder der Führungsgröße verglichen. Im Falle einer *Regelabweichung* $\Delta y = y(t) - y_s(t)$ wird über ein *Stellglied* eine *Stellgröße* $z(t)$ erzeugt, die die Regelabweichung reduziert. Das Blockschaltbild in Abb. 27 veranschaulicht den Vorgang. Die Kreise repräsentieren im

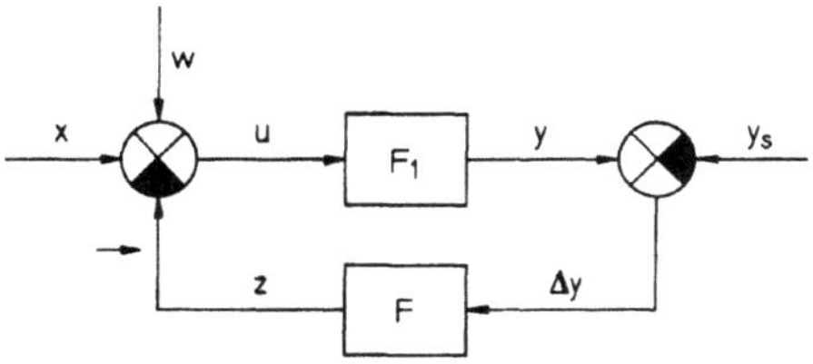

Abb. 27. Schematische Darstellung eines einfachen linearen Regelkreises

Diagramm Additionsstellen, die ausgefüllten Sektoren im Kreis eine Vorzeichenänderung. Die rechteckförmigen Kasten F_1 und F symbolisieren lineare Übertragungsglieder mit den Gewichtsfunktionen $g_1(t)$ und $g(t)$, sowie mit den entsprechenden Übertragungsfunktionen $G_1(s)$ und $G(s)$. Es wurde hier angenommen, daß eine Größe $x(t)$, die Eingangsgröße, von einer Quelle geliefert und durch eine einzige additive Störgröße $w(t)$ überlagert wird. Weitere Störgrößen können an anderen Stellen des Regelkreises angreifen.

Die Regelung erfolgt in einem Kreisprozeß, in welchem eine Größe eben durch die spezielle Einrichtung sich selbst beeinflußt. Der Signalfluß in der gesamten Einrichtung ist entsprechend den Pfeilen gerichtet. Diese Feststellung schließt freilich nicht aus, daß sich z. B. im Übertragungsglied F zwei lineare Filter befinden, die nicht rückwirkungsfrei hintereinander geschaltet sind. Es wird lediglich gefordert, daß Δy auf die Größe $u(t)$ und damit auf $y(t)$ nur entsprechend der Pfeilrichtung einwirkt.

Nach dem heute allgemein akzeptierten Wortgebrauch wird ein Prozeß nicht als Regelung bezeichnet, wenn eines der hier aufgezählten Merkmale fehlt. Zur Veranschaulichung der Unterschiede zwischen Regelung und Nicht-Regelung dienen die Diagramme in Abb. 28. Man stelle sich einen Raum vor, der gegenüber der Umgebung nicht vollständig wärmeisoliert ist, so daß Wärme an die Umgebung abgegeben bzw. von dort aufgenommen werden kann. Der Raum soll ferner durch

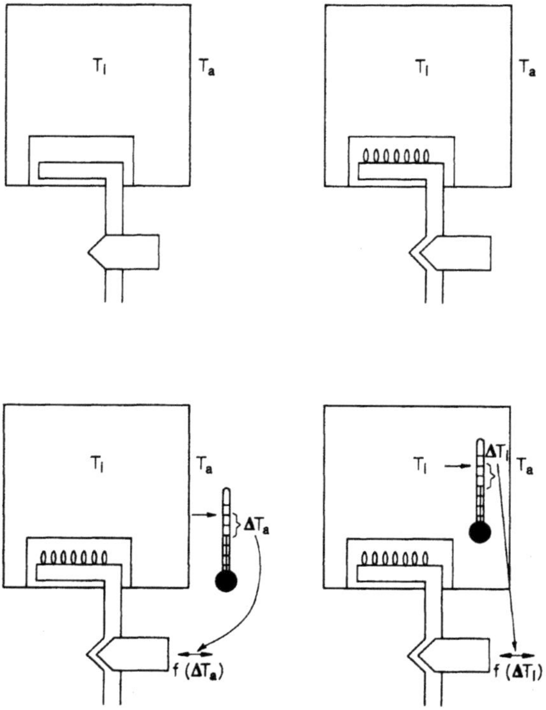

Abb. 28. Veranschaulichung der Unterschiede zwischen Gleichgewicht, Fließgleichgewicht, Steuerung und Regelung

einen Gasofen beheizt, und die Gaszufuhr durch ein Ventil reguliert werden können. Wir nehmen an, daß im Falle a) der Raum auf die Innentemperatur T_i aufgeheizt, und die Heizung dann abgeschaltet wird. Die Umgebungstemperatur T_a soll konstant sein. T_a soll auch durch Wärmeaustausch zwischen dem Raum und der Umgebung nicht verändert werden können. Nach Abschalten des Ofens wird infolge der unvollständigen Isolierung zwischen dem Raum und der Umgebung so lange Wärme ausgetauscht, bis $T_i = T_a =$ konstant sein wird. Es stellt sich ein thermodynamisches *statisches Gleichgewicht* ein.
Die Bedingungen im Fall b) seien die gleichen wie in Fall a), aber der Ofen bliebe bei konstanter Gaszufuhr ständig eingeschaltet. Die Innentemperatur T_i wird zunächst ständig ansteigen bis $T_i > T_a$ wird. Mit zunehmender Innentemperatur nimmt aber auch die Wärmeabgabe, die eine monoton wachsende Funktion des Temperaturunterschiedes $T_i - T_a$ ist, zu, bis schließlich genau so viel Wärme an die Umgebung abgegeben wie durch den Ofen erzeugt wird. Wenn keine Störungen vorliegen — z.B. Veränderung der Isolierung des Raumes, Veränderung der Außentemperatur T_a oder des Heizwertes des Gases —, so bleibt die Innentemperatur T_i fortan ebenfalls konstant und größer als T_a. Es stellt sich ein *Fließgleichgewicht* ein. Das Gleichgewicht ist darauf zurückzuführen, daß zwischen zwei sehr großen Reservoirs, dem Gasbehälter und der Umgebung des Raumes relativ geringe Mengen an Energie ausgetauscht werden. Ein Fließgleichgewicht kann sich in ähnlicher Weise auch im Falle eines Materialflusses zwischen zwei sehr großen Behältern für eine sehr lange Periode einstellen.
Im Fall c) wird angenommen, daß die Außentemperatur $T_a < T_i$ ist. Um die Raumtemperatur konstant zu halten, wird die Außentemperatur gemessen und das Ventil so eingestellt, daß die Gaszufuhr bei steigender Außentemperatur reduziert, bei fallender Außentemperatur erhöht wird. Die Raumtemperatur kann durch diese Maßnahme konstant gehalten werden, vorausgesetzt, daß die Einrichtung einmal geeicht wurde und daß keine weiteren Störungen außer der Schwankung der Temperatur T_a auftreten. Ändert sich jedoch z.B. die Wärmeisolierung oder der Heizwert des Gases, so wird sich auch die Raumtemperatur verändern.
Im Fall d) schließlich wird die Raumtemperatur T_i gemessen und das Ventil entsprechend der Schwankungen von T_i reguliert. Hier wird die Gaszufuhr dann erhöht, wenn T_i sinkt, und umgekehrt. Diese Einrichtung wird, wenn sie entsprechend dimensioniert ist, die Schwankungen der Raumtemperatur innerhalb bestimmter Grenzen kompensieren, was auch immer der Grund der Veränderung ist.
Es ist evident, daß nur die Einrichtung im Fall d) die zuvor angegebenen Eigenschaften eines Regelkreises besitzt. Der Vorgang im Fall c) wird als *Steuerung* bezeichnet. (Im Englischen bezeichnet man die bei-

den Fälle c) und d) als *regulation* bzw. *feed-back regulation* oder *control* bzw. *feed-back control.*)

Anhand des Falles d) lassen sich noch weitere Eigenschaften eines Regelkreises illustrieren. Die Regelung ist nur in einem bestimmten *Regelbereich* wirksam. Wenn das Ventil schon voll geöffnet ist, kann ein weiteres Absinken der Raumtemperatur nicht mehr kompensiert werden. Das gleiche gilt auch für steigende Raumtemperaturen, wenn das Ventil bereits geschlossen ist. Störungen, die den Meßvorgang selbst beeinflussen, können nicht kompensiert werden, da solche Störungen einer Veränderung des Sollwertes entsprechen.

15.2 Berechnung der Regelgröße

Sind die Übertragungseigenschaften der Übertragungsglieder F_1 und F eines einfachen linearen Regelkreises, wie z.B. in Abb. 27, bekannt, so läßt sich die Laplace-Transformierte der Regelgröße leicht angeben. Es sind

$$\begin{aligned} \tilde{y}(s) &= G_1(s)\,\tilde{u}(s) \\ \tilde{u}(s) &= \tilde{z}(s) + \tilde{w}(s) - \tilde{z}(s) \\ \tilde{z}(s) &= G(s)\,[\tilde{y}(s) - \tilde{y}_s(s)]\,. \end{aligned} \tag{15.1}$$

Die Auflösung des Gleichungssystems (15.1) nach $\tilde{y}(s)$ ergibt

$$\tilde{y}(s) = \frac{G_1(s)}{1 + G_1(s)\,G(s)}\,[\tilde{x}(s) + \tilde{w}(s)] + \frac{G_1(s)\,G(s)}{1 + G_1(s)\,G(s)}\,\tilde{y}_s(s)\,. \tag{15.2}$$

Es ist üblich, drei durch die Art der Übertragungsglieder bestimmte Typen von Regelkreisen zu unterscheiden. Sind G_1 und G konstante Faktoren, so hat man es mit einer trägheitslosen *proportionalen* Regelung zu tun. Sind diese Faktoren k_1 und k, so ist aus (15.2)

$$\tilde{y}(s) = \frac{k_1}{1 + k_1 k}\,[\tilde{x}(s) + \tilde{w}(s)] + \frac{k_1 k}{1 + k_1 k}\,\tilde{y}_s(s)\,,$$

und daraus

$$y(t) = \frac{k_1}{1 + k_1 k}\,[x(t) + w(t)] + \frac{k_1 k}{1 + k_1 k}\,y_s(t)\,. \tag{15.3}$$

Aus (15.3) folgt, daß die Regelung um so besser ist, je größer der Faktor k ist. Als Grenzfall erhalten wir $\lim_{k\to\infty} y(t) = y_s(t)$.

Ist der Faktor k endlich, so bleibt eine ständige Regelabweichung

$$\Delta y(t) = y(t) - y_s(t), \tag{15.4}$$

die man aus (15.3) durch Subtraktion von $y_s(t)$ auf beiden Seiten erhält. Es ist

$$\Delta y(t) = \frac{k_1}{1+k_1 k}[x(t)+w(t)] - \frac{1}{1+k_1 k} y_s(t). \tag{15.5}$$

Die Regelabweichung ist um so geringer, je größer k ist. Für einen beliebigen endlichen Wert von k hängt sie außerdem von k_1, x und w ab. Selbst wenn keine Störung vorliegt, ist sie nur dann Null, wenn $k_1 x(t) = y_s(t)$ ist. Diese Feststellung, die sich anhand (15.5) leicht verifizieren läßt, hat einen sehr anschaulichen Grund: Für das Ergebnis der Regelung ist es irrelevant, ob eine Abweichung der Eingangsgröße vom Sollwert durch eine von außen einwirkende Störgröße $w(t)$ verursacht wird, oder aber dadurch entsteht, daß die Quelle auch ohne diese Störung einen unerwünschten Wert $x(t)$ liefert. Im Regelvorgang muß stets die Gesamtabweichung vom Sollwert ausgeglichen werden. Eine ständige Abweichung der Eingangsgröße $x(t)$ vom Sollwert $y_s(t)$ ist eine ständige *Belastung des Regelkreises.* Letztere ist dann am geringsten, wenn $x(t)$ zumindest im Mittel dem Sollwert gleich ist. Bei technischen Regelungen wird die Belastung des Kreises so gering wie möglich gehalten.

Um die Behandlung der beiden anderen Typen von Regelkreisen zu vereinfachen, setzen wir

$$x(t) = y_s(t), \quad G_1(s) = 1 \tag{15.6}$$

voraus. Dadurch reduziert sich (15.2) zu

$$\tilde{y}(s) = \tilde{y}_s(s) + \frac{1}{1+G(s)} \tilde{w}(s) \tag{15.7}$$

und die Regelabweichung ergibt sich entsprechend zu

$$\Delta \tilde{y}(s) = \frac{1}{1+G(s)} \tilde{w}(s). \tag{15.8}$$

Ist $\quad G(s) = \dfrac{k}{s},$ (15.9)

so liegt eine *Integral-Regelung* vor, da $G(s)$ in (15.9) die Übertragungsfunktion eines Integrierers ist (vgl. Tabellen zur Laplace-Transformation). Setzt man $G(s)$ aus (15.9) in (15.8), so erhält man nach Umformung

$$\Delta \tilde{y}(s) = \frac{s/k}{1+\frac{s}{k}}\,\tilde{w}(s)\,. \tag{15.10}$$

Der gebrochene Ausdruck in (15.10) ist die Übertragungsfunktion eines Hochpasses mit der Zeitkonstanten $\tau = 1/k$. Daraus ergibt sich z. B. nach einer stufenförmigen Störung ($w(t) = \Delta w$ für $t \geqq 0$) für die Regelabweichung im Zeitbereich

$$\Delta y(t) = \Delta w\, \mathrm{e}^{-kt}\,. \tag{15.11}$$

Die Regelabweichung klingt vom Wert Δw zur Zeit $t=0$ exponentiell ab, und zwar um so schneller, je größer k ist. Im Falle einer Integral-Regelung gibt es somit — im Gegensatz zu einer proportionalen Regelung — auch dann keine bleibende Regelabweichung, wenn k endlich ist. Freilich erfolgt die Kompensation einer stufenförmigen Störung erst nach einer Übergangsphase, während sie in einem proportional wirkenden trägheitslosen Regelkreis ohne Verzögerung geschieht. Hochfrequente Störungen werden nach (15.10) bei Integralregelung nicht ausgeglichen.

Ist

$$G(s) = ks\,, \tag{15.12}$$

so ist nach (15.8) mit (15.12)

$$\Delta \tilde{y}(s) = \frac{1}{1+ks}\,\tilde{w}(s)\,. \tag{15.13}$$

Es liegt *Differential-Regelung* vor, da $G(s)$ in (15.12) die Übertragungsfunktion eines Differenzierers ist. Der gebrochene Ausdruck in (15.13) ist die Übertragungsfunktion eines Tiefpasses mit der Zeitkonstanten

$$\tau = k\,.$$

Daraus ergibt sich in Analogie zu (15.11) nach einer stufenförmigen Störung im Zeitbereich

$$\Delta y(t) = \Delta w(1 - \mathrm{e}^{-t/k})\,. \tag{15.14}$$

Die Störung wirkt nach einer Übergangsphase voll auf die Regelgröße. Nach (15.13) werden aber hochfrequente Störungen praktisch vollständig kompensiert.
Regelkreise, die einem dieser Grundtypen entsprechend arbeiten, werden in der technischen Literatur *P*-, *I*- bzw. *D-Regler* genannt. Je nach Zielsetzung werden diese Grundtypen miteinander in der Weise kombiniert, daß im Rückführungszweig z. B. ein proportional wirkendes Übertragungsglied mit einem Integrierer oder Differenzierer *parallel* geschaltet wird. Dadurch entstehen *PI*- bzw. *PD-Regler*.
In allen drei Fällen kann im Rückführungszweig den hier genannten Übertragungsgliedern noch ein Verzögerungsglied (Tiefpaß) in Serie geschaltet werden, ohne das statische Verhalten des Kreises zu verändern. Das dynamische Verhalten wird jedoch durch weitere Filter im Rückführungszweig entscheidend beeinflußt. Wir werden uns mit diesem Problem noch eingehend beschäftigen.

15.3 Offener und geschlossener Regelkreis

Bei technischen Regelungsproblemen kann die Übertragungsfunktion $G(s)$ im Rückführungszweig der jeweiligen Zielsetzung entsprechend gewählt werden. Bei der Analyse biologischer Regelkreise besteht die Aufgabe darin, diese Übertragungsfunktion experimentell zu ermitteln.
Wir betrachten wieder den Regelkreis, der die Bedingungen (15.6) erfüllt und durch (15.7) bzw. (15.8) beschrieben wird. $G(s)$ soll die Übertragungsfunktion eines beliebigen linearen Übertragungsgliedes sein. Der gebrochene Ausdruck in (15.8) ist die Übertragungsfunktion $G_c(s)$ des geschlossenen Regelkreises:

$$G_c(s) = \frac{1}{1+G(s)}. \tag{15.15}$$

Es ist daher

$$\Delta\tilde{y}(s) = G_c(s)\,\tilde{w}(s). \tag{15.16}$$

Ist $G(s)$ z. B. die Übertragungsfunktion eines Tiefpasses n-ter Ordnung, die auch den Proportionalitätsfaktor k enthält, d. h.

$$G(s) = \frac{k}{(1+\tau s)^n}, \tag{15.17}$$

so ist
$$G_c(s) = \frac{1}{1+\dfrac{k}{(1+\tau s)^n}} = \frac{(1+\tau s)^n}{k+(1+\tau s)^n}. \tag{15.18}$$

Will man eine unbekannte Übertragungsfunktion $G(s)$ experimentell bestimmen, so kann man im Prinzip folgendermaßen vorgehen: Man betrachtet eine geeignet gewählte Störgröße $w(t)$ (Impuls, Stufe oder Sinusfunktion) als Eingangsfunktion, die dadurch verursachte Änderung $\Delta y(t)$ der Regelgröße als Ausgangsfunktion eines linearen Übertragungsgliedes nach (15.16) und ermittelt $\Delta y(t)$ im Versuch. Aus (15.16) wird dann $G_c(s)$ zu

$$G_c(s) = \frac{\Delta\tilde{y}(s)}{\tilde{w}(s)} \tag{15.19}$$

und aus (15.15) $G(s)$ zu

$$G(s) = \frac{1-G_c(s)}{G_c(s)} = \cdots = \frac{\tilde{w}(s)-\Delta\tilde{y}(s)}{\Delta\tilde{y}(s)} \tag{15.20}$$

berechnet. Dieses Vorgehen kann zu erheblichen praktischen Schwierigkeiten führen. Ist der Proportionalitätsfaktor k sehr groß, so wird in der Regel auch eine sehr starke Störung $w(t)$ nur eine geringfügige Veränderung Δy der Regelgröße verursachen, die aus meßtechnischen Gründen oft nur sehr ungenau erfaßt werden kann. Folglich läßt sich $G_c(s)$ in (15.19) und daher auch $G(s)$ in (15.20) ebenfalls nur sehr ungenau bestimmen. Diese Schwierigkeit kann ausgeräumt werden, wenn man den Regelkreis zum Zwecke der Analyse an der in Abb. 27 mit einem Pfeil markierten Stelle aufschneidet. Im so entstehenden *offenen Regelkreis*[2] ist

$$\tilde{z}(s) = G(s)\{G_1(s)[\tilde{x}(s)+\tilde{w}(s)] - \tilde{y}_s(s)\}$$

oder mit den Bedingungen (15.6)

$$\tilde{z}(s) = G(s)\,\tilde{w}(s)\,. \tag{15.21}$$

Wird nun hier $w(t)$ vorgegeben und $z(t)$ experimentell bestimmt, so läßt sich aus (15.21)

$$G(s) = \frac{\tilde{z}(s)}{\tilde{w}(s)}$$

bestimmen. Dabei treten die genannten meßtechnischen Schwierigkeiten nicht auf. Wenn $G(s)$ bekannt ist, dann kann das Verhalten des geschlossenen Regelkreises berechnet werden.

---

[2] Der Ausdruck hat sich in der Literatur eingebürgert, obwohl das geöffnete System kein (Regel)*Kreis* mehr ist. Der entsprechende englische Ausdruck ist „open-loop-system“.

Es gibt keine allgemeingültige Regel, wie biologische Regelkreise zum Zwecke der Untersuchung geöffnet werden können. Beispiele für einfallsreiche experimentelle Techniken, die im jeweiligen Spezialfall das Öffnen eines Regelkreises gestatten, ohne ihn irreversibel zu verändern, finden sich in [34, 35, 36, 37, 38, 39]. Enthält der Rückführungszweig mehrere in Serie geschaltete Übertragungsglieder, so ist darauf zu achten, daß der Kreis nicht zwischen zwei Gliedern des Rückführungszweiges geöffnet wird. Andernfalls ermittelt man nur die Eigenschaften eines Teils des Rückführungszweigs, und das Verhalten des geschlossenen Kreises kann aufgrund der experimentellen Ergebnisse am offenen Kreis nicht vorausgesagt werden.

15.4 Zur Stabilität linearer Regelkreise

Ist $G(s)$ die Übertragungsfunktion eines passiven linearen Übertragungsgliedes und k ein konstanter Faktor, so ist

$$G_c(s) = \frac{1}{1+k\dfrac{C(s)}{D(s)}} = -\frac{D(s)}{kC(s)+D(s)}, \tag{15.22}$$

wobei $C(s)$ und $D(s)$ wie üblich das Zähler- bzw. das Nennerpolynom von $G(s)$ bezeichnen. Im vorangehenden Kapitel haben wir festgestellt, daß passive lineare Übertragungsglieder stabil sind; die Nullstellen von $D(s)$ und damit auch die Pole von $G(s)$ liegen stets in der linken Hälfte der komplexen $(\sigma, j\omega)$-Ebene. Sind sie reell, so liefern solche Wurzeln z.B. zur Impulsantwort Beiträge, die exponentiell abklingen. Sind sie konjugierte komplexe Wurzeln, so sind die Beiträge zur Impulsantwort harmonische Schwingungen mit exponentiell abklingender Amplitude. Wird das System nicht erregt und sind auch sämtliche Anfangswerte Null, so ist auch die Ausgangsfunktion Null. Können jedoch die Realteile der Wurzeln positiv sein, so sind die Beiträge zur Antwort exponentiell angefachte Funktionen. Selbst wenn die Erregung und auch sämtliche Anfangswerte Null sind, wird die Ausgangsgröße mit der Zeit ansteigen, da in materiell realisierten Systemen schwache Erregungen durch Rauschen stets vorhanden sind. Sie reichen aus, um den Aufschwingvorgang zu initiieren. Der Realteil der Wurzeln des Nennerpolynoms kann auch Null sein. Ist das Polynom zweiten Grades, so bilden die Wurzeln ein konjugiertes Paar, ihr Beitrag zur Lösung ist eine harmonische Funktion mit konstanter Amplitude, die durch die Anfangsbedingungen der homogenen Gleichung bestimmt wird. Das System wird in diesem Fall zu einem Oszillator. Oszillatoren werden ebenfalls als stabile Systeme angesehen.

Es läßt sich leicht nachweisen, daß die Übertragungsfunktion $G_c(s)$ des geschlossenen Regelkreises auch dann Pole in der rechten Halbebene haben kann, wenn die Pole von $G(s)$ in der linken Halbebene liegen. Der Regelkreis als aktives System kann daher instabil sein. Um einen ersten Einblick in die Verhältnisse zu gewinnen, untersuchen wir das Nennerpolynom

$$D_c(s)=k+(1+\tau s)^n \tag{15.23}$$

der Übertragungsfunktion $G_c(s)$ in (15.18) für $n=1$, 2 und 3. Die n Wurzeln von $D_c(s)$ sind

$$s^* = -\frac{1+k}{\tau} \quad \text{für } n=1,$$

$$s_1^* = \frac{1}{\tau}(-1+\mathrm{j}\sqrt{k}); \quad s_2^* = \frac{1}{\tau}(-1-\mathrm{j}\sqrt{k}) \quad \text{für } n=2 \text{ und}$$

$$s_1^* = \frac{1}{\tau}(-1-\sqrt[3]{k}),$$

$$s_2^* = \frac{1}{\tau}\left(\frac{\sqrt[3]{k}}{2}-1+\mathrm{j}\frac{\sqrt{3}\sqrt[3]{k}}{2}\right),$$

$$s_3^* = \frac{1}{\tau}\left(\frac{\sqrt[3]{k}}{2}-1-\mathrm{j}\frac{\sqrt{3}\sqrt[3]{k}}{2}\right) \quad \text{für } n=3.$$

Aufgabe: Prüfe die Richtigkeit dieser Angaben — durch Substitution der Wurzeln in das Nennerpolynom $k+(1+\tau s)^n$ — nach!

Die Realteile der Wurzeln für $n=1$ und $n=2$ sind stets negativ, solange $k>0$ ist. Das gleiche gilt auch für die erste Wurzel für $n=3$. Hier sind jedoch die Realteile der beiden anderen Wurzeln s_2^* und s_3^* nur dann negativ, wenn

$$\frac{\sqrt[3]{k}}{2} < 1,$$

d.h. $k<8$ ist. Wird $k>8$, so wird demnach der Regelkreis instabil.

Um festzustellen, ob ein Regelkreis mit einer gegebenen Übertragungsfunktion $G(s)$ stabil ist, müßte man die Realteile der Wurzeln des Nennerpolynoms in der Übertragungsfunktion $G_c(s)$ des geschlossenen Regelkreises kennen. Das Ermitteln der Wurzeln ist aber bereits im

Falle eines Polynoms dritten Grades sehr mühsam und für Polynome fünften und höheren Grades analytisch nicht mehr möglich. Es gibt jedoch graphische und numerische Verfahren, die es gestatten, auch ohne quantitative Bestimmung der Wurzeln des Nennerpolynoms festzustellen, ob der Regelkreis stabil ist. Wir werden zwei von diesen Kriterien im folgenden etwas eingehender erörtern. Die Überlegungen werden uns auch ein anschauliches Bild darüber vermitteln, warum im vorherigen Beispiel erst bei $n=3$ der Kreis instabil werden konnte und warum der kritische Wert von k gerade 8 ist.

Um die notwendigen Überlegungen für diejenigen Leser zu erleichtern, die im Umgang mit Funktionen einer komplexen Variablen ungeübt sind, betrachten wir zunächst ein Beispiel mit Funktionen im reellen Bereich. Es sei $v=v(u)$ ein Polynom höheren Grades der reellen Variablen u. Um festzustellen, ob das Polynom $v(u)$ positive reelle Wurzeln hat, berechnen wir $v(u)$ für $u>0$. Die graphische Darstellung von $v(u)$ im Koordinatensystem (v, u) fördert die Anschauung (Abb. 29).

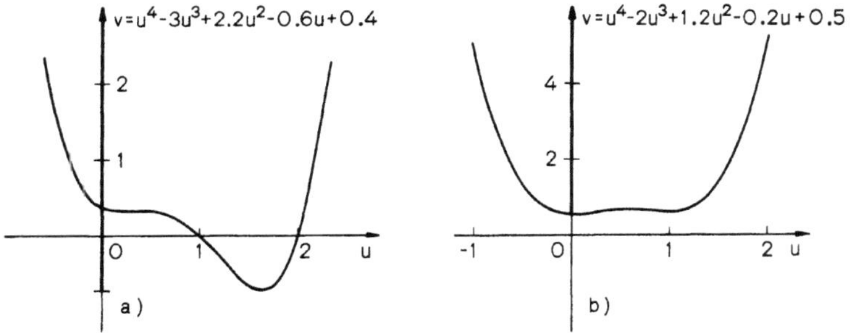

Abb. 29a und b. Abbildung durch eine Funktion einer reellen Variablen

Wenn wir feststellen, daß die Kurve die positive u-Achse in einem begrenzten untersuchten Bereich von $0<u<u_1$ schneidet, so ist die gestellte Frage bereits beantwortet. Dies ist der Fall für das Polynom vierten Grades in Abb. 29a. Die Kurve des Polynoms in Abb. 29b, das ebenfalls vom vierten Grad ist, schneidet die u-Achse zumindest im untersuchten Bereich nicht. Ein Schnittpunkt ist auch für größere u-Werte nicht zu erwarten. Für sehr große u-Werte ist

$$v(u) \approx u^4 ,$$

und der aufsteigende Ast der Kurve scheint bereits diesem Fall zu entsprechen.

Wir können unsere Feststellungen auch folgendermaßen formulieren. Durch die Beziehung $v=v(u)$ wird dem Wertevorrat $0<u<\infty$ ein Wertevorrat von v zugeordnet (stark ausgezogene Bereiche entlang der v-Achse in Abb. 29). Enthält dieser Wertevorrat auch den Wert $v=0$, so hat das Polynom zumindest eine positive reelle Wurzel.
Das Polynom $D_c(s)$ in (15.23) ist eine komplexe Funktion mit Realteil

$$R=R(\sigma,\omega) \tag{15.24}$$

und Imaginärteil

$$I=I(\sigma,\omega) \tag{15.25}$$

der unabhängigen Variablen σ und ω. Um festzustellen, ob $D_c(s)$ Wurzeln in der rechten Hälfte der $(\sigma, \mathrm{j}\omega)$-Ebene besitzt, muß man seinen Wertevorrat im Bereich $0<\tau\sigma<\infty$ und $-\infty<\tau\omega<\infty$ daraufhin untersuchen, ob er den Wert $D_c(s^*)=0+\mathrm{j}\cdot 0$, d.h. den Nullpunkt der $(R, \mathrm{j}I)$-Ebene enthält. Man wählt hierzu zunächst begrenzte halbkreisförmige Bereiche in der rechten Hälfte der $(\sigma, \mathrm{j}\omega)$-Ebene, wie es z.B. in den oberen Diagrammen der Abbildungen 30—32 gezeigt ist, deren Radien $r=1$ und $r=2$ betragen. Wir berechnen zunächst die Funktionswerte von $D_c(s)$ entlang der Strecke $0\to\mathrm{j}\to 1\to -\mathrm{j}\to 0$. Als Beispiel sei hier die Berechnung für $D_c(s)$ in (15.23) mit $n=1, 2, 3$ durchgeführt. Es ist für $n=1$

$$D_c(s)=1+k+\tau s=1+k+\tau\sigma+\mathrm{j}\tau\omega\,, \quad \text{d. h.}$$

$$R=1+k+\tau\sigma\,, \quad (15.26) \qquad I=\tau\omega\,. \quad (15.27)$$

Für die imaginäre Achse in der $(\sigma, \mathrm{j}\omega)$-Ebene ist $\sigma=0$, so daß

$$R=1+k\,; \qquad I=\tau\omega \tag{15.28}$$

ist. Die imaginäre Achse der $(\sigma, \mathrm{j}\omega)$-Ebene wird durch $D_c(s)$ in eine senkrechte Gerade durch $R=1+k$ auf die $(R, \mathrm{j}I)$-Ebene abgebildet. Für den Halbkreis gilt

$$\tau^2\omega^2+\sigma^2=r^2\,. \tag{15.29}$$

Um I als Funktion von R zu ermitteln, substituieren wir für $\tau\omega$ in (15.27) aus (15.29)

$$\tau\omega=\pm\sqrt{r^2-\tau^2\sigma^2} \quad \text{und erhalten somit}$$

$$R=1+k+\tau\sigma\,, \quad (15.30) \qquad I=\pm\sqrt{r^2-\tau^2\sigma^2}\,. \quad (15.31)$$

Die gewünschte Beziehung ergibt sich, wenn aus (15.30)

$$\tau\sigma = R - 1 - k$$

in (15.31) eingesetzt wird. Es ist

$$I = \pm\sqrt{r^2 - (R-1-k)^2},$$

woraus nach Quadrieren und Umformen

$$I^2 + (R - [1+k])^2 = r^2, \qquad (R \geqq 0) \tag{15.32}$$

folgt. Die Kurve ist ein Halbkreis in der $(R, \mathrm{j}I)$-Ebene mit Zentrum bei $R = 1 + k$. Für $k = 1$ und $r = 1$ sowie $r = 2$ sind die Bildkurven in Abb. 30 b gezeigt. Der Wert $D_c(0)$ ist dort mit einem Punkt markiert. Im allgemeinen kann man nach diesem Schritt noch keinesfalls wissen, welche Werte $D_c(s)$ für die Werte von s innerhalb des Halbkreises besitzt. Nach einem Satz der Funktionentheorie gilt jedoch für analytische Funktionen, daß bei einer festgelegten Umlaufrichtung einem Punkt rechts (links) der Strecke in der $(\sigma, \mathrm{j}\omega)$-Ebene auch der Bildpunkt rechts (links) der entsprechenden Strecke in der $(R, \mathrm{j}I)$-Ebene liegen wird. In den Abbildungen 30—32 wurden wegen des besseren Überblicks die rechten Seiten der Halbkreise bei der angenommenen Umlaufrichtung im Uhrzeigersinn und ebenso die entsprechenden Seiten der Bildkurven durch Schraffierung markiert. Man sieht somit sofort, daß die Bildflächen in Abb. 30b den Nullpunkt nicht enthalten. An dieser Situation wird sich nach (15.32) auch dann nichts ändern, wenn r über alle Grenzen hinaus erhöht wird, solange $k > 0$ ist. Selbst wenn k zu $-1 \leq k < 0$ gewählt wird, liegt das Zentrum des Halbkreises immer noch rechts des Nullpunktes in der $(R, \mathrm{j}I)$-Ebene (Abb. 30c).

Hat dagegen k einen großen negativen Wert, so ändert sich das Verhalten des Regelkreises grundsätzlich. Wird z.B. $k = -2{,}5$ gewählt (Abb. 30d), so liegt das Zentrum des Halbkreises bei $R = -1{,}5$ in der linken Hälfte der $(R, \mathrm{j}I)$-Ebene. Für einen kleinen Wert von r enthält zwar die Bildfläche den Nullpunkt noch nicht. Wird jedoch r erhöht, so wird die Bildfläche auch den Nullpunkt einschließen: Das Nennerpolynom hat eine Wurzel mit positivem Realteil, so daß der Regelkreis instabil wird. Dieses Ergebnis ist anschaulich zu verstehen. Ist $k < 0$, so wird das Vorzeichen der Regelabweichung zweimal geändert, einmal durch den negativen Faktor k, und einmal an der nachfolgenden Additionsstelle. Der Kreis wird nicht mehr negativ, sondern positiv zurückgekoppelt. Aber auch in diesem Fall wird er erst dann instabil, wenn $k < -1$ wird.

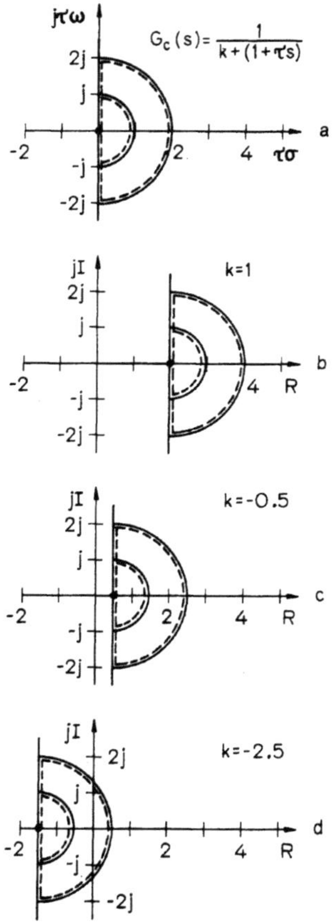

Abb. 30

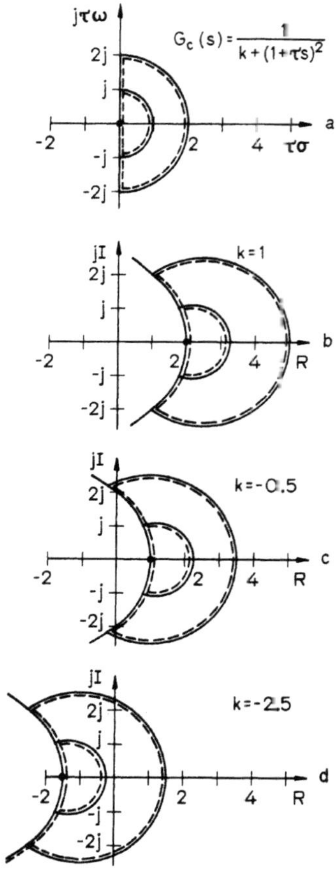

Abb. 31

Abb. 30–32. Abbildung zweier Halbkreise der (σ, jω)-Ebene durch das Nennerpolynom der angegebenen Übertragungsfunktionen

Für $n=2$ und $n=3$ lassen sich die Abbildungen des Halbkreises in ähnlicher Weise wie für $n=1$ ermitteln. Die Ergebnisse werden freilich mit wachsendem n immer komplizierter. Für $n=2$ ist aus (15.23)

$$D_c(s) = k + (1+\tau s)^2 ,$$

woraus nach einigen Schritten

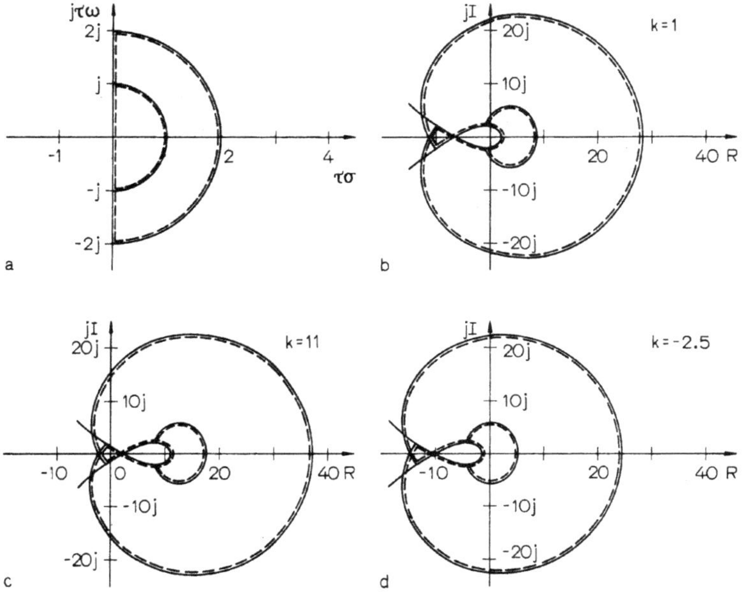

Abb. 32

$$R = 1 + k + 2\tau\sigma + \tau^2\sigma^2 - \tau^2\omega^2\,, \tag{15.33}$$

$$I = 2\tau\omega + 2\tau^2\sigma\omega \tag{15.34}$$

folgt. Somit gilt für die imaginäre Achse der $(\sigma, \mathrm{j}\omega)$-Ebene mit $\sigma = 0$

$$R = 1 + k - \tau^2\omega^2\,, \quad (15.35) \qquad I = 2\tau\omega\,. \quad (15.36)$$

Setzt man hier aus (15.36) $\tau\omega = I/2$ in (15.35) ein, so ergibt sich

$$R = 1 + k - \frac{I^2}{4}\,. \tag{15.37}$$

Das ist die Gleichung einer liegenden Parabel im (R, I)-Koordinatensystem. Sie schneidet die R-Achse bei $R = 1 + k$. Für den Halbkreis in s gilt wieder (15.29). Es ließe sich auch hier z. B. ω aus (15.29) in (15.33) und (15.34) einsetzen, danach σ aus einer der resultierenden Gleichungen in die andere substituieren, um eine formelmäßige Beziehung zwischen I und R zu gewinnen. Einfacher ist jedoch eine unmittelbare numerische Auswertung von (15.33) und (15.34) für die durch (15.29) be-

stimmten Wertepaare von $\tau\sigma$ und $\tau\omega$. Das Ergebnis ist für $k=1$ und für $r=1$ bzw. $r=2$ in Abb. 31b gezeigt. Die Bildfläche enthält auch hier den Nullpunkt der $(R, \mathrm{j}I)$-Ebene nicht. Da der Schnittpunkt der Parabel nach (15.37) mit der I-Achse von r nicht beeinflußt wird, wird der Nullpunkt auch für beliebig große Werte von r außerhalb der Bildfläche liegen. Der Einfluß von k auf die Abbildung des Halbkreises in der $(\sigma, \mathrm{j}\omega)$-Ebene durch $D_c(s)$ ist die gleiche, wie für $n=1$. Wird k größer, so verschiebt sich die Parabel nach rechts, für abnehmende Werte von k nach links. Wird k kleiner als -1, so liegt der Nullpunkt im Inneren der Bildfläche, und der Regelkreis wird instabil.
Ist das Nennerpolynom dritten Grades, so ist $D_c(s)=k+(1+\tau s)^3$, woraus

$$R=k+(1+\tau\sigma)^3-3(1+\tau\sigma)\tau^2\omega^2\,, \tag{15.38}$$

$$I=3\tau\omega(1+\tau\sigma)^2-\tau^3\omega^3 \tag{15.39}$$

folgt. Für die imaginäre Achse der $(\sigma, \mathrm{j}\omega)$-Ebene mit $\sigma=0$ erhalten wir somit

$$R=1+k-3\tau^2\omega^2\,, \tag{15.40}$$

$$I=3\tau\omega-\tau^3\omega^3\,. \tag{15.41}$$

Da die Ausdrücke für R und I in (15.38)—(15.41) dritten Grades in σ und ω sind, errechnet man die Kurven in der Bildebene zweckmäßigerweise unmittelbar aus diesen Gleichungen. Für die imaginäre Achse ergeben sich die Wertepaare (R, I), wenn $\tau\omega$ in (15.40) und (15.41) variiert wird, für den Halbkreis wie im vorangehenden Fall, wenn der Berechnung die durch (15.29) bestimmten Wertepaare von $\tau\sigma$ und $\tau\omega$ zugrunde gelegt werden. Die Ergebnisse für $k=1$ und für die beiden Werte von $r=1$ und $r=2$ sind in Abb. 32b gezeigt. Für den kleineren Wert von r unterscheidet sich die Bildkurve nur unwesentlich von den entsprechenden Kurven in den Abbildungen 30 und 31. Auch hier schneidet die Bildkurve der imaginären Achse der $(\sigma, \mathrm{j}\omega)$-Ebene die reelle Achse der Bildebene bei $R=1+k$: (15.40) und (15.41) liefert für $\omega=0$ das Wertepaar $R=1+k$ und $I=0$. Die Bildebene enthält nicht den Nullpunkt der $(R, \mathrm{j}I)$-Ebene.
Die Besonderheit des Nennerpolynoms dritten Grades wird erst deutlich, wenn r erhöht wird. Bereits für $r=2$ überschneiden sich die beiden Äste der Bildkurve nach (15.40) und (15.41), und zwei Bereiche der Bildfläche überlappen sich. Selbstverständlich enthält dieser Bereich der Überlappung — das drachenförmige Gebiet im Diagramm — Funktionswerte, die einem Punkt im Inneren des Halbkreises in der $(\sigma, \mathrm{j}\omega)$-Ebene zugehören. Der Überlappungsbereich wird größer, wenn r er-

höht wird. Weitere qualitative Veränderungen der Bildfläche treten mit wachsendem r nicht auf. Man kann es leicht nachweisen, wenn man in (15.40) und (15.41) $\tau\omega$ beliebig groß werden läßt. Die beiden Äste der Bildkurve setzten sich in der angedeuteten Weise ohne weitere Kreuzung fort. Wird nun der Faktor k erhöht, so verlagert sich auch hier die Bildfläche in der $(R, \mathrm{j}I)$-Ebene nach rechts, so daß ab einem kritischen Wert von k der Nullpunkt der Ebene im Bereich der Überlappung (Abb. 32c) liegt. Das Nennerpolynom wird jetzt Wurzeln mit positiven Realteilen haben, und der Regelkreis wird instabil.
Den kritischen Wert von k haben wir bereits durch Lösung des Nennerpolynoms ermittelt. Wir können ihn aber auch aus (15.40) und (15.41) berechnen. Beim kritischen Wert von k sind $R=0$ und $I=0$. Aus (15.41) erhalten wir gemäß dieser Bedingung

$$\tau^2\omega^2 = 3\,.$$

Wird dieser Wert von $\tau^2\omega^2$ in (15.40) eingesetzt, so ist (wegen der Bedingung $R=0$) $1+k-9=0$, d. h.

$$k = 8\,.$$

Nach (7.33) ist die durch den Tiefpaß dritter Ordnung bei $\tau\omega = \sqrt{3}$ verursachte Phasenverschiebung im Rückkopplungszweig

$$\varphi = -3\,\mathrm{arctg}\sqrt{3} = -180^\circ\,,$$

eine Phasenverschiebung, die einer Vorzeichenumkehr entspricht. Wir haben aber bereits gesehen, daß beide bisher analysierten Regelkreise durch eine zusätzliche Vorzeichenänderung im Rückführungszweig für $|k|>1$ instabil wurden. Beim kritischen Wert $\tau\omega = \sqrt{3}$ ist der Wert des Amplitudenfrequenzgangs nach (7.32)

$$A = \frac{1}{\sqrt{(1+3)^3}} = \frac{1}{8}\,.$$

Um eine Gesamtverstärkung $k>1$ zu erreichen und damit die Stabilitätsgrenze zu überschreiten, muß demnach $k>8$ sein. Selbstverständlich wird der Kreis mit einem Nennerpolynom dritten Grades auch dann instabil, wenn $k<0$ und $|k|>1$ ist. Die Bildfläche in der $(R, \mathrm{j}I)$-Ebene verschiebt sich dann entlang der R-Achse nach links, und der Nullpunkt wird wiederum im Inneren der Bildfläche liegen (Abb. 32d).
Ist der Tiefpaß im Rückführungszweig erster Ordnung, so beträgt die Phasenverschiebung maximal -90°, so daß k beliebig groß gewählt

werden kann, ohne Instabilität zu verursachen. Ist der Tiefpaß zweiter Ordnung, so wird zwar für $\omega \to \infty$ eine Phasenverschiebung von $-180°$ erreicht. Da aber

$$\lim_{\omega \to \infty} A(\omega) = 0$$

ist, kann k auch in diesem Fall groß gewählt werden, und der Regelkreis bleibt trotzdem stabil.

Bei Tiefpässen höherer als dritter Ordnung beträgt die Phasenverschiebung ebenfalls 180° und mehr. Da der Wert des Amplitudenfrequenzgangs bei der kritischen Frequenz endlich ist, sind Regelkreise mit solchen Filtern im Rückführungszweig ebenfalls instabil, wenn k größer als ein kritischer Wert, und zwar größer als der Kehrwert des Amplitudenfrequenzgangs bei der kritischen Frequenz ist.

Aufgabe: Berechne den kritischen Wert von k für einen Regelkreis mit einem Tiefpaß vierter Ordnung im Rückführungszweig.

Befindet sich im Rückführungszweig des Regelkreises ein Übertragungsglied mit Laufzeit (vgl. S. 112ff.), so führt dies stets zu Phasenverschiebungen von $-180°$ und darüber. Die niedrigste Frequenz ω_1, bei der die Phasenverschiebung $-180°$ erreicht, ist nach (13.44)

$$\omega_1 = \frac{\pi}{q},$$

und daher um so höher, je kürzer die Laufzeit q ist. Regelkreise mit Laufzeit können daher stets instabil werden. Um Stabilität zu erreichen, muß — z. B. durch entsprechende Tiefpässe — dafür gesorgt werden, daß die Gesamtverstärkung bei der resultierenden kritischen Frequenz, die auch durch die Tiefpässe selbst mitbestimmt wird, kleiner als 1 bleibt. Sämtliche biologischen Regelkreise, in denen die Rückkoppelung durch Nervenleitung oder Stofftransport erfolgt, enthalten Übertragungsglieder mit Laufzeit.

Die hier demonstrierte Methode zur Stabilitätsuntersuchung ist zwar in jedem Fall praktikabel, aber der umfangreichen Berechnungen wegen sehr aufwendig. Man kann jedoch aufgrund der durchgeführten Überlegungen ein einfacheres Verfahren ableiten, bei dem es genügt, nur die positive imaginäre Achse der $(\sigma, \mathrm{j}\omega)$-Ebene abzubilden.

Abb. 33a zeigt wieder einen Halbkreis in der rechten Hälfte der $(\sigma, \mathrm{j}\omega)$-Ebene, der durch zwei Nennerpolynome auf die $(R, \mathrm{j}I)$-Ebene abgebildet wurde. In einem Fall liegt der Nullpunkt der $(R, \mathrm{j}I)$-Ebene außerhalb (Abb. 33b), im anderen Fall innerhalb der Bildfläche (Abb. 33c) Der dem Nullpunkt der $(\sigma, \mathrm{j}\omega)$-Ebene entsprechende Funktionswert liege in beiden Fällen auf der R-Achse der $(R, \mathrm{j}I)$-Ebene. Die Umlaufrichtung

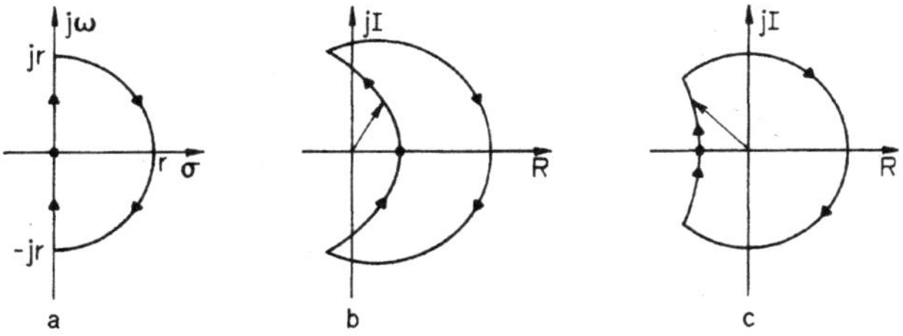

Abb. 33a–c. Veranschaulichung der Phasenverschiebung durch die Nennerpolynome der Übertragungsfunktion eines stabilen (b) und eines instabilen Regelkreises (c)

ist durch Pfeile angezeigt. Bei einem Umlauf $0 \to jr \to r \to -jr \to 0$ in der $(\sigma, j\omega)$-Ebene bewegt sich der Zeiger in der (R, jI)-Ebene auf der geschlossenen Bildkurve und gelangt somit nach einem Umlauf in seine ursprüngliche Lage auf der R-Achse zurück. Die gesamte Phasenveränderung, die der Zeiger erfährt, bleibt dabei Null, wenn der Nullpunkt der (R, jI)-Ebene außerhalb der Bildfläche liegt (Abb. 33b). Dies gilt auch dann, wenn sich Teile der Bildfläche überlappen. Liegt der Nullpunkt im Inneren der Bildfläche, so beträgt dagegen die Netto-Phasenveränderung $\Delta\Psi$ des Zeigers — mindestens — $\Delta\Psi = 2\pi$.
Da $D_c(s)$ ein Polynom n-ten Grades ist, ist für große r-Werte in guter Näherung

$$D_c(s) \simeq \alpha_n s^n = \alpha_n r^n e^{jn\Psi} . \tag{15.42}$$

Wandert s auf dem offenen Halbkreis, so ändert sich die Phase des Zeigers in der Bildebene nach (15.42) von $n\pi/2$ im Uhrzeigersinn bis $-n\pi/2$. Der Beitrag des offenen Halbkreises beträgt somit $\Delta\Psi_{\flat} = -n\pi$. Da die gesamte Phasenveränderung bei stabilen Kreisen Null sein muß, wird die Phasenveränderung $+n\pi$ betragen, wenn sich s von $-j\infty$ bis $+j\infty$ auf der imaginären Achse in der $(\sigma, j\omega)$-Ebene bewegt. Für die positive Hälfte der imaginären Achse wird sie demnach bei stabilen Kreisen

$$\Delta\Psi_{\uparrow} = n\frac{\pi}{2} \tag{15.43}$$

betragen.
Diese Bedingung ist das *Phasenkriterium*, das sich auch graphisch veranschaulichen läßt. Ist die Bedingung (15.43) erfüllt, so wird der Nullpunkt der (R, jI)-Ebene stets links von der Bildkurve bleiben, wenn die positive imaginäre Achse durch $D_c(s)$ abgebildet wird, da die Bildkurve n aufeinander folgende Quadranten durchlaufen muß, um eine

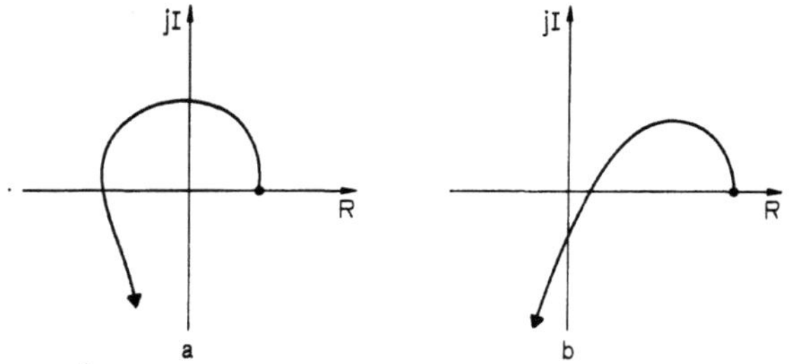

Abb. 34a und b. Abbildung der positiven reellen Achse der $(\sigma, j\omega)$-Ebene durch das Nennerpolynom der Übertragungsfunktion eines stabilen (a) und eines instabilen Regelkreises (b)

Netto-Phasenveränderung von $n\pi/2$ zu erfahren (Abb. 34a). Bleibt der Nullpunkt rechts von der Bildkurve, so ist die Phasenveränderung geringer als $n\pi/2$ (Abb. 34b).

Aufgabe: Prüfe die Gültigkeit des Phasenkriteriums anhand der Bilder in Abb. 30—32.

Aus dem Phasenkriterium läßt sich das „*Kriterium der offenen Schleife*", auch *Nyquist-Kriterium* genannt, ableiten. Ist $G(s)$ die Übertragungsfunktion eines beliebigen linearen Filters im Rückführungszweig, die bereits auch einen konstanten Faktor k enthält, so ist nach (15.15) das Nennerpolynom der Übertragungsfunktion des geschlossenen Kreises

$$D_c(s) = 1 + G(s)\,.$$

Liegt das durch $G(s)$ — also durch die Übertragungsfunktion des Filters im Rückführungszweig, und nicht etwa durch deren Nennerpolynom — erzeugte Abbild des geschlossenen Halbkreises der $(\sigma, j\omega)$-Ebene vor, so erhält man daraus das durch $D_c(s)$ erzeugte Abbild, wenn man ersteres um 1 entlang der R-Achse nach rechts verschiebt.
Schließt die durch $G(s)$ erzeugte Bildfläche den Punkt -1 nicht ein, so wird die um 1 nach rechts verschobene Kurve den Nullpunkt nicht einschließen und der Regelkreis ist stabil. Andernfalls ist er instabil. Man kann demnach das Phasenkriterium auf die Übertragungsfunktion $G(s)$ des offenen Kreises anwenden und wie folgt formulieren: Liegt der Punkt $R = -1$ links der Kurve, die beim Abbilden der positiven imaginären Achse durch $G(s)$ entsteht, so ist der Kreis stabil, sonst instabil. Abb. 35 veranschaulicht diesen Sachverhalt im Falle eines Tiefpasses dritter Ordnung im Rückführungszweig mit Verstärkungsfaktoren $k = 6$ (stabil) und $k = 10$ (instabil). Um etwas über die Stabilität des Kreises aussagen zu können, genügt es demnach, die

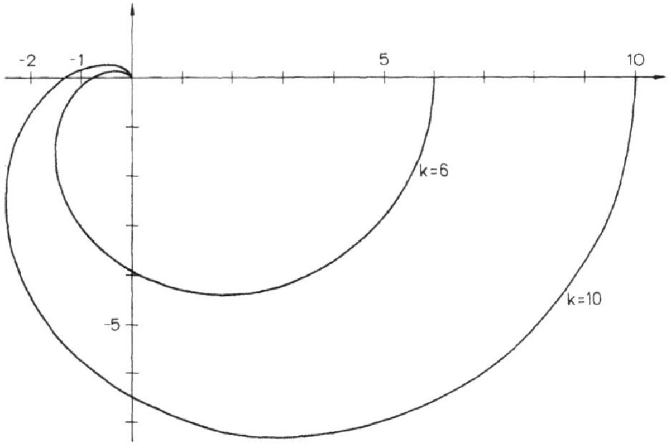

Abb. 35. Die Anwendung des Kriteriums der „offenen Schleife" auf einen Regelkreis mit einem Tiefpaß 3. Ordnung im Rückführungszweig

Ortskurve des offenen Kreises zu kennen, da die Abbildung der positiven imaginären Achse ja nichts anderes als die Ortskurve ist.
Allen unseren bisherigen Überlegungen lag der einfache Regelkreis mit der Bedingung $G_1(s)=1$ zugrunde. Die Berechnungen lassen sich jedoch nach dem gleichen Muster auch dann durchführen, wenn $G_1(s)$ ebenfalls die Übertragungsfunktion von Filtern höherer Ordnung ist. Lediglich der rechnerische Aufwand wird sich je nach Struktur der Übertragungsfunktionen $G_1(s)$ und $G(s)$ steigern.
Fehlerfrei funktionierende biologische Regelkreise verhalten sich selbstverständlich stets stabil. Die hier dargestellten Stabilitätsbetrachtungen können trotzdem eine gewisse Bedeutung haben. Es ist oft von Interesse, ob ein biologischer Regelkreis überhaupt instabil werden kann oder wie weit er von der Stabilitätsgrenze entfernt arbeitet. Dies kann sowohl in der Therapie bei der „Reparatur" defekter Regelkreise, als auch bei der Überprüfung von Hypothesen wichtig sein. Es ist stets sehr überzeugend, ja beeindruckend, wenn die Eigenschaften eines Regelkreises aufgrund einer systemtheoretischen Analyse so weit bekannt werden, daß eine Instabilität für bestimmte Bedingungen vorausgesagt und experimentell nachgewiesen werden kann [34]. Freilich werden die Amplituden der Schwingungen in einem realen — physikalischen oder biologischen Regelkreis — wegen energetischer oder sonstiger Beschränkungen nicht, wie theoretisch vorausberechnet, unendlich stark ansteigen. Die begrenzenden Faktoren sind jedoch stets nichtlinearen Vorgängen zuzuschreiben. Diese Frage wird hier deshalb nicht weiter erörtert (vgl. jedoch Kap. 24).

15.5 Die Güte der Regelung

Bei der Berechnung der Regelgröße haben wir festgestellt, daß eine Störung vom Regelkreis nicht immer restlos kompensiert wird. Das Ausmaß der Kompensation oder die Güte der Regelung ist deshalb ein wichtiger Parameter eines jeden Regelkreises. Um die Güte der Regelung zu charakterisieren und experimentell zu ermitteln, wurden verschiedene Methoden und Größen eingeführt.
Der *Regelfaktor* R ist per definitionem

$$R = \frac{\Delta y_{\text{mit}}}{\Delta y_{\text{ohne}}}, \tag{15.44}$$

wobei Δy_{mit} die bleibende Veränderung der Regelgröße im geschlossenen, Δy_{ohne} ihre Veränderung im offenen Regelkreis nach einer gegebenen stufenförmigen Störung Δw oder Δx darstellt. Da die Größen Δy_{mit} und Δy_{ohne} definitionsgemäß bleibende Regelabweichungen bezeichnen, bezieht sich (15.44) auf die Verhältnisse nach Erreichen des stationären Zustandes. R in (15.44) wird deshalb auch *statischer Regelfaktor* genannt. Ist der Regelkreis ganz unwirksam, so ist $\Delta y_{\text{mit}} = \Delta y_{\text{ohne}}$ und entsprechend $R = 1$. Wird die Störung vollständig kompensiert, so ist $\Delta y_{\text{mit}} = 0$ und mithin auch $R = 0$. Die Regelung ist um so besser, je kleiner der Regelfaktor R ist.
Gelegentlich wird die komplementäre Größe

$$W = 1 - R \tag{15.45}$$

zur Charakterisierung der Güte der Regelung herangezogen. W wird die *Wirksamkeit* (der Regelung) genannt. Ist der Regelkreis ganz unwirksam, so ist $W = 0$. Wird die Störung vollständig kompensiert, so ist $W = 1$. Je größer W ist, um so besser ist die Regelung.
Neben dem statischen Regelfaktor gibt es den *dynamischen Regelfaktor* R_{d}, der per definitionem

$$R_{\text{d}} = \frac{A_y(\omega)_{\text{mit}}}{A_y(\omega)_{\text{ohne}}}$$

ist, wobei $A_y(\omega)_{\text{mit}}$ die Amplitude der Regelgröße y im geschlossenen, $A_y(\omega)_{\text{ohne}}$ die gleiche Größe im offenen Regelkreis bei einer Störung durch eine Sinusfunktion mit der Frequenz ω bedeutet. Der dynamische Regelfaktor R_{d} ist somit frequenzabhängig und ist daher für den ganzen Frequenzbereich anzugeben. Im Grenzfall $\omega \to 0$ ist $R_{\text{d}} = R$.
Wir befassen uns im folgenden nur mit dem statischen Regelfaktor. Er kann entsprechend (15.44) experimentell durch Messung von Δy_{mit} und

Δy_{ohne} direkt bestimmt werden. Es gibt jedoch auch indirekte Methoden, um R zu ermitteln. Die Verhältnisse sind besonders einfach, wenn $G_1(s)=1$ ist (Abb. 27). Diese Bedingung trifft für eine große Anzahl technischer, aber auch biologischer Regelkreise zu. Ist $G_1(s)=1$, so ist im offenen Kreis $\Delta y_{\text{ohne}}=\Delta w$ und somit

$$R = \frac{\Delta y_{\text{mit}}}{\Delta w}. \tag{15.46}$$

Da Δw im Versuch frei gewählt wird, braucht man nur die bleibende Regelabweichung im geschlossenen Regelkreis zu bestimmen. Freilich können dabei die im Abschnitt „offener und geschlossener Regelkreis“ erwähnten meßtechnischen Schwierigkeiten auftreten, wenn Δy_{mit} sehr klein ist.

Im Zusammenhang mit einem proportional wirkenden Regelkreis haben wir festgestellt, daß für die Güte der Regelung der Proportionalitätsfaktor k maßgebend ist. Zwischen dem Regelfaktor R und dem Proportionalitätsfaktor k besteht eine eindeutige Beziehung. Aus (15.3) ist mit $k_1=1$ und $x=y_s$

$$\Delta y_{\text{mit}} = \frac{1}{1+k}\Delta w, \tag{15.47}$$

aus (15.46) $\Delta y_{\text{mit}}=R\Delta w$, so daß

$$R = \frac{1}{1+k} \tag{15.48}$$

ist. Der Proportionalitätsfaktor k ist jedoch

$$k = \frac{\Delta z}{\Delta y_{\text{mit}}} \tag{15.49}$$

im geschlossenen, und

$$k = \frac{\Delta z}{\Delta w} = \frac{\Delta z}{\Delta y_{\text{ohne}}} \tag{15.50}$$

im offenen Kreis. Der Faktor k kann aufgrund der Beziehungen in (15.49) und (15.50) unter Umständen einfacher und genauer bestimmt werden, als R direkt aufgrund der Beziehungen in (15.44) oder (15.46).

Für den stationären Fall läßt sich ein Faktor V, genannt *innere Verstärkung*, auch für beliebige, also nicht nur für proportional wirkende

Regelkreise entsprechend den Beziehungen (15.49) und (15.50) definieren:

$$V = \frac{\Delta z}{\Delta y_{\text{mit}}}, \tag{15.51}$$

wenn der Kreis geschlossen,

$$V = \frac{\Delta z}{\Delta y_{\text{ohne}}} = \frac{\Delta z}{\Delta w}, \tag{15.52}$$

wenn der Kreis offen ist, sofern wiederum $G_1(s) = 1$ ist. V ist nur für proportional wirkende Regelkreise mit dem Proportionalitätsfaktor k identisch. Handelt es sich um einen I-Regler mit der Übertragungsfunktion nach (15.9), so ist nach (15.11) $\Delta y_{\text{mit}} = 0$, und daher $V = \infty$ für einen beliebigen $k > 0$. Trotzdem ist der Wert von k auch im Falle eines I-Reglers für die Güte der Regelung in gewisser Hinsicht von Bedeutung, wie wir es weiter unten noch feststellen werden.

Enthält der Rückführungszweig in einem proportionalen Regler zusätzlich zum Proportionalitätsfaktor noch z. B. einen Tiefpaß n-ter Ordnung, so wird dieser das stationäre Verhalten des Regelkreises und somit auch den Regelfaktor R bzw. die innere Verstärkung V nicht beeinflussen, vorausgesetzt, daß der Regelkreis dabei stabil bleibt. Diese Behauptung ist anschaulich leicht einzusehen: Die Stufenantwort des Tiefpasses ist nach Ablauf einer Übergangsperiode identisch mit der Eingangsstufe, und der Regelkreis verhält sich im stationären Zustand wie ein P-Regler ohne Verzögerungsglied. Wir wollen trotzdem den genauen Beweis dieser Behauptung erbringen und dabei eine Methode einführen, mit der das Verhalten des Regelkreises im stationären Zustand anhand der Übertragungsfunktion leicht zu ermitteln ist.

Ist $G(s)$ die Übertragungsfunktion eines beliebigen passiven Übertragungsgliedes und ist wieder $G_1(s) = 1$, so ist $\Delta \tilde{y}(s)$ nach einer stufenförmigen Störung der Stärke Δw gemäß (15.8)

$$\Delta \tilde{y}(s) = \frac{1}{1 + k\dfrac{C(s)}{D(s)}} \frac{1}{s} \Delta w, \tag{15.53}$$

wobei der Proportionalitätsfaktor k hier explizite berücksichtigt wurde. Um $\Delta y(t)$ im stationären Zustand zu ermitteln, könnten wir aus (15.53) durch Laplace-Rücktransformation $\Delta y(t)$, und daraus $\lim_{t \to \infty} \Delta y(t)$ berechnen. Diesen Grenzwert können wir jedoch mit Hilfe des *Grenzwert-*

Satzes auch unmittelbar aus (15.53) gewinnen. Ist $\tilde{y}(s)$ die Laplace-Transformierte von $y(t)$, so ist

$$\lim_{t\to\infty} y(t) = \lim_{s\to 0} s\,\tilde{y}(s)\,. \tag{15.54}$$

Der Satz ist in den meisten Büchern über Laplace-Transformation abgeleitet und soll hier deshalb nicht exakt bewiesen werden (vgl. z.B. [12, 13]. Nach diesem Grenzwertsatz ist aus (15.53)

$$\Delta y(\infty) = \lim_{s\to 0} s \frac{1}{1+k\dfrac{C(s)}{D(s)}} \frac{1}{s} \Delta w = \lim_{s\to 0} \frac{1}{1+k\dfrac{C(s)}{D(s)}}\,. \tag{15.55}$$

Ist $G(s)$ z.B. die Übertragungsfunktion eines Tiefpasses n-ter Ordnung, so ist

$$\Delta y(\infty) = \lim_{s\to 0} \frac{\Delta w}{1+\dfrac{k}{(1+\tau s)^n}} = \frac{1}{1+k}\Delta w\,,$$

woraus (15.47) und daher auch (15.48) folgt. Ist dagegen $G(s)$ die Übertragungsfunktion eines Hochpasses, so ist nach (15.54)

$$\Delta y(\infty) = \lim_{s\to 0} \frac{1}{1+k\dfrac{\tau s}{1+\tau s}} \Delta w = \Delta w\,,$$

woraus über (15.47) $R=1$ folgt. Mit einem Hochpaß im Rückführungszweig wird eine stationäre Störung nicht kompensiert, ähnlich wie im Fall eines D-Reglers.

Als ein weiteres Beispiel soll noch das Verhalten eines Regelkreises im stationären Zustand untersucht werden, der im Rückführungszweig einen Tiefpaß n-ter Ordnung in Serie mit einem Integrierer enthält. Es ist

$$G(s) = \frac{1}{s}\cdot\frac{1}{(1+\tau s)^n} \quad \text{und daher}$$

$$\Delta y(\infty) = \lim_{s\to 0} \frac{1}{1+\dfrac{k}{s(1+\tau s)^n}} \Delta w = 0\,,$$

unabhängig von k. Der innere Verstärkungsfaktor V ist deshalb nach (15.51) wie bereits festgestellt unendlich groß.

Die Bedeutung von k für die Güte der Regelung im Falle eines I-Reglers wird deutlich, wenn wir eine rampenförmige Störung $w = at$ annehmen. Hier ist a eine Konstante. Da die Laplace-Transformierte der Störung jetzt a/s^2 ist, ist für den letztgenannten IT_n-Regelkreis

$$\Delta y(\infty) = \lim_{s \to 0} s \frac{1}{1 + \frac{k}{s(1+\tau s)^n}} \cdot \frac{a}{s^2} = \lim_{s \to 0} \frac{1}{s + \frac{k}{(1+\tau s)^n}} a = \frac{a}{k}.$$

Der Regelfaktor im stationären Zustand ist daraus jetzt

$$R = \frac{1}{k}.$$

Eine ständig ansteigende Störung wird um so besser kompensiert, je größer k ist.

Dieses Ergebnis führt uns zu der Frage, wie sich ein Regelkreis nur mit einem Tiefpaß n-ter Ordnung im Rückführungszweig — ohne Integrierer — im Falle einer rampenförmigen Störung verhält. Es ist jetzt

$$\Delta y(\infty) = \lim_{s \to 0} s \frac{1}{1 + \frac{k}{(1+\tau s)^n}} \frac{a}{s^2} = \lim \frac{1}{s} \frac{1}{1 + \frac{k}{(1+\tau s)^n}} a = \infty.$$

Die Regelabweichung nimmt mit der Zeit über alle Grenzen hinaus zu. Betrachten wir den Regelkreis als eine Einrichtung zur Konstanthaltung der Lage eines Objekts, kurz als einen Positionsregler, so bedeutet stufenförmige Störung eine einmalige Verlagerung um einen konstanten Betrag, eine rampenförmige Störung eine Verlagerung mit konstanter Geschwindigkeit. Unsere Ergebnisse bedeuten: Ein P-Regler mit endlichem k — mit oder ohne Verzögerung — kompensiert eine Verlagerung Δw mit einer bleibenden Regelabweichung $\Delta y = \Delta w/(1+k)$. Im Falle einer Verlagerung mit konstanter Geschwindigkeit nimmt die Regelabweichung mit der Zeit ständig zu. Ein entsprechender I-Regler kompensiert eine Verlagerung ohne bleibende Regelabweichung. Im Falle einer Verlagerung mit konstanter Geschwindigkeit gibt es eine bleibende Regelabweichung $\Delta y = a/k$. Diese Betrachtungen werden üblicherweise dahingehend erweitert, daß man auch nach der Kompensation von Verlagerungen mit konstanter Beschleunigung, d.h. einer Störung $w = (a/2)t^2$, fragt, und auch Regelkreise mit zweimaliger Integration untersucht. Die Verhältnisse sind in Abb. 36 auch für diese Fälle graphisch veranschaulicht.

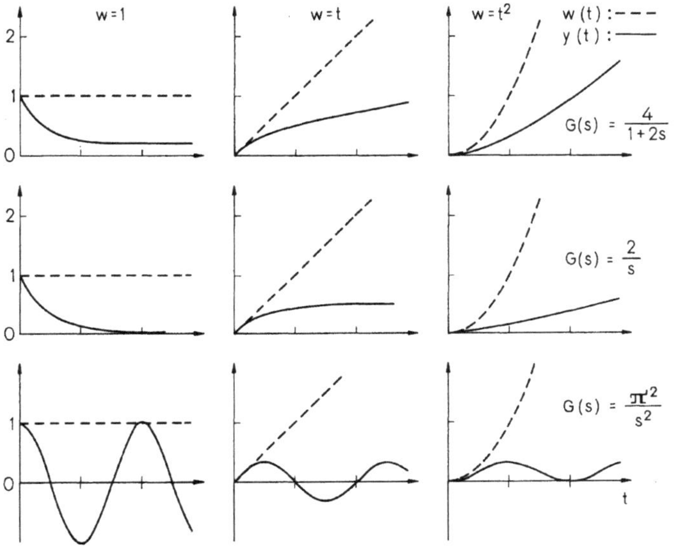

Abb. 36. Der zeitliche Verlauf der Regelgröße (ausgezogene Kurven) bei konstanten, linear und quadratisch zunehmenden Störgrößen (gestrichelt gezeichnete Kurven) in Abhängigkeit von der Übertragungsfunktion des Filters im Rückführungszweig

Aufgabe: Zeige mit Hilfe des Grenzwertsatzes, daß die Diagramme in der untersten Reihe und in der rechten Spalte der Abb. 36 das zu erwartende Verhalten der Regelkreise für $t \to \infty$ darstellen.

Die in Abb. 36 zusammengefaßten Ergebnisse treffen selbstverständlich nicht nur für eine Positionsregelung zu. Vielmehr kann $y(t)$ eine beliebige Regelgröße sein. Lediglich für die Störungen, die der Zeit t oder t^2 proportional ansteigen, könnte man die Bezeichnungen „Verlagerung mit konstanter Geschwindigkeit" bzw. „konstanter Beschleunigung" allenfalls symbolisch verwenden. In der Biologie tritt jedoch das Problem der Kompensation einer der Zeit t proportionalen Störung häufig im Zusammenhang mit einer Positionsregelung, und zwar oft mit der Regelung einer Winkelposition auf. Die Kurshaltung laufender, fliegender oder schwimmender Tiere sowie die Bestimmung der Blickrichtung ist in den meisten Fällen eine Regelung der entsprechenden Winkellage bezogen auf eine im Raum festgelegte Richtung, wie z.B. der Sonnenstrahl oder ein Fixationsobjekt. Verlagert sich die Bezugsrichtung mit einer konstanten Winkelgeschwindigkeit oder mit einer konstanten Winkelbeschleunigung, so bleibt nach unseren Feststellungen die Regelabweichung nur dann endlich, wenn im Rückführungszweig des Regelkreises einfache bzw. zweifache Integration stattfindet.

16. Systeme mit verteilten Parametern

Können die Elemente eines Systems infolge ihrer physikalischen Beschaffenheit nicht mehr einem Punkt im Raum zugeordnet werden, so muß auch die Ortsabhängigkeit der Ausgangsgröße untersucht werden. Streng genommen haben alle materiell realisierten Systeme verteilte Parameter. In den bisher behandelten Fällen war jedoch die Idealisierung, die wir durch die Annahme konzentrierter Parameter durchführten, zumindest für praktische Zwecke zulässig.

Anhand von zwei Beispielen wird in diesem Kapitel gezeigt, wie man die Differentialgleichungen von Systemen aufstellt, die nicht mehr als Systeme mit konzentrierten Parametern behandelt werden können. Beide Fälle, das *koaxiale Kabel* und die *Diffusionsgleichung*, haben auch unmittelbare biologische Relevanz, der eine im Zusammenhang mit der Nervenleitung, der andere hinsichtlich der zahlreichen Diffusionsprozesse in Organismen.

Das koaxiale Kabel besteht aus einem elektrisch leitenden Mantel, in dem sich eine vom Mantel durch eine elektrisch isolierende Schicht getrennte Innenleitung befindet. Wir nehmen einen axialsymmetrischen zylindrischen Bau aus homogenen Materialien an (Abb. 37a) Das

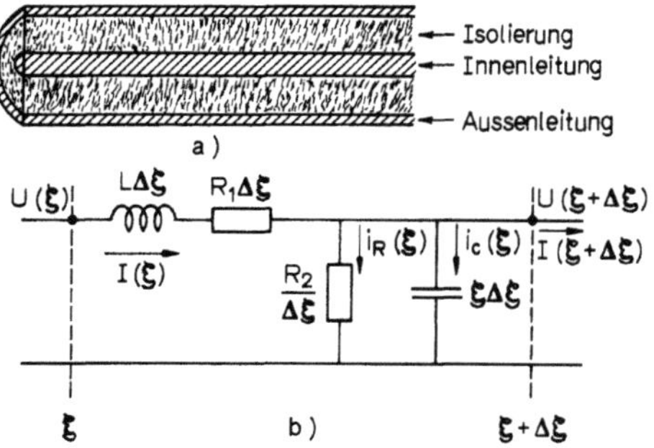

Abb. 37a und b. Koaxiales Kabel (a) und sein Ersatzschaltbild (b)

Kabel besitzt per Längeneinheit die Induktivität L, den Längswiderstand R_1 und die Kapazität C zwischen Mantel und Innenleitung. Da der Isolator ebenfalls eine endliche Leitfähigkeit besitzt, muß per Längeneinheit auch ein Querwiderstand oder Verlustwiderstand R_2 berücksichtigt werden.

Es sei darauf hingewiesen, daß die für die Längeneinheit angegebenen Widerstandswerte die Dimensionen R_1 [Ω/cm] bzw. R_2 [Ω cm] besitzen. Der Grund dieses Unterschieds: Der Längswiderstand einer ge-

gebenen Strecke, z.B. zwischen den Werten ξ und $\xi + \Delta\xi$ des Ortskoordinaten ξ errechnet sich als $R_1 \Delta\xi$, da der Widerstand um so größer ist, je länger $\Delta\xi$ ist. Der Querwiderstand wird dagegen um so kleiner, je länger $\Delta\xi$ ist. Er beträgt daher $R_2/\Delta\xi$. Die Dimension der Widerstände des Teilstückes $\Delta\xi$ ist somit in beiden Fällen [Ω]. Die Dimensionen der Induktivität und der Kapazität der Längeneinheiten sind L[Hy/cm] und C[F/cm], ihre Beträge für das Teilstück der Länge $\Delta\xi$ sind $L\Delta\xi$ bzw. $C\Delta\xi$.
Das Kabel sei an eine Quelle mit der elektromotorischen Kraft $E(t)$ angeschlossen. Wir wollen die Spannung $U(\xi, t)$ zwischen Mantel und Innenleitung und/oder den Längsstrom $I(\xi, t)$ ermitteln. Wir nehmen an, daß die Parameter des Kabels innerhalb eines differentiell kleinen Teilstücks der Länge $\Delta\xi$ als konzentriert angesehen werden können und stellen für dieses Teilstück das Ersatzschaltbild in Abb. 37b auf. Die Ströme durch den Querwiderstand und durch die Kapazität bezeichnen wir mit $i_R(\xi, t)$ bzw. $i_C(\xi, t)$, den Spannungsabfall an der Induktivität und am Längswiderstand mit U_L bzw. U_R. Zwischen $U(\xi, t)$ und $U(\xi + \Delta\xi, t)$ einerseits und $I(\xi, t)$ und $I(\xi + \Delta\xi, t)$ andererseits bestehen die Beziehungen

$$U(\xi + \Delta\xi, t) = U(\xi, t) - U_R - U_L, \tag{16.1}$$

$$I(\xi + \Delta\xi, t) = I(\xi, t) - i_R - i_C. \tag{16.2}$$

Die Veränderungen

$$\Delta U = U(\xi + \Delta\xi, t) - U(\xi, t) \quad \text{und} \quad \Delta I = I(\xi + \Delta\xi, t) - I(\xi, t)$$

sind dann aus (16.1) und (16.2)

$$\Delta U = -U_R - U_L, \qquad \Delta I = -i_R - i_C.$$

Mit Hilfe der Grundbeziehungen erhalten wir hieraus schließlich

$$-\Delta U = R_1 \Delta\xi I + L\Delta\xi \frac{dI}{dt}, \tag{16.3}$$

$$-\Delta I = \frac{U}{R_2/\Delta\xi} + C\Delta\xi \frac{dU}{dt}. \tag{16.4}$$

Die Argumente von U und I wurden hier aus Gründen der Einfachheit nicht mehr ausgeschrieben. Dividiert man (16.3) und (16.4) durch $\Delta\xi$ und läßt das Teilstück infinitesimal klein werden, so erhalten wir folgendes System partieller Differentialgleichungen:

$$-\frac{\partial U}{\partial \xi} = R_1 I + L\frac{\partial I}{\partial t}, \quad (16.5) \qquad -\frac{\partial I}{\partial \xi} = \frac{1}{R_2} U + C\frac{\partial U}{\partial t}. \quad (16.6)$$

$\partial/\partial\xi$ und $\partial/\partial t$ sind hier die üblichen Symbole für die partielle Differentiation nach den beiden unabhängigen Variablen ξ und t.
Unser zweites Beispiel ist ein System, in dem sich Diffusionsprozesse abspielen. Wir betrachten als einen von der Geometrie her einfachen Spezialfall die Thermodiffusion in einem homogenen Stab mit konstantem Querschnitt und der Länge l (Abb. 38). Das eine Ende des

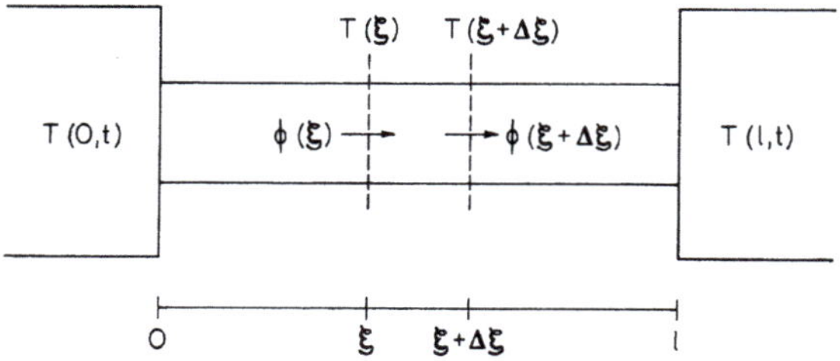

Abb. 38. Wärmeleitung in einem homogenen Stab

Stabes ist bei $\xi=0$ an eine Wärmequelle mit der variablen Temperatur $T(0,t)$ angeschlossen. Das andere Ende ist in Kontakt mit einem Wärmespeicher, dessen Wärmekapazität so groß sei, daß sich seine Temperatur durch Wärmeaustausch mit dem Stab nicht ändert und ständig den Wert $T(l)$ besitzt. Der Stab sei sonst thermisch isoliert. Wir nehmen weiterhin einen Wärmefluß Φ von links nach rechts an. Dies entspricht einer Temperaturabnahme ebenfalls von links nach rechts. Der Wärmewiderstand des Stabes sei per Längeneinheit ζ, die Wärmekapazität per Längeneinheit κ. Wir betrachten wieder ein differenziell kleines Teilstück des Stabes zwischen den Ortskoordinaten ξ und $\xi+\Delta\xi$. Nach dem Fourier-Gesetz der Wärmeleitung ist der Wärmestrom durch die Fläche bei ξ dem Temperaturunterschied $-\Delta T(\xi,t) = T(\xi+\Delta\xi)-T(\xi)$ direkt, dem Wärmewiderstand $\zeta\Delta\xi$ umgekehrt proportional:

$$\Phi(\xi,t) = -\frac{\Delta T(\xi,t)}{\zeta\Delta\xi}. \qquad (16.7)$$

Wegen der Wärmekapazität $\kappa\Delta\xi$ des betrachteten Teilstücks wird in ihm Wärme gespeichert. Dadurch entsteht die Wärmestromdifferenz $-\Delta\Phi = \Phi(\xi+\Delta\xi)-\Phi(\xi)$. Die gespeicherte Wärme führt zur Veränderung der Temperatur. Die Temperaturveränderung per Zeiteinheit ist der Wärmestromdifferenz direkt, der Wärmekapazität umgekehrt proportional:

$$\frac{dT(\xi,t)}{dt} = -\frac{\Delta\Phi(\xi,t)}{\kappa\Delta\xi}. \qquad (16.8)$$

Läßt man das Teilstück zwischen ξ und $\xi+\Delta\xi$ infinitesimal klein werden, so erhält man aus (16.7) und (16.8) nach einfacher Umformung folgendes System partieller Differentialgleichungen:

$$-\frac{\partial T}{\partial \xi} = \zeta\Phi, \quad (16.9) \qquad -\frac{\partial \Phi}{\partial \xi} = \kappa\frac{\partial T}{\partial t}. \quad (16.10)$$

Die übliche Form der Diffusionsgleichung erhält man hieraus, wenn man (16.9) nach ξ differenziert und in die neue Gleichung $\partial\Phi/\partial\xi$ aus (16.10) einsetzt. Es ist dann

$$\frac{\partial^2 T}{\partial \xi^2} = \zeta\kappa\frac{\partial T}{\partial t}. \qquad (16.11)$$

Das Gleichungssystem (16.5), (16.6) wird zu

$$-\frac{\partial U}{\partial \xi} = RI, \quad (16.12) \qquad -\frac{\partial I}{\partial \xi} = C\frac{\partial U}{\partial t}, \quad (16.13)$$

wenn wir $1/R_2=0$ und $L=0$ voraussetzen können. Ein Kabel ohne Induktivität und ohne Verlustwiderstand ist das sogenannte *ideale Untersee-Kabel.* Das Gleichungssystem dieses Kabels ist mit dem Gleichungssystem der Diffusion identisch, wenn $U=T$, $I=\Phi$, $R_1=\zeta$ und $C=\kappa$ gesetzt wird. Auch diese beiden Fälle können deshalb als zwei verschiedene materielle Realisierungen des gleichen Systems angesehen werden.

Wir betrachten die Spannung U oder die Temperatur T als Ausgangsgröße und bezeichnen sie wie üblich durch y. Zur Lösung der Gleichungen bietet sich wieder die Laplace-Methode an. Das Verfahren wird am Beispiel der Gleichung (16.11) demonstriert, die mit der allgemeinen Bezeichnung y für die Ausgangsgröße und mit τ für $\zeta\kappa$ die Form

$$\frac{\partial^2 y(\xi,t)}{\partial \xi^2} = \tau\frac{\partial y(\xi,t)}{\partial t} \qquad (16.14)$$

besitzt. Durch Laplace-Transformation nach der Zeit wird (16.14) zu

$$\frac{d^2 \tilde{y}(\xi, s)}{d\xi^2} = \tau s \tilde{y}(\xi, s) - \tau y(\xi, 0), \tag{16.15}$$

da die Differentiation nach ξ und die Integration nach t bei der Laplace-Transformation vertauschbare Operationen sind. Die Gleichung (16.15) ist eine gewöhnliche Differentialgleichung zweiter Ordnung in ξ. Um eine spezielle Lösung dieser Gleichung finden zu können, muß die Anfangsbedingung $\tau y(\xi, 0)$, d.h. die Temperaturverteilung entlang des Stabes zur Zeit $t=0$ angegeben werden. Wir nehmen an, es sei $y(\xi, 0) = T(l)$, und wählen den festen Wert $T(l)$ zum Nullpunkt der Temperaturskala. Es sind somit

$$y(\xi, 0) = T(l) = 0 .$$

Die verbleibende Gleichung ließe sich ein zweites Mal einer Laplace-Transformation unterwerfen, diesmal nach ξ, um so die Lösung zu finden. Wir greifen jedoch auf bereits bekannte Ergebnisse zurück, wonach die Lösung der Gleichung in der Form

$$\tilde{y}(\xi, s) = B_1 \, e^{\xi \sqrt{\tau s}} + B_2 \, e^{-\xi \sqrt{\tau s}} \tag{16.16}$$

dargestellt werden kann. Von der Richtigkeit der Lösung kann man sich durch Substitution von (16.16) in (16.15) mit $\tau y(\xi, 0) = 0$ überzeugen. B_1 und B_2 sind vorerst noch unbekannte Faktoren. Sie lassen sich bestimmen, wenn $y(0, t)$ und $y(l, t)$ bzw. ihre Laplace-Transformierte $\tilde{y}(0, s)$ und $\tilde{y}(l, s)$ vorgegeben werden. Diese Funktionen sind die *Randwerte*, und das Lösen der Gleichung heißt deshalb auch eine *Randwertaufgabe*. Den einen Randwert, $y(l, t)$ haben wir bereits durch die Annahme $T(l) = 0$ zu $y(l, t) = 0$ festgelegt. Setzt man $y(0, t)$ als bekannt aber vorerst noch unbestimmt voraus, so erhält man aus (16.16) mit $\xi = 0$ und $\xi = l$

$$\tilde{y}(0, s) = B_1 + B_2 , \qquad 0 = B_1 \, e^{l \sqrt{\tau s}} + B_2 \, e^{-l \sqrt{\tau s}} .$$

Die Auflösung dieses algebraischen Gleichungssystems ist

$$B_1 = -\tilde{y}(0, s) \frac{e^{-l \sqrt{\tau s}}}{e^{l \sqrt{\tau s}} - e^{-l \sqrt{\tau s}}}, \qquad B_2 = \tilde{y}(0, s) \frac{e^{l \sqrt{\tau s}}}{e^{l \sqrt{\tau s}} - e^{-l \sqrt{\tau s}}} .$$

B_1 und B_2 wird hieraus in (16.16) substituiert

$$\tilde{y}(\xi, s) = -\tilde{y}(0, s) \left[\frac{e^{-l \sqrt{\tau s}}}{e^{l \sqrt{\tau s}} - e^{-l \sqrt{\tau s}}} \, e^{\xi \sqrt{\tau s}} + \frac{e^{l \sqrt{\tau s}}}{e^{l \sqrt{\tau s}} - e^{-l \sqrt{\tau s}}} \, e^{-\xi \sqrt{\tau s}} \right] . \tag{16.17}$$

Aufgabe: Es sei $y(0, t) = T_0 \mathbf{1}(t)$, ein Temperatursprung zur Zeit $t = 0$ der Höhe T_0. Berechne die Temperaturverteilung entlang des Stabes im stationären Zustand a) direkt aus (16.14) und b) mit Hilfe des Grenzwertsatzes (15.54). Hinweis: Im stationären Fall ist $\partial y / \partial t = 0$. Bei der zweiten Methode muß die L'Hospital-Regel angewandt werden.

Die weitere Behandlung der Gleichung unter den bisher gemachten Bedingungen ist rechnerisch sehr aufwendig. Wir machen deshalb eine weitere vereinfachende Annahme. (Die Lösung des allgemeineren Falles findet man in [14].) Ist der Stab — oder das Kabel — sehr lang, so ist

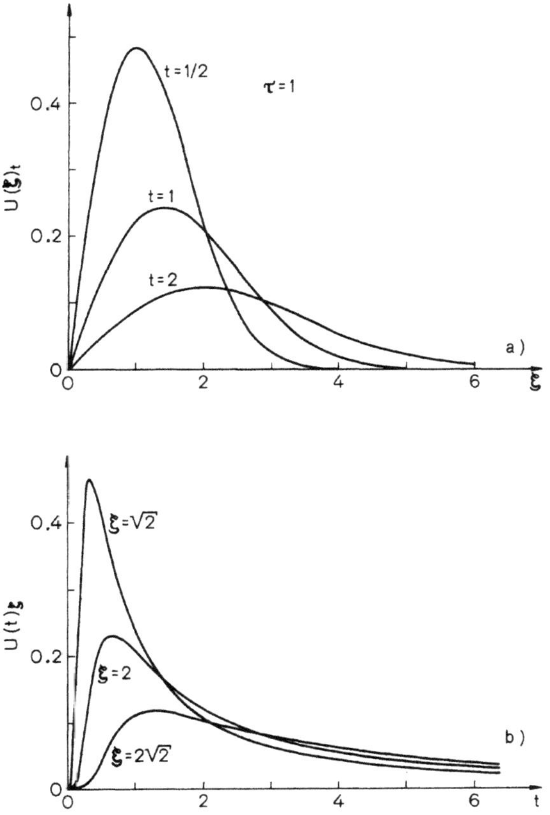

Abb. 39a und b. Die Impulsantwort eines Übertragungsgliedes mit verteilten Parametern als Funktion der Ortskoordinate (a) und der Zeit (b)

$e^{-l\sqrt{\tau s}} \simeq 0$, und daher $B_1 = 0, B_2 = \tilde{y}(0, s)$, und die Lösung der Gleichung folglich

$$\tilde{y}(\xi, s) = \tilde{y}(0, s) e^{-\xi\sqrt{\tau s}}.$$

Hieraus kann die Lösung $y(\zeta, t)$ als Funktion der Ortskoordinaten ξ und der Zeit t gewonnen werden. Hierzu muß jedoch $y(0, t)$ spezifiziert werden. Wir nehmen als einfachsten Fall einen Temperaturimpuls zur Zeit $t = 0$ am linken Ende des Stabes an. Es ist dann $y(0, t) = \delta(t)$, $\tilde{y}(0, s) = 1$, und daher $\tilde{y}(\xi, s) = e^{-\xi\sqrt{\tau s}}$, woraus wir nach Laplace-Rücktransformation

$$\text{(F)} \quad y(\xi, t) = \frac{\xi}{\tau 2\sqrt{\pi t^3}} e^{-\frac{\xi^2 \tau}{4t}} \tag{16.18}$$

erhalten. Bei einem festen Wert t ist $y(\xi, t)$ eine Gauß-Funktion von ξ multipliziert mit dem Argument ξ. Das Maximum verlagert sich mit zunehmendem t zu größeren ξ-Werten. Der Temperaturpuls breitet sich als eine unsymmetrische Glockenkurve entlang der ξ-Achse aus. Die Halbwertsbreite der Funktion ist um so größer, die Amplitude um so kleiner, je größer t ist. Folglich wird der ursprünglich auch räumlich sehr schmale und sehr hohe Temperaturpuls mit der Zeit breiter und flacher. Abb. 39a zeigt $y(\xi)_t$ für drei Werte von t. Betrachtet man den Zeitverlauf von $y(\xi, t)$ in bestimmten Abständen ξ, so erhält man ein vergleichbares Bild. Die Amplitude $U(t)_\xi$ nimmt mit zunehmendem ξ ab, ihre Halbwertsbreite zu (Abb. 39b).
In gleicher Weise läßt sich die Lösung im Prinzip für beliebige Randwerte $y(0, t)$ — allerdings mit erheblichem rechnerischem Aufwand — durch Laplace-Rücktransformation aus (16.17) gewinnen. Man kann aber $y(\xi, t)$ auch über den Faltungssatz mit (16.18) als Gewichtsfunktion berechnen.
Als zweites Beispiel ziehen wir noch den Spezialfall $R_1 = 1/R_2 = 0$ von (16.5) und (16.6) heran. Es ist dann

$$-\frac{\partial U}{\partial \xi} = L\frac{\partial I}{\partial t}, \quad (16.19) \qquad -\frac{\partial I}{\partial \xi} = C\frac{\partial U}{\partial t}. \quad (16.20)$$

(16.19) wird nach ξ, (16.20) nach t differenziert:

$$-\frac{\partial^2 U}{\partial \xi^2} = L\frac{\partial^2 I}{\partial \xi \partial t}, \quad (16.21) \qquad -\frac{\partial^2 I}{\partial \xi \partial t} = C\frac{\partial^2 U}{\partial t^2}. \quad (16.22)$$

Aus (16.22) wird $\partial^2 I/\partial\xi\,\partial t$ in (16.21) eingesetzt, y für U und τ^2 für LC geschrieben:

$$\frac{\partial^2 y(\xi,t)}{\partial\xi^2} = \tau^2 \frac{\partial^2 y(\xi,t)}{\partial t^2}. \qquad (16.23)$$

(16.23) ist die wohlbekannte *Wellengleichung* der Physik. Die Laplace-Transformation nach t ergibt

$$\frac{\partial^2 \tilde{y}(\xi,s)}{\partial\xi^2} = \tau^2 s^2 \tilde{y}(\xi,s) - s y(\xi,0) - \frac{\partial}{\partial t} y(\xi,0).$$

Wir nehmen wieder an, daß die Anfangsbedingungen

$$y(\xi,0)=0\,, \qquad \frac{\partial y(\xi,0)}{\partial t} = 0$$

sind und erhalten

$$\frac{d^2 \tilde{y}(\xi,s)}{d\xi^2} = \tau^2 s^2 \tilde{y}(\xi,s). \qquad (16.24)$$

Die Lösung von (16.24) ist analog der Lösung von (16.15)

$$\tilde{y}(\xi,s) = B_1\,\mathrm{e}^{\xi\tau s} + B_2\,\mathrm{e}^{-\xi\tau s}.$$

Macht man hinsichtlich der Länge des Kabels und der Randbedingungen die gleiche Annahme wie im vorherigen Fall, so ist

$$\tilde{y}(\xi,s) = \tilde{y}(0,s)\,\mathrm{e}^{-\xi\tau s}. \qquad (16.25)$$

Die Laplace-Rücktransformierte zu (16.25) kann auch ohne Spezifizierung der Randbedingung $\tilde{y}(0,s)$ angegeben werden. Wegen (13.40) ist

$$y(\xi,t) = y(0, t-\tau\xi). \qquad (16.26)$$

Das Ergebnis besagt, daß die Eingangsfunktion $y(0,t)$ an der Stelle ξ entlang des Kabels erst nach einer Laufzeit $q=\tau\xi$, aber sonst unverändert erscheint. Ein Kabel ohne Längswiderstand und Querleitfähigkeit ist eine sogenannte *Laufzeit-* oder *Verzögerungsstrecke*.

Aufgabe: Löse das Gleichungssystem (16.5), (16.6) unter der Bedingung $R_1 C = L/R_2$ und den gleichen Anfangs- und Randbedingungen wie in den behandelten Beispielen. Hinweis: Auch hier wird (16.5) nach ξ differenziert und dann $\partial I/\partial\xi$ aus (16.6) eingesetzt. Achte auf die durch die Bedingung $R_1 C = L/R_2$ gegebene Vereinfachungsmöglichkeit.

17. Grundbegriffe der Systemtheorie regelloser Vorgänge

Die in den systemtheoretischen Untersuchungen auftretenden Größen können starken statistischen Schwankungen unterworfen werden. Sie lassen sich vielfach nicht mehr als deterministische Funktionen, sondern als eine regellose Folge von Werten behandeln. Die Systemtheorie regelloser Vorgänge beschäftigt sich mit der Übertragung von diesen regellosen Größen durch lineare oder nicht lineare Übertragungsglieder. Im Rahmen dieses Buches können nur die wichtigsten Grundbegriffe der sehr umfangreichen Theorie kurz behandelt werden. Als weiterführende Literatur wird z. B. [15] empfohlen.

Regellose Vorgänge werden in der mathematischen Statistik durch verschiedene statistische Parameter charakterisiert. Elementare Kenntnisse auf dem Gebiet der mathematischen Statistik müssen für dieses Kapitel vorausgesetzt werden. Die wichtigsten Begriffe können hier nur kurz behandelt werden.

Die Punkte in Abb. 40a sind eine Teilfolge der Zufallsvariablen v_i, die 13 diskrete Werte von $v=0$ bis $v=12$ haben kann. Sie wurden in einem Spiel mit 12 Münzen gewonnen, das später noch näher beschrieben wird. Zählt man bei einer Folge die Anzahl $n(v)$ jedes möglichen

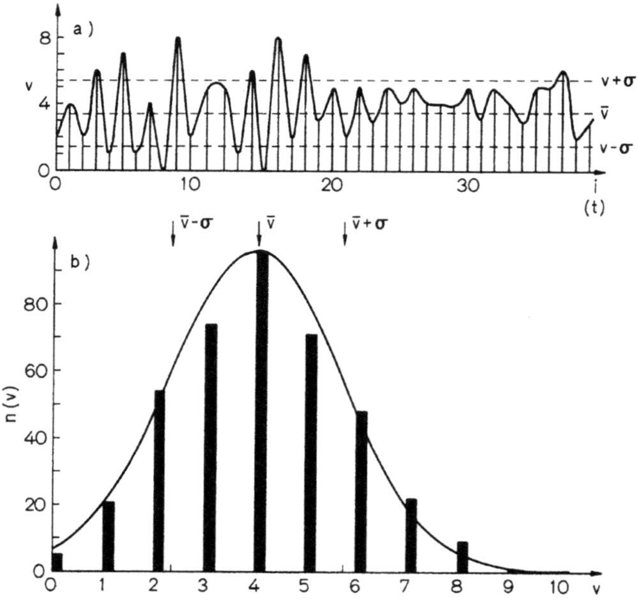

Abb. 40a und b. Zufallsvariable (a) und ihre Verteilung [Amplitudenhistogramm (b)]

Wertes von v und trägt sie im $(n(v), v)$-Koordinatensystem auf, so erhält man die *Verteilung* von v. Die Balken in Abb. 40b stellen die Verteilung der Zufallsvariablen v in Abb. 40a für insgesamt $N=400$ aufeinander folgende Werte in der Sequenz dar.

Die beiden häufigsten Parameter, die zur Charakterisierung einer Zufallsvariablen herangezogen werden, sind der *Mittelwert*

$$\bar{v} = \frac{1}{N} \sum_{i=1}^{N} v_i \tag{17.1}$$

und die *Varianz*

$$\sigma^2 = \frac{1}{N} \sum_{i=1}^{N} (v_i - \bar{v})^2 , \tag{17.2}$$

bzw. die *mittlere quadratische Streuung*

$$\sigma = \sqrt{\frac{1}{N} \sum_{i=1}^{N} (v_i - \bar{v})^2} . \tag{17.3}$$

Bei der Varianzanalyse von Meßwerten wird σ^2 aus der Formel

$$\sigma^2 = \frac{1}{N-1} \sum_{i=1}^{N} (v_i - \bar{v})^2$$

errechnet. Bei theoretischen Überlegungen wird $N \gg 1$ und $N-1 \approx N$ vorausgesetzt. Der Mittelwert und die Streuung sind in Abb. 40a für die dort gezeigte Teilfrequenz durch gestrichelte Linien, in Abb. 40b durch Pfeile dargestellt.

Eine Zufallsvariable kann auch eine kontinuierliche Funktion der Zeit sein (ausgezogene Kurve in Abb. 40a). Die Verteilung einer kontinuierlichen zeitabhängigen Zufallsvariablen gewinnt man z.B. dadurch, daß die Zeitachse in gleiche Intervalle Δt eingeteilt und die Funktion durch einen einzigen Wert innerhalb eines Intervalls approximiert wird, die entweder dem Funktionswert in der Mitte des Intervalls (senkrechte Linien in Abb. 40a) oder dem Durchschnittswert der Funktion im Intervall gleich sind. Je kleiner die Intervalle sind, um so besser ist die Approximation der kontinuierlichen Funktion durch eine Serie von diskreten Werten. Die entsprechende Verteilung wird auch als *Amplitudenhistogramm* bezeichnet.

Für große N-Werte läßt sich die Verteilung einer Zufallsvariablen meist durch die Gauß-Funktion

$$n(v) = \frac{1}{\sigma\sqrt{2\pi}} \mathrm{e}^{-(v-\bar{v})^2/2\sigma^2} \tag{17.4}$$

beschreiben. Für die Zufallsvariable v ist diese auf den maximalen Wert von v normierte Verteilung in Abb. 40b durch die glatte Kurve dargestellt. Die Säulen markieren ihre diskreten Werte für $v=0, 1, 2, \ldots 12$ und zeigen, daß sie auch im vorliegenden Fall den im Versuch gewonnenen Ergebnissen gut entsprechen. Es ist trotzdem nur ein — allerdings durch theoretische Überlegungen untermauerter — Erfahrungssatz, daß (17.4) die experimentell gefundenen Verteilungen oft gut beschreibt. Abweichungen treten in der Regel dann auf, wenn N relativ klein ist. Die Verteilung wird dann häufig durch die Funktion

$$n(v) = \frac{\bar{v}^v}{v!} e^{-\bar{v}} \tag{17.5}$$

beschrieben. Sie heißt *Poisson-Verteilung.*

Die Varianz σ^2 wird auch als das *zweite Moment* der Verteilung bezeichnet. Wählt man den Nullpunkt des Koordinatensystems so, daß er mit dem Mittelwert $\bar{x}$ zusammenfällt, so ist

$$\sigma_c^2 = \frac{1}{N} \sum_{i=1}^{N} v_i^2 . \tag{17.6}$$

σ_c^2 wird dann zweites *Zentralmoment* genannt.

17.1 Korrelationskoeffizient

Die Wertepaare (v_i, z_i) in Abb. 41 seien das Ergebnis von Messungen. Die Werte z_i über die Werte v_i aufgetragen streuen um eine gerade

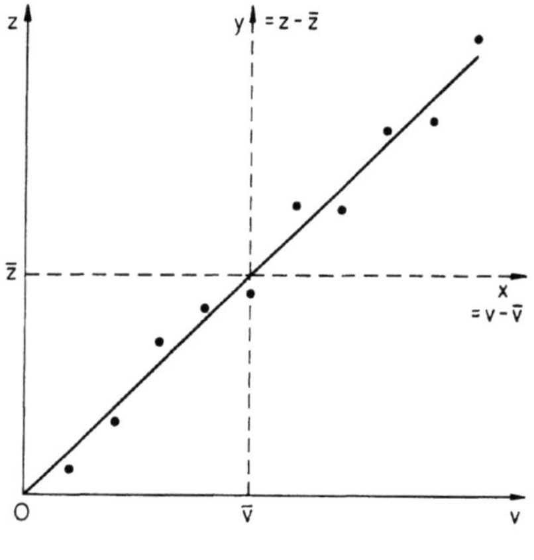

Abb. 41. Lineare Approximation der Abhängigkeit gemessener Wertepaare

Linie. Es kann z.B. v die Stellung des Schiebers an einem Schiebewiderstand (in cm), z der gemessene Widerstand zwischen dem Schieber und dem Ende des Widerstandsdrahtes (in Ohm) sein. Es wird zunächst vorausgesetzt, daß die Schieberstellung mit absoluter Genauigkeit abgelesen werden kann, und die Streuung der Werte durch Ungenauigkeiten beim Ablesen der Widerstandswerte (Meßfehler) oder objektiv (kein konstanter Durchmesser des Widerstandsdrahtes, kein homogenes Material usw.) bedingt ist. Wir nehmen an, daß die Punkte ohne diese Fehler genau auf einer Geraden

$$z = av + b \tag{17.7}$$

liegen würden und suchen die Zahlenwerte von a und b. Weil die gemessenen Werte fehlerhaft sind, müssen wir uns mit einer Approximation begnügen. Als beste Näherung wird diejenige Gerade angesehen, für die die mittlere quadratische Abweichung, d.h. die Summe

$$S = \sum_{i=1}^{N} [z_i - (av_i + b)]^2 \tag{17.8}$$

minimal ist. Diese Gerade ist die *Regressionsgerade* zu den Wertepaaren. Die z_i sind hier die gemessenen Werte, $(av_i + b)$ die entsprechenden „theoretischen" Werte. Ein Vergleich mit (17.2) zeigt, daß (17.8) das N-fache der Varianz von z_i bezogen auf $(av_i + b)$ anstelle eines Mittelwertes ist. Ist S minimal, so ist auch diese Varianz minimal. S ist ein Minimum, wenn

$$\frac{\partial S}{\partial a} = 0\,; \qquad \frac{\partial S}{\partial b} = 0$$

sind. Hieraus ergeben sich die Gleichungen

$$\frac{\partial S}{\partial a} = 2\sum(z_i - av_i - b)(-v_i) = 0\,, \quad \frac{\partial S}{\partial b} = 2\sum(z_i - av_i - b)(-1) = 0\,, \quad \text{d.h.}$$

$$\sum z_i v_i - a\sum v_i^2 - b\sum v_i = 0\,, \quad \sum z_i - a\sum v_i - Nb = 0\,.$$

Die Summation erstreckt sich auch hier von $i=1$ bis $i=N$, wurde jedoch einfachheitshalber nicht angezeigt. Die Auflösung des Gleichungssystems liefert

$$a = \frac{\frac{1}{N}\sum v_i z_i - \left(\frac{1}{N}\sum v_i\right)\left(\frac{1}{N}\sum z_i\right)}{\frac{1}{N}\sum v_i^2 - \left(\frac{1}{N}\sum v_i\right)^2} = \frac{\overline{v_i z_i} - \overline{v_i}\cdot\overline{z_i}}{\overline{v_i^2} - \overline{v_i}^2}\,, \tag{17.9}$$

$$b = \frac{1}{N}\sum z_i - \frac{a}{N}\sum v_i = \bar{z}_i - a\bar{v}_i\,. \tag{17.10}$$

Die überstrichenen Symbole bedeuten Mittelwerte. Verschiebt man den Nullpunkt des Koordinatensystems in Abb. 41 zu den Mittelwerten $\bar{z}_i$ und $\bar{v}_i$, und bezeichnet man dessen Achsen mit x und y, so erhält man einen Satz von Wertepaaren (x_i, y_i). Es gilt $x_i = v_i - \bar{v}_i$, $y_i = z_i - \bar{z}_i$. Da die Gerade jetzt durch den Nullpunkt des neuen, des *Schwerpunkt-Koordinatensystems* verläuft, ist in diesem Koordinatensystem $b = 0$. Die Steigung der Geraden verändert sich dagegen nicht. Es ist deshalb

$$y = ax\,. \tag{17.11}$$

Führt man die vorherigen Schritte zur Berechnung von a durch, so erhält man anstelle von (17.9)

$$a = \frac{\frac{1}{N}\sum x_i y_i}{\frac{1}{N}\sum x_i^2} = \frac{\overline{x_i y_i}}{\overline{x_i^2}} = \frac{\frac{1}{N}\sum (v_i - \bar{v}_i)(z_i - \bar{z}_i)}{\frac{1}{N}\sum (v_i - \bar{v}_i)^2}\,. \tag{17.12}$$

Der Ausdruck auf der rechten Seite dieser Gleichung drückt a wieder mit Hilfe der ursprünglichen Werte v_i, z_i im Schwerpunktkoordinatensystem aus.

Wir gingen bei diesen Überlegungen davon aus, daß die eine Größe, v_i bzw. x_i, mit absoluter Genauigkeit bestimmt werden konnte. Diese Annahme war willkürlich. Wir könnten auch die Werte z_i (bzw. die Werte y_i in Schwerpunktkoordinaten) als absolut genau ansehen und hätten dann die inverse Beziehung

$$x_i = a^* y_i$$

zu ermitteln, wobei in Analogie zu (17.12)

$$a^* = \frac{\frac{1}{N}\sum x_i y_i}{\frac{1}{N}\sum y_i^2} = \frac{\overline{x_i y_i}}{\overline{y_i^2}} = \frac{\frac{1}{N}\sum (v_i - \bar{v}_i)(z_i - \bar{z}_i)}{\frac{1}{N}\sum (z_i - \bar{z}_i)^2}$$

ist. Lägen die Werte y_i genau auf der Geraden $y = ax$, so müßte

$$a^* = \frac{1}{a}\,, \qquad \text{d.h.} \qquad aa^* = 1$$

sein. Wenn die Werte y_i um die Gerade streuen, so ist $a^* \neq 1/a$, $a^* a \neq 1$. Es läßt sich zeigen, daß

$$r^2 = a^* a = \frac{(\overline{x_i y_i})^2}{\overline{x_i^2} \cdot \overline{y_i^2}} \leq 1$$

ist. Die Größe

$$r = \frac{\overline{x_i y_i}}{\sqrt{\overline{x_i^2} \cdot \overline{y_i^2}}} = \frac{\frac{1}{N} \sum (v_i - \overline{v_i})(z_i - \overline{z_i})}{\frac{1}{N} \sqrt{\sum (v_i - \overline{v_i})^2 \sum (z_i - \overline{z_i})^2}} \tag{17.13}$$

heißt *Korrelationskoeffizient*. $|r|$ ist um so kleiner, je mehr die Werte y_i um die Gerade $y = ax$, und die Werte x_i um die Gerade $x = a^* y$ streuen. Per definitionem besitzt r das Vorzeichen von a. Es ist daher $-1 \leq r \leq 1$. $r = 1$ bedeutet vollständige *positive Korrelation* ($y = ax$), $r = -1$ vollständige *negative Korrelation* ($y = -ax$). Für die Wertepaare in Abb. 41 ist $r = 0{,}997$. Zwei Anmerkungen sind an dieser Stelle angebracht: 1) Ein großer $|r|$ ist kein Beweis für einen Kausalzusammenhang zwischen den Werten y_i und x_i. Dieser muß vielmehr zusätzlich festgestellt werden. Freilich kann man bei der Analyse der Ergebnisse naturwissenschaftlicher Versuche meistens davon ausgehen, daß ein großer $|r|$ nicht nur eine gute lineare Beziehung, sondern auch einen Kausalzusammenhang bedeutet. 2) Ein großer $|r|$ bedeutet nicht, daß die Beziehung zwischen x und y in der Tat linear ist. Wir haben vielmehr vorausgesetzt, daß der Zusammenhang entweder linear oder linear approximierbar ist, und messen durch den Korrelationskoeffizienten r, wie stark die Meßwerte *streuen*, oder wie stark sie von der Linearität *abweichen*. Eine Anzahl sehr genau gemessener Punkte, die eindeutig auf einer Parabel liegen und somit einen quadratischen Zusammenhang repräsentieren, können ein größeres r ergeben, als eine Anzahl ungenau gemessener Werte, die einen echten linearen Zusammenhang — eine physikalische Gesetzmäßigkeit — darstellen. Wird ein Zusammenhang als quadratisch (kubisch usw.) erkannt, so kann man eine, allerdings recht komplizierte, quadratische (kubische usw.) Korrelationsanalyse durchführen.

17.2 Korrelationsfunktionen

Wir stellen uns eine Folge diskreter Größen vor (Abb. 40a), die in einem System (Gerät, Organ) erzeugt werden, wie z. B. die Zeitintervalle zwischen aufeinander folgenden Nervenimpulsen. Wir fragen, ob der $(i+1)$-te, $(i+2)$-te usw. Wert davon abhängt, wie groß der i-te Wert war. Wir betrachten die Wertepaare

$$(v_0, v_1); \quad (v_1, v_2); \quad (v_2, v_3) \ldots (v_i, v_{i+1}) \ldots$$
$$(v_0, v_2); \quad (v_1, v_3); \quad (v_2, v_4) \ldots (v_i, v_{i+2}) \ldots$$
$$(v_0, v_3); \quad (v_1, v_4); \quad (v_2, v_5) \ldots (v_i, v_{i+3}) \ldots$$

im allgemeinen

$$(v_0, v_{0+k}); \quad (v_1, v_{1+k}); \quad (v_2, v_{2+k}) \ldots (v_i, v_{i+k}) \ldots$$

als einander zugeordnet und berechnen die entsprechenden Korrelationskoeffizienten $r_1, r_2, r_3 \ldots r_k$. Ein großes $|r_1|$ wird als Indiz einer starken statistischen linearen Abhängigkeit zwischen benachbarten Werten in der Folge angesehen, ein großes r_2 als Indiz für eine solche Abhängigkeit zwischen übernächsten Werten, usw. Den Korrelationskoeffizienten r_k erhält man aus (17.13), wenn man dort für z_i die Werte v_{i+k} einsetzt:

$$r_k = \frac{\frac{1}{N}\sum(v_i - \overline{v_i})(v_{i+k} - \overline{v_{i+k}})}{\frac{1}{N}\sqrt{\sum(v_i - \overline{v_i})^2 \sum(v_{i+k} - \overline{v_{i+k}})^2}}. \tag{17.14}$$

Der Ausdruck in (17.14) vereinfacht sich erheblich, wenn wir voraussetzen können, daß sich die statistischen Parameter der Sequenz mit dem Index i oder, wenn die Sequenz eine Folge in der Zeit darstellt, mit der Zeit nicht ändern. Eine solche Folge ist *stationär*. Ist außerdem noch N groß genug, so ist

$$\overline{v}_{i+k} = \overline{v_i}, \tag{17.15}$$

$$\sum(v_{i+k} - \overline{v}_{i+k}) = \sum(v_i - \overline{v_i})$$

da die Werte v_i und v_{i+k} zwei Teilsequenzen darstellen, die um k Stellen gegeneinander verschoben sind. Mit (17.15) wird (17.14) zu

$$r_k = \frac{\frac{1}{N}\sum(v_i - \overline{v_i})(v_{i+k} - \overline{v_i})}{\frac{1}{N}\sqrt{\sum(v_i - \overline{v_i})^2 \sum(v_i - \overline{v_i})^2}} = \frac{\frac{1}{N}\sum(v_i - \overline{v_i})(v_{i+k} - \overline{v_i})}{\frac{1}{N}\sum(v_i - \overline{v_i})^2}. \tag{17.16}$$

Der Ausdruck im Nenner von (17.16) ist die Varianz σ^2 des Wertevorrats v_i. Anstelle von (17.16) können wir daher auch schreiben:

$$r_k = \frac{1}{\sigma^2} \frac{1}{N} \sum_{i=1}^{N} (v_i - \overline{v_i})(v_{i+k} - \overline{v_i}) = \frac{\overline{(v_i - \overline{v_i})(v_{i+k} - \overline{v_i})}}{\sigma^2}. \tag{17.17}$$

Es ist trivial, daß $r_0 = 1$ ist, da die Wertepaare (v_i, v_i) sämtlich auf einer Geraden mit der Steigung $a = 1$ liegen. Dies ergibt sich auch aus (17.16), wenn wir dort v_i für v_{i+k} substituieren.
Die Varianz des Wertevorrats v_i $(1 \leqq i \leqq N)$ ergibt sich, wenn man die Abweichungen vom Mittelwert $\overline{v_i}$ quadriert, und ihre Summe durch N dividiert. Zähler und Nenner auf der rechten Seite in (17.16) unterscheiden sich nur dadurch, daß im Nenner beide Faktoren unter den Summenzeichen identisch $[(v_i - \overline{v_i})]$ sind, im Zähler dagegen im einen Faktor v_i, im anderen v_{i+k} steht. Ausdrücke dieser Art nennt man *Kovarianz*, und in unserem speziellen Fall, da hier die Werte v_i und v_{i+k} dem gleichen Wertevorrat angehören, *Autokovarianz*, den Koeffizienten r_k entsprechend *Autokorrelationskoeffizient*. Ist r_k für $k \neq 0$ von Null verschieden, so besteht innerhalb der Sequenz der Werte v_i ein *Zwischensymboleinfluß*.
In Abb. 42a ist v_{i+1} gegen v_i, in Abb. 42b v_{i+2} gegen v_i für eine Folge der Zufallsvariablen v_i mit $N = 400$ aufgetragen. Es handelt sich um die gleiche Folge, deren Verteilung in Abb. 40b gezeigt ist und aus welcher ein Ausschnitt in Abb. 40a dargestellt ist.
Zwischen den Wertepaaren v_i und v_{i+1} besteht eine deutliche (negative) Korrelation. Zwischen den Wertepaaren v_i und v_{i+2} kann dagegen keine deutliche Korrelation mehr erkannt werden. Die Werte wurden in folgendem Spiel mit 12 Münzen gewonnen. Es wurden $m \leq 12$ Münzen geworfen und die Anzahl der „Zahl oben"-Fälle gezählt. War die Anzahl der „Zahl oben"-Fälle in einem Spiel v_i, so wurde im nächsten Spiel nicht mit 12, sondern nur mit 12-v_i Münzen gespielt, d.h. nach $v_i = 2$ mit 10 Münzen, nach $v_i = 7$ mit 5 Münzen usw. (Tritt der Fall $v_{i+1} = 12$ ein, so ist die Serie der Spiele beendet. $v_{i+1} = 12$ kann natürlich nur nach einem vorangehenden Spiel mit $v_i = 0$ vorkommen. Obwohl in den 400 Spielen, die durchgeführt wurden, $v_i = 0$ öfters vorkam, wurde nie $v_{i+1} = 12$ gefunden.) Es ist einleuchtend, daß in diesen Spielen v_{i-1} auch davon abhängt, wie v_i ausgefallen war: v_{i+1} ist im Durchschnitt um so größer, je kleiner v_i war und umgekehrt. Der Korrelationskoeffizient r_1 ergab sich nach (17.14) zu $r_1 = -0{,}52$. Der Korrelationskoeffizient r_2 ist dagegen $r_2 = 0{,}219$. Zwischen den Wertepaaren v_i und v_{i+2} besteht keine nennenswerte Korrelation mehr.
Die Gleichung der Regressionsgeraden $v_{i+1} = av_i + b$ ergab sich zu $v_{i+1} = -0{,}52\,v_i + 6{,}08$ (ausgezogene Linie in Abb. 42a). Für eine

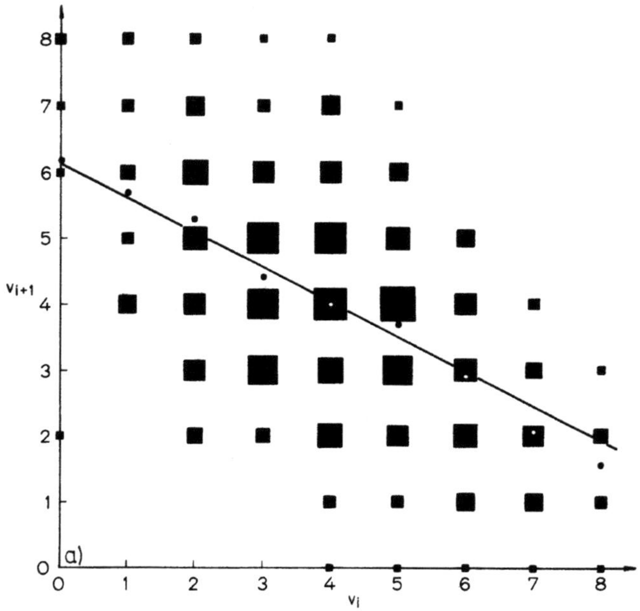

Abb. 42 a

Abb. 42a und b. Abhängigkeit benachbarter (a) und übernächster (b) Werte in einer Folge zufälliger Ereignisse. Die Fläche der Quadrate ist der Anzahl der Wertepaare proportional, die Punkte repräsentieren Mittelwerte

lange Serie von Spielen würde man (theoretisch) die Beziehung $v_{i+1} = -0{,}5\, v_i + 6$ erhalten.

Werden zwei Sequenzen der Zufallsvariablen v_i und z_i gleichzeitig produziert, so kann man natürlich fragen, ob und wie stark die Werte z_{i+k} in der einen Sequenz von den Werten v_i in der anderen Sequenz voneinander linear abhängen. Um ein Maß hierfür zu erhalten, berechnet man der Reihe nach den Korrelationskoeffizienten $r_k^{(vz)}$ für $k=0,1,2$ usw. Entsprechend (17.13) erhalten wir im allgemeinen Fall

$$r_k^{(vz)} = \frac{\frac{1}{N}\sum(v_i-\overline{v_i})(z_{i+k}-\overline{z_{i+k}})}{\frac{1}{N}\sqrt{\sum(v_i-\overline{v_i})^2\sum(z_{i+k}-\overline{z_{i+k}})^2}}\,.$$

Bei langen stationären Sequenzen ist auch hier

$$\overline{z_{i+k}} = \overline{z_i} \quad \text{und}$$

$$\sum(z_{i+k}-\overline{z_{i+k}})^2 = \sum(z_{i+k}-\overline{z_i})^2\,.$$

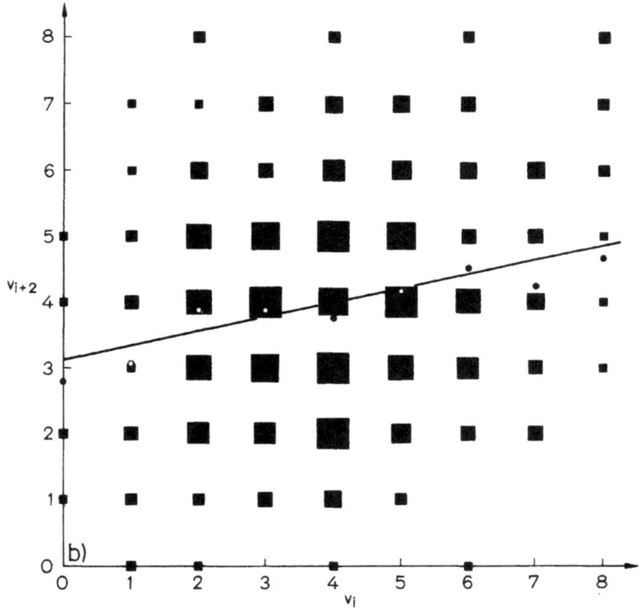

Abb. 42 b

Damit ist:

$$r_k^{(vz)} = \frac{\frac{1}{N}\sum(v_i-\overline{v_i})(z_{i+k}-\overline{z_i})}{\frac{1}{N}\sqrt{\sum(v_i-\overline{v_i})^2\sum(z_i-\overline{z_i})^2}}. \tag{17.18}$$

Der Nenner ist hier $\sqrt{\sigma_v\sigma_z}$, so daß

$$r_k^{(vz)} = \frac{\frac{1}{N}\sum(v_i-\overline{v_i})(z_{i+k}-\overline{z_i})}{\sqrt{\sigma_v\sigma_z}} = \frac{\overline{(v_i-\overline{v_i})(z_{i+k}-\overline{z_i})}}{\sqrt{\sigma_v\sigma_z}} \tag{17.19}$$

ist. Der Koeffizient $r_k^{(vz)}$ ist der *Kreuzkorrelationskoeffizient*. Der Wert $r_0^{(vz)}$ des Kreuzkorrelationskoeffizienten muß nicht 1 sein. Er kann beliebige Werte zwischen -1 und $+1$ annehmen, je nach dem wie stark die Korrelation zwischen den einzelnen korrespondierenden Werten v_i und z_i ist.

Die Sequenzen, die wir bisher betrachtet hatten, waren alle endlich und enthielten N Einzelwerte. Es erhebt sich deshalb die Frage, wie groß N, d.h. wie lang die Teilsequenz sein muß, um zu erreichen, daß die errechneten statistischen Parameter, zu denen auch die Korrelationskoeffizienten r_k und $r_k^{(vz)}$ zählen, für eine beliebig lange Folge gültig sind. Untersucht man zwei sehr kurze Teilsequenzen, so wird man selbst bei stationären Vorgängen zunächst unterschiedliche Mittelwerte, Varianzen und Korrelationskoeffizienten erhalten. Verlängert man jedoch beide Teilsequenzen mehr und mehr, so weichen diese Parameter weniger und weniger voneinander ab, bis ihre Differenzen unter vorgeschriebenen Grenzen bleiben. Diese Grenzen sind maßgebend dafür, wie genau die Eigenschaften der Teilsequenzen die Eigenschaften der ganzen Sequenz wiedergeben. Handelt es sich um Sequenzen, die als unendlich lang angesehen werden können, so zieht man bei theoretischen Überlegungen die gesamte Sequenz heran. Praktisch begnügt man sich jedoch immer mit der Untersuchung einer oder weniger Teilsequenzen.

17.3 Korrelationsfunktion und Leistungsspektrum

Den gesamten Wertevorrat der Korrelationskoeffizienten r_k und $r_k^{(vz)}$ bezeichnet man als *Autokorrelationsfunktion* bzw. *Kreuzkorrelationsfunktion* der diskreten Variablen v_k. Ist $x(t)$ eine kontinuierliche Zufallsvariable, so kann man ebenfalls eine Autokorrelationsfunktion Φ_{xx} für $x(t)$ definieren. Wir teilen hierzu wieder wie in Abb. 40a die Zeitachse in gleich große Intervalle Δt ein und betrachten die Werte $x(t_i)$ in der Mitte des Intervalls als eine Folge von diskreten Zufallsvariablen. Erstreckt sich der untersuchte Zeitbereich von $t=-T$ bis $t=+T$, so ist die Anzahl der diskreten Werte

$$2N = \frac{2T}{\Delta t}\,.$$

Dem Produkt $(v_i-\overline{v_i})\;(v_{i+k}-\overline{v_i})$ in (17.16) entspricht das Produkt $x(t_i)\,x(t_i+k\Delta t)$. Die Autokorrelationsfunktion der diskreten Folge ist daher

$$\Phi_{xx}^{(T)}(k\Delta t) = \frac{\dfrac{1}{2T/\Delta t}\sum_{i=-N}^{N} x(t_i)\,x(t_i+k\Delta t)}{\dfrac{1}{2T/\Delta t}\sum_{i=-N}^{N} x^2(t_i)}$$

$$= \frac{\dfrac{1}{2T}\sum_{i=-N}^{N} x(t_i)\,x(t_i+k\Delta t)\,\Delta t}{\dfrac{1}{2T}\sum_{i=-N}^{N} x^2(t_i)\,\Delta t}\,. \qquad (17.20)$$

Läßt man Δt infinitesimal klein werden, so gehen die Summen in (17.20) in die Integrale

$$\Phi_{xx}^{(T)}(t') = \frac{\frac{1}{2T}\int_{-T}^{T} x(t)\,x(t+t')\,dt}{\frac{1}{2T}\int_{-T}^{T} x^2(t)\,dt}$$

über, wobei t' jetzt eine kontinuierliche Zeitverschiebung anstelle der diskreten Verschiebung $k\Delta t$ bezeichnet. Erstreckt sich $x(t)$ auf das Intervall $-\infty < t < \infty$, so integriert man zweckmäßigerweise ebenfalls von $-\infty$ bis ∞ und definiert die Autokorrelationsfunktion als

$$\Phi_{xx}(t') = \lim_{T\to\infty} \frac{\frac{1}{2T}\int_{-T}^{T} x(t)\,x(t+t')\,dt}{\frac{1}{2T}\int_{-T}^{T} x^2(t)\,dt}. \tag{17.21}$$

Aus (17.21) sieht man auch hier sofort, daß $\Phi_{xx}(0)=1$ ist. Oft verzichtet man darauf, das Integral im Zähler von (17.21) durch die Varianz

$$\sigma_x^2 = \lim_{T\to\infty} \frac{1}{2T}\int_{-T}^{T} x^2(t)\,dt = \Phi_{xx}(0)$$

zu dividieren. Dann kann die nicht normierte Autokorrelationsfunktion $\Phi_{xx}(0) \neq 1$ sein. Da σ_x^2 ein konstanter Faktor ist, wird durch ihn der Verlauf von $\Phi_{xx}(t')$ als Funktion von t' nicht beeinflußt. Nimmt der Zwischensymboleinfluß mit t' ab, so hat $\Phi_{xx}(t')$ bei $t'=0$ ein absolutes Maximum, so daß $\Phi_{xx}(0) > \Phi_{xx}(t')_{t'\neq 0}$ ist.

Sind $x(t)$ und $y(t)$ zwei kontinuierliche Zufallsvariablen, so definiert man in Analogie zu (17.21) die *Kreuzkorrelationsfunktionen* als

$$\Phi_{xy}(t') = \lim_{T\to\infty} \frac{1}{2T}\int_{-T}^{T} x(t)\,y(t+t')\,dt\,, \tag{17.22}$$

bzw.

$$\Phi_{yx}(t') = \lim_{T\to\infty} \frac{1}{2T}\int_{-T}^{T} x(t+t')\,y(t)\,dt\,. \tag{17.23}$$

Hier blieb der Faktor $1/\sqrt{\sigma_x\sigma_y}$ bereits unberücksichtigt.

Die Auto- bzw. Kreuzkorrelationsfunktionen besitzen folgende Symmetrieeigenschaften:

$$\Phi_{xx}(t') = \Phi_{xx}(-t'), \quad (17.24) \qquad \Phi_{xy}(t') = \Phi_{yx}(-t'). \quad (17.25)$$

Aufgabe: Beweise durch Substitution einer neuen Variablen für $t+t'$ in (17.21) bzw. in (17.22) oder (17.23) die Symmetriebeziehungen (17.24) und (17.25). Veranschauliche diese Beziehungen.

Die Integrale in (17.21) und (17.22) sowie (17.23) können auch für deterministische Funktionen berechnet werden und heißen auch in diesem Fall Auto- bzw. Kreuzkorrelationsfunktionen. Sie können freilich nicht mehr als eine für den Zwischensymboleinfluß charakteristische Größe angesehen werden, da hier der Funktionswert bei $t+t'$ eindeutig vom Wert bei t bestimmt wird. Wir erwarten trotzdem nicht, daß z. B. die Autokorrelationsfunktion für jeden Wert von t' den Wert $\Phi_{xx}(t')=1$ besitzt, da die Autokorrelationsfunktion nur ein Maß für die *lineare* Abhängigkeit darstellt, ebenso wie der Korrelationskoeffizient. Die Verhältnisse lassen sich anhand der Sinusfunktion verdeutlichen. Für $x(t) = \sin \omega t$ ist

$$\Phi_{xx}(t') = \lim_{T \to \infty} \frac{\frac{1}{2T} \int_{-T}^{T} \sin \omega t \, \sin \omega(t+t') \, dt}{\frac{1}{2T} \int_{-T}^{T} \sin^2 \omega t \, dt} = \cdots = \cos \omega t'. \quad (17.26)$$

Die gleiche Autokorrelationsfunktion erhält man auch für die Cosinusfunktion, da die Integrale in (17.26) von der Wahl des Nullpunkts der Zeitachse nicht abhängen. Die Autokorrelationsfunktion einer harmonischen Funktion ist stets eine Cosinusfunktion von $\omega t'$. Die Gründe sind sehr leicht zu veranschaulichen. Die Zeitverschiebung t' bedeutet für die Sinusfunktion eine Phasenverschiebung $\varphi = \omega t'$. Trägt man aber $\sin(\omega t + \varphi)$ als Funktion von $\sin \omega t$ auf, so erhält man nur für $\varphi = 2n\pi$ $(n = 0, 1, 2 \ldots)$ eine Gerade mit positiver bzw. für $\varphi = (2n+1)\pi$ eine Gerade mit negativer Neigung. Der Korrelationskoeffizient ist in diesen Fällen $\Phi_{xx} = 1$ bzw. $\Phi_{xx} = -1$. Für andere Phasenwinkel ist $\sin(\omega t + \varphi)$ als Funktion von $\sin \omega t$ eine Ellipse, im Extremfall ein Kreis. Die Funktionswerte „streuen" um eine Gerade, und es ist $|\Phi_{xx}(t')| < 1$.
Sei $x(t)$ eine nullsymmetrische periodische Funktion, die durch die Fourier-Reihe

$$x(t) = \sum_{k=1}^{\infty} A_k \sin(k\omega t + \varphi_k)$$

dargestellt ist (vgl. (8.13) und (8.14)). Die — nicht normierte — Autokorrelationsfunktion ist

$$\Phi_{xx}(t') = \lim_{T\to\infty} \frac{1}{2T} \int_{-T}^{T} \left[\sum_{k=1}^{\infty} A_k \sin(k\omega t + \varphi_k)\right] \left[\sum_{l=1}^{\infty} A_l \sin(l\omega t + l\omega t' + \varphi_l)\right] dt$$

$$= \lim_{T\to\infty} \frac{1}{2T} \int_{-T}^{T} \sum_{k=1}^{\infty} A_k^2 \sin(k\omega t + \varphi_k) \sin(k\omega t + k\omega t' + \varphi_k)\, dt$$

$$= \sum_{k=1}^{\infty} A_k^2 \lim_{T\to\infty} \frac{1}{2T} \int_{-T}^{T} \sin(k\omega t + \varphi_k) \sin(k\omega t + k\omega t' + \varphi_k)\, dt\,, \tag{17.27}$$

so daß wir schließlich

$$\Phi_{xx}(t') = \frac{1}{2} \sum_{k=1}^{\infty} A_k^2 \cos k\omega t' \tag{17.28}$$

erhalten. Hier wurde von der Beziehung (8.6) und von der Vertauschbarkeit der Summation und der Integration sowie der Grenzwertbildung, und vom Ergebnis in (17.26) Gebrauch gemacht. (Der Faktor 1/2 resultiert daraus, daß $\Phi_{xx}(t')$ in (17.27) nicht normiert ist.)
Wird $A_k \sin(k\omega t + \varphi_k)$ als die Eingangsspannung für ein Netzwerk angesehen und $A_k \sin(k\omega t + k\omega t' + \varphi_k)$ der entsprechende Strom, so ist das Produkt dieser beiden Größen der von der Quelle erbrachten Leistung gleich. Da in (17.27) der Mittelwert dieses Produktes gebildet wird, ist $\Phi_{xx}(t')$ in (17.28) die Summe der mittleren Leistung aller Fourierkomponenten von $x(t)$. Die Leistung ist bei einer gegebenen Spannung und bei einem entsprechenden Strom dann maximal, wenn zwischen ihnen keine Phasenverschiebung besteht, wenn also $k\omega t' = 0$, d.h. $t' = 0$ ist. (Dies ist z.B. stets der Fall, wenn das Übertragungsglied nur Verbraucherelemente enthält.) Für $t' = 0$ ist aus (17.28)

$$\Phi_{xx}(0) = \frac{1}{2} \sum_{k=1}^{\infty} A_k^2 = \sum_{k=1}^{\infty} S_k\,. \tag{17.29}$$

In Analogie zum Fourier-Amplitudenspektrum (8.13) bezeichnet man die Gesamtheit der Quadrate A_k^2 als *Leistungsspektrum* S_k von $x(t)$. Nach (17.29) ist die Autokorrelationsfunktion an der Stelle $t' = 0$ die Summe über das Leistungsspektrum.
Ist $x(t)$ keine periodische Funktion, so wird sie durch das Fourier-Integral (10.40) dargestellt. In Analogie zu (17.28) erhält man dann die Beziehung

$$\Phi_{xx}(t') = \frac{1}{2\pi} \int_{-\infty}^{\infty} S_{xx}(\omega)\, e^{j\omega t'}\, d\omega\,, \tag{17.30}$$

wobei das Leistungsspektrum $S(\omega)$ jetzt eine kontinuierliche Funktion von ω ist. Der Grenzfall für $t'=0$ ist

$$\Phi_{xx}(0) = \frac{1}{2\pi} \int_{-\infty}^{\infty} S_{xx}(\omega) d\omega . \tag{17.31}$$

Da (17.30) nichts anderes als das Fourier-Integral von $S_{xx}(\omega)$ ist, gilt auch die inverse Beziehung

$$S_{xx}(\omega) = \int_{-\infty}^{\infty} \Phi_{xx}(t') \mathrm{e}^{-j\omega t'} dt' . \tag{17.32}$$

Das Leistungsspektrum ist demnach die Fourier-Transformierte der Autokorrelationsfunktion. Die Gleichung (17.30) und (17.32) nennt man *Wiener-Khintchinesche Beziehungen.* Sie spielen auch für die experimentelle Untersuchung regelloser Vorgänge eine bedeutende Rolle, da oft die Autokorrelationsfunktion gesucht wird, aber das Leistungsspektrum experimentell leichter zu ermitteln ist.

In Analogie erhält man das *Kreuzleistungsspektrum* der Variablen x und y als die Fourier-Transformierte der Kreuzkorrelationsfunktion:

$$S_{xy}(\omega) = \int_{-\infty}^{\infty} \Phi_{xy}(t') \mathrm{e}^{-j\omega t'} dt' , \tag{17.33}$$

und als inverse Beziehung

$$\Phi_{xy}(t') = \frac{1}{2\pi} \int_{-\infty}^{\infty} S_{xy}(\omega) \mathrm{e}^{j\omega t'} d\omega .$$

17.4 Die Übertragung stationärer regelloser Vorgänge durch lineare Filter

Ist die Eingangsfunktion eine stationäre regellose Größe, so werden ihre statistischen Parameter durch ein lineares Übertragungsglied verändert. Als Beispiel für die theoretische Behandlung derartiger Vorgänge berechnen wir die Autokorrelationsfunktion der Ausgangsgröße und die Kreuzkorrelationsfunktion zwischen Eingang und Ausgang. Es ist

$$\begin{aligned}\Phi_{yy}(t') &= \lim_{T\to\infty} \frac{1}{2T} \int_{-T}^{T} y(t)\, y(t+t')\, dt \\ &= \lim_{T\to\infty} \frac{1}{2T} \int_{-T}^{T} \left\{ \int_{0}^{\infty} g(t'')\, x(t-t'')\, dt'' \cdot \int_{0}^{\infty} g(t''')\, x(t+t'-t''')\, dt''' \right\} .\end{aligned}$$

Hier wurden $y(t)$ und $y(t+t')$ mit Hilfe der Gewichtsfunktion $g(t)$ des Filters und des Faltungsintegrals (5.8) ausgedrückt. Als Integrationsvariablen wurden t'' bei der Faltung von $y(t)$ bzw. t''' bei der Faltung von $y(t+t')$ gewählt. Wenn man die Vertauschbarkeit der Integrale und der Grenzwertbildung voraussetzt, ist folglich

$$\Phi_{yy}(t') = \int_0^\infty \int_0^\infty g(t'')g(t''') \lim_{T\to\infty} \frac{1}{2T} \int_{-T}^{T} x(t-t'')\,x(t+t-t''')\,dt\,dt''\,dt''' .$$

Da die Differenz der Argumente im Integral über $x(t-t'')\,x(t+t'-t''')$

$$(t+t'-t''')-(t-t'') = t'+t''-t''' \qquad \text{ist,}$$

ist $\quad \lim_{T\to\infty} \dfrac{1}{2T} \int_{-T}^{T} x(t-t'')\,x(t+t'-t''')\,dt = \Phi_{xx}(t'+t''-t''')$.

Damit ist

$$\Phi_{yy}(t') = \int_0^\infty \int_0^\infty g(t'')g(t''')\,\Phi_{xx}(t'+t''-t''')\,dt''\,dt''' . \tag{17.34}$$

Die Autokorrelationsfunktion des Ausgangs erhält man durch eine doppelte Faltung der Autokorrelationsfunktion des Eingangs mit der Gewichtsfunktion des Filters.
Die Kreuzkorrelationsfunktion des Eingangs und des Ausgangs errechnet man in Analogie zu

$$\begin{aligned}
\Phi_{xy}(t') &= \lim_{T\to\infty} \frac{1}{2T} \int_{-T}^{T} x(t)\,y(t+t')\,dt \\
&= \lim_{T\to\infty} \frac{1}{2T} \int_{-T}^{T} x(t)\cdot \int_0^\infty g(t'')\,x(t+t'-t'')\,dt''\,dt \\
&= \int_0^\infty g(t'') \lim_{T\to\infty} \frac{1}{2T} \int_{-T}^{T} x(t)\,x(t+t'-t''\,dt''\,dt ,
\end{aligned}$$

und wegen $\quad \lim_{T\to\infty} \dfrac{1}{2T} \int_{-T}^{T} x(t)\,x(t+t'-t'')\,dt = \Phi_{xx}(t'-t'') \quad$ ist daraus

$$\Phi_{xy}(t') = \int_0^\infty g(t'')\,\Phi_{xx}(t'-t'')\,dt'' . \tag{17.35}$$

Die Kreuzkorrelationsfunktion $\Phi_{xy}(t')$ erhält man durch eine einfache Faltung der Autokorrelationsfunktion Φ_{xx} mit der Gewichtsfunktion $g(t)$ des Filters. Da somit in (17.34)

$$\int_0^\infty g(t''')\,\Phi_{xx}(t'+t''-t''')\,dt''' = \Phi_{xy}(t'+t'')$$

ist, kann man für $\Phi_{yy}(t')$ auch

$$\Phi_{yy}(t') = \int_0^\infty g(t'')\,\Phi_{xy}(t'+t'')\,dt'' \tag{17.36}$$

schreiben.
Wegen der Beziehungen zwischen der Autokorrelationsfunktion und dem Leistungsspektrum kann man mit Hilfe dieser Ergebnisse auch das Leistungsspektrum der Ausgangsfunktion bzw. das Kreuzleistungsspektrum des Eingangs und des Ausgangs angeben. Die Verhältnisse sind besonders einfach, wenn man als Eingangsfunktion eine sogenannte *weiße Rauschfunktion*, kurz auch *weißes Rauschen* genannt, wählt. Ein weißes Rauschen stellt man sich als eine unendlich dichte Folge von δ-Funktionen vor, deren Amplitudenfaktoren statistisch verteilt sind, z. B. entsprechend einer Gauß-Verteilung. Das Leistungsspektrum einer solchen Funktion ist konstant, ähnlich dem Fourier-Spektrum einer δ-Funktion:

$$S_{xx}(\omega) = S_0\,.$$

Für diesen Eingang ist aus (17.30) und der zu (13.1) inversen Beziehung

$$\Phi_{xx}(t') = \frac{1}{2\pi}\int_{-\infty}^{\infty} S_0\,\mathrm{e}^{\mathrm{j}\omega t'}\,d\omega = S_0\,\delta(t')\,. \tag{17.37}$$

Aus (17.34) erhält man somit

$$\begin{aligned}\Phi_{yy}(t') &= S_0\int_0^\infty\int_0^\infty g(t'')\,g(t''')\,\delta(t'+t''-t''')\,dt''\,dt'''\\ &= S_0\int_0^\infty g(t'')\,g(t'+t'')\,dt''\,,\end{aligned} \tag{17.38}$$

da

$$\int_0^\infty g(t''')\,\delta(t'+t''-t''')\,dt''' = g(t'+t'')$$

ist (vgl. (4.28)). Ist die Eingangsfunktion eine weiße Rauschfunktion, so hängt die Autokorrelationsfunktion des Ausgangs nur von der Gewichtsfunktion des Filters ab. Für die Kreuzkorrelationsfunktion $\Phi_{xy}(t')$ erhält man aus (17.35) und (17.37)

$$\Phi_{xy}(t') = S_0\int_0^\infty g(t'')\,\delta(t'-t'')\,dt'' = S_0\,g(t')\,. \tag{17.39}$$

Diese Beziehung (17.39) ist für die Systemtheorie regelloser Vorgänge bedeutsam, sie besagt, daß die Kreuzkorrelationsfunktion $\Phi_{xy}(t')$ proportional der Gewichtsfunktion des Filters ist, wenn die Eingangsfunktion weißes Rauschen ist. Somit kann man die Gewichtsfunktion auch nach (17.39) ermitteln. Im Versuch kann freilich ein weißes Rauschen genauso wenig exakt verwirklicht werden, wie eine δ-Funktion, da jedes Spektrum zumindest nach oben begrenzt ist. Man kann jedoch auch das weiße Rauschen durch eine *bandbegrenzte Rauschfunktion* ausreichend approximieren. Für praktische Zwecke genügt es, wenn das Spektrum der Rauschfunktion in einem endlichen Frequenzbereich konstant ist.

Die Systemtheorie regelloser Vorgänge gewinnt in der biologischen Forschung mehr und mehr an Bedeutung. Alle physiologischen Größen sind mehr oder weniger starken statistischen Schwankungen unterworfen. Es scheint, daß in einigen Fällen diesen Schwankungen eine besondere Bedeutung für die Organismen zukommt (vgl. z.B. [40]). Weiterhin wurde die Bildung von Kreuzkorrelationsfunktionen im Zentralnervensystem bereits als ein möglicher Mechanismus für das Bewegungssehen postuliert [41]. Ebenso bedeutsam sind auch Bemühungen, eine umfassende Theorie nicht linearer Systeme und ihre Analyse mit Hilfe von Rauschfunktionen zu ermöglichen [42].

Zweiter Teil

Nicht Lineare Systeme

18. Statische nicht lineare Kennlinien

Die Ausgangsgröße $y(t_i)$ linearer Übertragungsglieder ist in jedem beliebigen Zeitpunkt t_i der Eingangsgröße proportional. Die Beziehung

$$y(t_i) = f(x(t_i))_{t_i = \text{konstant}} \tag{18.1}$$

ist deshalb in der graphischen Darstellung eine Gerade. Dieser Sachverhalt wird in Abb. 43 am Beispiel der Stufenantwort eines linearen Filters veranschaulicht. Dieses Filter entsteht durch rückwirkungsfreie

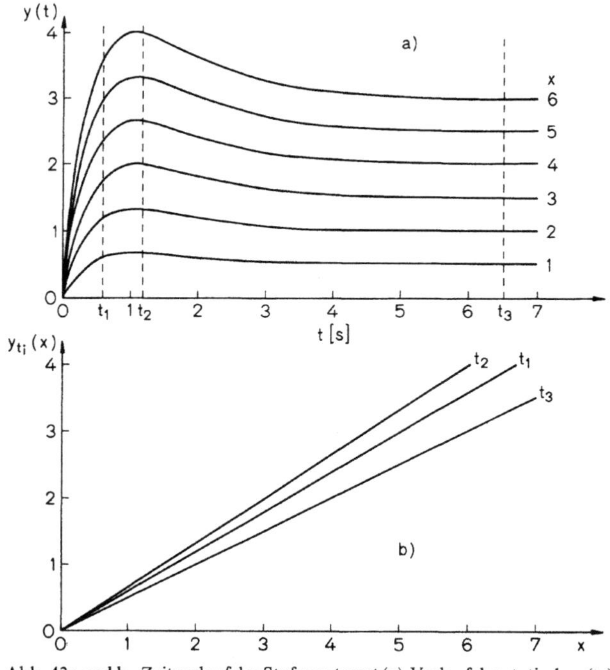

Abb. 43a und b. Zeitverlauf der Stufenantwort (a), Verlauf der statischen (t_3) und zwei dynamischer (t_1, t_2) Kennlinien (b) eines linearen Systems

Hintereinanderschaltung eines Hochpasses mit Restspannung (Übungsbeispiel i in Abb. 3) und eines Tiefpasses. Abb. 43a stellt die Stufenantwort $h(t)$ für unterschiedlich hohe positive Stufen als Funktion der Zeit dar, Abb. 43b die Abhängigkeit der Ausgangsgröße von der Höhe x der Eingangsstufe in den drei Zeitpunkten t_1, t_2 und t_3. Die drei Geraden unterscheiden sich nur durch ihre, vom jeweiligen Zeitpunkt t_i abhängigen Steigungen. Sie werden als Kennlinien bezeichnet. Die Gerade mit dem Parameter t_3 stellt praktisch die stationären Endwerte der Stufenantworten für $t \to \infty$ dar. Sie wird deshalb als *stationäre* oder *statische* Kennlinie bezeichnet. Die beiden anderen Geraden, die die Beziehung zwischen y und x in der Übergangsphase darstellen, werden entsprechend *dynamische Kennlinien* genannt.

Weicht die Beziehung zwischen $y(t)$ und $x(t)$ auch nur in einem begrenzten Bereich von der Proportionalität ab, so ist das System nicht linear, die entsprechenden Kennlinien, die wir allgemein mit

$$y(t_i) = N[x(t_i)] \tag{18.2}$$

bezeichnen, sind *nicht lineare Kennlinien.*

Am einfachsten sind solche nicht linearen Systeme zu behandeln, die keinen Energiespeicher enthalten. In ihnen folgt die Ausgangsgröße $y(t)$ den Veränderungen der Eingangsgröße ohne Verzögerung. Die in verschiedenen Zeitpunkten t_i aufgenommenen Kennlinien sind somit sämtlich identisch; das System wird durch eine einzige Kennlinie charakterisiert. In diesem Abschnitt befassen wir uns mit solchen einfachsten nicht linearen Systemen anhand von Beispielen, die bekannte Beziehungen aus dem Bereich der Biologie darstellen.

1. Nach dem Weberschen Gesetz der Psychophysik muß die Reizstärke bei zahlreichen Reizmodalitäten nicht um einen konstanten Betrag, sondern um einen konstanten Prozentsatz des vorangehenden stationären Wertes x verändert werden, um die Veränderung gerade noch wahrnehmen zu können. Für den Schwellenreiz Δx gilt daher

$$\frac{\Delta x}{x} = k \quad (= \text{konstant})\,. \tag{18.3}$$

Fechner [43] hat aufgrund dieser Ergebnisse eine Beziehung zwischen der Stärke y der Empfindung und der Intensität x stationärer Reize abgeleitet: Die Konstante k läßt sich als eine am „Ort der Empfindung“ notwendige kleinste Veränderung Δz einer physiologischen Größe interpretieren. Die entsprechende Veränderung Δy der Empfindung sei dieser Größe proportional:

$$\Delta y = a\,\Delta z\,, \tag{18.4}$$

wobei a Proportionalitätsfaktor ist. Substituiert man Δz aus (18.4) für k in (18.3) und geht man zu infinitesimal kleinen Veränderungen über, so ergibt sich die Beziehung

$$\frac{dx}{x} = \frac{1}{a} dy, \tag{18.5}$$

woraus $\int_{y_0}^{y} dy = a \int_{x_0}^{x} \frac{dx}{x}$, d.h.

$$y = a \ln \frac{x}{x_0} + y_0 \tag{18.6}$$

folgt. Die Beziehung (18.6) ist in der Psychophysik als *Weber-Fechner-Gesetz* bekannt. Ähnliche Reiz-Reaktions-Beziehungen wurden inzwischen auch in solchen biologischen Systemen nachgewiesen, in denen die Reizantwort objektiv erfaßt werden kann. Die Gleichung (18.6) stellt eine *logarithmische Kennlinie* dar und läßt sich auch folgendermaßen interpretieren: Verändert sich die Empfindlichkeit E eines Systems, z. B. eines Meßinstrumentes, die per definitionem $E = \Delta y / \Delta x$ ist, umgekehrt proportional zur Eingangsgröße x, so ist

$$E = \frac{\Delta y}{\Delta x} = \frac{a}{x}, \tag{18.7}$$

woraus nach Umformung und Übergang zu infinitesimal kleinen Veränderungen (18.5) und damit auch (18.6) folgt. Das Weber-Fechnersche Gesetz besagt demnach, daß die Empfindlichkeit des entsprechenden biologischen Systems der Reizstärke umgekehrt proportional ist. Ändert sich die Empfindlichkeit eines Systems als Funktion der Eingangsgröße, so spricht man von — physiologischer — Adaptation[3].

2. Nach Stevens [44] können geübte Versuchspersonen Empfindungen, die durch Reize unterschiedlicher Modalität hervorgerufen werden, einander quantitativ reproduzierbar zuordnen. So können sie z. B. die Lautstärke eines reinen Tones so einstellen, daß sie der Helligkeit einer beleuchteten Fläche „gleich" ist. Gilt (18.6) für zwei Reize unterschiedlicher Modalität der Stärke x_1 bzw. x_2 sowie den konstanten Faktoren a_1 und a_2, so gilt bei jeweils gleicher Empfindungsstärke $y_1 = y_2$, und somit

$$a_1 \ln \frac{x_1}{x_{10}} = a_2 \ln \frac{x_2}{x_{20}},$$

[3] Dem Wort Adaptation werden in der biologisch-medizinischen und technischen Literatur auch zahlreiche andere Bedeutungen zugeordnet.

wenn $y_{10}=y_{20}=0$ vorausgesetzt wird. Daraus folgt:

$$\ln\left(\frac{x_1}{x_{10}}\right)^{a_1}=\ln\left(\frac{x_2}{x_{20}}\right)^{a_2}; \quad \left(\frac{x_1}{x_{10}}\right)^{a_1}=\left(\frac{x_2}{x_{20}}\right)^{a_2},$$

und mit den Bezeichnungen $a_2/a_1=v$, $x_{10}/x_{20}^{v}=\beta$ nach entsprechender Umformung schließlich

$$x_1=\beta x_2^{v}. \tag{18.8}$$

Wird x_2 vorgegeben und x_1 von der Versuchsperson stets so eingestellt, daß die beiden Empfindungen gleich sind, so wird x_1 eine Potenzfunktion von x_2 sein. Solche Potenzfunktionen widersprechen dem Weber-Fechner-Gesetz nicht; sie folgen sogar daraus. Freilich kann die Beziehung zwischen der Stärke des Reizes x einer Modalität und der ausgelösten Reaktion y (Empfindung oder eine objektiv meßbare Größe) vom Weber-Fechner-Gesetz abweichend ebenfalls eine Potenzfunktion

$$y=\beta x^{v} \tag{18.9}$$

sein. Sofern spielt neben (18.6) auch die *Potenzkennlinie* (18.9) in der Biologie eine bedeutende Rolle.

3. Die nicht lineare Beziehung

$$y=\beta\frac{x}{\alpha+x} \tag{18.10}$$

wurde in der Literatur, z. B. [45, 46] wiederholt als Ausdruck von gleichzeitig hemmenden und erregenden Vorgängen an Nervenzellen interpretiert. Es wird im einfachsten Fall (Abb. 44) angenommen, daß ein presynaptisches Neuron über eine erregende Synapse e in der postsynaptischen Zelle einen Strom I generiert, während es über eine zweite, eine hemmende Synapse die Leitfähigkeit g_1 in einem bestimmten Bereich der Somamembran erhöht. Dadurch wird ein Teil i_1 des Stromes vor Erreichen des erregbaren Bereiches der postsynaptischen Zelle über ein Shunt abgeleitet (daher die Bezeichnung *shunting inhibition*). Abb. 44 veranschaulicht schematisch die Verhältnisse und stellt auch das elektrische Ersatzschaltbild für den Vorgang dar. I sei der presynaptischen Erregungsstärke x proportional. Die Leitfähigkeit g_1 im Hemmbereich soll vom Ruhewert g_0 ausgehend ebenfalls proportional zu x um Bx mit B als Proportionalitätsfaktor erhöht werden. Schließlich sei die Antwort der Zelle dem Strom i durch den erregbaren Bereich mit der Leitfähigkeit g proportional. Nach den Kirchhoffschen Gesetzen gilt dann:

$$i_1+i=I; \qquad \frac{i}{i_1}=\frac{g}{g_1}.$$

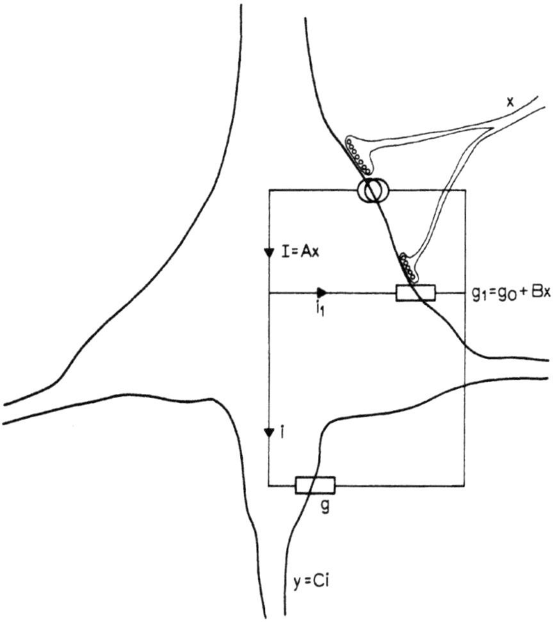

Abb. 44. Illustration der Shunting-Inhibition an einer Nervenzelle

Löst man dieses Gleichungssystem durch Eliminierung von i_1 nach i auf, setzt für I, g_1 und i_1 die entsprechenden Werte aus Abb. 44b ein, so erhält man nach Umformung

$$y=\frac{CAg}{B}\,\frac{x}{\frac{g+g_0}{B}+x},$$

und mit den Bezeichnungen

$$\beta=\frac{CAg}{B}; \qquad \alpha=\frac{g+g_0}{B}$$

den Ausdruck in (18.10). Die Faktoren A, C, α und β sind konstant. Die Überlegung läßt sich auf beliebig viele erregende und hemmende Synapsen erweitern [45].

4. In bestimmten biologischen Reiz-Reaktions-Situationen kann die Eingangsgröße x — der Reiz — sowohl positive als auch negative Werte

annehmen. So kann z. B. ein Sinneshaar oder eine Cilie von der Ruhelage sowohl in Richtung positiver, als auch in Richtung negativer Winkel abgebogen werden. In vielen Fällen kann die Eingangsgröße x nur positive Werte besitzen, wie z. B. die Intensität des Reizlichtes oder die Lautstärke eines Schallreizes. Formal können wir diesem Umstand durch die Beziehung

$$\begin{aligned} y &= f(x) \quad \text{für} \quad x > 0 \\ &= 0 \quad \text{für} \quad x \leq 0 \end{aligned}$$

Rechnung tragen. Der gleiche Formalismus beschreibt die Eingangs-Ausgangs-Beziehung auch dann, wenn die Ausgangsgröße nicht negativ werden kann, wie z. B. die Frequenz der Nervenimpulse. Besitzt das System eine *absolute Reizschwelle* $x_s > 0$, so gilt als allgemeiner Fall

$$\begin{aligned} y &= f(x) \quad \text{für} \quad x > x_s \\ &= 0 \quad \text{für} \quad x \leq x_s \,. \end{aligned} \tag{18.11}$$

Eine Kennlinie mit diesen Eigenschaften bezeichnet man — in Anlehnung an die Eigenschaften einer Diode — als *Gleichrichterkennlinie.* Selbst wenn die Kennlinie im Bereich $x > x_s$ linear verläuft, d. h.

$$\begin{aligned} y &= ax \quad \text{für} \quad x > x_s \\ &= 0 \quad \text{für} \quad x \leq x_s \,, \end{aligned} \tag{18.12}$$

ist sie insgesamt nicht linear, obwohl ein System nach (18.12) die Bezeichnung *linearer Gleichrichter* trägt.

5. Die Ausgangsgröße biologischer Systeme ist nach oben begrenzt; sie kann nicht größer als ein bestimmter Sättigungswert y_m werden. So ist z. B. die Entladungsrate einer Nervenzelle durch die absolute Refraktärperiode limitiert. Selbst wenn die Beziehung zwischen y und x im Bereich $y \leqq y_m$ linear ist, ist eine solche *Begrenzerkennlinie* insgesamt gesehen nicht linear.

Aus dem hier genannten Grund beschreiben nicht lineare Beziehungen, die für $x \to \infty$ eine unbegrenzt ansteigende Ausgangsgröße y liefern, das System nur in einem bestimmten Bereich der Eingangsgröße.

Aufgabe: Eine der unter 1—3 behandelten nicht linearen Beziehungen liefert eine nach oben begrenzte Ausgangsgröße y. Welche ist diese Beziehung? Wie groß ist der Grenzwert $\lim_{x \to \infty} y(x)$?

Diese exemplarische Darstellung nicht linearer Kennlinien sei durch zwei Bemerkungen ergänzt. 1. Kennlinien mit Schwelle und/oder Begrenzung zeigen in der Regel beim Schwellenwert x_s oder beim Erreichen des

Sättigungswerts y_m keinen Knickpunkt. Vielmehr wird die x-Achse bzw. der Sättigungswert $y=y_m$ durch die Kennlinie asymptotisch angenähert (Abb. 45, ausgezogene Kurve). Wird eine solche Kennlinie näherungs-

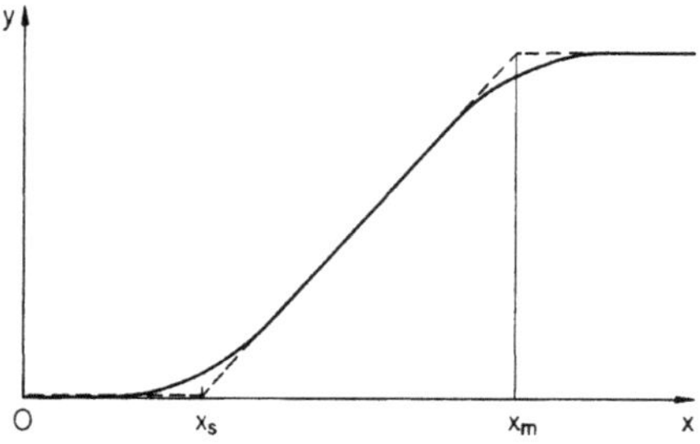

Abb. 45. Gleichrichter-Kennlinie mit Sättigung

weise durch eine Kennlinie mit Knickpunkten ersetzt, so nur deshalb, um einen Schwellenwert x_s oder den Wert x_m definieren und zahlenmäßig erfassen zu können (Abb. 45, gestrichelte Linien). 2. Die hier besprochenen Kennlinien sind sämtlich monoton steigend. Sowohl bei technischen als auch bei biologischen Systemen findet man auch Kennlinien, die ein Extremum oder gar mehrere Extremwerte besitzen.

Obwohl die betrachteten nicht linearen Systeme keine Energiespeicher enthalten, wird der Zeitverlauf der Ausgangsfunktion $y(t)$ mit dem Zeitverlauf der Eingangsfunktion im allgemeinen nicht übereinstimmen. Lediglich einem Sprung der Eingangsfunktion entspricht ebenfalls ein Sprung in der Ausgangsfunktion. Die durch eine nicht lineare Kennlinie verursachte Veränderung im Zeitverlauf der Eingangsfunktion wird oft durch die Darstellung der Sinusantwort charakterisiert. Abb. 46 veranschaulicht die Verhältnisse anhand der logarithmischen Kennlinie nach (18.6) mit $a=1$, $x_0=0$ und $y_0=0$. Als Eingangsfunktion wurde

$$\begin{aligned} x(t) &= \bar{x}(1+m\sin\omega t) \\ &= \bar{x}+\bar{x}m\sin\omega t \end{aligned} \tag{18.13}$$

mit $\omega=2\pi/T$ gewählt. Es sind hier $\bar{x}$ der Mittelwert und m $(0\leqq m\leqq 1)$ der *Modulationsgrad*, das Produkt $\bar{x}m$ die Amplitude, ω die Kreisfrequenz und T die Periodendauer von $x(t)$. Die Extremwerte der Eingangsfunktion sind entsprechend $\bar{x}(1-m)$ für $\sin\omega t=-1$ und $\bar{x}(1+m)$ für $\sin\omega t=+1$. Diese Extremwerte begrenzen den *Arbeitsbereich*. Der Mittelwert $\bar{x}$ wird als *Arbeitspunkt* bezeichnet. In Abb. 46a wurde der Mittelwert $\bar{x}$, in Abb. 46b der Modulationsgrad m als Parameter variiert.

Abb. 46a veranschaulicht gleichwohl eine graphische Methode zur Ermittlung der Ausgangsfunktion $y(t)$. Die Eingangsfunktion $x(t)$ wird

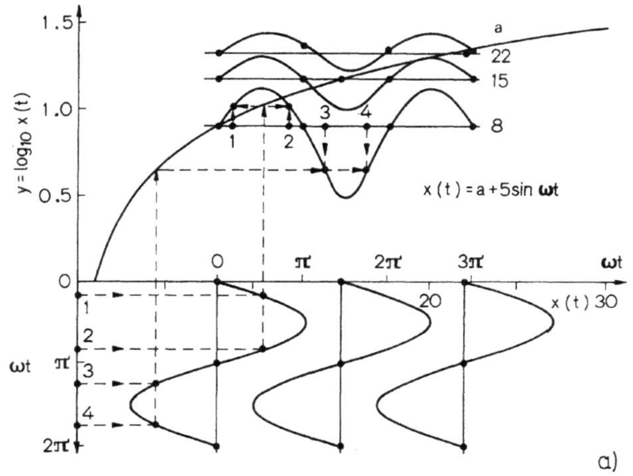

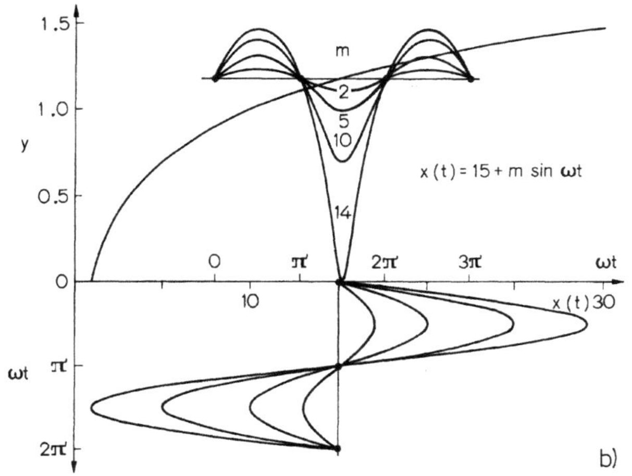

Abb. 46a und b. Spiegelung einer Sinuskurve an einer konkaven Kennlinie. Die Abhängigkeit der Antwort vom Arbeitspunkt $\bar{x}$ (a) und vom Modulationsgrad m (b)

entlang einer, zur x-Achse senkrechten und nach unten zeigenden t-Achse aufgetragen. Eine entsprechende Zeitskala wird auch an der x-Achse angelegt. Der Schnittpunkt einer senkrechten Projektionsgeraden durch $x(t_i)$ mit der Kennlinie liefert den entsprechenden Funktionswert $y(t_i)$. Durch diesen Schnittpunkt wird eine horizontale Projektionsgerade gelegt. In gleicher Höhe liegt über t_i auf der zweiten Zeitachse der Funktionswert $y(t_i)$. Wiederholt man diese Schritte für ausreichend viele Werte

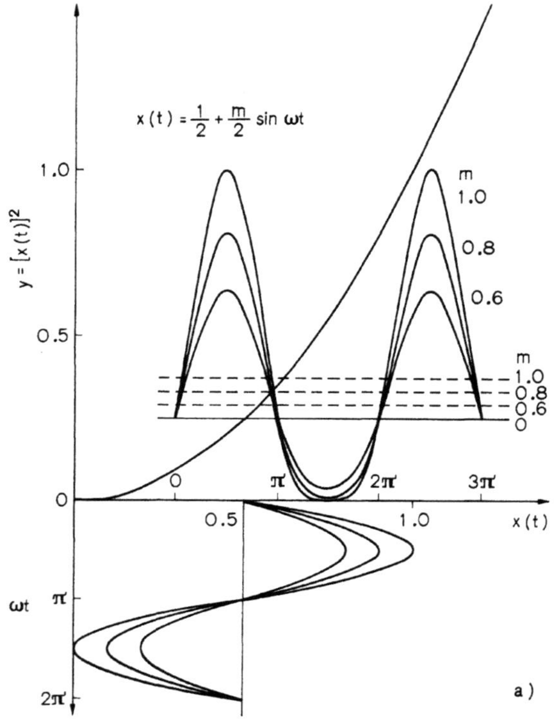

Abb. 47a. Die Abhängigkeit des Mittelwerts $\bar{y}$ der Ausgangsgröße vom Modulationsgrad m bei Spiegelung einer Sinuskurve an einer konvexen Kennlinie

von t_i, so entsteht die Ausgangsfunktion $y(t)$. Das Verfahren heißt *Spiegelung an einer Kennlinie* und ist bei nicht sehr hohen Ansprüchen an die Genauigkeit oft wesentlich einfacher und schneller, als die numerische Berechnung von $y(t)$.

Selbst bei einer flüchtigen Betrachtung der Antwortkurven $y(t)$ in Abb. 46 stellen wir fest: An einer gekrümmten Kennlinie wird eine Sinusfunktion verzerrt. Der Grad der Verzerrung, d. h. die Abweichung vom sinusförmigen Verlauf, hängt bei konstanter Amplitude $\bar{x}m$ vom Mittelwert $\bar{x}$, bei konstantem Mittelwert $\bar{x}$ vom Modulationsgrad m ab. Die Verzerrung ist um so ausgeprägter, je stärker die Kennlinie um den Arbeitspunkt $\bar{x}$ gekrümmt ist und je höher der Modulationsgrad m ist.

Eine „verzerrte Sinusfunktion" ist ebenfalls periodisch und kann daher durch eine Fourier-Summe dargestellt werden (Kap. 8), die neben der Grundwelle auch Oberwellen enthält. Eine nicht lineare Kennlinie er-

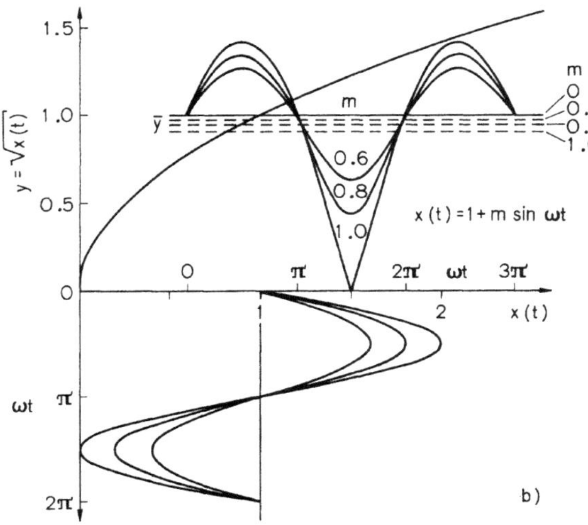

Abb. 47b. Die Abhängigkeit des Mittelwertes $\bar{y}$ der Ausgangsgröße vom Modulationsgrad m bei Spiegelung einer Sinuskurve an einer konkaven Kennlinie

zeugt somit Oberwellen. Bereits in Kap. 8 haben wir festgestellt, daß eine Fourier-Summe um so langsamer konvergiert, je mehr die periodische Funktion vom sinusförmigen Verlauf abweicht. Als quantitatives Maß für die Verzerrung wurde deshalb der relative Anteil der Oberwellen am Effektivwert der Wechselkomponente von $y(t)$,

$$K=\sqrt{\frac{A_2^2+A_3^2+\cdots+A_i^2+\cdots}{A_1^2+A_2^2+A_3^2+\cdots+A_i^2+\cdots}}=\frac{\sqrt{A_2^2+A_3^2+\cdots+A_i^2+\cdots}}{y_{\text{eff}}}$$

eingeführt. Die A_i's bilden hier das Amplitudenspektrum von $y(t)$ (vgl. Kap. 8). K wird als *Klirrfaktor* bezeichnet. Ein kleiner Klirrfaktor bedeutet eine nur geringfügige Verzerrung der sinusförmigen Eingangsfunktion durch die nicht lineare Kennlinie.

Abb. 47 zeigt weitere Beispiele für die Übertragung sinusförmiger Eingangsfunktionen durch Systeme mit nicht linearer Kennlinie ohne Energiespeicher. Die Kennlinien sind hier Potenzfunktionen nach (18.9) mit $\beta=1$ und $v=2$ (Abb. 47a) bzw. $v=1/2$ (Abb. 47b). Variiert wurde in beiden Fällen der Modulationsgrad m bei konstantem Mittelwert $\bar{x}$ der Eingangsfunktion $x(t)$ nach (18.13). Die gestrichelten horizontalen Linien geben die Mittelwerte $\bar{y}$ der Ausgangsfunktion, d. h.

$$\bar{y}=\frac{1}{T}\int_0^T y(t)\,dt$$

an. Wir stellen fest, daß sich der Mittelwert $\bar{y}$ mit dem Modulationsgrad m der Eingangsfunktion $x(t)$ verändert, obwohl der Mittelwert $\bar{x}$ der Eingangsfunktion konstant gehalten wird. Ist die Kennlinie konvex ($v>1$ im vorliegenden Fall), so ist für $m \neq 0$ $\bar{y}$ größer als der Grenzwert

$$\bar{y}(m=0) = \lim_{m\to 0} \frac{1}{T} \int_0^T y(t)\,dt = N[\bar{x}]\,.$$

Für konkave Kennlinien ist für $m \neq 0$ $\bar{y}$ kleiner als der Grenzwert $\bar{y}(m=0)$.

Aufgabe: Berechne den Mittelwert und den Klirrfaktor von $y=[\bar{x}(1+m)\sin\omega t]^2$. Wie hängen $\bar{y}$ und K von $\bar{x}$ und m ab?

Die besprochenen Wirkungen von nicht linearen Kennlinien auf eine sinusförmige Eingangsfunktion sind von der Frequenz ω der Eingangsfunktion unabhängig. Man kann dies anhand der Methode der Spiegelung der Eingangsfunktion an der Kennlinie unmittelbar einsehen: Die Änderung der Frequenz ist einer Dehnung oder Stauchung der Zeitachsen gleichwertig. Eine solche Transformation verändert aber das Fourier-Spektrum der Ausgangsfunktion $y(t)$ nicht. Folglich bleiben bei Veränderungen von ω sowohl der Mittelwert $\bar{y}$ als auch der Klirrfaktor K unverändert.
Schließlich sei darauf hingewiesen, daß die Verzerrung an einer nicht linearen Kennlinie ohne Energiespeicher die Symmetrie der Eingangsfunktion bezogen auf den Mittelwert zerstört. Die Symmetrie bezogen auf die senkrechten Geraden bei $t=nT/2$ ($n=0,1,2,3\ldots$) bleibt dagegen erhalten.

19. Serienschaltungen linearer Filter und nicht linearer Kennlinien

Biologische Reiz-Reaktions-Beziehungen lassen sich formal oft unter der Annahme beschreiben, daß im System lineare Filter mit nicht linearen Übertragungsgliedern rückwirkungsfrei hintereinander geschaltet sind. Im folgenden untersuchen wir deshalb die Eigenschaften solcher Serienschaltungen.
In Kap. 6 haben wir festgestellt, daß die Reihenfolge rückwirkungsfrei hintereinander geschalteter linearer Filter die Übertragungseigenschaften der gesamten Kette nicht beeinflußt. Werden lineare und nicht lineare Übertragungsglieder in Serie geschaltet, so wird sich dagegen die Ausgangsfunktion ändern, wenn bei einer gegebenen Eingangsfunktion die Reihenfolge der linearen und der nicht linearen Glieder vertauscht wird.

Man sieht dies sofort anhand eines einfachen Beispiels ein. Das lineare Übertragungsglied sei ein Verstärker mit dem Verstärkungsfaktor V, das nicht lineare Übertragungsglied eine logarithmische Kennlinie. Ist die Reihenfolge „linear-nicht linear“, so ist

$$y = \log(Vx) = \log V + \log x\,. \tag{19.1}$$

Ist dagegen die Reihenfolge „nicht linear-linear“ so ist

$$y = V \log x\,. \tag{19.2}$$

Die beiden Ausdrücke in (19.1) und (19.2) sind für $V \neq 1$ — von speziellen, ausgezeichneten Werten von x abgesehen — ungleich. Mit etwas größerem mathematischem Aufwand könnten wir auch für beliebige nicht lineare Kennlinien und beliebige lineare Übertragungsglieder ganz allgemein zu dieser Schlußfolgerung gelangen.
Hat man aufgrund von Versuchsergebnissen den begründeten Verdacht, die gefundenen Eingang-Ausgang-Beziehungen lassen sich auf eine Serienschaltung von linearen Filtern und nicht linearen Kennlinien ohne Energiespeicher zurückführen, so kann man oft aufgrund von charakteristischen Eigenschaften der Antwortfunktion, die nur von der Reihenfolge der linearen und nicht linearen Übertragungsglieder abhängen, die Reihenfolge selbst bestimmen. Die Eigenschaften der Kennlinie und der linearen Filter müssen freilich voneinander unabhängig bestimmt oder durch konkrete Annahmen spezifiziert werden. Das Verfahren sei im folgenden anhand einiger Beispiele dargestellt. Für unsere Zwecke genügt es, wenn wir dabei drei Klassen von linearen Filtern unterscheiden, und zwar Filter mit Tiefpaß-, Hochpaß- und Bandpaßeigenschaften. Die nicht lineare Kennlinie sei stetig, ohne Knickpunkte und für positive Werte der Eingangsgröße x definiert. Als Eingangsfunktion wählen wir zunächst harmonische Funktionen nach (18.13) und variieren die Frequenz ω.

1. Lineare Filter mit Tiefpaß-Eigenschaften. Das lineare Glied überträgt die Eingangsfunktion bei niedrigen Frequenzen unverändert. Mit zunehmender Frequenz wird die Amplitude reduziert und ein negativer Phasenwinkel erzeugt. In der Serienschaltung nach Abb. 48a hat dies für die Ausgangsfunktion $y_{FK}(t)$ zur Folge:
— Bei niedrigen Frequenzen ändert sich zunächst weder der Mittelwert ($\bar{y}_{FK}$) noch der Grad der Verzerrung (Klirrfaktor) in Abhängigkeit von ω.
— Mit zunehmender Frequenz wird die Amplitude und daher auch der Modulationsgrad von $z_F(t)$ mehr und mehr reduziert. Deshalb verändert sich auch der Mittelwert $\bar{y}_{FK}$. Nach unseren Feststellungen im vorangehenden Kapitel (Abb. 47) nimmt er bei konkaven Kennlinien zu, bei

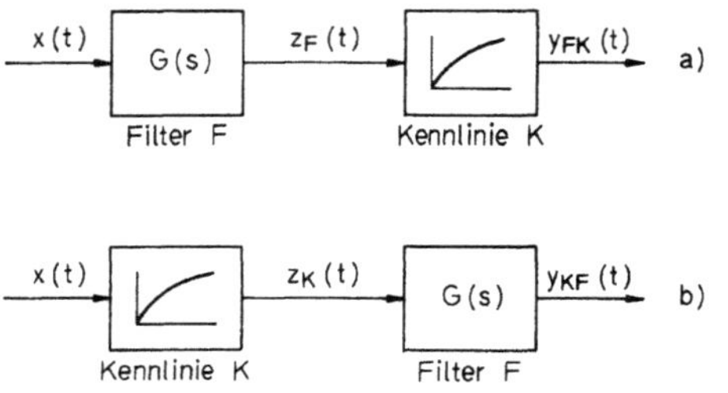

Abb. 48. Serienschaltungen linearer Filter und nicht linearer Kennlinien

konvexen Kennlinien ab. Da das lineare Übertragungsglied den Mittelwert $\bar{x}$ nicht verändert, erhalten wir als Grenzwert

$$\lim_{\omega \to \infty} \bar{y}_{FK} = N[\bar{x}] . \tag{19.3}$$

– Die Modulationstiefe der Ausgangsfunktion und ihr Klirrfaktor nehmen mit zunehmender Frequenz ab.
— Die Ausgangsfunktion bleibt zu den senkrechten Linien durch $t = n\,T/2$ $(n = 0, 1, 2, 3 \ldots)$ symmetrisch.
Abb. 49 zeigt die Abhängigkeit des Mittelwertes $\bar{y}_{FK}$ von der Frequenz für eine konkave Kennlinie und für Tiefpässe 1., 2. und 4. Ordnung.
In der Reihenfolge nach Abb. 48 b ist die Funktion $z_K(t)$ am Ausgang des nicht linearen Übertragungsgliedes eine verzerrte Sinusfunktion. Der

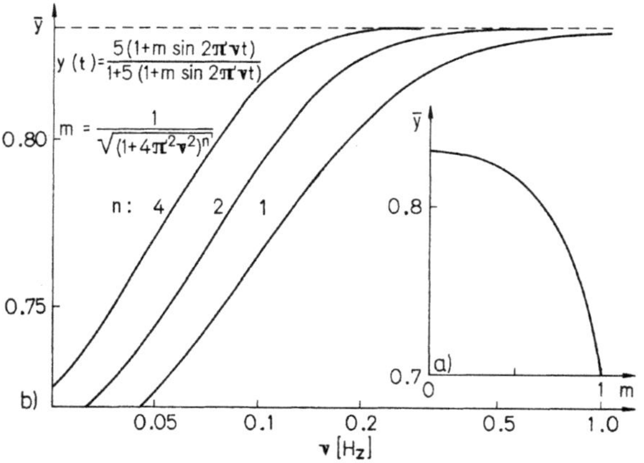

Abb. 49a und b. Der Mittelwert ȳ der Ausgangsgröße als Funktion des Modulationsgrads m einer Sinusfunktion nach der angegebenen nicht linearen Transformation (a). Die Abhängigkeit des Mittelwerts der Ausgangsgröße von der Frequenz der Eingangsgröße, wenn dem nicht linearen Übertragungsglied ein Tiefpaß 1., 2. oder 4. Ordnung vorgeschaltet wird (b)

Mittelwert $\bar{z}_K$ und der Klirrfaktor von $z_K(t)$ ändern sich nach den Feststellungen am Ende des vorangehenden Kapitels mit der Frequenz ω nicht. Um das Verhalten von $y_{KF}(t)$ in Abhängigkeit von der Frequenz ω ermitteln zu können, müssen wir im Auge behalten, daß $z_K(t)$ jetzt durch eine Fourier-Summe dargestellt wird. Die Summe enthält wegen der Symmetrie-Eigenschaften von $z_K(t)$ bei geeigneter Wahl des Nullpunkts der Zeitachse nur Cosinus-Glieder (vgl. Kap. 8):

$$z_K(t) = \frac{a_0}{2} + a_1 \cos \omega t + a_2 \cos 2\omega t + a_3 \cos 3\omega t + \cdots \tag{19.4}$$

Ferner sei daran erinnert, daß sich die Ausgangsfunktion $y_{KF}(t)$ wegen des Superpositionsprinzips als Summe der Antworten auf die einzelnen Fourier-Komponenten in (19.4) zusammensetzt. Unsere Folgerungen hinsichtlich $y_{KF}(t)$ sind daher:

— Der Mittelwert $\bar{y}_{KF}$ wird sich als Funktion von ω nicht ändern. Es ist stets

$$\bar{y}_{KF} = \frac{a_0}{2}\,. \tag{19.5}$$

— Bei sehr niedrigen Frequenzen bleibt $y_{KF}(t) = z_K(t)$, weil alle maßgebenden Fourier-Komponenten in (19.4) durch das lineare Filter unverändert übertragen werden.

— Mit zunehmender Grundfrequenz verschiebt sich die gesamte Fourier-Summe entlang der Frequenz-Achse zu höheren Frequenzen. Die Amplitude aller Fourier-Komponenten wird reduziert, jedoch die der Komponenten höherer Ordnung stärker als die der Komponenten niedrigerer Ordnung. Als Folge werden sowohl die Modulationstiefe von $y_{KF}(t)$, als auch der Klirrfaktor abnehmen.

— Die Phase der einzelnen Fourier-Komponenten wird unterschiedlich stark verändert. Die Reihe wird deshalb nicht nur Cosinus-Glieder enthalten. Folglich geht die Symmetrie bezogen auf die senkrechten Geraden durch $t = nT/2$ $(n = 0, 1, 2, 3 \ldots)$ verloren. Abb. 50a zeigt $z_K(t)$, Abb. 50b die Ausgangsfunktion $y_{KF}(t)$ für eine konkave Kennlinie und für einen Tiefpaß erster Ordnung bei einer Frequenz ω, die relativ zum Kehrwert der Zeitkonstanten des Tiefpasses groß ist.

2. Lineare Filter mit Hochpaß-Eigenschaften. Das lineare Filter überträgt die Eingangsfunktion bei hohen Frequenzen unverändert. Die Amplitude wird mit abnehmender Frequenz reduziert, und ein positiver Phasenwinkel erzeugt. Hinsichtlich der Veränderung der Ausgangsfunktion in Abhängigkeit von der Frequenz finden wir hier deshalb umgekehrte Verhältnisse vor, als bei einem linearen Filter mit Tiefpaß-Eigenschaften. Wir müssen jedoch zusätzlich noch berücksichtigen, daß im

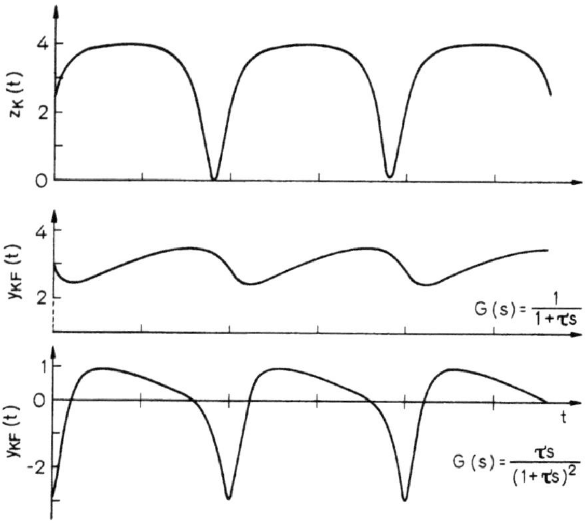

Abb. 50. Der Zeitverlauf der Antwort auf eine sinusförmige Erregung nach einer nicht linearen Transformation an einer konkaven Kennlinie (oben) und dessen Veränderung durch nachgeschaltete lineare Filter mit den angegebenen Übertragungsfunktionen. (Kurven ermittelt mit Hilfe eines Analogrechners)

eingeschwungenen Zustand der Hochpaß die Gleichkomponente der Eingangsfunktion nicht überträgt.

Für die Reihenfolge nach Abb. 48a sind unsere Schlußfolgerungen für die Ausgangsfunktion $y_{FK}(t)$ im eingeschwungenen Zustand:

— Der Mittelwert $\bar{y}_{FK}$ ist unabhängig von der Frequenz stets Null.

— Mit zunehmender Frequenz nimmt die Amplitude (Modulationsgrad) von $z_F(t)$ zu. Entsprechend wird auch der Klirrfaktor von $y_{FK}(t)$ größer.

— Auch die Modulationstiefe von $y_{FK}(t)$ nimmt mit anwachsendem ω zu.

— $y_{FK}(t)$ ist stets symmetrisch zu senkrechten Geraden durch $t=n\,T/2\ (n=0,1,2,3\ldots)$.

In der Reihenfolge nach Abb. 48b muß auch hier berücksichtigt werden, daß $z_K(t)$ durch eine Fourier-Summe nach (19.4) dargestellt wird. In Analogie zu dem vorangehenden Fall sind unsere Folgerungen für $y_{KF}(t)$:

— Der Mittelwert $\bar{y}_{KF}$ ist von ω unabhängig stets Null.

— Bei sehr hohen Frequenzen bleibt $y_{KF}(t)=z_K(t)$.

— Mit abnehmender Grundfrequenz verschiebt sich die gesamte Fourier-Summe entlang der Frequenz-Achse zu niedrigeren Frequenzen. Die Amplitude aller Fourier-Komponenten wird reduziert, jedoch die der Komponenten höherer Ordnung geringfügiger als die der Komponenten niedriger Ordnung. Als Folge wird der Klirrfaktor etwas zunehmen.

— Die Modulationstiefe von $y_{KF}(t)$ nimmt mit abnehmender Frequenz ab.

— Die Phase der einzelnen Fourier-Komponenten wird mit abnehmender Frequenz unterschiedlich stark verändert. Die Reihe wird auch hier nicht nur Cosinus-Glieder enthalten. Folglich geht die Symmetrie von $y_{KF}(t)$ zu senkrechten Geraden durch $t = nT/2$ $(n = 0, 1, 2, 3 \ldots)$ verloren. Abb. 50c demonstriert die Wirkung eines Hochpasses auf $z_K(t)$ nach Abb. 50a bei einer Frequenz ω, die relativ zum Kehrwert der Zeitkonstanten des Hochpasses klein ist.

3. Lineare Filter mit Bandpaß-Eigenschaften. Das Filter reduziert die Amplitude sowohl bei niedrigen als auch bei hohen Frequenzen. Bei niedrigen Frequenzen wird ein positiver, bei hohen Frequenzen ein negativer Phasenwinkel erzeugt. Im eingeschwungenen Zustand wird die Gleichkomponente der Eingangsfunktion auch durch einen Bandpaß nicht übertragen. Im Bereich niedriger Frequenzen werden sich $y_{FK}(t)$ und $y_{KF}(t)$ wie unter 2, im Bereich hoher Frequenzen wie unter 1 besprochen verhalten, jedoch mit dem Unterschied, daß $\bar{y}_{FK}$ und $\bar{y}_{KF}$ jetzt stets Null sind. Auf die Besprechung von Einzelheiten sei hier deshalb verzichtet.

Die behandelten drei Klassen erschöpfen keinesfalls alle möglichen Serienschaltungen von linearen Filtern mit nicht linearen Übertragungsgliedern ohne Energiespeicher. So wurden hier z. B. „Hochpässe mit Restspannung" und nicht lineare Kennlinien zwischen zwei linearen Filtern gleichen oder unterschiedlichen Typs nicht besprochen. Die hier vorgeführten Überlegungen lassen sich jedoch auch für solche Fälle leicht übertragen.

Bei der vorangehenden Überlegung haben wir hinsichtlich der nicht linearen Kennlinie eine entscheidende Einschränkung gemacht. Wir haben gefordert, die Kennlinie sei stetig und ohne Knickpunkte. Enthält die Kennlinie jedoch einen Knickpunkt, z. B. in Form einer Schwelle, wie die gestrichelt gezeichnete Kurve in Abb. 45, so können gegenüber unseren bisherigen Feststellungen bedeutende Unterschiede auftreten. Da diese Frage eng mit dem Problem verknüpft ist, in welcher Weise die Übertragungseigenschaften des linearen Filters und der Verlauf der Kennlinie voneinander unabhängig bestimmt werden können, wenn die Verbindungsstelle zwischen dem linearen und dem nicht linearen Übertragungsglied für direkte Erregung und Messung nicht zugänglich ist, werden beide Probleme im folgenden gemeinsam erörtert.

Vorangehend haben wir festgestellt, daß die Ausgangsfunktion nach der Verzerrung an einer Kennlinie vom sinusförmigen Verlauf um so weniger abweicht, je kleiner der Modulationsgrad m ist (Abb. 46b), da in einem kleinen Arbeitsbereich um $\bar{x}$ die gekrümmte Kennlinie mit geringem Fehler durch eine Gerade ersetzt werden kann. Beschränkt man sich auf geringe

Modulationsgrade m der Eingangsfunktion, so wird eine Serienschaltung nach Abb. 48a oder 48b „linearisiert" und die Übertragungseigenschaften des linearen Filters können nach dem üblichen Verfahren ohne störende Einflüsse der nicht linearen Kennlinie ermittelt werden. Praktische Schwierigkeiten können sich dann ergeben, wenn die gemessene Ausgangsfunktion stark verrauscht ist. In solchen Fällen kann die Amplitude und die relative Phase von $y(t)$ nur sehr ungenau oder nach einer langwierigen Mittelwertbildung der Ergebnisse in aufeinanderfolgenden Versuchen mit ausreichender Genauigkeit gemessen werden. Freilich kann man die Ausgangsfunktion in jedem Fall einer numerischen Fourier-Analyse unterziehen und aus dem Verhalten der Grundwelle oder einer Oberwelle die Eigenschaften des linearen Übertragungsgliedes ermitteln.

Ein besonderer Fall liegt vor, wenn in der Reihenfolge nach Abb. 48a das lineare Filter ein Hochpaß oder ein Bandpaß ist und die Kennlinie eine „scharfe" Schwelle, einen Knickpunkt besitzt. Wir betrachten als einen sehr einfachen Fall die Kennlinie eines idealen Gleichrichters, d. h. eine Gerade mit einer Schwelle bei $x=0$. Durch das lineare Filter (Hochpaß oder Bandpaß) wird der Arbeitspunkt im eingeschwungenen Zustand unabhängig von $\bar{x}$ stets bei $z_F=0$ liegen. Deshalb ist $y_{FK}(t)$ unabhängig von m immer eine halbierte Sinusfunktion. Wird m reduziert, so vermindern sich in der Fourier-Reihe von $y_{FK}(t)$ die Amplituden sämtlicher Komponenten um den gleichen Faktor. Somit erfolgt keine Verringerung des Klirrfaktors und deshalb auch keine „Linearisierung" des Systems. Ist die Kennlinie wie hier angenommen eine Gerade, so kann man freilich auch anhand der „halbierten" Sinusfunktion am Ausgang sowohl den Amplituden- als auch den Phasenfrequenzgang ohne „Linearisierung" des Systems, d. h. auch bei hohem Modulationsgrad m der Eingangsfunktion bestimmen.

Die experimentelle Bestimmung der Kennlinie ist problemlos, sofern das lineare Filter Tiefpaß-Eigenschaften besitzt. Die stationären Werte der Stufenantwort gegen die Stufenhöhe aufgetragen stellen die Kennlinie des nicht linearen Übertragungsgliedes dar. Unter bestimmten Voraussetzungen erhält man die Kennlinie aus der Antwort auf eine sinusförmige Erregung im eingeschwungenen Zustand. Die Bestimmung der Kennlinie nach dieser Methode, sofern praktikabel, bietet den Vorteil, daß wir die Kennlinie in einem einzigen Versuch gewinnen. Die allgemeine Bedingung für die Anwendbarkeit des Verfahrens ist, daß sich eine Frequenz ω finden läßt, bei der das lineare Filter die Eingangsfunktion unverändert überträgt. Für die Reihenfolge nach Abb. 48a und für lineare Filter mit Tiefpaß- oder Hochpaßeigenschaften können wir die Frequenz stets so wählen, daß sie im entsprechenden Bereich des Amplitudenfrequenzgangs liegt. Ist das lineare Filter ein Bandpaß, so muß gewährleistet sein, daß das Maximum des Amplitudenfrequenzgangs den Wert 1 erreicht. Zu wäh-

len ist eine Frequenz, für die dies zutrifft. Andernfalls müßte man in einem unabhängigen Versuch den Dämpfungsfaktor des Filters ermitteln. Für die Reihenfolge nach Abb. 48b muß das lineare Filter alle maßgebenden Fourier-Komponenten der Eingangsfunktion $z_K(t)$ unverändert übertragen. Während für lineare Filter mit Tiefpaß- oder Hochpaßeigenschaften diese Bedingung stets zu erfüllen ist, muß im Falle eines Bandpasses der Durchlaßbereich mindestens so breit sein, wie derjenige Frequenzbereich, in dem die maßgebenden Fourier-Komponenten der Eingangsfunktion $z_K(t)$ liegen.
Ob die Bedingung für die Bestimmung der Kennlinie mit Hilfe einer harmonischen Eingangsfunktion der Frequenz ω erfüllt ist, läßt sich experimentell leicht prüfen. Verändert man die gewählte Frequenz um $\pm\Delta\omega$ und stellt dabei keine Veränderung der Amplitude und der Form der Ausgangsfunktion fest, so ist die Bedingung erfüllt, andernfalls nicht.
Der Einfluß der nicht linearen Kennlinie in den Serienschaltungen nach Abb. 48 auf die Impulsantwort hängt ebenfalls von der Reihenfolge des linearen Filters und des nicht linearen Übertragungsgliedes ab. Ist die Eingangsfunktion ein Puls der Dauer Δt und der Höhe a, so können wir nach den Feststellungen in Kap. 4 diese Eingangsfunktion durch die Impulsfunktion

$$x(t) = a\,\Delta t\,\delta(t) \tag{19.6}$$

approximieren, vorausgesetzt, daß die Dauer Δt des Pulses gegen die Zeitkonstante des entsprechenden linearen Filters klein ist. In der Serienschaltung nach Abb. 48b ist dann

$$z_K(t) = N[a]\,\Delta t\,\delta(t)\,, \tag{19.7}$$

da dem Wert a der Eingangsfunktion durch die nicht lineare Kennlinie der Funktionswert $N[a]$ zugeordnet wird. Ist $g(t)$ die Antwort des nachfolgenden linearen Filters auf den Einheitsimpuls, so ist die Ausgangsfunktion

$$y_{KF}(t) = N[a]\,\Delta t\,g(t)\,. \tag{19.8}$$

Demnach ist der Zeitverlauf der Ausgangsfunktion der gleiche wie der Zeitverlauf der Impulsantwort des linearen Filters. Lediglich der Amplitudenfaktor der Impulsantwort wird entsprechend der nicht linearen Kennlinie verändert.
Liegt eine Serienschaltung nach Abb. 48a vor, so ist

$$z_F(t) = a\,\Delta t\,g(t)\,, \tag{19.9}$$

und $$y_{FK}(t) = N[a\,\Delta t\,g(t)]\,. \tag{19.10}$$

Da in (19.10) im Argument von N eine Zeitfunktion steht, deren Änderung nicht nur ein Sprung ist, ergibt sich der Zeitverlauf von $y_{FK}(t)$ wieder durch Spiegelung von $z_F(t)$ in (19.9) an der Kennlinie. Für die konkave Kennlinie nach (18.10) und einen Tiefpaß dritter Ordnung ist die Impulsantwort $y_{FK}(t)$ mit a als Parameter in Abb. 51 gezeigt. Hier wird die

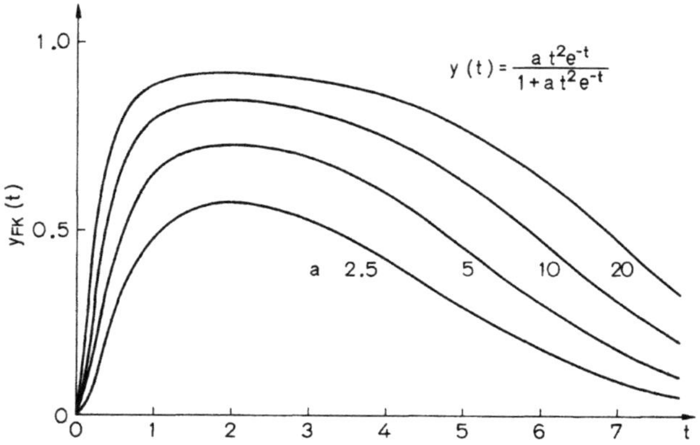

Abb. 51. Die Verzerrung der Impulsantwort eines Tiefpasses 3. Ordnung durch eine konkave Kennlinie

Impulsantwort mit zunehmendem Amplitudenfaktor mehr und mehr abgeflacht. Im Falle einer konvexen Kennlinie würden wir umgekehrte Verhältnisse vorfinden. In einer Serienschaltung nach Abb. 48a verändert sich somit — im Gegensatz zu Serienschaltungen nach Abb. 48b — der Zeitverlauf der Impulsantwort. Dadurch ist eine weitere Möglichkeit zur Feststellung der Reihenfolge des linearen und des nicht linearen Übertragungsgliedes gegeben.

Dieses Kriterium läßt sich in der Praxis nicht immer mit der gewünschten Sicherheit heranziehen. Schwierigkeiten können dann auftreten, wenn die Höhe des Eingangspulses aus irgendeinem Grund nicht in einem ausreichend großen Bereich variiert werden kann, oder wenn die Kennlinie nur geringfügig gekrümmt und zudem noch die Ausgangsfunktion von starkem Rauschen überlagert ist. In solchen Fällen bieten Versuche, in denen Doppelpulse als Erregung herangezogen werden, eine bessere Möglichkeit zur Feststellung der Reihenfolge des linearen und des nicht linearen Übertragungsgliedes. Sind die Pulse untereinander identisch und folgt der zweite Puls mit einer zeitlichen Verzögerung $\xi \geq 0$ nach dem ersten Puls, so ist mit den in (19.6) eingeführten Bezeichnungen

$$x(t) = a\,\Delta t\left[\delta(t) + \delta(t-\xi)\right]. \tag{19.11}$$

Liegt eine Reihenfolge nach Abb. 48a vor, so ist wegen des Superpositionsprinzips

$$
\begin{aligned}
z_F(t) &= a\,\Delta t\, g(t) && \text{für} \quad 0 \leq t \leq \xi \\
&= a\,\Delta t\,[g(t) + g(t-\xi)] && \text{für} \quad t \geq \xi\,.
\end{aligned}
\tag{19.12}
$$

In Abb. 52 ist $z_F(t)$ für einen Tiefpaß dritter Ordnung mit ξ als Parameter gezeigt. Die Kurven haben bei kleinen ξ-Werten ein Maximum, bei großen ξ-Werten zwei Maxima. Das erste Maximum entspricht dabei

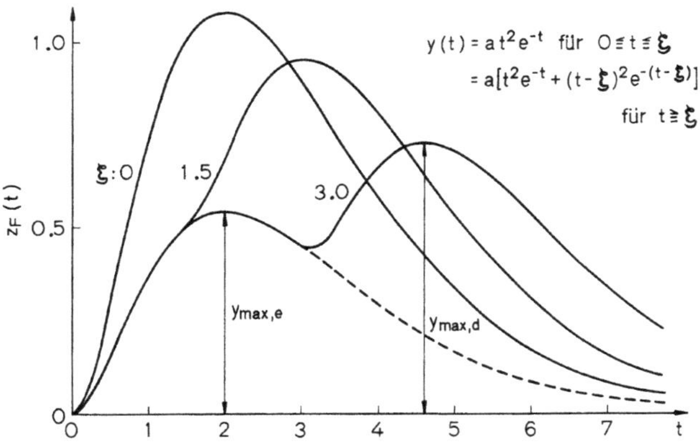

Abb. 52. Die Antwort eines Tiefpasses 3. Ordnung auf Doppelpulse. Die Zeitspanne zwischen den Pulsen ist ξ

dem Maximum g_{me} der Impulsantwort auf einen Einzelpuls. Wir bezeichnen das absolute Maximum der Kurven mit g_{md}. Das Verhältnis

$$
\varrho_z(\xi) = \frac{g_{\mathrm{md}}}{g_{\mathrm{me}}}
\tag{19.13}
$$

hat als Funktion von ξ aufgetragen einen für das jeweilige Filter charakteristischen Verlauf. Für den Tiefpaß 3. Ordnung ist diese Kurve in Abb. 53a gezeigt. Sie besitzt bei $\xi = 0$ den Wert 2, da ein Doppelpuls mit dem Pulsabstand $\xi = 0$ einer Verdoppelung der Amplitude eines Einzelpulses entspricht. Mit zunehmendem Pulsabstand ξ nimmt ϱ monoton bis $\lim_{\xi \to \infty} \varrho_z = 1$ ab.

Um $y_{FK}(t)$ als Antwort auf Doppelpulse zu gewinnen, müssen die Kurven der Abb. 52 an der Kennlinie gespiegelt werden. Ist die Kennlinie konkav, so wird dabei die Doppelpulsantwort wegen des größeren Maximums

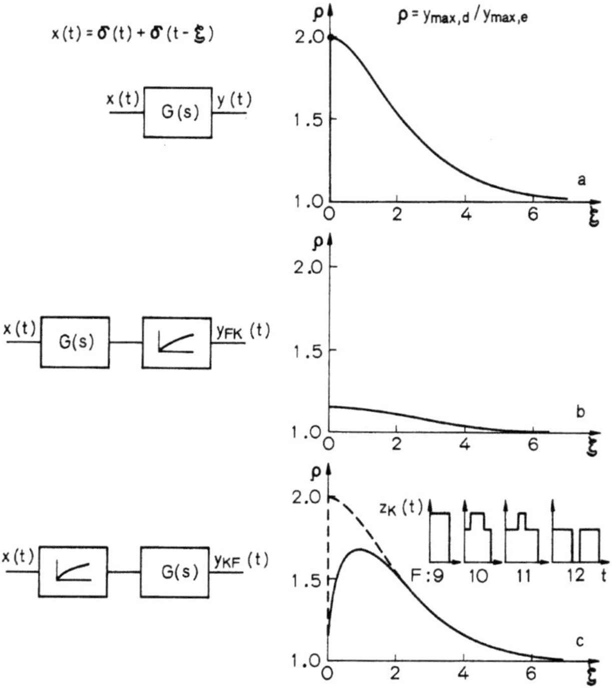

Abb. 53a–c. Das Verhältnis ϱ (absolutes Maximum der Doppelpulsantwort: Maximum der Einzelpulsantwort) als Funktion des Pulsabstandes ξ. Das lineare Filter ist ein Tiefpaß 3. Ordnung, die nicht lineare Kennlinie ist konkav.

stärker abgeflacht, als die Antwort auf einen Puls (vgl. Abb. 51). Dadurch wird das Verhältnis

$$\varrho_y(\xi) = \frac{y_{\mathrm{md}}}{y_{\mathrm{me}}} \tag{19.14}$$

überall kleiner als das Verhältnis $\varrho_z(\xi)$. Die Kurve nimmt aber auch hier mit wachsendem Impulsabstand ξ von ihrem Anfangswert $\varrho_y(0)$ bis 1 monoton ab (Abb. 53b).

Liegt eine Serienschaltung nach Abb. 48b vor, so können wir bei unserer Überlegung nicht mehr außer acht lassen, daß durch (19.11) Pulse endlicher Dauer approximiert wurden. Wir nehmen zunächst für die Eingangsfunktion $a = \alpha/\Delta t$ und $\Delta t \to 0$, d. h.

$$\lim_{\Delta t \to 0} x(t) = \alpha\,\delta(t) + \alpha\,\delta(t - \xi)$$

an. Da die Dauer der Impulse in diesem Grenzfall Null ist, ist

$$\begin{aligned} z_K(t) &= N[2\alpha]\,\delta(t) && \text{für} \quad \xi=0 \\ &= N[\alpha]\,[\delta(t)+\delta(t-\xi)] && \text{für} \quad \xi \neq 0, \end{aligned} \tag{19.15}$$

und

$$\begin{aligned} y_{KF}(t) &= N[2\alpha]\,g(t) && \text{für} \quad \xi=0 \\ &= N[\alpha]\,[g(t)+g(t-\xi)] && \text{für} \quad \xi \neq 0. \end{aligned} \tag{19.16}$$

Da außerdem die Antwort auf einen Einzelpuls $N[\alpha]\,g(t)$ ist, ist das Verhältnis nach (19.14) für $\xi=0$

$$\varrho_y(0)=\frac{N[2\alpha]}{N[\alpha]}<2,$$

wenn die Kennlinie konkav ist, weil dann

$$N[2\alpha]<2N[\alpha]$$

gilt. Ist $\xi \neq 0$, aber sehr klein ($\xi=0+\varepsilon$), so ist in der zweiten Zeile von (19.16) $g(t-\xi)\simeq g(t)$, und daher $\varrho_y(0+\varepsilon)=2N[\alpha]/N[\alpha]=2$.
Die Funktion $\varrho_y(\xi)$ (Abb. 53c gestrichelt gezeichnete Kurve) springt bei $\xi=0$ von einem Wert, der kleiner als 2 ist, auf den Wert 2 und nimmt dann mit wachsendem ξ wie die Kurve in Abb. 53a monoton bis 1 ab. Auch bei der Berechnung dieser Kurve wurde ein Tiefpaß dritter Ordnung angenommen.
Diesen theoretischen Grenzfall wird man freilich in Versuchen nicht verwirklichen können. Einerseits sind die als Eingangsfunktion herangezogenen Pulse von endlicher Dauer. Andererseits kann dem nicht linearen Übertragungsglied ein Tiefpaß mit einer Zeitkonstanten, die wesentlich kleiner als die Zeitkonstante des nachgeschalteten Tiefpasses ist, vorangehen. Dieser, der Kennlinie vorgeschaltete Tiefpaß wird das Zeitverhalten der Serienschaltung wegen der großen Differenz der Zeitkonstanten praktisch nicht beeinflussen und kann in Versuchen mit Einzelpulsen oder sinusförmigen Eingangsfunktionen nicht nachgewiesen werden.
In beiden Fällen werden sich die Eingangspulse für das nicht lineare Übertragungsglied bei kleinen Werten von ξ zeitlich überlappen. Das Einschaltbild in Abb. 53c zeigt die Form der Erregung im Falle von Doppelpulsen der endlichen Dauer Δt für $\xi=0$, für zwei Werte im Bereich $0<\xi<\Delta t$ und für einen Wert $\xi>\Delta t$. Ist die Dauer Δt der Pulse wesentlich kleiner als die Zeitkonstante eines nachgeschalteten Tiefpasses, so wird im Bereich der Überlappung das Maximum y_m der Ausgangsfunktion nach wie vor von der Fläche bestimmt, die $z_K(t)$ mit der Zeit-

achse einschließt. Diese Fläche nimmt jedoch im Falle einer konkaven Kennlinie von $N[2a\Delta t]$ bei $\xi=0$ bis $2N[a\Delta t]$ bei $\xi=\Delta t$ zu. Qualitativ ähnliche Verhältnisse ergeben sich auch dann, wenn sich nicht zwei Pulse, sondern zwei Impulsantworten eines vorgeschalteten Tiefpasses mit geringer Zeitkonstante zeitlich überlappen. Als Folge wird die $\varrho_y(\xi)$-Kurve entsprechend der ausgezogenen Linie in Abb. 53c verlaufen. Die Lage des Maximums von $\varrho_y(\xi)$ entlang der ξ-Achse hängt von den Parametern der Eingangspulse ab. Sie verschiebt sich im vorliegenden Fall mit abnehmendem Faktor $a\Delta t$ zu kleineren ξ-Werten.
Da die Maxima der Doppelimpulsantwort in der Regel mit ausreichender Genauigkeit gemessen werden können, läßt sich auch der Verlauf der $\varrho_y(\xi)$-Kurve experimentell leicht bestimmen. Dieser Kurvenverlauf zeigt aber je nach Reihenfolge des linearen und des nicht linearen Übertragungsgliedes unverwechselbare qualitative Eigenschaften.
Zum Schluß sei hier noch auf eine Eigenschaft von Serienschaltungen nach Abb. 48b hingewiesen, die in biologischen Versuchen nicht übersehen werden sollte. Wie bereits wiederholt erwähnt, hängt die Antwort eines linearen Filters nur von der Fläche $a\Delta t$ ab, die ein Puls mit der Zeitachse einschließt, solange Δt wesentlich kleiner als die Zeitkonstante des linearen Filters ist. Die Trägheitseigenschaften biologischer Übertragungsglieder werden oft durch die Angabe der kritischen Dauer eines Pulses charakterisiert, unterhalb welcher eine Verminderung der Reizintensität a um den konstanten Faktor k durch eine ebenso große Verlängerung der Pulsdauer kompensiert werden kann. Die Vertauschbarkeit von Intensität und Dauer wird aufgrund einschlägiger Untersuchungen in der Photochemie auch *Bunsen-Roscoe-Gesetz*, in der Biologie häufiger *Reiz-Summations-Gesetz* genannt. Liegt nun eine Serienschaltung nach Abb. 48b vor, so können wir eine ähnliche Gesetzmäßigkeit auch dann nicht erwarten, wenn Δt wesentlich kleiner ist als die Zeitkonstante des Tiefpasses. Für die Antwort ist in diesem Fall diejenige Fläche F maßgebend, die von $z_K(t)$ mit der Zeitachse eingeschlossen wird. Diese Fläche ist

$$F=N[a]\Delta t\,. \tag{19.17}$$

Weil für beliebige Werte von Δt

$$N\left[\frac{a}{k}\right]\cdot k\Delta t \neq N[a]\cdot\Delta t \tag{19.18}$$

ist, zieht eine Veränderung von a stets auch dann eine Veränderung von $y_{KF}(t)$ nach sich, wenn sie durch eine entsprechende Veränderung von Δt begleitet wird.

20. Nicht lineare Kennlinien in Systemen mit zwei Eingängen

Die Reize aus der Umwelt werden von den Organismen häufig über symmetrisch angeordnete paarige Sinnesorgane aufgenommen. Die entsprechenden Erfolgsorgane lassen sich dann sowohl durch unilaterale als auch durch simultane bilaterale Reize erregen. In einfacheren Fällen läßt sich das System durch ein Blockdiagramm mit zwei Eingängen und einem Ausgang schematisieren. Ein Beispiel ist in Abb. 54 gezeigt. Die Recht-

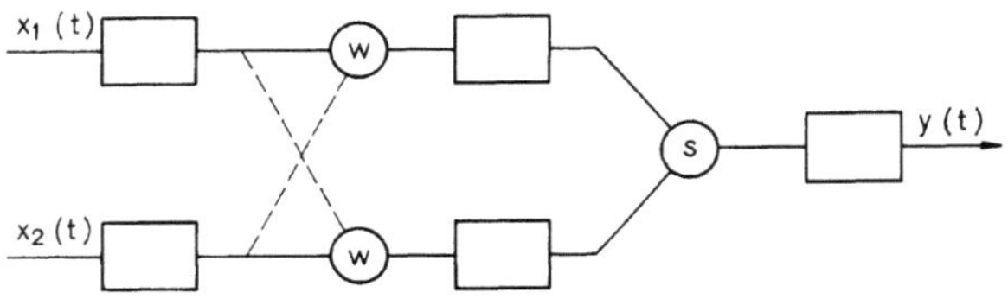

Abb. 54. Schematische Darstellung eines Systems mit zwei Eingängen und einem Ausgang

ecke symbolisieren auch hier lineare oder nicht lineare Übertragungsglieder. Bei bilateraler Reizung werden die Signalflüsse an der Stelle S vereinigt. Die gestrichelt gezeichneten Querverbindungen symbolisieren eine mögliche gegenseitige Beeinflussung der beiden Signalflüsse an den Stellen W vor deren Vereinigung. Durch ein derartiges Blockschaltbild läßt sich z. B. die Signalübertragung in der pupillomotorischen Bahn des Menschen [46] darstellen. Ähnliche Verhältnisse werden aber oft gezielt dadurch herbeigeführt, daß in einem Mosaik von Rezeptoren nur zwei Zellen oder zwei Gruppen von Zellen gereizt werden. Konvergieren die Rezeptoren auf eine nachgeschaltete Nervenzelle, so kann letztere ebenfalls durch unilokale oder simultane bilokale Reize erregt werden [47]. Solche Versuchsanordnungen sind zur Standardmethode z. B. bei der Analyse der funktionellen Eigenschaften der rezeptiven Felder retinaler Ganglienzellen geworden [48].

Enthält ein System nach Abb. 54 neben linearen Filtern auch nicht lineare Übertragungsglieder, so hängt auch hier die Ausgangsgröße $y(t)$ neben der Art der Superposition und der möglichen Wechselwirkung der Signalflüsse ebenfalls von der Reihenfolge der Übertragungsglieder ab. An einer vereinfachten Version des Systems in Abb. 54 werden im folgenden zwei Methoden vorgeführt, die häufig zur Analyse derartiger Systeme herangezogen werden. Wir nehmen an: 1. Die beiden Eingangskanäle sind untereinander identisch. 2. Vor der Vereinigung findet keine Wechselwirkung der Signalflüsse statt. 3. Die Vereinigung der Signalflüsse entspricht einer algebraischen Addition. 4. Die nicht linearen Übertragungsglieder enthalten keine Energiespeicher und können daher durch eine Kennlinie beschrieben werden. Hinsichtlich der relativen Lage der linearen und der nicht linearen Übertragungsglieder zueinander und zur Additionsstelle gibt es drei mögliche Varianten des Systems, die in Abb. 55 dargestellt sind. Die beiden Systeme in Abb. 55c sind funktionell

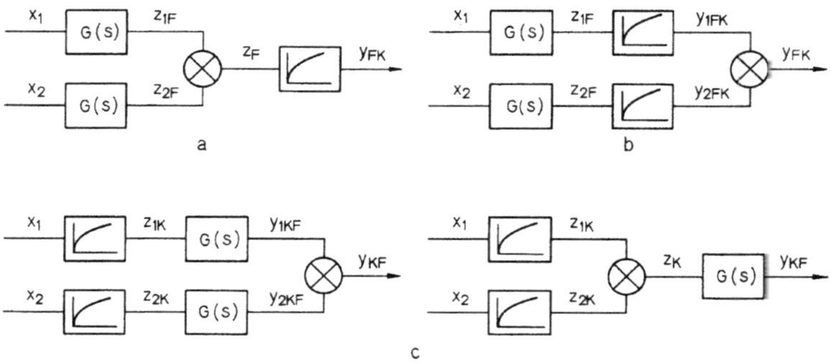

Abb. 55a–c. Verschiedene Kombinationsmöglichkeiten der linearen und nicht linearen Glieder in einem System mit zwei Eingängen und einem Ausgang

identisch, da die Reihenfolge der linearen Übertragung und der Addition ohne Einfluß auf die Ausgangsgröße vertauscht werden kann. Bei der Untersuchung geht man nach folgendem Schema vor: In drei sukzessiven Versuchen erregt man das System durch geeignet gewählte Reize zunächst unilateral oder unilokal über den einen, dann über den anderen Kanal und schließlich bilateral bzw. bilokal über beide Kanäle. Wir fragen nach Unterschieden in der Ausgangsfunktion, die auf die Reihenfolge der linearen und nicht linearen Übertragungsglieder sowie der Additionsstelle zurückzuführen sind und somit eine eindeutige Bestimmung der Reihenfolge gestatten. Als geeignete Reize wählen wir wieder harmonische Eingangsfunktionen nach (18.13) oder Pulse nach (19.6), die auch als Doppelpulse gegeben werden können.

Werden die Systeme unilateral (unilokal) erregt, so finden wir in den Systemen nach Abb. 55a und b die gleichen Eingangs-Ausgangs-Beziehungen, wie in der Serienschaltung nach Abb. 48a. Das System nach Abb. 55c verhält sich bei unilateraler (unilokaler) Reizung wie die Serienschaltung in Abb. 48b. Somit können wir bereits anhand von Versuchen mit unilateraler (unilokaler) Reizung zwischen den Systemen in Abb. 55a und b einerseits und dem System in Abb. 55c andererseits mit Hilfe der im vorangehenden Abschnitt besprochenen Methoden unterscheiden. Zu klären ist deshalb nur, ob man durch bilaterale (bilokale) Reizung die Systeme nach Abb. 55a und b unterscheiden kann.

Diese Unterscheidung kann herbeigeführt werden, wenn beide Systeme bilateral (bilokal) mit harmonischen Eingangsfunktionen gleicher Amplitude und Frequenz simultan erregt werden und die relative Phase Ψ der beiderseitigen Erregung in sukzessiven Versuchen variiert wird. Unter diesen Bedingungen sind die Eingangsfunktionen

$$x_1(t) = \bar{x}[1 + m \sin \omega t], \tag{20.1}$$

$$x_2(t) = \bar{x}[1 + m \sin(\omega t + \Psi)]. \tag{20.2}$$

Die Eingangsfunktion z_F für das nicht lineare Übertragungsglied in Abb. 55a ist daraus

$$z_F = 2\bar{x} + A(\omega)\bar{x}m\{\sin[\omega t + \varphi(\omega)] + \sin[\omega t + \varphi(\omega) + \Psi]\}, \tag{20.3}$$

wobei $A(\omega)$ der Amplitudenfrequenzgang und φ der Phasenfrequenzgang der linearen Filter F ist. Aus (20.3) erhält man nach Heranziehen bereits öfters benützter trigonometrischer Beziehungen

$$\text{(F)} \quad z_F(t) = 2\bar{x} + 2\cos\frac{\Psi}{2} A(\omega)\bar{x}m \sin[\omega t + \varphi(\omega) + \beta]. \tag{20.4}$$

Hier ist β ein von Ψ abhängiger Phasenwinkel. Wichtig ist in (20.4), daß die Amplitude der periodischen Komponente von $z_F(t)$ eine Funktion von Ψ ist. Sie nimmt, wie es auch anschaulich leicht einzusehen ist, von $2A(\omega)\bar{x}m$ bis Null ab, wenn Ψ von $\Psi = 0$ bis $\Psi = 180°$ erhöht wird. Nach unseren Feststellungen im vorangehenden Kapitel folgt hieraus: 1. Der Mittelwert $\bar{y}_{FK}$ der Ausgangsfunktion wird über die Amplitude der periodischen Komponente der Funktion $z_F(t)$ von Ψ abhängen. Im Falle einer konkaven Kennlinie wächst $\bar{y}_{FK}$ mit zunehmendem Ψ und erreicht bei $\Psi = 180°$ den Wert $\bar{y}_{FK} = N[2\bar{x}]$. 2. Die Modulationstiefe von y_{FK} nimmt mit wachsendem Ψ ab und wird Null bei $\Psi = 180°$.
Im System nach Abb. 55b sind die Funktionen $z_{1FK}(t)$ und $z_{2FK}(t)$ verzerrte Sinusfunktionen und werden daher durch Fourier-Summen dargestellt. Wählt man den Nullpunkt der Zeitachse entsprechend, so ist z. B. z_{1FK} eine gerade Funktion, und ihre Fourier-Summe enthält nur Cosinus-Glieder:

$$z_{1FK}(t) = \frac{a_0}{2} + \sum_{k=1}^{\infty} a_k \cos k\omega t. \tag{20.5}$$

Ist $x_2(t)$ um den Phasenwinkel Ψ gegenüber $x_1(t)$ verschoben aber sonst mit $x_1(t)$ identisch, so sind die einzelnen Fourier-Komponenten von

$z_{2FK}(t)$ um den Phasenwinkel $k\Psi$ gegenüber den entsprechenden Komponenten in der Fourier-Reihe von $z_{1FK}(t)$ verschoben. Es ist

$$z_{2FK}(t) = \frac{a_0}{2} + \sum_{k=1}^{\infty} a_k \cos k(\omega t + \Psi), \tag{20.6}$$

und aus (20.5) und (20.6)

$$y_{FK}(t) = a_0 + \sum_{k=1}^{\infty} a_k [\cos k\omega t + \cos k(\omega t + \Psi)]. \tag{20.7}$$

Zwei Werte von Ψ sind von besonderem Interesse. Für $\Psi = 0$ erhält man aus (20.7)

$$y_{FK} = a_0 + \sum_{k=1}^{\infty} 2a_k \cos k\omega t \qquad (k = 1, 2, 3 \ldots) \tag{20.8}$$

und für $\Psi = 180°$

$$y_{FK} = a_0 + \sum_{k=2}^{\infty} 2a_k \cos k\omega t \qquad (k = 2, 4, 6 \ldots). \tag{20.9}$$

Aufgabe: Zeige die Richtigkeit der Beziehung in (20.9).

Aus (20.7) folgt: 1. Der Mittelwert $\bar{y}_{FK}$ ist von Ψ unabhängig und stets $\bar{y}_{FK} = a_0$, im Gegensatz zum System nach Abb. 55a. Aus (20.8) und (20.9) folgt: 2. Ist $\Psi = 0$, so ist y_{FK} zweimal so groß wie bei Reizung an nur einem Eingang. Wird Ψ von $\Psi = 0$ bis $\Psi = 180°$ erhöht, so nimmt die Modulationstiefe von y_{FK} im Gegensatz zum vorherigen Fall keinesfalls bis Null ab. Vielmehr besitzt die Ausgangsfunktion $y_{FK}(t)$ bei $\Psi = 180°$ eine periodische Komponente, die durch eine Fourier-Reihe mit der Grundfrequenz 2ω dargestellt wird. Sie ist ebenfalls eine verzerrte Sinusfunktion.

Die Ergebnisse können wir uns anschaulich verdeutlichen. Der Mittelwert von z_{2FK} ist im eingeschwungenen Zustand unabhängig von Ψ und stets gleich dem Mittelwert $a_0/2$ von z_{1FK}. Nach der Addition erhalten wir den von Ψ unabhängigen Mittelwert $2(a_0/2) = a_0$. Für $\Psi = 0$ haben die Fourier-Komponenten von z_{2FK} die gleiche Anfangsphase wie die Fourier-Komponenten von z_{1FK}. In der Fourier-Reihe von y_{FK} erscheinen daher alle Fourier-Komponenten mit der zweifachen Amplitude. Ist dagegen $\Psi = 180°$, so sind nur die geradzahligen Komponenten $(k = 0, 2, 4 \ldots)$ beider Fourier-Reihen in Phase. Für sie beträgt die Phasenverschiebung 2π, 4π, 8π usw., also ein geradzahliges Vielfaches von π. Für die ungeradzahligen Komponenten $(k = 1, 3, 5 \ldots)$ beträgt dagegen die Phasenverschiebung π, 3π, 5π, usw., also ein ungeradzahliges Vielfaches von π. Diese Komponenten sind somit in Gegenphase und heben sich durch die Addition gegenseitig auf, während die geradzahligen Komponenten

in der Fourier-Reihe von y_{FK} mit der doppelten Amplitude erscheinen.
In Abb. 56 sind zur Illustration die Funktionen z_{1FK}, z_{2FK} und y_{FK} für die nicht lineare Kennlinie nach (18.10) für zwei Werte von $\bar{x}$ und $\alpha=1$, $\beta=1$ gezeigt.

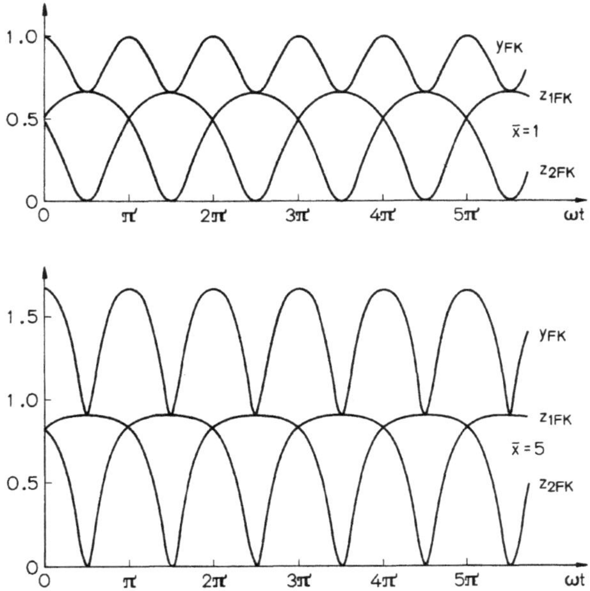

Abb. 56. Die Funktionen in den Gleichungen (20.5) und (20.9)

Aufgrund dieser Ergebnisse können wir somit durch entsprechende Versuche auch die Systeme in Abb. 55a und 55b unterscheiden.

Aufgabe: Wie hängen der Mittelwert $\bar{y}_{KF}$ und die Modulationstiefe von y_{KF} im System nach Abb. 55c von Ψ ab? Welchen Versuch aus Kap. 19 muß man heranziehen, um zwischen den Systemen in Abb. 55b und 55c zu unterscheiden?

Versuche mit Erregung durch Doppelpulse bieten ebenfalls interessante Möglichkeiten, um die Systeme in Abb. 55 zu unterscheiden, speziell auch diejenigen in Abb. 55a und b, die sich bei unilateraler (unilokaler) Reizung identisch verhalten. Man kann hier das in (19.14) definierte Verhältnis $\varrho(\xi)$ sowohl für unilateral (unilokal) als auch für bilateral (bilokal) gegebene Doppelpulse ermitteln. Bei bilateralen (bilokalen) Doppelpulsen wird zur Zeit $t=0$ an einem Eingang und mit einer Verzögerung im Zeitpunkt $t=\xi$ am anderen Eingang gereizt. Die zu erwartenden Ergebnisse für die Systeme in Abb. 55a—c sind der Reihe nach in Abb. 57a—c gezeigt. Zur Berechnung der Kurven wurde eine Kennlinie nach (18.10) und ein Tiefpaß 3. Ordnung herangezogen. Nach den vorangegangenen Überlegungen in diesem und im vorherigen Kapitel kann man sich von der Richtigkeit der Kurven leicht überzeugen. Während mit Hilfe unilateraler (unilokaler) Doppelpulse eine Unterscheidung der Systeme nach Abb. 55a, b einerseits und nach Abb. 55c andererseits erzielt werden kann, führen bilaterale (bilokale) Doppelpulse zur Unterscheidung zwischen den Systemen nach Abb. 55a einerseits bzw. nach Abb. 55b, c andererseits.

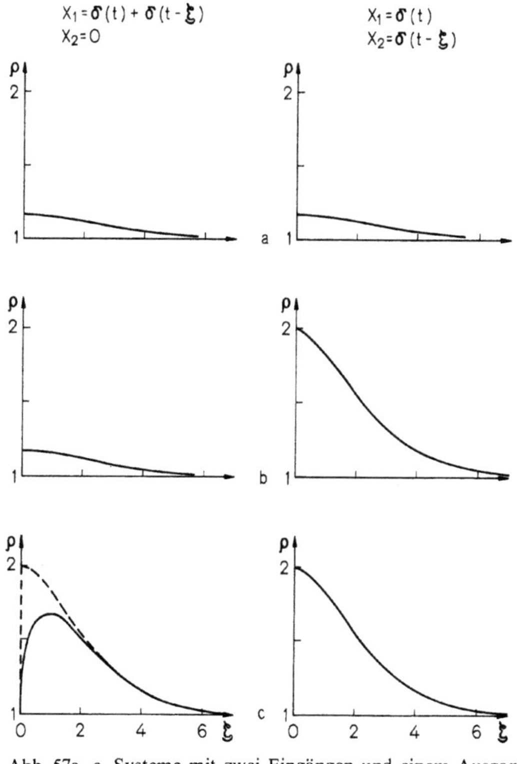

Abb. 57a–c. Systeme mit zwei Eingängen und einem Ausgang. Das Verhältnis ϱ (absolutes Maximum der Doppelpulsantwort: Maximum der Einzelpulsantwort) als Funktion des Pulsabstandes ξ. *Links:* Unilaterale Doppelpulse. *Rechts:* Bilaterale Doppelpulse. Das lineare Filter ist ein Tiefpaß 3. Ordnung, die nicht lineare Kennlinie ist konkav

21. Dynamische Kennlinien. Rezeptormodelle

Die in (18.6) und (18.10) angegebenen nicht linearen Kennlinien wurden auf die Veränderung eines Systemparameters (Empfindlichkeit, Leitfähigkeit) durch die Erregung zurückgeführt. Viele in biologischen Systemen anzutreffende nicht lineare Beziehungen zwischen der Erregung und der Antwort beruhen auf solchen Effekten. Es wurde bisher angenommen, daß die Veränderung der Systemparameter gleichzeitig mit der Veränderung der Reize geschieht. Sie folgen jedoch in der Regel den Veränderungen der Reize mit Verzögerung. Die Beziehung zwischen der Erregung und der Antwort wird dann nur im stationären (statischen) Fall durch die in Kap. 18 behandelten Kennlinien wiedergegeben.

Das Verhalten eines Systems in der Übergangsphase soll am Beispiel der Shunting-Inihibition (Abb. 44) demonstriert werden. Wir nehmen an, daß die presynaptische Erregung x die Leitfähigkeit g_1 mit Verzögerung, und zwar entsprechend einem linearen Filter mit Tiefpaßeigenschaften und der Gewichtsfunktion $g(t)$ beeinflußt. Anstelle von (18.10) erhalten wir dann für die Ausgangsfunktion

$$y(t) = \beta \frac{x(t)}{\alpha + \int_0^t g(t-t')\,x(t')\,dt'} \,. \qquad (21.1)$$

Abb. 58a—c zeigt der Reihe nach von oben nach unten die Eingangsgröße $x(t)$, den Nenner von (21.1) sowie die Ausgangsgröße $y(t)$, wenn $x(t)$ ein breiter (linke Spalte) bzw. ein sehr kurzer (rechte Spalte) Puls und das lineare Filter ein Tiefpaß erster Ordnung ist. Die Kurven wurden durch Lösung von (21.1) am Analogrechner mit geeignet gewählten Konstanten α und β gewonnen. Die in Abb. 58d gezeigten Kurven veranschaulichen die Ausgangsgröße, wenn dem nicht linearen Glied eine weitere Filterung durch einenTiefpaß erster Ordnung folgt.

Die Kurven in Abb. 58c ähneln der Antwort eines Hochpasses mit Rest-Spannung (Übungsbeispiel i in Abb. 3), die Kurven in Abb. 58d der Antwort eines Bandpasses mit Rest-Glied (Serienschaltung der Netzwerke a und k in Abb. 3, vgl. auch Abb. 43a). Systeme, deren Stufenantwort ein Überschwingen aufweist, werden in der physiologischen Literatur oft ohne Rücksicht auf dessen Ursachen als *adaptierende Systeme* bezeichnet. Das Überschwingen im Falle eines Hoch- oder Bandpasses ist auf Speicherelemente, im Falle nicht linearer Systeme des behandelten Typs auf die Veränderung von Systemparametern unter dem Einfluß der Eingangsgröße zurückzuführen. Im ursprünglichen Sinne des Wortes adaptieren jedoch nur die letztgenannten Systeme. Es läßt sich experimentell leicht entscheiden, welcher von diesen beiden möglichen Fällen vorliegt, wenn man das entsprechende System daraufhin untersucht, ob es dem Superpositionsprinzip genügt.

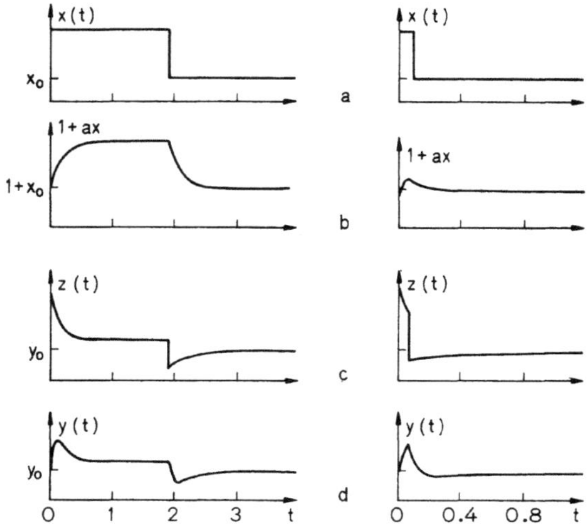

Abb. 58a–d. Die Entstehung der Stufen- (links) und der Pulsantwort (rechts) bei Shunting-Inhibition. Die Hemmung wirkt nach Verzögerung durch einen Tiefpaß 1. Ordnung

Variiert man in (21.1) die Stufenhöhe und trägt in verschiedenen Zeitpunkten t_i die Ausgangsgröße $y(t_i)$ gegen $x(t_i)$ auf, so erhält man auch hier wie in Abb. 43b eine Schar von dynamischen Kennlinien. Sie werden hier jedoch mehr oder weniger stark gekrümmt sein. Gelegentlich werden die Maxima der Antwortkurven gegen die Stufenhöhe aufgetragen und die resultierende Kurve als dynamische Kennlinie bezeichnet, auch wenn die Maxima nicht im gleichen Zeitpunkt nach dem Reizbeginn auftreten.

Erfolgt die Veränderung eines Systemparameters entsprechend der Wirkung eines Tiefpasses verzögert, so entsteht bei sinusförmiger Reizung auch eine Phasenverschiebung φ zwischen der Eingangsgröße $x(t)$ und der Veränderung des Systemparameters, z. B. g_1 im behandelten Beispiel. Das gleiche hat freilich auch eine Laufzeit oder auch eine Filterung durch einen Allpaß (Übungsbeispiel 1 in Abb. 3) zur Folge. Die Wirkung eines — negativen — Phasenwinkels φ unterschiedlicher Größe auf die Ausgangsfunktion zeigen die Kurven in Abb. 59a. Um sie zu verdeutlichen wurde angenommen, daß die Phasenverschiebung ohne gleichzeitige Veränderung der Amplitude, also durch eine Laufzeit oder durch Allpaßfilter, entsteht. Die Ausgangsfunktion wird daher durch

$$y(t) = \beta \frac{\bar{x}(1 + m \sin \omega t)}{\alpha + \bar{x}[1 + m \sin(\omega t - \varphi)]} \qquad (21.2)$$

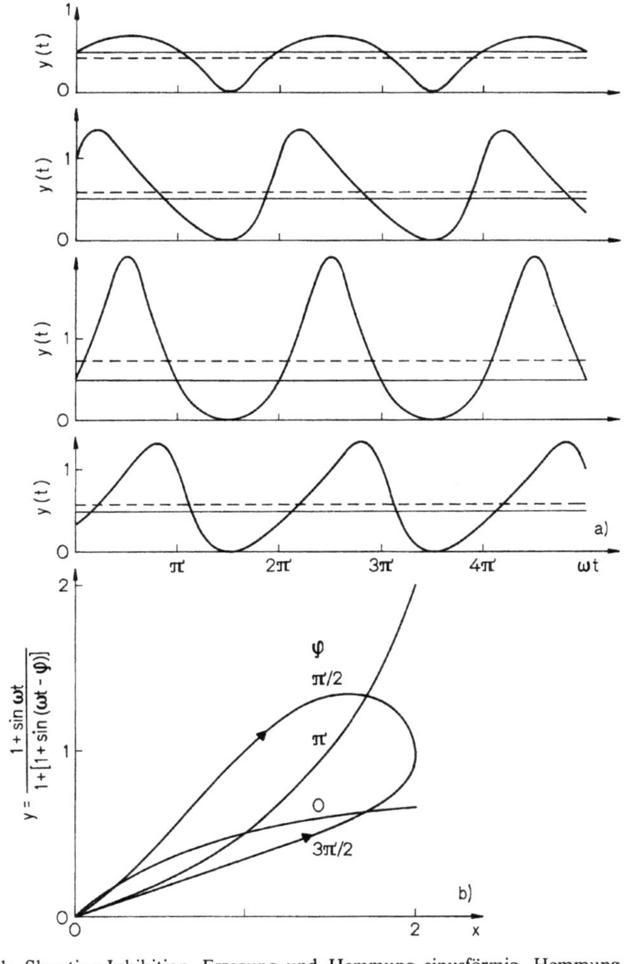

Abb. 59a und b. Shunting-Inhibition. Erregung und Hemmung sinusförmig, Hemmung gegenüber Erregung phasenverschoben. (a) Zeitverlauf und Mittelwert der Antwort. (b) Kennlinien und Hysteresen in Abhängigkeit von der Phasenverschiebung

beschrieben. Im Beispiel wurden die 4 Konstanten α, β, $\bar{x}$, m sämtlich zu 1 gewählt. Wird φ von 0 ausgehend erhöht, so verändern sich sowohl die Modulationstiefe, die Symmetrieeigenschaften und der Mittelwert der Ausgangsgröße $y(t)$ in charakteristischer Weise. Der Mittelwert (gestrichelte Linien), der für $\varphi=0$ kleiner als $N[\bar{x}]=0{,}5$ beträgt, wird

schnell größer als dieser Wert, erreicht bei $\varphi=\pi$ sein Maximum und nimmt danach wieder ab. Ähnlich verhält sich auch die Modulationstiefe. Die Ausgangsfunktion ist nur bei $\varphi=0$ und $\varphi=\pi$ zu senkrechten Linien durch die Maxima und Minima symmetrisch; bei $\varphi=\pi/2$ und $\varphi=3\pi/2$ verläuft sie am stärksten sägezahnförmig verzerrt.
Stellt man y als Funktion von x in verschiedenen Zeitpunkten während einer Periode dar, so ergeben sich nur für $\varphi=0$ und $\varphi=\pi$ Kennlinien im herkömmlichen Sinn. Dabei ist die Kennlinie für $\varphi=0$ die statische Kennlinie des Systems; sie ist konkav, die Kennlinie für $\varphi=\pi$ ist konvex. Für andere Werte von φ erhalten wir *Hysterese-Kurven*, die je nach Phasenwinkel φ unterschiedlich stark geöffnet sind. Auch die Umlaufrichtung hängt von φ ab.
Wird die Phasenverschiebung durch einen Tiefpaß verursacht, so treten mit zunehmender Frequenz ω ähnliche Veränderungen der Ausgangsgröße $y(t)$ auf, wie in Abb. 59a. Sie sind allerdings weniger ausgeprägt, da mit zunehmendem ω (und φ) gleichzeitig auch der Modulationsgrad m im Nenner von (21.2) abnimmt. Da die in Abb. 59a gezeigten charakteristischen Veränderungen des Mittelwertes, der Modulationstiefe und der Symmetrieeigenschaften der Ausgangsfunktion auch durch Serienschaltung von linearen Filtern mit — statischen — Kennlinien entstehen können, kann die Unterscheidung zwischen den beiden Typen von Systemen allein aufgrund der Eingangs-Ausgangs-Beziehungen zuweilen schwierig sein.
Die Entstehung der Rezeptorpotentiale wird ebenfalls auf reizabhängige Veränderungen der Parameter der Sinneszellmembran zurückgeführt. Es wird angenommen, daß die Membran in erster Näherung durch ein Netzwerk mit konzentrierten Parametern dargestellt werden kann, in dem zwei Spannungsquellen E_1 und E_2 mit den Innenwiderständen R_1 und R_2 parallel geschaltet sind, wie in Abb. 2b. Der Widerstand R in dieser Abbildung ist kein Bestandteil des Ersatzschaltbildes der Membran; in einer Versuchsanordnung zur Messung des Rezeptorpotentials entspricht er dem Eingangswiderstand eines Meßinstruments und ist in der Regel wesentlich größer als R_1 und R_2, so daß der Strom durch diesen Zweig des Netzwerkes als vernachlässigbar gering angesehen werden kann. Das Gleichungssystem des Netzwerkes wurde bereits in Kap. 1 aufgestellt. Wird der Knotenpunkt b zum Bezugspunkt gewählt und der Strom i_2 als vernachlässigbar gering angesehen, so erhält man für die Spannung $U_{ba}=U$ die Beziehung

$$U=\frac{R_2 E_1 + R_1 E_2}{R_1 + R_2} \tag{21.3}$$

oder, wenn anstelle der Widerstände R_1 und R_2 die Leitfähigkeiten $g_1=1/R_1$ und $g_2=1/R_2$ in (21.3) eingesetzt werden,

$$U = \frac{g_1 E_1 + g_2 E_2}{g_1 + g_2}. \quad (21.4)$$

Da zum Bezugspunkt in der Regel das Außenmedium gewählt wird, beschreiben (21.3) und (21.4) die im Zellinneren relativ zum Außenmedium meßbare Spannung U. Aufgrund von zahlreichen experimentellen Untersuchungen kann über die elektromotorischen Kräfte und Leitfähigkeiten folgendes angenommen werden:

a) Die eine Spannungsquelle entspricht einer Natrium-Konzentrations-Batterie. Ihre elektromotorische Kraft, z. B. E_1, ist auf das Außenmedium bezogen positiv.

b) Die zweite Spannungsquelle entspricht einer Kalium-Konzentrations-Batterie. Ihre elektromotorische Kraft, E_2, ist relativ zum Außenmedium negativ. Es ist $|E_2| > |E_1|$.

c) Die Leitfähigkeiten g_1 und g_2 werden durch die — selektive — Permeabilität der Zellmembran für Na^+- und K^+-Ionen bestimmt. (Die Leitfähigkeiten sind den Permeabilitäten nicht notwendigerweise proportional, vgl. z. B. [16], S. 63.) Im ungereizten Zustand ist in der Regel $g_2 > g_1$. In jedem Fall ist $|g_2 E_2| > |g_1 E_1|$, und somit ist das Ruhepotential $U(0) < 0$, da $E_2 < 0$ ist.

d) Die Veränderung der Membranspannung, das sog. *Rezeptorpotential* entsteht dadurch, daß der Reiz in einem, meist noch weitgehend unbekanntem Prozeß *(transducer-mechanism)* die eine oder andere Leitfähigkeit, möglicherweise beide Leitfähigkeiten verändert.

Je nach dem, welche der beiden Leitfähigkeiten und in welcher Richtung verändert wird, kann das Rezeptorpotential zu einer Verringerung (Depolarisation) oder zu einer Vergrößerung (Hyperpolarisation) der Membranspannung führen. Ein *depolarisierendes Rezeptorpotential* kann durch Erhöhung von g_2 oder Erniedrigung von g_1, ein *hyperpolarisierendes Rezeptorpotential* durch Verminderung von g_2 oder Erhöhung von g_1 entstehen. Die Verhältnisse sind in den Abbildungen 60a, b und 61 veranschaulicht. Die stark ausgezogenen Kurven in Abb. 60 stellen die normierten statischen Kennlinien U/E_1 der Rezeptormembran als Funktion der Verhältnisse g_1/g_2 bzw. g_2/g_1 dar. Die gestrichelt gezeichneten Linien zeigen an, welche Potentialveränderungen erfolgen, wenn das Verhältnis der Leitfähigkeit vom Ruhewert (Punkt auf der Kennlinie) ausgehend in die eine oder andere Richtung verändert wird. Die zweite Zeile in Abb. 61 zeigt entsprechende stark schematisierte Antworten auf einen breiten Puls. Sie veranschaulichen nur die Richtung der Potentialänderung; ihre Höhe und ihr Verhalten in der Übergangsphase wurden nicht berücksichtigt.

In sinnesphysiologischen Untersuchungen strebt man oft die Entscheidung an, welche der vier Möglichkeiten im gegebenen Fall verwirklicht ist. Durch Messung des Rezeptorpotentials allein ist dies jedoch, wie die

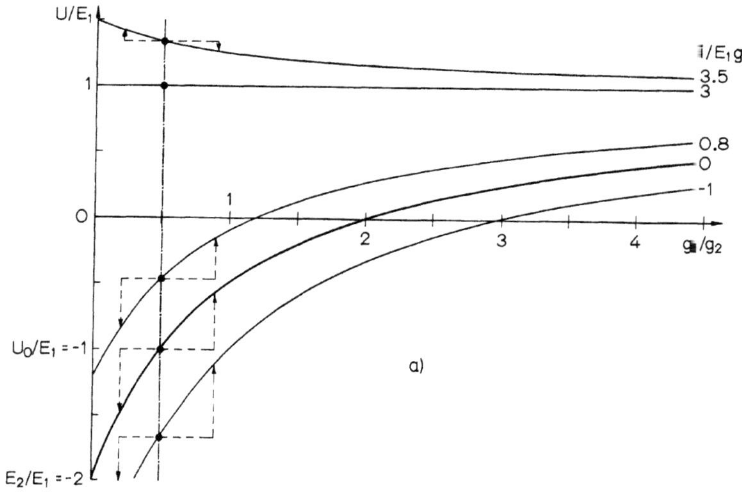

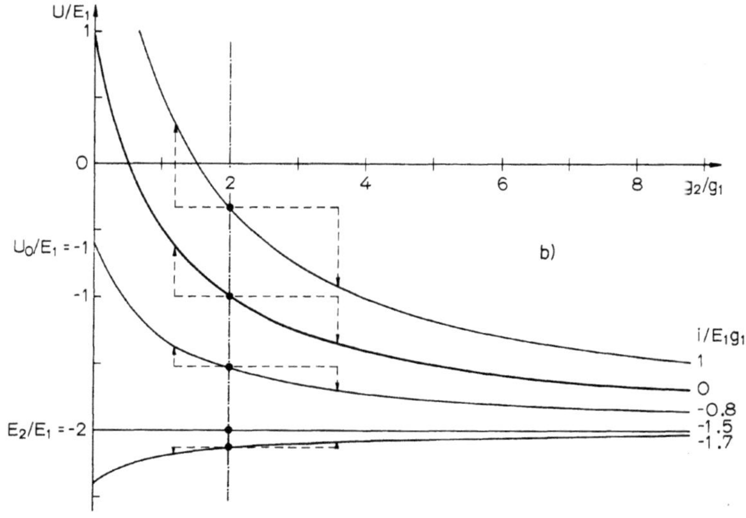

Abb. 60a und b. Die Veränderung des Membranpotentials einer Sinneszelle als Funktion des Verhältnisses der Leitfähigkeiten g_1 und g_2

Bilder in Abb. 61, zweite Zeile, zeigen, nicht möglich. Vielmehr müßte zusätzlich auch die Veränderung der Membranleitfähigkeit während der Reizung gemessen werden. Neben diesem Verfahren, das oft durchaus

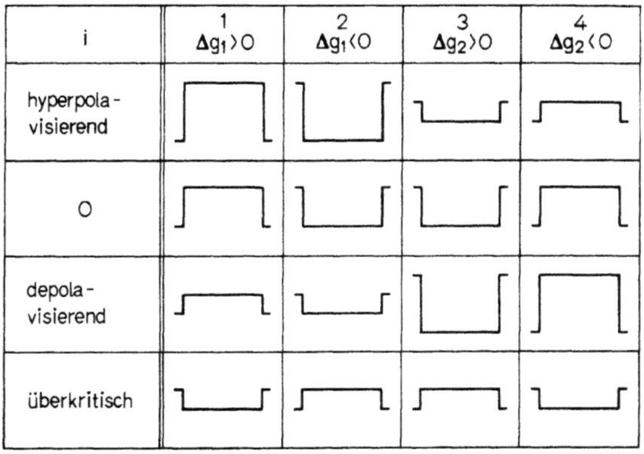

Abb. 61. Mögliche Veränderungen des Membranpotentials einer Sinneszelle bei Erregung durch einen breiten Puls in „current-clamp" Experimenten. (Schematisch, nach |49|)

anwendbar ist, werden häufig sogenannte *current clamp*-Versuche mit dem gleichen Ziel durchgeführt. In diesen Versuchen fließt während der Reizung ein konstanter Strom durch die Membran, entsprechend dem Schaltbild in Abb. 2c. Die Gleichung dieses Netzwerkes wurde in Kap. 1 ebenfalls aufgestellt. Berechnet man daraus wie zuvor $U_{ba} = U$, so ergibt sich in Analogie zu (21.4)

$$U = \frac{g_1 E_1 + g_2 E_2 + i}{g_1 + g_2} . \tag{21.5}$$

Der Strom i verändert in charakteristischer Weise die statischen Kennlinien der Membran (dünn gezeichnete Linien in Abb. 60). Von besonderer Bedeutung ist, daß sich die Membranspannung bei einem kritischen Wert des Stromes i durch Reizung mit adäquaten Reizen nicht ändert. Verändert der adäquate Reiz die Leitfähigkeit g_1, so erhält man diesen kritischen Wert i_{1c} des Stromes i aus (21.5) und der Bedingung

$$\frac{dU}{dg_1} = 0 .$$

Es ist

$$i_{1c} = g_2(E_1 - E_2) . \tag{21.6}$$

i_{1c} aus (21.6) in (21.5) substituiert ergibt

$$U(i_{1c}) = E_1 . \tag{21.7}$$

Beim kritischen Wert $U(i_{1c})$ ist die Membranspannung unabhängig von g_1 und damit auch vom Reiz.
Wird durch den Reiz die Leitfähigkeit g_2 verändert, so erhält man aus (21.5) und der Bedingung $dU/dg_2=0$ in Analogie $i_{2c}=g_1(E_2-E_1)$ und

$$U(i_{2c})=E_2\,. \tag{21.8}$$

Beim kritischen Wert des Stromes ist hier die Membranspannung unabhängig von g_2 und damit auch vom Reiz.
Die zu erwartenden Veränderungen des Rezeptorpotentials bei Stromstärken unterhalb und überhalb der kritischen Werte lassen sich anhand der Abbildungen 60a, b feststellen: Die senkrechten, mit Pfeilen versehenen gestrichelten Linien geben dort Höhe und Richtung der entstehenden Potentialveränderung an, wenn die Leitfähigkeit vom Ruhewert ausgehend (senkrechte punktgestrichelte Linie) um einen festen Betrag erhöht oder erniedrigt wird. Hängt die Leitfähigkeitsveränderung nur vom Reiz und nicht von der gewählten Stromstärke ab, so nimmt das Rezeptorpotential bei einem Stufenreiz konstanter Höhe mit der Stromstärke zu oder ab. Wird der kritische Wert des Stromes überschritten, so ändert sich die Richtung der Potentialänderung. Die Verhältnisse sind — ebenfalls schematisiert — in Abb. 61 veranschaulicht. Da sich die Spalten in Abb. 61 zumindest in einem charakteristischen Merkmal unterscheiden, kann man anhand entsprechender Versuche vier mögliche Rezeptortypen identifizieren. Zudem läßt sich aus (21.7) bzw. (21.8) auch eine der elektromotorischen Kräfte als die vom Reiz unbeeinflußbare Membranspannung beim kritischen Wert des Stromes angeben. Von den 4 möglichen Rezeptortypen wurden die ersten drei allein im Bereich der Photorezeptoren bereits nachgewiesen [49].
Wir haben bisher unter anderem stets vorausgesetzt, daß die eine Leitfähigkeit allein durch den adäquaten Reiz beeinflußt wird. Es ist jedoch nicht auszuschließen, daß die eine oder andere Leitfähigkeit auch von der jeweiligen Membranspannung abhängt. Solche möglichen spannungsabhängigen Leitfähigkeitsveränderungen werden mit Hilfe des *voltage-clamp*-Verfahrens untersucht. Hierzu wird in Abb. 2c die Stromquelle durch eine Spannungsquelle mit fest einstellbarer elektromotorischer Kraft E ersetzt und der durch die Membran fließende Strom i gemessen (s. Einschaltbild in Abb. 62). Durch die Membran wird der Strom

$$i=i_1+i_2=g_1(E-E_1)+g_2(E-E_2) \tag{21.9}$$

fließen, sofern die Leitfähigkeiten von der aufgezwungenen Membranspannung E nicht abhängen. In Abb. 62 stellen die dünnen ausgezogenen Linien die beiden Stromkomponenten $i_1=g_1(E-E_1)$ bzw. $i_2=g_2(E-E_2)$ als Funktion von E mit g_1 bzw. g_2 als Parameter dar. Sind die beiden

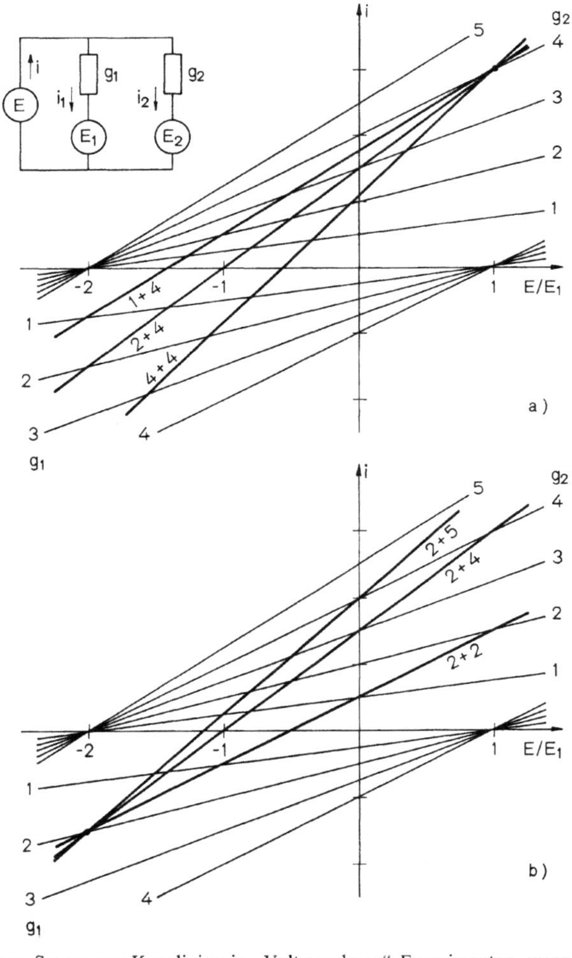

Abb. 62a und b. Strom-Spannungs-Kennlinien in „Voltage-clamp" Experimenten, wenn die Leitfähigkeiten g_1 und g_2 nur durch den Reiz verändert werden.

Leitfähigkeiten im ungereizten Zustand $g_1 = 2$ und $g_2 = 4$, so ergibt sich die resultierende Strom-Spannungs-Kennlinie als die Summe der beiden entsprechenden Teilströme (stark ausgezogene, mit 2+4 bezeichnete Linie). Wird durch einen gleichzeitig dargebotenen Reiz die Leitfähigkeit g_1 z. B. auf 4 erhöht oder auf 1 erniedrigt, so erhält man die stark ausgezeichneten Kennlinien 1+4 bzw. 4+4 (Abb. 62a). Durch schritt-

weise Veränderung der Reizstärke erhält man eine Schar von Kennlinien, die sich beim Abszissenwert $E/E_1 = 1$ schneiden. Wird durch den Reiz g_2 verändert, z. B. auf 5 erhöht oder auf 2 erniedrigt, so entstehen im gereizten Zustand die mit $2+5$ bzw. $2+2$ bezeichneten stark ausgezogenen Kennlinien (Abb. 62b). Eine schrittweise Variation der Reizstärke führt auch hier zu einer Schar von Kennlinien, die sich beim Abszissenwert $E/E_1 = E_2/E_1 = -2$ schneiden.
Sind die gemessenen statischen Strom-Spannungs-Kennlinien keine Geraden, so kann man auf eine Spannungsabhängigkeit der einen oder der anderen Leitfähigkeit schließen. Aus der Abhängigkeit der Kennlinien von der Reizstärke kann man zudem auch den Typ des Rezeptors und den Wert der einen elektromotorischen Kraft bestimmen. Voltage-clamp-Versuche ließen eine geringfügige Abhängigkeit der einen oder der anderen Leitfähigkeit bei verschiedenen Sinneszellen erkennen, siehe z. B. [50, 51].
Der Zeitverlauf der bisher untersuchten Rezeptorpotentiale z. B. auf Stufen- oder Impulsreize weist darauf hin, daß die Veränderungen der Leitfähigkeit den Veränderungen der Reizstärke keinesfalls unmittelbar folgt. Wegen der großen Variabilität können diesbezüglich keine allgemeingültigen Regeln aufgestellt oder auch nur eine Klassifizierung der Zeitverläufe vorgenommen werden. Es wurde jedoch mehrfach beobachtet, siehe z. B. [51, 52], daß bei schwachen Stufenreizen das Rezeptorpotential monoton ansteigt, bei stärkeren Stufenreizen dagegen ein Maximum durchläuft, ähnlich den Kurven in Abb. 58 d, oder vor Erreichen des stationären Wertes sogar oszilliert. Ferner können Unterschiede im Zeitverlauf beim Erhöhen bzw. Erniedrigen der Reizstärke auftreten. Die Gründe für derartige Zeitverläufe können im Prinzip sehr vielfältig sein und müssen von Fall zu Fall durch geeignet gewählte Experimente gefunden werden. Will man verschiedene prinzipielle Möglichkeiten finden, so zieht man die in Abb. 63 gezeigte Kurvenschar heran. Dort ist die Membranspannung als Funktion der einen Leitfähigkeit g_1, für verschiedene Werte der anderen Leitfähigkeit g_2, aufgetragen (dünn gezeichnete Kurven). Das Rezeptorpotential auf einem positiven und einem nachfolgenden negativen Stufenreiz gleicher Stärke durchläuft in diesem Diagramm je nach Annahme über die Leitfähigkeitsveränderung unterschiedliche Bahnen, die qualitative Aussagen über dessen Zeitverlauf gestatten. Einige solcher Bahnen sind im Diagramm eingezeichnet. Durch Punkte sind der Ruhezustand der Membran, durch stark ausgezogene Linien die positive Stufenantwort, durch ein Kreuz der stationäre Endwert und durch gestrichelt gezeichnete Linien die negative Stufenantwort angegeben. Der Ruhezustand wurde wegen der besseren Übersichtlichkeit nicht an der gleichen Stelle im Diagramm angenommen. Für die einzelnen Bahnen wurden folgende Annahmen gemacht:
1. Nur g_1 wird durch den Reiz verändert und zwar ohne Überschwingen,

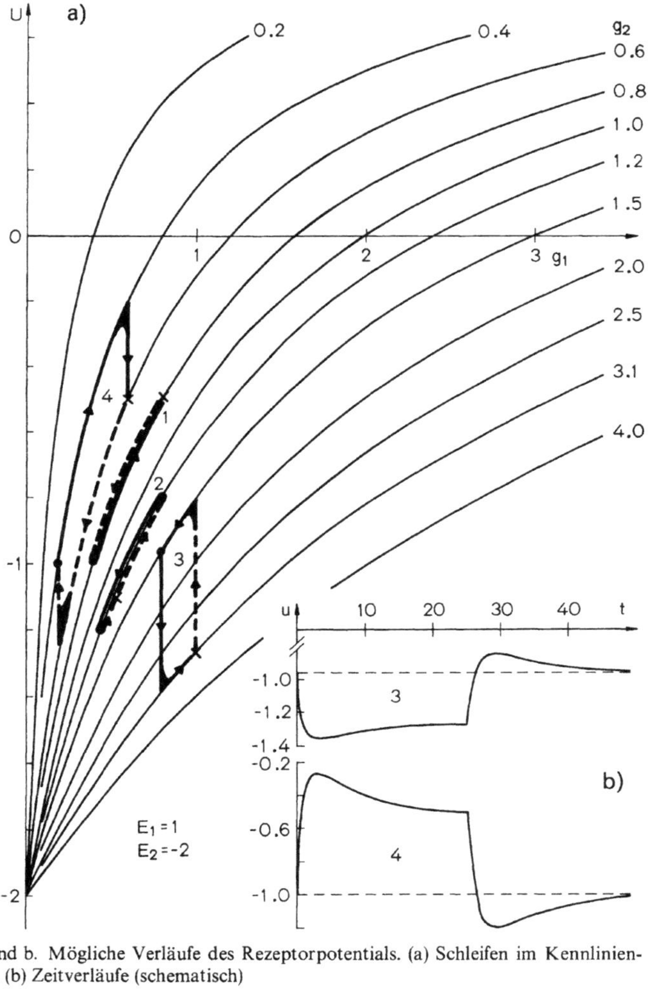

Abb. 63a und b. Mögliche Verläufe des Rezeptorpotentials. (a) Schleifen im Kennlinien-Diagramm. (b) Zeitverläufe (schematisch)

jedoch mit Verzögerung erhöht. Das Rezeptorpotential ist depolarisierend und zeigt je nach Art der Verzögerung einen Verlauf, der der Stufenantwort eines Tiefpasses ähnelt. 2. Die positive Stufe vermindert g_1 mit Überschwingen. Nach der negativen Stufe kehrt g_1 ohne Unterschwingen zum Ruhewert zurück. Das hyperpolarisierende Rezeptorpotential zeigt den entsprechenden Zeitverlauf. Das Zeitverhalten der Leitfähigkeitsveränderung kann auf die Übertragungseigenschaften eines linearen Filters nicht zurückgeführt werden. 3. Die positive Stufe erhöht zunächst g_2, danach mit etwas stärkerer Verzögerung g_1. Nach der negativen Stufe spielt sich der Vorgang umgekehrt ab. Das hyperpolarisierende Rezeptorpotential zeigt Überschwingen nach der positiven, Unterschwingen nach der negativen Stufe. 4. Die positive Stufe erhöht zunächst g und anschließend mit stärkerer Verzögerung g_2. Nach der negativen Stufe spielt sich der umgekehrte Vorgang ab. Das depolarisierende Rezeptorpotential zeigt Überschwingen nach der positiven, Unterschwingen nach der negativen Stufe.

Nimmt man, wie in den letzten beiden Fällen an, daß der Reiz in unterschiedlichen dynamischen Prozessen beide Leitfähigkeiten unmittelbar oder über die Membranspannung verändert, so lassen sich weitere mögliche Fälle konstruieren. Somit kann man in einer ersten groben Näherung feststellen, welche Leitfähigkeitsveränderungen ein gemessenes Rezeptorpotential qualitativ beschreiben. Es ist selbstverständlich, daß die tatsächlichen Bahnen in Abb. 63, die eine geschlossene Schleife durchlaufen, keine scharfen Ecken und Spitzen besitzen, wenn die reizbedingte Veränderung der Leitfähigkeiten entsprechend der Stufenantwort von linearen Filtern unterschiedlicher Ordnung und/oder mit unterschiedlichen Zeitkonstanten erfolgt.

Will man die Zeitverläufe theoretisch möglicher Potentialveränderungen mit gemessenen Rezeptorpotentialen vergleichen, so muß man hinsichtlich der Dynamik der Leitfähigkeitsveränderung konkrete Annahmen machen. Folgende Beispiele veranschaulichen das Verfahren anhand der Bahnen 3 und 4. Wir nehmen an, daß die Leitfähigkeiten durch den Reiz von den Ruhewerten g_{10} und g_{20} ausgehend in linearen Prozessen additiv verändert werden, wobei die jeweils schnellere Veränderung in einem Prozeß erster, die langsamere Veränderung in einem Prozeß zweiter Ordnung erfolgt. Für die Membranspannung gilt dann nach (21.4) die Beziehung

$$U = \frac{[g_{01} + g_1(x,t)]\, E_1 + [g_{02} + g_2(x,t)]\, E_2}{g_{01} + g_1(x,t) + g_{02} + g_2(x,t)}, \tag{21.10}$$

wobei $g_1(x,t)$ und $g_2(x,t)$ die Lösungen der — linearen — Differentialgleichungen

$$(\tau_1 D + 1)^2 g_1 = ax \tag{21.11}$$

$$(\tau_2 D + 1) g_2 = bx \tag{21.12}$$

für die Bahn 3, und

$$(\tau_1 D + 1) g_1 = ax \tag{21.13}$$

$$(\tau_2 D + 1)^2 g_2 = bx \tag{21.14}$$

für die Bahn 4 sind. Die aus diesen Gleichungen mit geeignet gewählten Konstanten τ_1, τ_2, a und b berechneten Potentialveränderungen auf einem positiven und einem darauf folgenden negativen Stufenreiz gleicher Höhe sind im Einschaltbild der Abb. 63 gezeigt. Sie weisen das aufgrund der Bahnen 3 und 4 erwartete Über- bzw. Unterschwingen auf.

22. Nicht lineare Differentialgleichungen: Analyse in der Phasenebene

Die in Kap. 19—21 behandelten Systeme ließen sich sämtlich mit Hilfe linearer Differentialgleichungen und nicht linearer algebraischer Gleichungen beschreiben. Bei der Behandlung biologischer Probleme treten oft Differentialgleichungen auf, die Produkte oder höhere Potenzen von Variablen, von deren Ableitungen oder deren Funktionen enthalten und somit nicht linear sind. Eines der bekanntesten Beispiele ist die *Volterra-Gleichung des Räuber-Beute-Problems* [53]. Sie basiert auf folgenden Annahmen: Den Beutetieren steht Nahrung unbegrenzt zur Verfügung und die Population wächst ohne Räuber exponentiell an. Letzteres bedeutet, daß die zeitliche Veränderung Dy der Population der jeweiligen Populationsgröße y proportional ist. Vermindert wird die Population durch die Räuber. Da die Räuber um so häufiger ein Beutetier erlegen, je mehr Beutetiere y und je mehr Räuber z vorhanden sind, verringert sich Dy um einen Betrag, der dem Produkt yz proportional ist:

$$Dy = ky - ayz\,. \tag{22.1}$$

Andererseits würden die Räuber ohne Beutetiere exponentiell aussterben: Die Veränderung Dz wäre $-z$ proportional. Die Aussterberate wird jedoch um einen Betrag vermindert, der dem Produkt yz, d. h. ebenfalls der Häufigkeit des Aufeinandertreffens von Beute und Räuber proportional ist:

$$Dz = -hz + kyz\,. \tag{22.2}$$

Die Beziehungen (22.1) und (22.2) sind ein *System nicht linearer Differentialgleichungen*, da in ihnen das Produkt yz vorkommt.
Das zweite Beispiel stammt aus dem Bereich der Physik und ist unter der Bezeichnung *Van der Pol-Gleichung* bekannt. In der Biologie wurde sie zur Beschreibung *tagesperiodischer Aktivitätsschwankungen* herangezogen [54]. Die — homogene — Gleichung lautet:

$$D^2y + \varepsilon(y^2 - 1)Dy + \omega^2 y = 0\,. \tag{22.3}$$

Sie unterscheidet sich von der linearen Differentialgleichung (13.51) nur im Faktor (y^2-1) vor der ersten Ableitung Dy. Die Rolle dieses Faktors wird später noch eingehend besprochen. Hier stellen wir nur fest, daß die Gleichung wegen dieses Faktors nicht linear ist.

Zur Lösung nicht linearer Gleichungen steht kein der Laplace-Methode gleichwertiges Verfahren zur Verfügung. Sie lassen sich jedoch in der *Phasenebene* mit relativ geringem Aufwand analysieren, sofern sie nicht höher als zweiter Ordnung sind. Die Methode läßt sich gleichwohl zur Behandlung linearer *und* nicht linearer Gleichungen heranziehen. Hier wird die Methode zunächst mit Hilfe linearer Gleichungen, deren Lösung wir bereits kennen, eingeführt und dann auf nicht lineare Gleichungen angewandt.

Als Gleichung erster Ordnung ziehen wir wieder die — homogene — Gleichung des Tiefpasses,

$$\tau Dy + y = 0 \tag{22.4}$$

heran. Die Gleichung (22.4) besagt, daß die Steigung Dy der Lösungskurve in jedem Zeitpunkt

$$Dy = -\frac{1}{\tau} y \,, \tag{22.5}$$

d. h. $-y$ proportional ist. Trägt man in einer Anzahl von Punkten in der (y, t)-Ebene die Tangenten der dort verlaufenden möglichen Lösungskurven als kurze gerade Striche mit der Neigung $-y/\tau$ ein, so entsteht ein *Richtungsfeld*. Diejenigen Linien, die Punkte gleicher Steigung c verbinden, heißen *Isoklinen*. Für sie gilt im vorliegenden Fall

$$Dy = c = -\frac{1}{\tau} y \,, \qquad \text{d. h.}$$

$$y = -\tau c \,. \tag{22.6}$$

Die Isoklinen sind Geraden, die parallel der Zeitachse verlaufen (Abb. 64a). Die Lösungskurve erhält man näherungsweise, wenn man vom Anfangswert $y(0)$ entlang einer Geraden mit der dort gültigen Steigung bis zur nächsten Isokline weitergeht, und den Vorgang mit der neuen Steigung wiederholt (vgl. den Polygonenzug 1 in Abb. 64a). Die Richtung der Bewegung des *Phasenpunktes* ergibt sich hier aus der Bedingung

$$\Delta t > 0 \,.$$

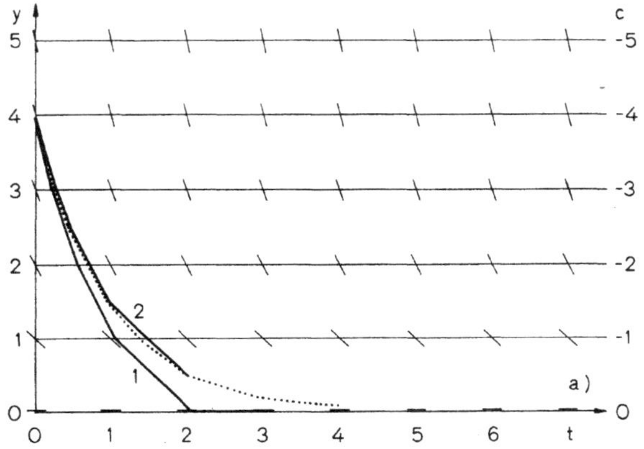

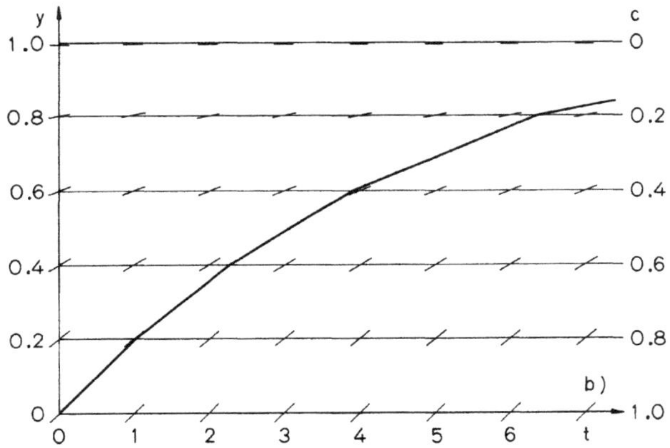

Abb. 64a und b. Richtungsfeld, Isoklinen und graphische Approximation der Lösung einer linearen Differentialgleichung 1. Ordnung mit konstanten Koeffizienten. (a) Homogene Gleichung. (b) Stufenantwort

Die Näherung ist um so besser, je dichter die Isoklinen liegen. Zum Vergleich wurde in Abb. 64a die theoretische Lösungskurve durch die punktierte Linie dargestellt.

Die nicht homogene Gleichung läßt sich ebenfalls in der gleichen Weise behandeln. Aus $\tau Dy + y = x$ ist $Dy = (1/\tau)[x - y]$, oder für $Dy = c$ $(1/\tau)[x - y] = c$, woraus

$$y = x - \frac{1}{\tau} c \tag{22.7}$$

als Isoklinengleichung folgt. Sofern die Erregung eine Stufe, z. B. die Einheitsstufe ist, sind die Isoklinen auch hier achsenparallele Geraden. In Abb. 64b ist das Richtungsfeld und die Näherung der Lösungskurve gezeigt.

Aufgabe: Berechne die Isoklinengleichungen für die Rampenfunktion $x = t$, zeichne das Richtungsfeld und die Näherung der Lösungskurven für $y(0) = 0$ und $y(0) = 2$.

Oft erzielt man eine bessere Näherung der Lösungskurve, wenn man nicht von einer Isokline entlang einer Geraden mit der dort gültigen Steigung bis zur nächsten Isokline weitergeht, sondern von dem halben Abstand vor bis zum halben Abstand nach einer Isokline. Ein Beispiel zeigt hierfür der Polygonzug 2 in Abb. 64a.
Da für Gleichungen erster Ordnung ganz allgemein

$$Dy = f(t, x, Dx, y) \tag{22.8}$$

gilt, unabhängig davon, ob sie linear oder nicht linear sind, erhält man durch Auflösen von

$$c = f(t, x, Dx, y) \tag{22.9}$$

nach y die Isoklinengleichungen für verschiedene Werte von c. Als ein Beispiel für die Behandlung nicht linearer Differentialgleichungen erster Ordnung diene die Gleichung

$$y(Dy) + y = x \qquad \text{mit} \tag{22.10}$$

$$x = t \tag{22.11}$$

als Erregung. Aus (22.10) ist mit (22.11)

$$Dy = \frac{t}{y} - 1 = c \tag{22.12}$$

und nach Auflösen von (22.12) nach y

$$y = \frac{t}{c+1}\,. \tag{22.13}$$

Die Isoklinen (22.13) sind Geraden mit der Steigung $1/(c+1)$. Sie sind in Abb. 65 gezeigt. Unter ihnen gibt es einige, die durch besondere Eigenschaften ausgezeichnet sind. Die Isokline $c = 0$, die hier die Winkelhalbierende der y- und der t-Achsen ist, heißt *Nullkline*. Es gibt zwei

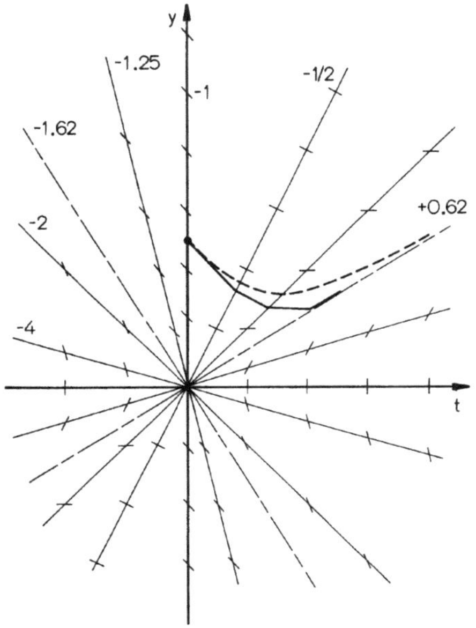

Abb. 65. Richtungsfeld, Isoklinen und graphische Approximation der Lösung einer nicht linearen Differentialgleichung 1. Ordnung

Isoklinen, welche die gleiche Steigung besitzen wie die Lösungskurve. Den entsprechenden Wert von c errechnet man aus der Bedingung

$$c = \frac{1}{c+1} \tag{22.14}$$

zu $c_1 = -(1-\sqrt{5})/2 = +0{,}618$ bzw. $c_2 = -(1+\sqrt{5})/2 = -1{,}618$. Diese Isoklinen sind *Asymptoten* der Lösungskurve. Die Koordinatenachsen selbst sind ebenfalls Isoklinen. Da die Gleichung der t-Achse $y=0$ ist, ist die Tangente der Lösungskurven entlang der Zeitachse $c=\infty$. Die Gleichung der y-Achse ist $t=0$. Aus (22.13) ist

$$t = y(c+1)\,. \tag{22.15}$$

Ist $y \neq 0$, so kann in (22.15) nur dann $t=0$ sein, wenn für die Tangente c der Lösungskurven entlang der y-Achse $c=-1$ gilt.
Da sämtliche Isoklinen durch den Nullpunkt des Koordinatensystems laufen, kann dort c einen beliebigen Wert haben. Der Nullpunkt ist deshalb ein *singulärer Punkt*. Die Eigenschaften singulärer Punkte werden im Zusammenhang mit Gleichungen zweiter Ordnung näher erörtert.

Die Näherung einer Lösungskurve bei einem positiven Anfangswert $y(0)$ ist in Abb. 65 ebenfalls gezeigt. Der tatsächliche Verlauf der Lösung dürfte der gestrichelt gezeichneten Kurve entsprechen.

Aufgabe: Berechne die Isoklinen der nicht linearen Differentialgleichung $\tau_1(yDx + xDy) + xy(1-y) = 0$ für die Eingangsfunktion $x(t) = a\exp(t/\tau_2)$. Wähle zunächst $\tau_1 = \tau_2$ und $a = 1$. Zeichne das Richtungsfeld und die Näherung für einige Lösungskurven mit Anfangswerten $2 > y(0) > 0$. Anmerkung: Die Lösung der Gleichung ist bei dieser exponentiell anwachsenden Eingangsfunktion — nach einer kurzen Übergangsperiode — eine Konstante. Die Gleichung geht auf ein Modell für die Licht-Wachstumsreaktion des Pilzes Phycomyces zurück [55] und wird aus dem Gleichungssystem

$$y = x/z\,, \qquad \tau_1 Dz + z = x$$

durch Eliminierung von z gewonnen.

Wie die Gleichung (22.8) erkennen läßt, gibt eine Gleichung erster Ordnung die Steigung Dy der Lösungskurve als Funktion von t, x, Dx und y an. Dagegen stellt eine Gleichung zweiter Ordnung die Abhängigkeit der *Wölbung* D^2y von den obigen Variablen sowie von D^2x und Dy dar. Für die homogene lineare Gleichung

$$D^2y + \alpha_1 Dy + \alpha_0 y = 0 \qquad \text{ist} \tag{22.16}$$

$$D^2y = -\alpha_1 Dy - \alpha_0 y\,, \tag{22.17}$$

im allgemeinen homogenen Fall

$$D^2y = f(t, y, Dy)\,. \tag{22.18}$$

Die Beziehung (22.18) schließt auch alle homogenen nicht linearen Gleichungen ein.

Wir betrachten auch hier zunächst die lineare Gleichung (22.16) und verwenden fortan für den Differential-Operator D das herkömmliche Symbol d/dt. Die erste Ableitung von y wird zudem durch ein eigenes Symbol

$$\frac{dy}{dt} = v \tag{22.19}$$

bezeichnet, dadurch erhält (22.17) die Form

$$\frac{dv}{dt} = -(\alpha_1 v + \alpha_0 y)\,. \tag{22.20}$$

Stellen wir uns die Differentialquotienten dv/dt und dy/dt als Differenzenquotienten vor, so ist einerseits

$$\frac{dv/dt}{dy/dt}=\frac{dv}{dy}, \tag{22.21}$$

und aus (22.19) sowie (22.20)

$$\frac{dv/dt}{dy/dt}=-\frac{1}{v}(\alpha_1 v+\alpha_0 y) \tag{22.22}$$

andererseits. Aus (22.21) und (22.22) folgt schließlich

$$\frac{dv}{dy}=-\frac{1}{v}(\alpha_1 v+\alpha_0 y)=f(v,y). \tag{22.23}$$

Die Gleichung (22.23) stellt die Steigung von v als Funktion von v und y dar. Sie ist formal mit (22.8) identisch, wenn dort v für y, y für t und 0 für x und Dx eingesetzt wird. Wir haben durch Eliminierung der Zeit aus der Differentialgleichung zweiter Ordnung die Gleichung erster Ordnung in (22.23) gewonnen, für welche die Isoklinen durch Auflösung von

$$c=-\frac{1}{v}(\alpha_1 v+\alpha_0 y) \tag{22.24}$$

nach v ermittelt werden können. Dadurch können wir in der (v,y)-Ebene ein Richtungsfeld konstruieren und nach der im Zusammenhang mit Gleichungen erster Ordnung besprochenen Methode eine Näherungskurve für $v=dy/dt$ als Funktion von y gewinnen. Obwohl diese Kurven y nicht als Funktion der Zeit darstellen, können wir mit ihrer Hilfe wichtige Aussagen über die Lösung der Gleichung machen.
Aus (22.24) erhalten wir

$$v=-\frac{\alpha_0}{\alpha_1+c}y \tag{22.25}$$

als Isoklinengleichung. Nach (22.25) sind sämtliche Isoklinen Geraden mit der Steigung $-\alpha_0/(\alpha_1+c)$. Die Richtungsfelder hängen entscheidend davon ab, wie groß die Konstanten α_1 und α_2 sind. Sie bestimmen die Wurzeln des Nennerpolynoms in der Übertragungsfunktion und damit auch die Lösung der Gleichung (vgl. Kap. 13). Wir unterscheiden zunächst diejenigen Fälle, in denen die Wurzeln negative Realteile haben und folglich die Lösungen der Gleichung stabil sind, konstruieren aber

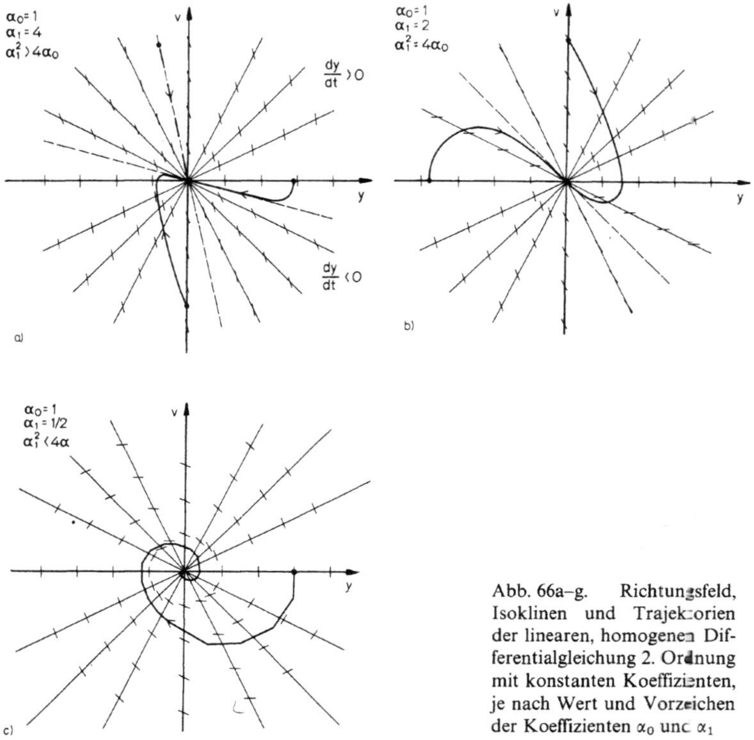

Abb. 66a–g. Richtungsfeld, Isoklinen und Trajektorien der linearen, homogenen Differentialgleichung 2. Ordnung mit konstanten Koeffizienten, je nach Wert und Vorzeichen der Koeffizienten α_0 und α_1

dann auch die Richtungsfelder für Wurzeln, die zu instabilen Lösungen führen. Bei der Erstellung der Richtungsfelder gehen wir nach dem Schema vor, das im Zusammenhang mit den nicht linearen Gleichungen erster Ordnung eingeführt wurde: Für einige willkürlich gewählte Werte von c werden die Isoklinengleichungen, für mögliche ausgezeichnete Geraden (Koordinatenachsen, Asymptoten) wird der entsprechende Wert von c berechnet. Die Prozedur wird nur im ersten Fall detailliert durchgeführt, in allen folgenden Fällen nur stichwortartig dargestellt. Die Richtungsfelder mit Isoklinen und einigen *Trajektorien*, die die Bewegung des *Phasenpunktes* in der *Phasenebene* darstellen, sind für einige Paare der Anfangswerte $y(0)$ und $v(0)=(dy/dt)_{t=0}$ (Punkte) in den Abbildungen 66a—g gezeigt.

a) $0<\alpha_0=1$; $0<\alpha_1=4$; $\alpha_1^2>\alpha_0$ (Abb. 66a).

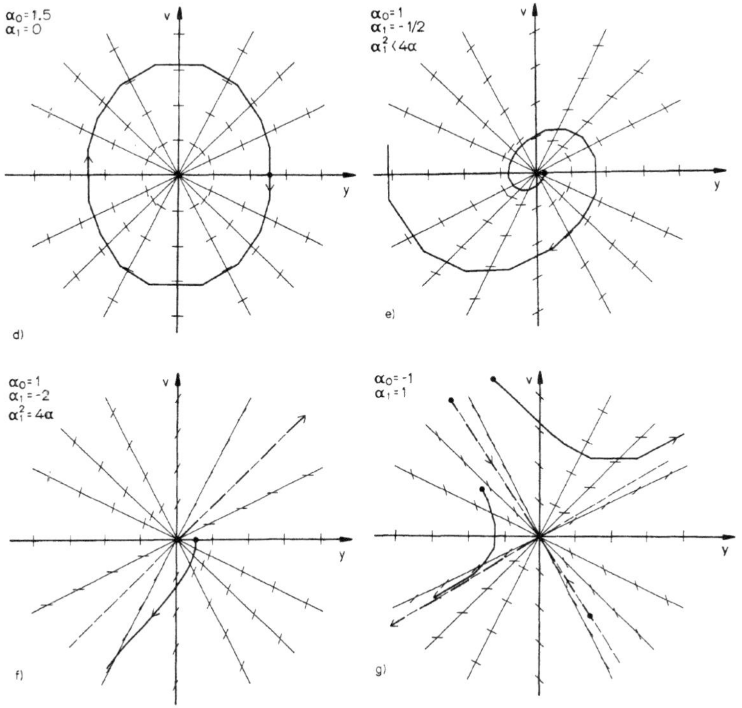

Es ist

$$v = -\frac{1}{4+c}y; \qquad [y = -(4+c)v]. \tag{22.26}$$

Die Nullkline hat die Gleichung

$$v_{c=0} = -y/4.$$

Für die vertikale Achse gilt $y=0$. Diese Bedingung wird nach (22.26) (inverse Gleichung in eckigen Klammern) für beliebige Werte von v durch $c=-4$ erfüllt. Für die horizontale Achse ist $v=0$, d. h. $c=\infty$. Asymptoten existieren dann, wenn die Gleichung

$$c = -\frac{1}{4+c} \tag{22.27}$$

reelle Lösungen hat. Die Lösungen von (22.27), $c_1=-2+\sqrt{3}$, $c_2=-2-\sqrt{3}$, sind reell und verschieden. Somit gibt es zwei Asymptoten.

Dem Richtungsfeld ist zunächst nur die Steigung einer Geraden zu entnehmen, entlang welcher der Phasenpunkt von einer Isokline zur anderen fortzuführen ist, nicht jedoch die Richtung der Bewegung des Phasenpunktes. Letztere ist dadurch festgelegt, daß oberhalb der y-Achse

$$v=\frac{dy}{dt}>0\,, \tag{22.28}$$

unterhalb der y-Achse

$$v=\frac{dy}{dt}<0 \tag{22.29}$$

ist. Demnach muß sich der Phasenpunkt in der oberen Halbebene zu größeren y-Werten hin, in der unteren Halbebene zu kleineren y-Werten hin bewegen.

Die Trajektorien führen in Abb. 66a entlang einer Asymptote stets zum Nullpunkt hin. Da diese hier eingezeichneten Trajektorien die v-Achse nicht kreuzen, ändert sich das Vorzeichen von y nicht. Die Lösungskurven $y(t)$ nähern sich demnach ebenfalls asymptotisch dem Wert $y=0$. Die Ableitung dy/dt kann dabei — je nach $v(0)$ — das Vorzeichen ändern, so daß $y(t)$ ein Extremum haben kann.

Aufgabe: Liegt der Startpunkt in bestimmten Bereichen der Phasenebene, so hat auch die Lösungskurve $y(t)$ einen Nulldurchgang. Bestimme die Bereiche von $Dy(0)$ und $y(0)$, die zu einer solchen Lösung führen.

Der Nullpunkt des Koordinatensystems ist ein singulärer Punkt, und zwar ein — *global asymptotisch stabiler Knotenpunkt.*

b) $0<\alpha_0=1$; $0<\alpha_1=2$; $\alpha_1^2=4\alpha_0$ (Abb. 66b).

Isoklinengleichung: $v=-\dfrac{1}{2+c}\,y$; $\quad [y=-(2+c)v]$

Nullkline: $\quad v_{c=0}=-y/2$

v-Achse ($y=0$): $c=-2$; y-Achse ($v=0$): $c=\infty$

Asymptote: Die Gleichung

$$c=-\frac{1}{2+c}$$

hat die zweifache reelle Lösung $c=-1$. Daher gibt es nur eine Asymptote. Der — singuläre — Nullpunkt ist ebenfalls ein stabiler Knotenpunkt. Die Trajektorien und die Lösungen $y(t)$ der Gleichung entsprechen qualitativ denen im vorherigen Fall. Die Lösungen sind hier *kritisch gedämpft*, im vorherigen Fall *überkritisch gedämpft*.

c) $0<\alpha_0=1;\ 0<\alpha_1=1/2;\ \alpha_1^2<4\alpha_0$ (Abb. 66c).

Isoklinengleichung: $v=-\dfrac{2}{1+2c}y;\quad \left[y=-\dfrac{1+2c}{2}v\right]$

Nullkline: $v_{c=0}=-2y$

v-Achse $(y=0)$: $c=-1/2$; y-Achse $(v=0)$: $c=\infty$

Asymptoten: Die Gleichung

$$c=-\frac{2}{1+2c}$$

hat keine reellen Lösungen.

Der Phasenpunkt nähert sich entlang einer Spirale dem Nullpunkt. Die Trajektorie überschneidet in wechselnder Folge die positive und die negative v-Achse. Die Lösungskurven sind gedämpfte Schwingungen. Der — singuläre — Nullpunkt ist ein — *global asymptotisch stabiler Strudelpunkt*.

d) $0<\alpha_0=1{,}5;\ \alpha_1=0$ (Abb. 66d).

Isoklinengleichung: $v=-\dfrac{y}{c};\quad [y=-cv]$.

Die Nullkline ist (aus $y=-cv$) $y=0$, d. h. die v-Achse.

Für die y-Achse $(v=0)$ ist $c=\infty$. Da die Gleichung $c=-1/c$ keine reellen Lösungen hat, gibt es keine Asymptoten.

Der Phasenpunkt bewegt sich auf einer Ellipse, die durch den Punkt $[v(0), y(0)]$ führt. Die Lösungen sind deshalb ungedämpfte Schwingungen. Der singuläre Nullpunkt heißt *Wirbelpunkt* oder *Zentrum*. Er ist stabil, aber nicht asymptotisch stabil.

Im Zusammenhang mit dem Wirbelpunkt sei darauf hingewiesen, daß im hier praktizierten graphischen Verfahren wegen seiner Ungenauigkeit in der Regel nicht sicher festgestellt werden kann, ob die Trajektorie wieder zum Anfangspunkt $[v(0), y(0)]$ zurückführt. Auch hier war diese Aussage nur in Kenntnis der Lösung $y(t)=A\sin\omega t$ möglich.

e) $0<\alpha_0=1;\ 0>\alpha_1=-1/2;\ \alpha_1^2<4\alpha_0$ (Abb. 66e).

Isoklinengleichung: $v=\dfrac{2}{1-2c}y;\quad \left[y=\dfrac{1-2c}{2}v\right]$

Nullkline: $v_{c=0}=2y$

v-Achse $(y=0)$: $c=1/2$; y-Achse $(v=0)$: $c=\infty$

Asymptoten: Die Gleichung

$$c=\frac{2}{1-2c}$$

hat keine reellen Lösungen.
Der Phasenpunkt wird entlang einer Spirale ins Unendliche geführt. Die Lösung $y(t)$ ist eine angefachte Schwingung, das System ist instabil, da $\alpha_1=-1/2$ z. B. für ein mechanisches System eine *negative Reibung* bedeutet. Der singuläre Nullpunkt ist ein *instabiler Strudelpunkt*, der physikalisch einem instabilen Gleichgewicht entspricht. Der Phasenpunkt kann in ihm zwar für kurze Zeit verweilen. Wird er durch eine kleine Störung von dort hinausgetragen, so wird er sich entlang einer Spirale immer mehr entfernen.

f) $0<\alpha_0=1;\ 0>\alpha_1=-2;\ \alpha_1^2=4\alpha_0$ (Abb. 66f).

Isoklinengleichung: $v=\frac{1}{c-2}y;\qquad [y=(2-c)v]$

Nullkline: $\qquad v_{c=0}=y/2$

v-Achse $(y=0)$: $c=2$; y-Achse $(v=0)$: $c=\infty$
Asymptoten: Die Gleichung $c=1/(2-c)$ hat die Lösung $c=1$. Es gibt eine Asymptote.
Der Phasenpunkt entfernt sich ins Unendliche. Die Lösung $y(t)$ wird — unperiodisch — angefacht. Der singuläre Nullpunkt ist ein *instabiler Knotenpunkt*. Befindet sich der Phasenpunkt im Nullpunkt, so verläßt er ihn nach einer Störung entlang der Asymptote.

g) $0>\alpha_0=-1;\ 0<\alpha_1=1$ (Abb. 66g).

Isoklinengleichung: $v=\frac{1}{1+c}y;\qquad [y=(1+c)v]$

Nullkline: $\qquad v_{c=0}=y$

v-Achse $(y=0)$: $c=-1$; y-Achse $(v=0)$: $c=\infty$
Asymptoten: Die Lösungen der Gleichung $c=1/(1+c)$ sind $c_1=-1/2+\sqrt{5/4}$, $c_2=-1/2-\sqrt{5/4}$. Es gibt zwei Asymptoten.
Der Phasenpunkt entfernt sich entlang einer Bahn ins Unendliche, die in der Nähe des Nullpunktes einen Sattel bildet. Die Asymptote mit der negativen Steigung führt den Phasenpunkt in den Nullpunkt; er entfernt sich von dort entlang der Asymptote mit der positiven Neigung. Der singuläre Nullpunkt heißt *Sattelpunkt*.

Aufgabe: Im letzten Beispiel war $\alpha_1>0$ und $\alpha_0<0$. Zeige durch Berechnung der Wurzeln des Nennerpolynoms, daß das System unabhängig vom Vorzeichen und Betrag des Koeffizienten α_1 stets instabil ist wenn

$\alpha_0 < 0$ ist. Überprüfe auch die unter a—g gemachten Aussagen zur Lösung der Gleichung in (22.16) mit Hilfe der Wurzeln des Nennerpolynoms der Übertragungsfunktion.

Zusammenfassend stellen wir fest, daß wesentliche qualitative Eigenschaften der Lösungen der homogenen Gleichung (22.16) aufgrund der Richtungsfelder ermittelt werden konnten, so z. B., ob sie stabil oder instabil sind, periodisch oder aperiodisch verlaufen. Darüber hinaus können wir auch angeben, wie groß die Maxima und Minima einer periodischen Lösung sind: Hierzu brauchen wir nur die Schnittpunkte der senkrechten Tangenten der Trajektorien mit der y-Achse zu ermitteln. In den behandelten Fällen sind sie mit den Schnittpunkten der Trajektorien selbst und der y-Achse identisch, da für die y-Achse stets $c=\infty$ gilt. Desgleichen geben die Schnittpunkte der horizontalen Tangenten mit der v-Achse die Maxima der Ableitung $v=dy/dt$ an. Sie sind den Schnittpunkten der Trajektorien mit der v-Achse nicht immer gleich, da für die v-Achse $c=0$ nur in speziellen Fällen gilt (vgl. z. B. Abb. 66c und e einerseits sowie 66d andererseits).
An dieser Stelle erhebt sich die Frage, ob sich diese bequeme Methode auch zur Analyse der inhomogenen Gleichung

$$D^2y+\alpha_1 Dy+\alpha_0 y=x \tag{22.30}$$

eignet, ähnlich wie im Falle einer Gleichung erster Ordnung. Die Antwort hängt entscheidend von den Eigenschaften der Eingangsfunktion $x(t)$ ab. Ist $x(t)$ eine Stufe der Höhe a, so gilt für $t>0$ in Analogie zu (22.23)

$$\frac{dv}{dy}=-\frac{1}{v}(\alpha_1 v+\alpha_0 y-a), \tag{22.31}$$

bzw. in Analogie zu (22.24)

$$c=-\frac{1}{v}(\alpha_1 v+\alpha_0 y-a). \tag{22.32}$$

Aus (22.32) erhalten wir dann die Isoklinengleichung

$$v=\frac{a-\alpha_0 y}{\alpha_1+c}. \tag{22.33}$$

Die Isoklinen sind auch hier Geraden mit der Steigung $-\alpha_0/(\alpha_1+c)$. Sie gehen jedoch nicht durch den Nullpunkt, sondern schneiden die y-Achse bei $y=a/\alpha_0$, da für diesen Wert von y aus (22.33) $v=0$ folgt.

Dies bedeutet, daß das Richtungsfeld sonst unverändert entlang der y-Achse zu $y=a/\alpha_0$ verschoben wird. Der singuläre Punkt liegt jetzt bei $v=0$, $y=a/\alpha_0$. Sämtliche Aussagen, die wir für die Lösung der homogenen Gleichung gewonnen haben, gelten unverändert, jedoch auf den neuen singulären Punkt bezogen.
Ist dagegen die Eingangsfunktion die Rampe $x=at$, so lautet die Isoklinengleichung

$$v=\frac{at-\alpha_0 y}{\alpha_1+c}. \qquad (22.34)$$

Auch hier gilt für jeden festen Zeitpunkt $t=t_i$, daß der singuläre Punkt entlang der y-Achse vom Nullpunkt zu $v=0$, $y=at_i/\alpha_0$ verschoben wird. Wir müßten demnach für jeden Zeitpunkt ein neues Richtungsfeld mit dem singulären Punkt $v=0$, $y=at/\alpha_0$ erstellen. Die dadurch auftretende Schwierigkeit ist offensichtlich: Anstelle der zweidimensionalen Richtungsfelder in Abb. 66 würden wir dreidimensionale Richtungsfelder mit der Zeit als dritte Koordinatenachse erhalten. Die Konstruktion einer Trajektorie in einem solchen Richtungsfeld wäre zwar im Prinzip möglich, aber wegen des Aufwandes kaum lohnend.
Mit dieser Feststellung wurden die Grenzen der Anwendbarkeit der Methode auch bei Gleichungen zweiter Ordnung aufgezeigt. Auch im Falle nicht linearer Gleichungen zweiter Ordnung wird man sich im wesentlichen auf die Analyse homogener Gleichungen beschränken müssen.
Die van der Polsche-Gleichung (22.3) läßt sich genau nach dem Muster der linearen Gleichung zweiter Ordnung behandeln. Unter Heranziehung der Beziehungen (22.19), (22.21) und (22.22) erhalten wir der Reihe nach

$$\frac{dv}{dt}=-\omega^2 y-\varepsilon(y^2-1)v, \qquad \frac{dv}{dy}=-\frac{1}{v}\left[\omega^2 y+\varepsilon(y^2-1)v\right]=c$$

woraus als Isoklinengleichung

$$v=-\frac{\omega^2 y}{\varepsilon(y^2-1)+c} \qquad (22.35)$$

folgt. Die Isoklinen sind hier Kurven zweiten Grades, die nur für spezielle Werte von c zu Geraden degenerieren. Die degenerierten Isoklinen sind die Koordinatenachsen: Für die y-Achse erhalten wir mit $v=0$ unmittelbar aus (22.35) $c=\infty$. Um die Steigung c für die v-Achse errechnen zu können, schreiben wir (22.35) in der homogenen Form:

$$v\varepsilon y^2+v(c-\varepsilon)+\omega^2 y=0, \qquad (22.36)$$

woraus mit $y=0$

$$v(c-\varepsilon)=0\,,$$

d. h. $c=\varepsilon$ folgt. Der Verlauf der restlichen Isoklinen hängt davon ab, ob der Nenner in (22.35) reelle Nullstellen besitzt. Aus

$$\varepsilon(y^2-1)+c=0$$

erhalten wir für die Wurzeln des Nenners

$$y_{1,2}=\pm\sqrt{1-\frac{c}{\varepsilon}}\,.$$

Die Wurzeln sind reell, wenn

$$\frac{c}{\varepsilon}\leq 1 \qquad \text{d. h.} \qquad c\leq\varepsilon$$

ist. Die Isoklinen sind in diesem Fall dreigeteilte Kurven, die bei $y=\pm\sqrt{1-(c/\varepsilon)}$ zu $\pm\infty$ streben (vgl. die Isokline $c=-1/2$ in Abb. 67). Die Isoklinen für $c>\varepsilon$ sind Kurven, die bei $y=-\sqrt{c/\varepsilon-1}$ Maxima, bei $y=\sqrt{c/\varepsilon-1}$ Minima besitzen (vgl. die Isokline $c=1$ in Abb. 67).
In Abb. 67 ist das Richtungsfeld für $\varepsilon=1/2$ und $\omega^2=1$ mit den beiden genannten Isoklinen sowie mit zwei Trajektorien gezeigt, die von zwei verschiedenen Anfangswerten $y(0)$ bei $v(0)=0$ ausgehen. Die Trajektorien verlaufen auch hier wie Spiralen, führen aber nicht zum Nullpunkt, sondern streben unabhängig von den Anfangswerten eine gemeinsame geschlossene Bahn an, die als *stabiler Grenzzyklus (limit cycle)* bezeichnet wird. Die Lösung $y(t)$ ist demnach eine nicht harmonische Schwingung, da der Grenzzyklus keine Ellipse ist.
Um die Lösung physikalisch zu veranschaulichen, vergleichen wir (22.3) mit (22.16). Ist in (22.3) $\varepsilon=0$, und in (22.16) $\alpha_1=0$, so sind beide Gleichungen identisch. Die Lösung von (22.16) mit $\alpha_1=0$ ist eine harmonische Schwingung (vgl. auch Abb. 66d). Will man (22.16) mit $\alpha_1=0$ physikalisch realisieren, um einen Generator für harmonische Schwingungen zu erhalten, so treten in der Regel technische Schwierigkeiten auf, weil $\alpha_1=0$ nicht genau realisiert werden kann. Weicht jedoch α_1 auch nur geringfügig von Null ab, so erhalten wir gedämpfte ($\alpha_1>0$, vgl. Abb. 66c) oder angefachte ($\alpha_1<0$, vgl. Abb. 66e) Schwingungen. Um die Amplitude der Schwingungen zu stabilisieren, führt man den Faktor (y^2-1), im allgemeinen (y^2-a^2) ein. Wird nun die Amplitude der Schwingung infolge einer Störung kleiner als a, so wird der Faktor $\varepsilon(y^2-a^2)<0$, und die Schwingung wieder angefacht. Wird die Amplitude

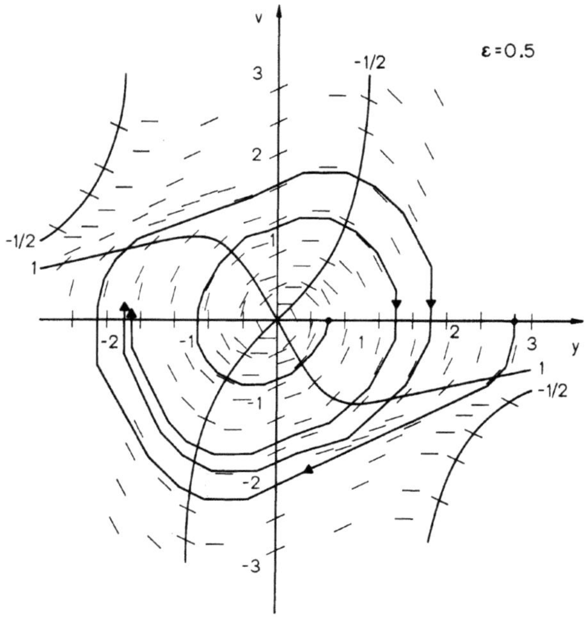

Abb. 67. Richtungsfeld, Isoklinen und Trajektorien der Van der Pol-Gleichung

größer als a, so wird $\varepsilon(y^2-a^2)>0$, und die Schwingung gedämpft. Das System wird somit bei $y^2=a^2$, d.h. $\varepsilon(y^2-a^2)=0$ stabilisiert. Freilich wird die Schwingung durch diese Nichtlinearität bezogen auf eine harmonische Schwingung etwas verzerrt. Der Klirrfaktor ist um so geringer, je kleiner ε ist.

In (22.1) und (22.2) liegt ein System von zwei nicht linearen Gleichungen vor. Wir könnten nach der in Kap. 1 oft praktizierten Methode die eine Unbekannte eliminieren und die resultierende Gleichung zweiter Ordnung wie die van der Polsche Gleichung behandeln. Es ist jedoch zweckmäßiger, das System der Gleichungen beizubehalten und die Zeit wie folgt zu eliminieren: Denken wir uns die Differentialquotienten dy/dt und dz/dt wieder als Differenzen-Quotienten, so ist einerseits

$$\frac{dz/dt}{dy/dt}=\frac{dz}{dy}, \tag{22.37}$$

und andererseits

$$\frac{dz/dt}{dy/dt}=\frac{-hz+byz}{ky-ayz}. \tag{22.38}$$

Aus (22.37) und (22.38) folgt

$$\frac{dz}{dy}=\frac{-hz+byz}{ky-ayz}, \tag{22.39}$$

eine Differentialgleichung, die nur z, y und die Ableitung von z nach y enthält. Durch Auflösen der Gleichung

$$\frac{-hz+bzy}{ky-ayz}=c \tag{22.40}$$

nach z können wir für die (y,z)-Ebene Isoklinen berechnen, das Richtungsfeld konstruieren und Trajektorien zeichnen. Die Isoklinen-Gleichungen errechnet man aus (22.40) zu

$$z=\frac{cky}{(b+ca)y-h}. \tag{22.41}$$

Da y und z die Anzahl der Beutetiere bzw. der Räuber bezeichnen, beschränken wir uns im weiteren auf positive Werte beider Variablen. Wir nehmen weiterhin an, die Populationen seien so groß, daß die Anzahl der Individuen durch kontinuierliche Variablen z, y dargestellt werden kann.
Als Nullkline $(c=0)$ erhalten wir aus (22.41) $z=0$, die Gleichung der y-Achse. Wird (22.41) auf die homogene Form

$$zy(b+ca)-zh-cky=0 \tag{22.42}$$

gebracht und $c=0$ gesetzt, so bleibt

$$zyb-zh=0,$$

woraus für einen beliebigen Wert von $z(z \neq 0)$

$$y=\frac{h}{b} \tag{22.43}$$

folgt. Die Gleichung (22.43) bedeutet, daß auch die senkrechte Gerade durch $y=h/b$ eine Nullkline ist. Strebt c zu ∞, so kann man in (22.41) im Nenner $by-h$ neben cay vernachlässigen und den gebrochenen Ausdruck cy kürzen. Es bleibt für $c=\infty$

$$z=\frac{k}{a}. \tag{22.44}$$

Aus (22.47) folgt, daß die Gerade durch $z=k/a$ eine Isokline mit $c=\infty$ ist. Berechnen wir aus (22.42) y, so erhalten wir

$$y=\frac{hz}{bz+c(az-k)},$$

und daraus für $c=\infty$

$$y=0, \tag{22.45}$$

die Gleichung der z-Achse. Daher ist auch die z-Achse eine Isokline mit $c=\infty$.
Der Verlauf der restlichen Isoklinen hängt vom Vorzeichen von c ab. Es ist leicht einzusehen, daß sämtliche Isoklinen durch den Nullpunkt laufen, da $y=0$ für beliebige endliche Werte von c in (22.41) $z=0$ liefert. Der Nullpunkt ist demnach ein singulärer Punkt.

Aufgabe: Substituiere $z=k/a$ und $y=h/b$ in (22.41) und zeige, daß dieses Wertepaar bei beliebigem c auf Identität führt. Aus der Lösung der Aufgabe folgt, daß auch der Punkt $(k/a, h/b)$ singulär ist.

In Abb. 68 ist das Richtungsfeld mit Isoklinen und einer Trajektorie gezeigt. Die Trajektorie wurde zeichnerisch konstruiert und führt nach einem Durchlauf am Startpunkt $[z(0), y(0)]$ vorbei. Es ist jedoch auch hier wie bei Abb. 66d wegen der Ungenauigkeit der Methode nicht mit

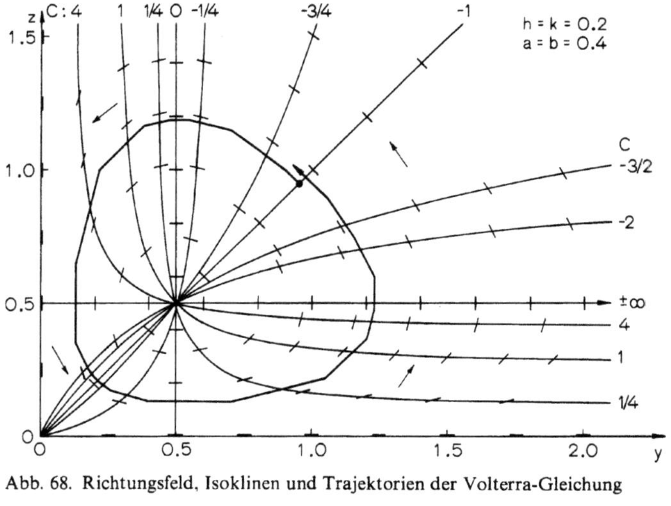

Abb. 68. Richtungsfeld, Isoklinen und Trajektorien der Volterra-Gleichung

Sicherheit zu entscheiden, ob die Trajektorie wieder zum Startpunkt zurückkehrt und fortan stets die gleiche Bahn beschreibt, zu einem Grenzzyklus, zum singulären Punkt oder ins Unendliche führt. Mit Sicherheit können wir jedoch feststellen, daß sowohl z als auch y periodische Funktionen der Zeit sind, die nicht gleichzeitig maximal oder minimal werden. Für die Populationen bedeutet dies, daß unter den gemachten Einschränkungen die Räuber sich periodisch zu Lasten der Beutetiere vermehren, worauf eine Abnahme ihrer Zahl und eine Vermehrung der Beutetiere folgt. Im übrigen läßt sich auch zeigen, daß die Amplitude der Oszillation beider Populationen konstant bleibt [17], wenn wir Störungen ausschließen. Weitere Folgerungen aus dem Modell und verschiedene Erweiterungen findet man z. B. in [2, 17].

Die Beispiele haben gezeigt, daß wir durch die Analyse nicht linearer Gleichungen in der Phasenebene wertvolle Erkenntnisse über deren Lösungen gewinnen können. Strebt man die genaue Lösung als Funktion der Zeit an, so muß man in der Regel auf numerische Methoden und/oder auf technische Hilfsmittel zurückgreifen. Die numerischen Verfahren werden in den Lehrbüchern der praktischen Mathematik z. B. in [18] eingehend behandelt; es stehen meistens auch fertige Computerprogramme zur Durchführung der meist recht umfangreichen Berechnungen zur Verfügung.

Die Analyse der Gleichungen in der Phasenebene trägt jedoch durch die Veranschaulichung der Verhältnisse zum Verständnis der Vorgänge erheblich bei, weshalb man hierauf nicht verzichten sollte.

Als ein sehr bequemes technisches Hilfsmittel, das auch hier zur Gewinnung zahlreicher Diagramme herangezogen wurde, bietet sich zur Lösung linearer und nicht linearer Differentialgleichungen der *Analogrechner* an. Die Behandlung der Theorie und Technik des Analogrechnens ist im Rahmen dieses Buches nicht möglich. Auch hierzu ist Literatur reichlich vorhanden [19, 20, 21].

Möchte man die Analyse in der Phasenebene auf Gleichungen dritter (und höherer) Ordnung erweitern, so treten die gleichen Schwierigkeiten auf, wie im Zusammenhang mit der inhomogenen Gleichung (22.30) bei einer rampenförmigen Eingangsfunktion: Die Analyse kann nicht mehr in der Phasenebene, sondern nur in einem drei- oder mehrdimensionalen Phasenraum durchgeführt werden. Diese Schwierigkeit läßt sich nur in Ausnahmefällen umgehen. Ein Beispiel hierfür folgt im nächsten Kapitel.

23. Die Hodgkin-Huxley-Gleichung der Nervenerregung

In Kap. 21 wurde die Entstehung des Rezeptorpotentials auf selektive reizabhängige Veränderungen der Membranpermeabilität für Kationen zurückgeführt. In der Membrangleichung (21.4) wird die Veränderung

der Permeabilität durch die ebenfalls reizabhängige Veränderung der Innenwiderstände R_1 und R_2 der Na- und K-Konzentrationsbatterien berücksichtigt (vgl. auch Abb. 2b bzw. 2c). Nach den Untersuchungen von Hodgkin und Huxley [56] ist die Entstehung des Nervenimpulses ebenfalls auf Veränderungen der Innenwiderstände dieser beiden Batterien zurückzuführen, die aber im Falle der Axonmembran von der Membranspannung selbst abhängen.
Das Ersatzschaltbild der Axonmembran (Abb. 69) ist gegenüber der Sinneszellmembran um eine weitere Konzentrationsbatterie, die Rest-

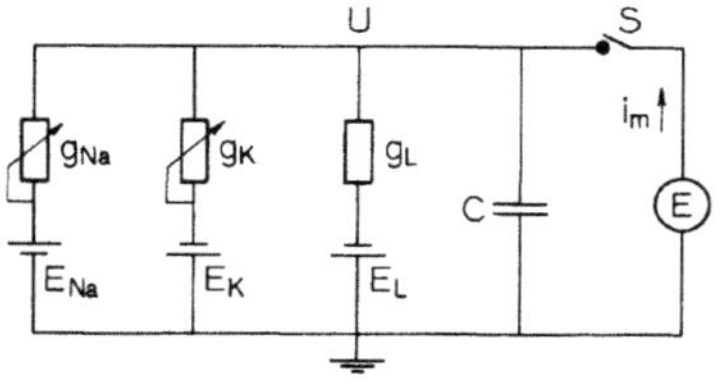

Abb. 69. Ersatzschaltbild der Membran des Riesenaxons des Tintenfisches. (Nach Hodgkin und Huxley)

ionenbatterie mit der elektromotorischen Kraft E_L sowie durch die Membrankapazität C zu ergänzen. Die dritte Batterie entsteht im wesentlichen durch Konzentrationsunterschiede der Cl^--Ionen zu beiden Seiten der Membran; der Innenwiderstand R_L ist von der Membranspannung U unabhängig.
Im Ruhezustand ist analog zu (21.4) die Membranspannung

$$U_r = \frac{g_{Na}(U_r, \infty)\, E_{Na} + g_K(U_r, \infty)\, E_K + g_L\, E_L}{g_{Na}(U_r, \infty) + g_K(U_r, \infty) + g_L}, \qquad (23.1)$$

$g_{Na}(U_r, \infty)$ und $g_K(U_r, \infty)$ sind die Ruhewerte der Na- und K-Leitfähigkeiten, d. h. in einem ausreichend späten Zeitpunkt ($t \to \infty$) nach einer Erregung und beim Ruhewert U_r der Membranspannung. Wird in einem „voltage-clamp"-Versuch (vgl. Kap. 21) der Membran die Spannung $U = E$ (Abb. 69) aufgeprägt, so fließt durch die Membran der Strom

$$i_m = C\frac{dU}{dt} + g_{Na}(U,t)\,[U - E_{Na}] + g_K(U,t)\,[U - E_K] + g_L[U - E_L]\,. \qquad (23.2)$$

Die Stromgleichung wird in Analogie zu (21.9) gewonnen. Die aufgeprägte Spannung $U = E$ kann konstant oder zeitabhängig sein.

Die Abhängigkeit der Leitfähigkeiten $g_{Na}(U,t)$ bzw. $g_K(U,t)$ von der jeweiligen Membranspannung U und der Zeit t wurde in „voltage-clamp"-Versuchen mit hyperpolarisierenden und depolarisierenden Klemm-Spannungen bestimmt, die jeweils vom Ruhewert ausgehend als eine Spannungsstufe der Membran aufgeprägt wurden. Es sind

$$g_{Na}(U,t) = \bar{g}_{Na} m^3(U,t) h(U,t), \tag{23.3}$$

$$g_K(U,t) = \bar{g}_K n^4(U,t), \tag{23.4}$$

wobei die — dimensionslosen — Funktionen m, h und n die Lösungen der Differentialgleichungen

$$\frac{1}{\alpha_m + \beta_m} \frac{dm}{dt} + m = \frac{\alpha_m}{\alpha_m + \beta_m}, \tag{23.5}$$

$$\frac{1}{\alpha_h + \beta_h} \frac{dh}{dt} + h = \frac{\alpha_h}{\alpha_h + \beta_h}, \tag{23.6}$$

$$\frac{1}{\alpha_n + \beta_n} \frac{dn}{dt} + n = \frac{\alpha_n}{\alpha_n + \beta_n}, \tag{23.7}$$

sind. In (23.5)—(23.7) hängen die Koeffizienten $\alpha_m \ldots \beta_n$ von der jeweiligen Membranspannung entsprechend nachfolgender, empirisch ermittelter Beziehungen ab:

$$\alpha_m = \frac{(U_r - U + 25)/10}{e^{(U_r - U + 25)/10} - 1}, \qquad \beta_m = 4\,e^{(U_r - U)/18},$$

$$\alpha_h = 0{,}07\,e^{(U_r - U)/20}, \qquad \beta_h = \frac{1}{e^{(U_r - U + 30)/10} + 1}, \tag{23.8}$$

$$\alpha_n = \frac{(U_r - U + 10)/100}{e^{(U_r - U + 10)/10} - 1}, \qquad \beta_n = 0{,}125\,e^{(U_r - U)/80}.$$

Die Einheit der Spannungen U_r und U ist mV; die in den Formeln (23.8) angegebenen Zahlenwerte gelten für die Membran des *Riesenaxons* des Cephalopoden *Loligo*.

Die Gleichungen (23.2), (23.5)—(23.7) bilden ein System aus 4 Differentialgleichungen, das wegen der Zusatzbedingungen (23.3), (23.4) und (23.8) nicht linear ist. Für einen festen Wert der Membranspannung U sind (23.5)—(23.7) identisch mit der Gleichung eines Tiefpasses erster Ordnung mit Zeitkonstanten

$$\tau_m = \frac{1}{\alpha_m + \beta_m}, \quad (23.9) \qquad \tau_h = \frac{1}{\alpha_h + \beta_h}, \quad (23.10)$$

$$\tau_n = \frac{1}{\alpha_n + \beta_n}. \quad (23.11)$$

Die Lösung dieses Gleichungssystems ergibt bei der bekannten und in einem „voltage-clamp"-Versuch vorgegebenen Spannung U den Strom durch die Membran. Depolarisiert man durch einen kurzen Strompuls die Membran entlang eines — isolierten — Stücks Nervenfaser, so wird nach dem Öffnen des Schalters S (Abb. 69) der Strom i_m zu Null. Von diesem Zeitpunkt an gilt anstelle von (23.2)

$$0 = C\frac{dU}{dt} + g_{\mathrm{Na}}(U,t)\,[U - E_{\mathrm{Na}}] + g_{\mathrm{K}}(U,t)\,[U - E_{\mathrm{K}}] + g_L[U - E_L]\,. \quad (23.12)$$

Die Lösung des jetzt homogenen Gleichungssystems beschreibt den weiteren Verlauf der Membranspannung U. Der Anfangswert $U(0)$ ist diejenige, von U_r abweichende Membranspannung, die im Zeitpunkt des Öffnens des Schalters S (Abb. 69) besteht und durch den vorangegangenen Strompuls bestimmt wurde. War der Strompuls stark genug, um die Membran überschwellig zu depolarisieren, so muß die Lösung den Zeitverlauf eines — nicht fortgeleiteten — Nervenimpulses beschreiben. Im folgenden werden wir durch Analyse des Gleichungssystems in der Phasenebene untersuchen, wie eine solche Lösung entsteht. Hierzu benötigt man jedoch einige weitere Angaben und Überlegungen.
Für das oben genannte Axon von *Loligo* wurden folgende bisher noch nicht angegebenen Werte der Parameter $\bar{g}_{\mathrm{Na}}$, $\bar{g}_{\mathrm{K}}$, g_L und C ermittelt: $\bar{g}_{\mathrm{Na}} = 120$ m mho, $\bar{g}_{\mathrm{K}} = 36$ m mho, $g_L = 0{,}3$ m mho und $C = 1\,\mu\mathrm{F}$ pro cm^2 Membranfläche. Da diese Größen auf die Flächeneinheit bezogen sind, stellt i_m nach Einsetzen dieser Werte in (23.2) den Strom durch 1 cm^2 der Membran, d. h. die Stromdichte dar. Die Abkürzung m mho bezeichnet den Reziprokwert von *Ohm*. Die Größen $\bar{g}_{\mathrm{Na}}$ und $\bar{g}_{\mathrm{K}}$ sind nicht die Ruhewerte $g_{\mathrm{Na}}(U_r, \infty)$ bzw. $g_{\mathrm{K}}(U_r, \infty)$. Letztere können folgendermaßen ermittelt werden: Da sich im Ruhezustand ($t \to \infty$) die Membranparameter nicht mehr ändern, sind die Ableitungen nach der Zeit in (23.5)—(23.7) Null. Daraus folgt:

$$m(U,\infty) = \frac{\alpha_m}{\alpha_m + \beta_m}, \quad (23.13) \qquad h(U,\infty) = \frac{\alpha_h}{\alpha_h + \beta_h}, \quad (23.14)$$

$$n(U,\infty) = \frac{\alpha_n}{\alpha_n + \beta_n}. \quad (23.15)$$

Setzt man in (23.13)—(23.15) die aus (23.8) errechneten Werte $\alpha_m(U_r) \ldots \beta_n(U_r)$ ein, so erhält man $m(U_r, \infty)$, $h(U_r, \infty)$ und $n(U_r, \infty)$, und nach Substitution dieser Werte in (23.3) und (23.4) $g_{Na}(U_r, \infty)$ sowie $g_K(U_r, \infty)$. Für das Loligo-Axon sind $m(U_r, \infty) = 0{,}053$; $h(U_r, \infty) = 0{,}6$; $n(U_r, \infty) = 0{,}32$; $g_{Na}(U_r, \infty) = 0{,}011$ m mho/cm^2; $g_K(U_r, \infty) = 0{,}37$ m mho/cm^2. Als typische Werte für die elektromotorische Kraft der Konzentrationsbatterien ergaben die Versuche $E_{Na} = +45$ mV; $E_K = -82$ mV und $E_L = -60$ mV. Bei der Berechnung der Kurven in den nachfolgenden Abbildungen wurden diese Zahlenwerte herangezogen. Aus (23.1) erhalten wir mit diesen Zahlenwerten für das Ruhepotential $U_r = -70{,}25$ mV.

Da das Gleichungssystem (23.5)—(23.7), (23.9) aus vier Gleichungen besteht, ist eine vollständige Analyse in der — zweidimensionalen — Phasenebene nicht möglich. Einem Verfahren nach Fitzhugh [57], der wertvolle und physiologisch relevante Aussagen über das Verhalten der Lösung des Gleichungssystems gestattet, liegt folgende Überlegung zugrunde: Die Zeitkonstante τ_m ist wesentlich kleiner als die Zeitkonstanten τ_h und τ_n. Aus (23.8) und (23.9)—(23.11) erhält man z. B. für $U = U_r$ $\tau_m : \tau_h : \tau_n = 1:36{,}0:23{,}4$, für $U = U_r + 8$ mV $\tau_m : \tau_h : \tau_n = 1:14{,}8:18{,}5$ und für $U = U_r + 20$ mV $\tau_m : \tau_h : \tau_n = 1:7{,}1:13{,}0$.

Nach einer Depolarisation der Membran wird sich zunächst nur m maßgeblich ändern, während näherungsweise $dh/dt \simeq 0$ und $dn/dt \simeq 0$, d. h. $h(U,t) \simeq h(U_r, \infty)$ und $n(U,t) \simeq n(U_r, \infty)$ gesetzt werden können. Die Ereignisse unmittelbar nach der Depolarisation werden daher durch (23.5) und (23.12) beschrieben. Dieses (U, m) reduzierte System kann aber nach der aus dem vorangehenden Kapitel bekannten Methode analysiert werden, da es nur durch zwei Gleichungen beschrieben wird.

Wird aus (23.12) dU/dt, aus (23.5) dm/dt berechnet und danach dU/dt durch dm/dt dividiert, so erhalten wir die Isoklinengleichung

$$\frac{dU}{dm} = \frac{\bar{g}_{Na} h(U_r, \infty) m^3 [U - E_{Na}] + \bar{g}_K n^4(U_r, \infty) [U - E_K] + g_L [U - E_L]}{(\alpha_m + \beta_m) m - \alpha_m} = c\,. \tag{23.16}$$

In (23.16) wurde die Membrankapazität C nicht mehr explizit angegeben; sie stellt nur einen konstanten Faktor dar, dessen numerischer Wert im vorliegenden Fall zudem 1 ist. Das — grob gerasterte — Richtungsfeld ist in Abb. 70a gezeigt. Abweichend vom bisherigen Verfahren ist dort die Steigung der Lösungskurven nicht entlang bestimmter Isoklinen, sondern für eine Anzahl der Wertepaare (U, m) eingezeichnet. Lediglich zwei spezielle Isoklinen, die von besonderer Bedeutung sind, wurden berechnet, und zwar die Nullkline $c = dU/dm = 0$ und diejenige Isokline, für welche $c = dU/dm = \infty$ ist. Die entsprechende Gleichung ist aus (23.16):

$$U_{c=0} = \frac{\bar{g}_{Na} h(U_r, \infty) m^3 E_{Na} + \bar{g}_K n^4(U_r, \infty) E_K + g_L E_L}{\bar{g}_{Na} h(U_r, \infty) m^3 + \bar{g}_K n^4(U_r, \infty) + g_L}. \tag{23.17}$$

Aus (23.16) ist dann $c = \infty$, wenn der Nenner Null, d. h.

$$m = \frac{\alpha_m}{\alpha_m + \beta_m} \tag{23.18}$$

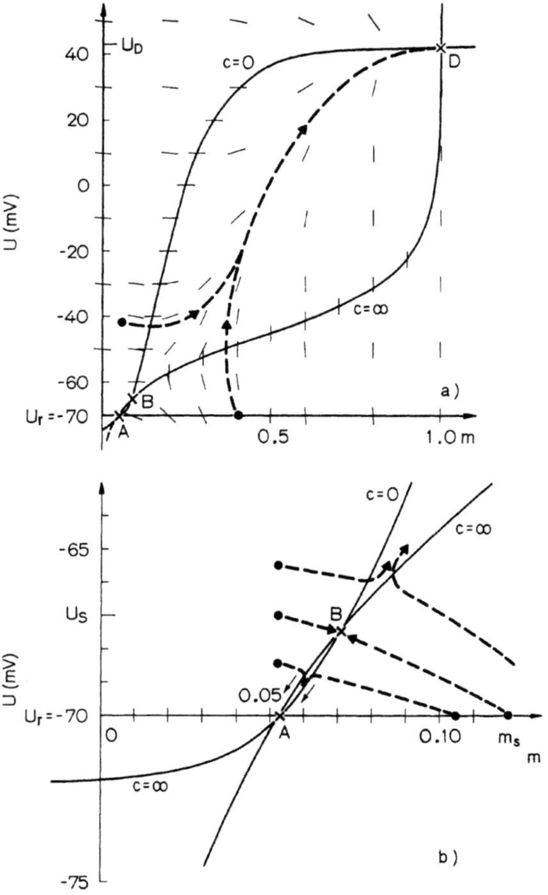

Abb. 70a und b. Richtungsfeld, spezielle Isoklinen und Trajektorien der U, m-reduzierten Hodgkin-Huxley-Gleichung. (a) Gesamter Variationsbereich. (b) Vergrößerter Ausschnitt. (In Anlehnung an [57])

ist. Setzt man α_m und β_m aus (23.8) in (23.18) ein, so erhält man nach Umformung

$$m_{c=\infty} = \frac{U_r - U + 25}{U_r - U + 25 + 40\,[\mathrm{e}^{(U_r - U + 25)/10} - 1]\,\mathrm{e}^{(U_r - U)/18}}\,. \qquad (23.19)$$

Die den Beziehungen (23.18) und (23.19) entsprechenden Isoklinen sind in Abb. 70a durch die ausgezogenen Kurven dargestellt. Die Nullkline (23.17) nähert sich mit zunehmendem m asymptotisch dem Wert $U = E_{\mathrm{Na}}$, die $c = \infty$ Isokline (23.19) mit zunehmendem U dem Wert $m = 1$. Die beiden Kurven schneiden sich in den durch Kreuze bezeichneten Punkten A, B und D. Wenn man weitere Isoklinen in das Diagramm einzeichnen würde, so würden sie alle durch diese drei Punkte verlaufen. Die Punkte A, B und D sind deshalb singulär. Um festzustellen, ob die singulären Punkte stabil oder instabil sind, müssen Trajektorien konstruiert werden. Einige Trajektorien sind in Abb. 70a bzw. Abb. 70b durch gestrichelte Linien dargestellt. Abb. 70b ist eine vergrößerte Darstellung eines Teilgebietes von Abb. 70a um die singulären Punkte A und B.

Aufgabe: Zeige anhand der Beziehungen (23.5) und (23.8), daß sich der Phasenpunkt in Abb. 70a, b entlang der Trajektorien in der durch Pfeile gekennzeichneten Richtung bewegt.

Sind die Anfangswerte U_0 und m_0 größer als die Schwellenwerte U_s bzw. m_s, so gelangt der Phasenpunkt entlang der entsprechenden Trajektorien in den singulären Punkt D. Sind die Anfangswerte kleiner als die Schwellenwerte, so führen die Trajektorien in den singulären Punkt A. Deshalb sind A und D stabile Knotenpunkte. Sind die Anfangswerte $U = U_s$ und $m = m_0$ oder $U = U_r$ und $m = m_s$, so führen die Trajektorien zunächst zum Knotenpunkt B. Nach der geringsten Störung gelangt der Phasenpunkt von dort entweder zu D oder A. Der singuläre Punkt B ist daher ein — instabiler — Sattelpunkt. Eine Trajektorie, die von U_s bzw. m_s zu B führt, heißt *Separatrix*.
Würde sich nur die Natriumleitfähigkeit g_{Na} als Folge der Depolarisation der Membran erhöhen, so hätte die Membranspannung zwei stabile Werte, nämlich den Ruhewert U_r und einen Wert in der Nähe der elektromotorischen Kraft E_{Na} der Natriumbatterie. Das System würde nach einer überschwelligen Depolarisation entsprechend dem „Alles-oder-Nichts-Gesetz" vom stabilen Zustand A in den stabilen Zustand in D übergehen. In Abb. 73a ist gezeigt, wie die Membranspannung als Funktion der Zeit nach überschwelliger und unterschwelliger Depolarisation der Membran zur Zeit $t = 0$ verläuft. Die Kurven wurden durch Simulierung des (U, m) reduzierten Gleichungssystems am Analogrechner gewonnen. Sie zeigen auch, daß der Phasenpunkt für kurze Zeit im Sattelpunkt B verweilen kann, wenn $U_0 \simeq U_s$ gewählt wird. Das aus-

geprägte Unterschwingen der Kurven bei überschwelliger Depolarisation ist hier, und auch in Abb. 73b dadurch bedingt, daß $m_0=0$ statt $m_0=0{,}053=m(U_r,\infty)$ gewählt wurde.
Um den Phasenpunkt von D wieder in A zu bewegen, müßte man beim (U, m) reduzierten System die Membranspannung wieder in die Nähe des Ruhewertes bringen und m stark reduzieren.
Unter natürlichen Bedingungen verändern sich sowohl h als auch n als Funktion der Membranspannung: Der Zahlenwert von h *(Natrium-inaktivierung)* wird mit zunehmender Depolarisation kleiner, der der Natriumleitfähigkeit größer. Da sich nach einer vorangehenden Depolarisation h schneller als n ändert (vgl. S. 247), untersuchen wir den Einfluß von h auf das Richtungsfeld bzw. auf die beiden Isoklinen $c=0$ und $c=\infty$. Wir stellen uns zunächst vor, daß h von Anfang an, d. h. bereits vor der Depolarisation einen Wert h^* besitzt, der kleiner als $h(U_r,\infty)$ ist. Die Folgen sind in Abb. 71 veranschaulicht: Nimmt das Verhältnis

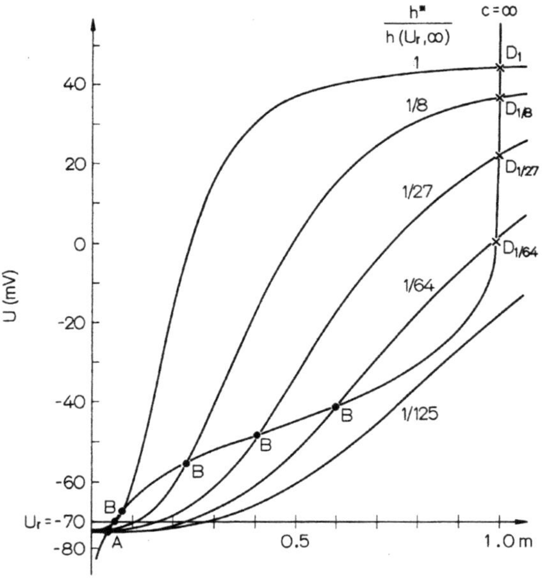

Abb. 71. Spezielle Isoklinen der U, m, h-reduzierten Hodgkin-Huxley-Gleichung. Parameter ist der Wert der Natrium-Inaktivierung h. (In Anlehnung an [57])

$h^*/h(U_r,\infty)$ ab, so verläuft die Nullkline zunehmend flacher und der singuläre Punkt D verschiebt sich zu kleineren, der singuläre Punkt B zu größeren U-Werten. Wird das Verhältnis $h^*/h(U_r,\infty)$ sehr klein, so schneiden sich die beiden Isoklinen $c=0$ und $c=\infty$ nur im Punkt A, der in Richtung einer geringfügigen Hyperpolarisation wandert. Wir können uns jetzt leicht vorstellen, wie sich der Phasenpunkt in der (U, m)-Ebene bewegt, wenn nach einer überschwelligen Depolarisation nur m zu-, anschließend mit etwas stärkerer Verzögerung h abnimmt $(U, m, h$ reduziertes System): Er gelangt zunächst zum Punkt D_1 und wandert dann zusammen mit D entlang der $c=\infty$ Isokline in Richtung niedrigerer Membranspannungen. Verschwinden schließlich die Schnittpunkte D und B, so gelangt er entlang einer Bahn zu A. Diese neue Lage entspricht einer geringfügigen Hyperpolarisation. Werden danach die Ruhewerte von m und h restituiert, so bewegt sich der Phasenpunkt zusammen mit A, bis die Ruhelage wieder erreicht wird. In den Abbildungen 72a—c sind Trajektorien des Phasenpunktes für verschiedene Werte des Verhältnisses $h^*/h(U_r, \infty)$ gezeigt, die aus verschiedenen Wertepaaren der Anfangswerte (U_0, m_0) ausgehen und entweder in den stabilen Punkt D (Abb. 72a, b) oder zurück zum stabilen Punkt A (Abb. 72c) führen. Die singulären Punkte B und D sollten nach Abb. 71 erst bei einem Wert von $h^*/h(U_r, \infty)$ zwischen 1/64 und 1/125 verschwinden. Beim Simulieren des Gleichungssystems geschieht dies wegen der mäßigen Genauigkeit des Analogrechners bereits bei dem Wert $h^*/h(U_r, \infty)=1/64$.

In Abb. 73b ist der Zeitverlauf der Membranspannung bei unterschiedlichen Anfangswerten $U(0)$ für das Verhältnis $h^*/h(U_r, \infty)=1/27$ gezeigt. Da der singuläre Punkt B zu höheren U-Werten verlagert wird, ist der Schwellenwert U_s größer als für das (U, m) reduzierte System. Der Ruhewert nach einer überschwelligen Depolarisation liegt wegen der neuen Lage des singulären Punktes D bei 10 mV.

Aufgrund dieser Überlegung folgert man, daß allein die verzögerte Abnahme von h ausreichen dürfte, um die Membranspannung nach einer überschwelligen Depolarisation und nachfolgendem Aktionspotential wieder bis zum Ruhewert zu reduzieren. Quantitative Untersuchungen [57] haben jedoch gezeigt, daß sich h unter natürlichen Bedingungen nicht ausreichend stark verringert. Im (U, m, h) reduzierten System verschwinden die singulären Punkte B und D nicht, wenn in die Gleichungen die gemessenen Membranparameter eingesetzt werden. Erst durch die ebenfalls verzögerte Zunahme der K-Leitfähigkeit $\bar{g}_K n^4$ wird die Membranspannung bis zum Ruhewert wieder erniedrigt. Danach restituieren sich allmählich die Ruhewerte von m, h und n: Die Nullkline wird wieder steiler (Abb. 71) und auch der singuläre Punkt A wandert zum Ruhewert. Nach Erreichen des Ruhezustandes kann ein neuer Nervenimpuls wie zuvor durch die gleiche überschwellige Depolarisation ausgelöst werden.

Diese formal-mathematische Analyse des Gleichungssystems gestattet auch ohne genaue Berechnung des Zeitverlaufs eines Nervenimpulses, der nur durch eine numerische Lösung möglich wäre, eine Reihe von

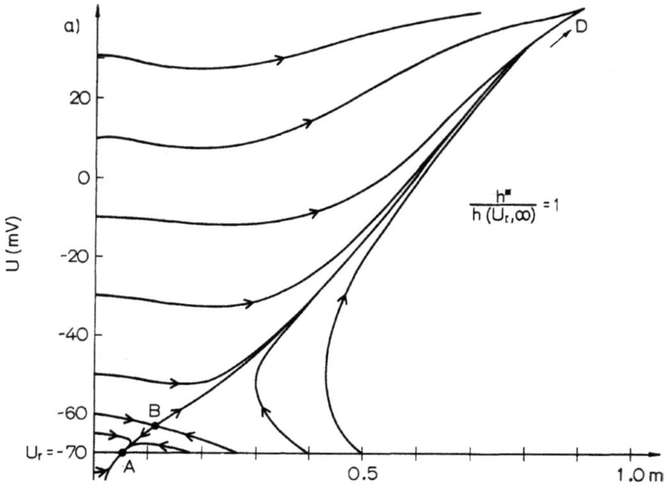

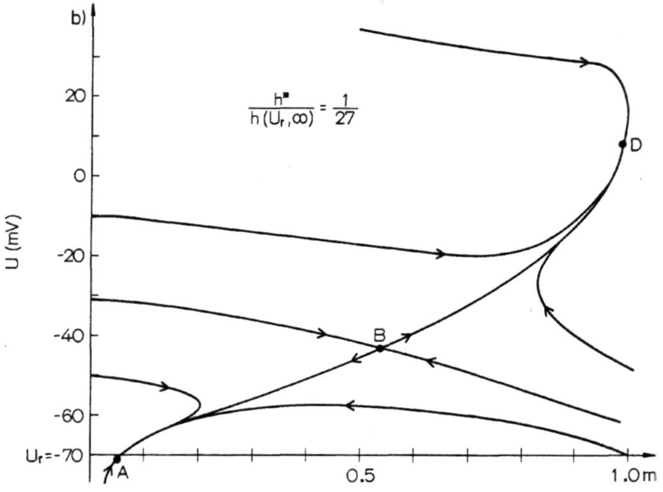

Abb. 72 a u. b

Abb. 72a–c. Trajektorien in der Phasenebene der U, m, h-reduzierten Hodgkin-Huxley-Gleichung. Parameter sind die Natrium-Inaktivierung h und der Anfangswert der Membranspannung U. (Analogrechner-Aufzeichnungen)

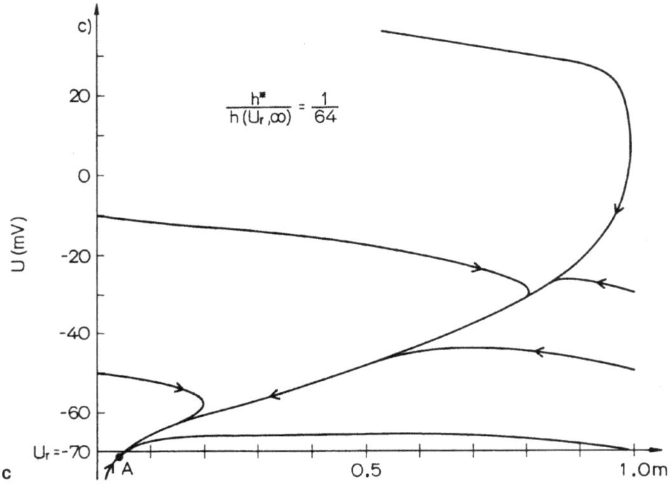

Abb. 72 c

Schlußfolgerungen, die physiologisch relevant und für das Verstehen der Ereignisse, die sich an der Axonmembran abspielen, von Bedeutung sind. Einige dieser Schlußfolgerungen sollen hier kurz besprochen werden. Bereits das (U, m) reduzierte System beschreibt die Existenz einer *Erregungsschwelle* und das *Alles-oder-Nichts-Verhalten* der Membran. Wird die Membran zur Zeit $t=0$ überschwellig depolarisiert, so steigt die Membranspannung bis in die Nähe der elektromotorischen Kraft E_{Na} der Na-Batterie an. Erfolgt die Depolarisation der Membran durch kurze Stromstöße, so ist die durch einen Stromstoß I der Dauer Δt hervorgerufene Spannungsveränderung

$$\Delta U = \frac{1}{C} Q = \frac{1}{C} I \Delta t ,$$

wobei C die Kapazität der Membran und Q die durch den Stromstoß zugeführte Ladung bedeutet. Zur Überwindung der Schwelle muß demnach das Produkt $I \Delta t$ größer als ein kritischer Wert sein (vgl. den Begriff *Chronaxie* in der Nervenphysiologie oder den Begriff *Reizsummationsgesetz*). Diese Feststellung gilt freilich nur, wenn Δt nicht zu groß, d. h. der Strom I nicht zu schwach ist. Ist der Strom I zu schwach, so dauert es sehr lange, bis die zugeführte Ladung die Membranspannung in die Nähe der Schwelle bringt. In dieser Zeit ändern sich jedoch nicht nur m, sondern auch h und n, wodurch die Nullkline flacher und die Schwelle erhöht wird. Bei zu geringer Stromstärke wird somit die Reizschwelle nie erreicht. Derjenige Reizstrom, mit dem bei beliebig langen Reizen

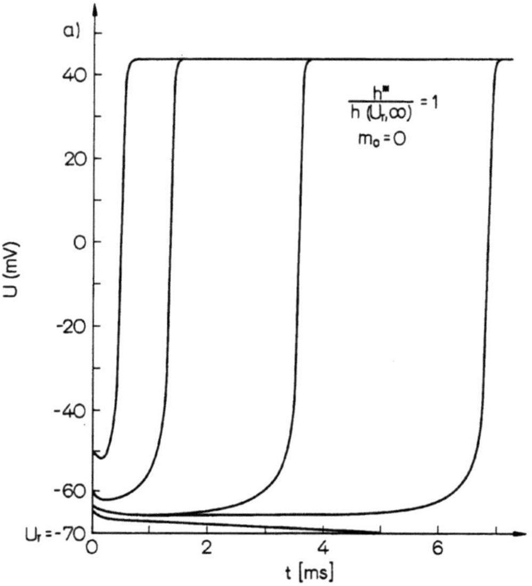

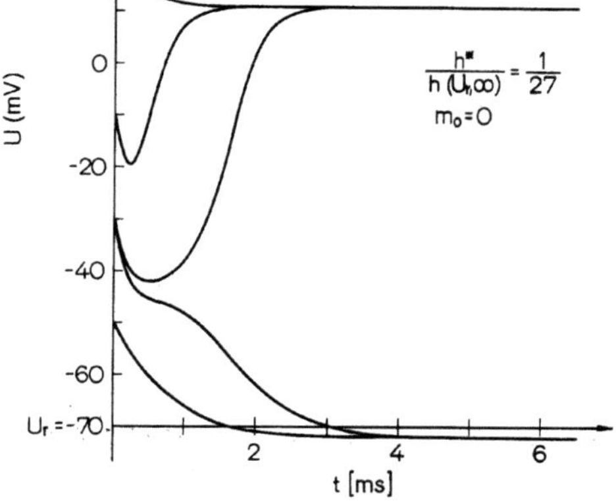

Abb. 73a und b. Zeitverlauf der Lösung der U, m, h-reduzierten Hodgkin-Huxley-Gleichung. Parameter sind die Natriuminaktivierung h und der Anfangswert der Membranspannung. (Analogrechner-Aufzeichnungen)

die Membran gerade noch erregt werden kann, heißt *Rheobase.* Da eine unterschwellige Reizung die Schwelle erhöht, kann danach auch durch einen stärkeren Strom kein Nervenimpuls ausgelöst werden. Die Erscheinung wird als *Einschleicheffekt* bezeichnet. Sie ist nach unseren Überlegungen ebenfalls darauf zurückzuführen, daß eine langandauernde unterschwellige Depolarisation den singulären Punkt B zu höheren Werten der Membranspannung verschiebt. In diesem Zusammenhang sei noch darauf hingewiesen, daß die tatsächliche Erregungsschwelle etwas höher liegt, als die des (U,m) reduzierten Systems, weil sich h und n bereits geringfügig ändern und somit die Schwelle erhöhen, während sich der Phasenpunkt nach einer gerade überschwelligen Depolarisation zum singulären Punkt B bewegt. Aus dem gleichen Grund wird auch der singuläre Punkt D zu kleineren Werten von U verschoben, bevor der Phasenpunkt dorthin gelangt. Deshalb ist auch das Maximum des tatsächlichen Aktionspotentials etwas geringer, als der Wert U_D. Es läßt sich auch zeigen, daß der Punkt D während der Bewegung des Phasenpunktes um so weiter zu kleineren U-Werten wandert, je geringer die überschwellige Depolarisation ist. Folglich hängt die Höhe des Aktionspotentials — geringfügig — auch von der Erregungsstärke ab.
Wird die Membran für längere Zeit unterschwellig depolarisiert, verschiebt sich der singuläre Punkt D ebenfalls zu kleineren U-Werten. Wird in diesem Zustand die Membran überschwellig depolarisiert, so erreicht das Aktionspotential seinen maximal möglichen Wert nicht. Die Höhe des Aktionspotentials hängt somit von der Vorgeschichte der Membran ab. Dies zeigt sich besonders eindrucksvoll nach einem ausgelösten Nervenimpuls: Verschwinden nach einer überschwelligen Reizung die singulären Punkte B und D, so bleibt die Membran für eine Weile ganz unerregbar *(absolute Refraktärzeit)*, da der einzige stabile Punkt in der Phasenebene der singuläre Punkt A ist. Werden danach die Ruhewerte von m, h und n allmählich restituiert, so wird die Nullkline (Abb. 71) immer steiler und steiler. Bevor der Ruhezustand erreicht wird, liegt jedoch der singuläre Punkt B bei höheren U-Werten als im Ruhezustand. Während dieser Phase ist die Membran zwar erregbar, aber nur durch eine stärkere Depolarisation als im Ruhezustand *(relative Refraktärzeit)*. Nervenimpulse, die während der relativen Refraktärzeit ausgelöst werden, erreichen nicht die maximal mögliche Höhe, da während dieser Phase der singuläre Punkt D unterhalb seines Ruhewertes liegt.
Alle diese Folgerungen aus der Analyse des Hodgkin-Huxley-Modells in der Phasenebene sind, manche sogar schon sehr früh in der Geschichte der Physiologie der Nervenzelle, experimentell nachgewiesen worden. Weitere Voraussagen, die man vielfach durch Variation der Parameter der Membran erzielt, waren Anlaß zu zahlreichen Versuchen, die unsere Kenntnisse über die Entstehung der Nervenimpulse in verschiedenen Typen von Nervenzellen bereichert haben.

24. Das Stabilitätsverhalten nicht linearer Regelkreise. (Harmonische Balance)

Eines der wichtigsten Probleme im Zusammenhang mit linearen Regelkreisen war — neben der Güte der Regelung — ihre Stabilität. In Kap. 15 wurden daher einige Stabilitätskriterien behandelt. Der wesentliche Befund war, daß ein linearer Regelkreis dann instabil wird, wenn die Phasenverschiebung der Übertragungsglieder des offenen Regelkreises bei einer endlichen Frequenz ω der Eingangsgröße 180° beträgt und der Verstärkungsfaktor bei dieser Frequenz größer als 1 ist.
Enthält der Regelkreis auch nicht lineare Übertragungsglieder, so hängt seine Stabilität neben den Eigenschaften der linearen Übertragungsglieder auch von der Art der Nichtlinearität ab. Im folgenden wird ein Stabilitätskriterium für solche Regelkreise behandelt, die eine nicht lineare Kennlinie enthalten.
Den Prototyp eines Regelkreises mit nicht linearen Kennlinien zeigt Abb. 74. Er enthält die Kennlinie zwischen den linearen Filtern F_2 und

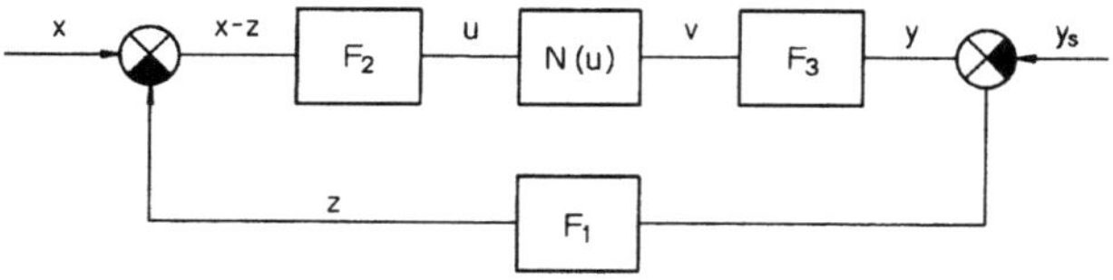

Abb. 74. Blockschaltbild eines typischen Regelkreises mit nichtlinearer Kennlinie. (In Anlehnung an [22])

F_3 als ein rückwirkungsfrei in Serie geschaltetes Übertragungsglied. Im Rückführungszweig befindet sich das lineare Filter F_1. Die Lage der Kennlinie relativ zu den linearen Filtern ist, wie wir noch sehen werden, für die zu behandelnde Methode von untergeordneter Bedeutung. Es sind y die Regelgröße, x die Stör- oder Eingangsgröße, y_s der Sollwert, u, v und z die an den entsprechenden Stellen auftretenden Zwischengrößen.
Die Übertragungsfunktionen der linearen Filter seien vom allgemeinen Typ

$$G(s) = \frac{\beta_0 + \beta_1 s + \cdots + \beta_m s^m}{s^\nu(\alpha_0 + \alpha_1 s + \cdots + \alpha_n s^n)} \tag{24.1}$$

mit $n \geq m$, $\nu \geq 0$, $\beta_0 > 0$, $\alpha_0 > 0$. Der Faktor s^ν im Nenner von (24.1) bedeutet, daß der Kreis auch ν Integrierglieder enthält.

Ist der Regelkreis stabil, so werden in einem ausreichend großen zeitlichen Abstand nach einer z. B. stufenförmigen Störung die vorkommenden Größen entweder konstant und endlich, oder sie oszillieren mit konstanter endlicher Amplitude um einen Mittelwert. Interessiert man sich nur für das Stabilitätsproblem und nicht für das dynamische Verhalten des Kreises, so genügt es demnach, sein Verhalten nur im stationären Zustand zu untersuchen. Setzt man $v=0$ in (24.1) voraus, so wirken die Übertragungsfunktionen der linearen Filter nach einer stufenförmigen Störung und Erreichen des stationären Zustands entsprechend dem Grenzwertsatz und der Beziehung (15.55) als konstante Faktoren der Größe

$$\lim_{s\to 0} sG(s)\frac{1}{s} = \frac{\beta_0}{\alpha_0}. \tag{24.2}$$

Bezeichnet man diese Faktoren der Kürze halber mit k_1, k_2 und k_3, so lassen sich für die in Abb. 74 vorkommenden Größen folgende Beziehungen aufstellen:

$$v=N(u), \quad (24.3) \qquad z=k_1 y, \quad (24.5)$$

$$y=k_3 v, \quad (24.4) \qquad v=k_2(x-z). \quad (24.6)$$

Es wurde hier einfachheitshalber $y_s=0$ gewählt. Werden aus den linearen Gleichungen (24.4)—(24.6) die Größen y und z eliminiert, so bleibt

$$v = \frac{x}{k_1 k_3} - \frac{1}{k_1 k_2 k_3} u. \tag{24.7}$$

Da in (24.7) x die Stufenhöhe bezeichnet und daher ebenfalls konstant ist, können wir vereinfachend auch

$$v = a - bu \tag{24.8}$$

schreiben, wobei $a=x/(k_1 k_3)>0$ und $b=1/(k_1 k_2 k_3)>0$ ebenfalls Konstante sind.

Besitzen die simultanen Gleichungen (24.3)—(24.6) die — reellen — Lösungen u_0 und v_0, so werden sie als *Ruhewerte* dieser Größen bezeichnet. Die entsprechenden restlichen Ruhewerte lassen sich aus den Gleichungen (24.4), (24.5) berechnen. Existieren die Lösungen u_0 und v_0, so schneiden sich in der (v, u)-Ebene (Abb. 75) die Gerade nach (24.8) und die nicht lineare Kennlinie nach (24.3). In diesem Beispiel wurde angenommen, daß die Kennlinie durch einen linearen Gleichrichter mit Schwelle und einem Begrenzer erzeugt wird.

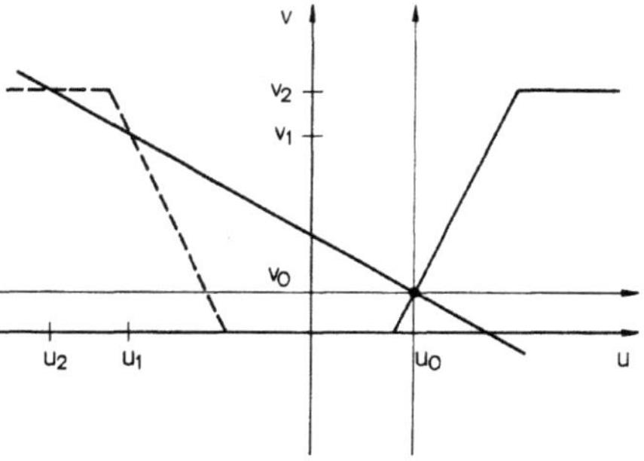

Abb. 75. Ruhewerte eines Regelkreises mit nicht linearer Kennlinie

Abb. 75 veranschaulicht gleichwohl, daß das Gleichungssystem (24.3), (24.8) mehr als ein Wurzelpaar besitzen kann. Wird die Kennlinie symmetrisch zur v-Achse ergänzt (Zweiweg-Gleichrichter mit Schwelle und Begrenzer, gestrichelt gezeichnete Linie), so schneidet die Gerade dreimal die Kennlinie. Ähnliche Verhältnisse können z.B. auch dann vorliegen, wenn die nicht lineare Kennlinie eine Hysterese oder ein Polynom höheren Grades ist. Besitzen die im Regelkreis vorkommenden Größen ihre Ruhewerte, so befindet sich der Regelkreis in *Ruhezustand* oder *Ruhelage.* Da es mehrere Sätze von Ruhewerten geben kann, kann es auch mehrere — theoretisch sogar unendlich viele — Ruhezustände geben.

Am Beispiel eines Regelkreises mit einem Integrierglied kann man sogar zeigen, daß es Regelkreise mit ganzen Ruhebereichen anstelle von diskreten Sätzen von Ruhewerten gibt. Ist $\nu > 0$ in der Übertragungsfunktion z.B. von F_1, so ist im stationären Zustand wegen (24.2) $\beta_0/\alpha_0 = k_1 = \infty$, und folglich aus (24.7) $v = 0$. Die Gerade (24.8) fällt somit mit der u-Achse in Abb. 75 zusammen. Da die in diesem Beispiel angenommene Kennlinie im Bereich $(-u_0, u_0)$ ebenfalls mit der u-Achse identisch ist, sind sämtliche Wertepaare $-u_0 \leq u \leq u_0$ und $v = 0$ Ruhewerte. Der Bereich $(-u_0, u_0)$ ist eine *tote Zone.*

Ein Ruhezustand ist dadurch ausgezeichnet, daß sich dort die im Regelkreis vorkommenden Größen — ohne weitere Störung — nicht ändern. Ist der Regelkreis stabil, so entspricht demnach der stationäre Zustand einer der Ruhelagen. Es ist jedoch nicht jeder Ruhezustand auch ein stabiler Zustand. Vielmehr kann das System nach einer Störung

— in die vorherige Ruhelage zurückkehren

— sich von der vorherigen Ruhelage entfernen, und zwar entweder bis zu einer neuen Ruhelage, oder — theoretisch — unendlich weit

— eine neue Ruhelage in der unmittelbaren Nachbarschaft der vorherigen Ruhewerte einnehmen

— um die Ruhelage herum oszillieren.

Bei der Untersuchung der Stabilität des Kreises müssen wir demnach zunächst die möglichen Ruhezustände finden und danach feststellen, wie sich das System verhält, wenn es durch eine Störung von diesen Ruhelagen entfernt wird. Während das Auffinden der Ruhelagen durch Lösung algebraischer Gleichungen möglich ist, bedarf die Prüfung des Verhaltens des Systems in den einzelnen Ruhelagen weitergehender Überlegungen.

Die Behandlung des Regelkreises nach Abb. 74 läßt sich wesentlich vereinfachen, wenn wir statt der dort angegebenen Größen ihre Abweichungen von einem Satz der Ruhewerte betrachten. Für diese Größen kann man analoge Gleichungen zu (24.3)—(24.6) aufstellen. Der Übergang zu den Abweichungen bedeutet lediglich, daß wir den Nullpunkt des Koordinatensystems in Abb. 75 in denjenigen Punkt verschieben, der durch das jeweils betrachtete Paar der Ruhewerte gegeben ist. Die neuen Koordinatenachsen sind in Abb. 75 für die Ruhewerte v_0, u_0 eingezeichnet. Einfachheitshalber wurden die Variablen auch in diesem neuen Koordinatensystem durch v und u bezeichnet. In diesem Koordinatensystem sind die jeweils betrachteten Ruhewerte $v_i = 0$ und $u_i = 0$. Aus (24.4) und (24.5) sind ebenfalls $y_i = 0$ und $z_i = 0$. Weiterhin folgt aus (24.6) $x_i = 0$, da diese Gleichung für beliebige Wertepaare von u und z, also auch für u_i und z_i gelten muß. Der Regelkreis im betrachteten Ruhezustand wird somit durch das Schaltbild in Abb. 76a darge-

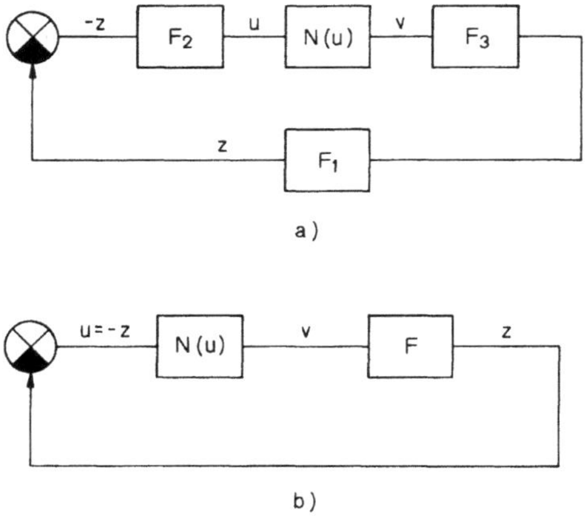

Abb. 76a und b. Standardregelkreis mit nicht linearer Kennlinie. (In Anlehnung an |22|)

stellt. Wird wieder $y_s = 0$ angenommen, so läßt sich das Schaltbild weiter vereinfachen und wie in Abb. 76b gezeigt darstellen. Dort sind die rückwirkungsfrei hintereinander geschalteten Filter F_3, F_1, F_2 zu einem Filter F mit der Übertragungsfunktion $G(s) = G_3(s)G_2(s)G_1(s)$

zusammengefaßt. Dies ist möglich, da die Additionsstelle links in Abb. 76a nur eine Vorzeichenänderung bewirkt, die gleichwohl auch hinter dem Filter F_2 erfolgen kann. Der stationäre Zustand dieses in Abb. 76b gezeigten *Standardregelkreis mit nicht linearer Kennlinie* wird in der betrachteten Ruhelage wegen $u = -z$ und $z = kv$ durch die beiden Gleichungen

$$v = N(u) \quad (24.9) \qquad \text{und} \qquad v = -au \quad (24.10)$$

beschrieben. Im Gegensatz zu (24.3) bezeichnen in (24.9) v und u die Abweichungen von den betrachteten Ruhewerten.

In technischer und auch in biologischer Hinsicht sind häufig solche nicht linearen Regelkreise von Interesse, die nur eine stabile Lage besitzen. Nach der hier dargestellten Koordinatentransformation liegen die Ruhewerte im Nullpunkt des neuen Koordinatensystems. Da in diesen Regelkreisen auftretende Größen stets begrenzt sind, kann sich das System von der Ruhelage keinesfalls unendlich weit entfernen. Sollte z.B. ein biologisches Modell unendlich ansteigende Lösungen liefern, so hat man bei seiner Aufstellung wesentliche Nichtlinearitäten nicht berücksichtigt. Hat man sämtliche Nichtlinearitäten erfaßt und findet man nur eine stabile Lage, so ist die wesentliche Frage, ob die Ruhewerte eine asymptotisch stabile Ruhelage darstellen (vgl. Kap. 22), oder aber ob die vorkommenden Größen um diese Ruhelage herum — stabil — oszillieren. Unter bestimmten Bedingungen läßt sich diese Frage mit einer Methode beantworten, die als *harmonische Linearisierung*, auch *harmonische Balance* bekannt ist. Um sie anwenden zu können, müssen wir den Begriff der *Beschreibungsfunktion* kennenlernen.

In Kap. 18 haben wir festgestellt, daß eine nicht lineare Kennlinie eine sinusförmige Eingangsfunktion verzerrt, so daß die Ausgangsfunktion durch eine unendliche Fourier-Reihe dargestellt wird. Zur Charakterisierung der Kennlinie ließ sich der Klirrfaktor (Kap. 18) heranziehen. Vielfach wird zum gleichen Zweck auch das Verhältnis des ersten Gliedes in der Fourier-Reihe der Ausgangsfunktion zur Eingangsfunktion herangezogen. Dieser Quotient heißt *Beschreibungsfunktion*. Nach unseren Feststellungen in Kap. 18 kann die Ausgangsfunktion nach Spiegelung einer Sinusfunktion an einer — eindeutigen — Kennlinie stets durch eine reine Sinus- oder Cosinusreihe dargestellt werden. Mehrwertige Kennlinien (Hysterese) verursachen jedoch eine Verzerrung der Eingangsfunktion derart, daß die Fourier-Reihe der Ausgangsfunktion sowohl Sinus- als auch Cosinusglieder enthält. In diesem — allgemeineren — Fall ist die Beschreibungsfunktion

$$B(m) = \frac{a_1 \cos \omega t + b_1 \sin \omega t}{m \sin \omega t}. \qquad (24.11)$$

Da der Zähler in (24.11) auch als $c_1 \sin(\omega t + \varphi_1)$ dargestellt werden kann (vgl. Kap. 7, (7.4)—(7.11)), kann $B(m)$ auch in der Form

$$B(m) = \frac{A_1 \sin(\omega t + \varphi_1)}{m \sin \omega t} \tag{24.12}$$

geschrieben werden.
Am häufigsten wird die Beschreibungsfunktion jedoch in der komplexen Form

$$B(m) = \frac{c_1 \, e^{j(\omega t + \varphi_1)}}{m \, e^{j\omega t}}, \tag{24.13}$$

d.h. $$B(m) = \frac{c_1 \, e^{j\varphi_1}}{m} \tag{24.14}$$

angegeben, oder mit (10.15) hieraus

$$B(m) = \frac{c_1}{m} \sin\varphi_1 + j \frac{c_1}{m} \cos\varphi_1 = \frac{b_1}{m} + j \frac{a_1}{m}. \tag{24.15}$$

Da die Beschreibungsfunktion — ähnlich dem Amplitudenfrequenzgang — das Verhältnis der Ausgangsamplitude (der Grundwelle) zur Eingangsamplitude darstellt, wird sie häufig auch *Ersatzfrequenzgang der Kennlinie*, gelegentlich *äquivalente komplexe Verstärkung* genannt.
Entstehen im nicht linearen Standardregelkreis (Abb. 76) Dauerschwingungen, so ist $v(t)$ eine periodische, aber i.a. nicht harmonische Funktion der Zeit. Enthält jedoch das lineare Filter F zumindest einen Tiefpaß erster Ordnung, und ist dessen charakteristische Frequenz ω_0 hoch verglichen mit der Frequenz ω der Schwingung des Regelkreises, so wird F die Oberwellen von $v(t)$ stärker abschwächen als dessen Grundwelle. In erster Näherung können wir daher für $u(t)$ die Sinusfunktion

$$u(t) = m \sin \omega t \tag{24.16}$$

substituieren. Wir haben hier die Phase von $u(t)$ zu Null gewählt, da die Phase im Kreis, d.h. der Nullpunkt der Zeitachse an einer Stelle willkürlich festgelegt werden kann. Bezeichnet man in der komplexen Darstellung die durch eine Sinusfunktion angenäherte Eingangsfunktion u durch $u = m \exp(j\omega t)$, die Grundwelle der Ausgangsfunktion v durch $v_1 = c_1 \exp(j(\omega t + \varphi_1))$, so gilt nach der Definition der Beschreibungsfunktion

$$B(m) = \frac{v_1}{u},$$

d.h. $$v_1 = B(m)u\,. \tag{24.17}$$

Andererseits besteht zwischen u und v_1 die Beziehung

$$u = -G(\mathrm{j}\omega)v_1\,, \tag{24.18}$$

wobei $G(\mathrm{j}\omega)$ der komplexe Frequenzgang des Filters F ist. Setzt man u aus (24.18) in (24.17) ein, so erhalten wir

$$v_1 = -G(\mathrm{j}\omega)B(m)v_1\,. \tag{24.19}$$

Da (24.19) für beliebige Werte von v_1 gilt, muß

$$-G(\mathrm{j}\omega)B(m) = 1\,, \tag{24.20}$$

d.h. $$B(m) = -\frac{1}{G(\mathrm{j}\omega)} \tag{24.21}$$

oder $$G(\mathrm{j}\omega) = -\frac{1}{B(m)} \tag{24.22}$$

sein. Die Beziehung (24.20) ist eine — komplexe — Gleichung für die beiden Unbekannten ω und m. Existieren reelle Lösungen (ω_1 und m_1) von (24.20), so bedeutet dies, daß der Regelkreis mit der Frequenz ω_1 schwingt, und die Amplitude von u näherungsweise m_1 ist. Die Aufgabe besteht demnach darin, (24.21) oder (24.22) daraufhin zu untersuchen, ob reelle Lösungen vorhanden sind.

Die praktische Anwendung des Verfahrens sei hier an einem Beispiel demonstriert. Weitere Beispiele und auch eine mehr detaillierte Beschreibung des Verfahrens sowie weitere Stabilitätsbedingungen findet man u.a. in [22].

Die gewählte Kennlinie (Abb. 77a) setzt sich aus geraden Teilstücken zusammen und wird durch die Beziehungen

$$v = -l_2 \quad \text{für} \quad u \leq -q\,, \tag{24.23}$$

$$v = \beta u + \gamma \quad \text{für} \quad -q \leq u \leqq -p\,, \tag{24.24}$$

$$v = -\alpha u \quad \text{für} \quad -p \leqq u \leqq p\,, \tag{24.25}$$

$$v = \beta u - \gamma \quad \text{für} \quad p \leqq u \leqq q\,, \tag{24.26}$$

$$v = l_2 \quad \text{für} \quad q \leqq u \tag{24.27}$$

beschrieben. Es sind hier

$$\alpha = \frac{l_1}{p}, \quad (24.28) \qquad \beta = \frac{l_1 + l_2}{q - p}, \qquad (24.29)$$

$$\gamma = \frac{p(l_1 + l_2)}{q - p} + l_1 = p(\alpha + \beta) . \qquad (24.30)$$

Repräsentiert diese Kennlinie die Strom-Spannungs-Charakteristik eines elektrischen Übertragungsgliedes, so entspricht der Teilbereich nach (24.25) einem *negativen differentiellen Widerstand.* Solche Kennlinien besitzen z. B. erregbare Membranen. Die komplexe Übertragungsfunktion des linearen Filters soll

$$G(\mathrm{j}\omega) = \frac{r(1 + \mathrm{j}\tau_1 \omega)}{1 + \mathrm{j}r\tau_1 \omega} \cdot \frac{k}{1 + \mathrm{j}\tau_2 \omega} \qquad (24.31)$$

sein. Das entsprechende Filter erhält man durch rückwirkungsfreie Hintereinanderschaltung eines Hochpasses mit Restspannung (Übungsbeispiel i in Abb. 3 mit $R_1 C = \tau_1$; $R_2/(R_1 + R_2) = r$) und eines Tiefpasses 1. Ordnung mit der Zeitkonstanten τ_2. k ist ein konstanter Verstärkungsfaktor. Im stationären Zustand ist aus (24.31) $u = -rkv$, d. h.

$$v = -\frac{1}{rk} u . \qquad (24.32)$$

Die Gerade (24.32) (Nr. 1 in Abb. 77a) schneidet die Kennlinie nur in einem Punkt, und zwar im Nullpunkt des Koordinatensystems, solange $1/rk > \alpha$, d. h.

$$k < \frac{1}{r\alpha} \qquad (24.33)$$

ist. In diesem Fall gibt es nur eine Ruhelage, deren Verhalten wir mit Hilfe der harmonischen Linearisierung ohne weitere Koordinatentransformation unmittelbar analysieren können. Wir beschränken uns vorerst auf k-Werte nach (24.33).
Als erster Schritt ist die Fourier-Reihe, genauer die Amplitude der Grundwelle in der Fourier-Reihe einer an der Kennlinie gespiegelten Sinusfunktion zu berechnen.

Aufgabe: Ermittle $v(t)$ durch Spiegelung der Sinusfunktion

$$u(t) = m \sin \omega t \qquad (24.34)$$

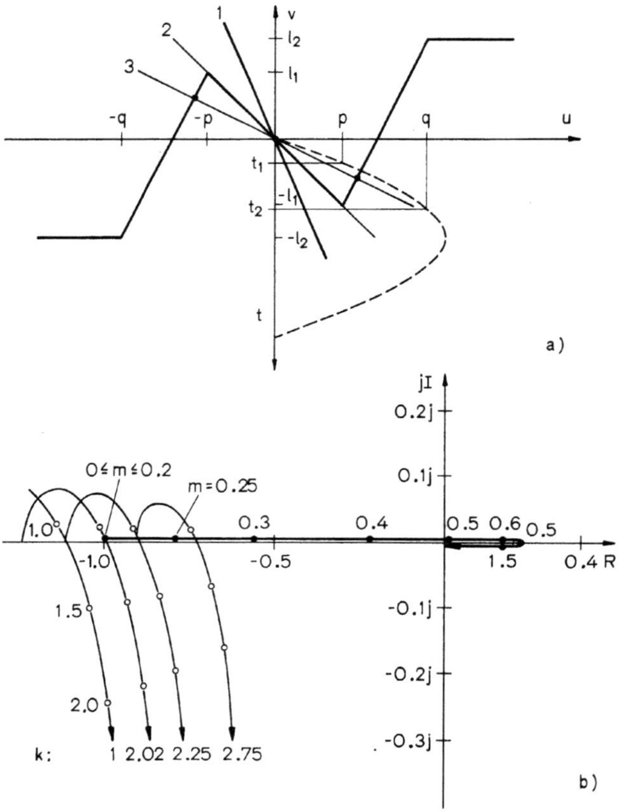

Abb. 77a und b. Beispiel für einen Regelkreis mit nicht linearer Kennlinie. (a) Kennlinie und Ruhelagen in Abhängigkeit vom Verstärkungsfaktor k. (b) Beschreibungsfunktion B(m) und negativer inverser Frequenzgang $-1/G(j\omega)$ in der komplexen Ebene (R, jI)

an der Kennlinie in Abb. 77a für jeweils einen Wert von m, wenn $m<p$, $p<m<q$ bzw. $q<m$ ist.

Wir stellen fest, daß $v(t)$ stets eine antisymmetrische (ungerade) Funktion ist, so daß die Fourier-Reihe nur Sinusglieder enthält. Die Berechnung des Fourier-Koeffizienten b_1 wird noch dadurch vereinfacht daß $v(t)$ im Bereich $0 \leq t \leq T/2$ bzw. $-T/2 \leq t < 0$ zu den senkrechten Geraden bei $t = T/4$ bzw. $t = -T/4$ symmetrisch ist. Aus (8.10) ist deshalb

$$b_1 = 4\frac{2}{T}\int_0^{T/4} v(t)\sin\omega t\,dt\,. \tag{24.35}$$

Die für $v(t)$ einzusetzenden Ausdrücke hängen davon ab, wie groß m und t sind. Sie lassen sich durch Substituieren von $u(t)$ aus (24.34) in (24.25)—(24.27) gewinnen. Ist $m \leq p$, so ist stets $v(t) = -\alpha m \sin \omega t$, d. h.

$$b_1 = -\frac{8}{T} \int_0^{T/4} \alpha m \sin^2 \omega t \, dt \,. \tag{24.36}$$

Ist $p \leq m \leq q$, so gilt für $t \leq t_1$ (24.25), für $t_1 \leq t \leq T/4$ (24.26), (vgl. Abb. 77a), woraus

$$b_1 = \frac{8}{T} \{ -\alpha m \int_0^{t_1} \sin^2 \omega t \, dt + \int_{t_1}^{T/4} (\beta m \sin^2 \omega t - \gamma \sin \omega t) \, dt \} \tag{24.37}$$

folgt. Für t_1 gilt die Bedingung $m \sin \omega t_1 = p$, d. h.

$$t_1 = \frac{1}{\omega} \arcsin \frac{p}{m} \,. \tag{24.38}$$

Ist $m > q$, so gilt für $t > t_2$ (24.27), woraus

$$b_1 = \frac{8}{T} \{ -\alpha m \int_0^{t_1} \sin^2 \omega t \, dt + \int_{t_1}^{t_2} (\beta m \sin^2 \omega t - \gamma \sin \omega t) dt + l_2 \int_{t_2}^{T/4} \sin \omega t \, dt \} \tag{24.39}$$

folgt. Für t_2 (vgl. Abb. 77a) gilt die Bedingung $m \sin \omega t_2 = q$, d. h.

$$t_2 = \frac{1}{\omega} \arcsin \frac{q}{m} \,. \tag{24.40}$$

Werden die Integrale in (24.36), (24.37) und (24.39) unter Berücksichtigung der Integrationsgrenzen (24.38) und (24.40) berechnet und durch m dividiert, so erhält man die Beschreibungsfunktion gemäß (24.15).

Aufgabe: Zeige, daß das Ergebnis dieser Berechnung

$$B(m) = -\alpha \tag{24.41}$$

für $m \leq p$,

$$B(m) = \frac{1}{\pi} (\alpha + \beta) \left[\sin\left(2 \arcsin \frac{p}{m} \right) - 2 \arcsin \frac{p}{m} - \frac{4p}{m} \cos\left(\arcsin \frac{p}{m} \right) \right] + \beta \tag{24.42}$$

für $p \leq m \leqq q$, und

$$B(m) = \frac{1}{\pi}(\alpha+\beta)\left[\sin\left(2\arcsin\frac{p}{m}\right) - 2\arcsin\frac{p}{m} - \frac{4p}{m}\cos\left(\arcsin\frac{p}{m}\right)\right]$$
$$-\frac{1}{\pi}\beta\left[\sin\left(2\arcsin\frac{q}{m}\right) - 2\arcsin\frac{q}{m} - \frac{4q}{m}\cos\left(\arcsin\frac{q}{m}\right)\right] \tag{24.43}$$

für $q \leq m$ ist. (Bei der Auflösung der Integrale ist $\omega = 2\pi/T$ zu substituieren).

Als zweiter Schritt ist $-1/G(\mathrm{j}\omega)$ zu berechnen. Es ist aus (24.31)

$$-\frac{1}{G(\mathrm{j}\omega)} = -\frac{1}{rk} \cdot \frac{(1+\mathrm{j}k\tau_1\omega)(1+\mathrm{j}\tau_2\omega)}{1+\mathrm{j}\tau_1\omega},$$

woraus nach Multiplizieren des Zählers und des Nenners mit $1-\mathrm{j}\tau_1\omega$ und Auflösung der Klammerausdrücke

$$-\frac{1}{G(\mathrm{j}\omega)} = -\frac{1}{rk}\;\frac{1+\left[r+(1-r)\frac{\tau_2}{\tau_1}\right]\tau_1^2\omega^2}{1+\tau_1^2\omega^2} + \mathrm{j}\tau_1\omega\,\frac{\frac{\tau_2}{\tau_1}-(1-r)+r\frac{\tau_2}{\tau_1}\tau_1^2\omega^2}{1+\tau_1^2\omega^2} \tag{24.44}$$

folgt.

Schließlich müssen $-1/G(\mathrm{j}\omega)$ aus (24.44) sowie $B(m)$ der Reihe nach aus (24.41)—(24.43) in (24.21) substituiert und die resultierenden Gleichungen daraufhin untersucht werden, ob sie reelle Lösungen für m und ω besitzen. Da die Gleichungen in der Regel transzendent sind, können sie nach Spezifizierung der Konstanten in (24.41)—(24.44) nur numerisch gelöst werden. Will man jedoch nur feststellen, ob reelle Lösungen überhaupt existieren, so wird ein graphisches Verfahren bevorzugt. Hierzu trägt man $B(m)$ und $-1/G(\mathrm{j}\omega)$ mit m und ω als laufenden Parametern in der komplexen Ebene $(R, \mathrm{j}I)$ auf. Wenn sich die Bildkurven für $m \neq 0$, $\omega \neq 0$ schneiden, so gibt es reelle Lösungen, und im Regelkreis treten stabile Schwingungen auf. Schneiden sich die Bildkurven nicht, so ist die Ruhelage asymptotisch stabil. Das Verfahren ist in Abb. 77b für folgende Werte der Konstanten in der Kennlinie bzw. in der Übertragungsfunktion $G(\mathrm{j}\omega)$ illustriert: $l_1 = l_2 = 0{,}2$; $p = 0{,}2$; $q = 0{,}6$; $\tau_1 = 1s$; $\tau_2 = 0{,}4s$; $r = 0{,}4$, d.h. $\alpha = 1$, $\beta = 1$, $\gamma = 0{,}4$. Da die Fourier-Reihe von $v(t)$ nur Sinus-Glieder enthält, ist die Beschreibungsfunktion reell und beträgt nach (24.41) $B(m) = -1$ im Bereich $0 \leq m \leq 0{,}2$. Mit zunehmendem m steigt $B(m)$ bis 0,226 an $(m = 0{,}8)$ und nimmt weiter bis Null ab (Punkte in Abb. 77b). $-1/G(\mathrm{j}\omega)$ ist für 4 Werte von k

mit ω als Laufparameter (Kreise für $\omega=1$; 1,5; 2) dargestellt. Für kleine Werte von k schneiden diese Kurven die Bildkurve der Beschreibungsfunktion nicht. Für größere Werte von k gibt es dagegen einen Schnittpunkt sowohl bei $\omega=0$ als auch bei einem endlichen Wert von ω. Der Grenzwert von k läßt sich aus (24.44) wie folgt bestimmen: Die Bildkurve von $-1/G(\mathrm{j}\omega)$ schneidet die reelle Achse, wenn der Imaginärteil I Null wird. Vom trivialen Fall $\omega=0$ abgesehen, ist dies dann der Fall, wenn

$$\frac{\tau_2}{\tau_1}-(1-r)+r\frac{\tau_2}{\tau_1}\tau_1^2\omega^2=0\,,$$

d.h.

$$\omega=\sqrt{\frac{1}{r\tau_1\tau_2}\left(1-r-\frac{\tau_2}{\tau_1}\right)} \qquad (24.45)$$

ist. Setzt man die angegebenen Werte von τ_1, τ_2 und r in (24.45) ein, so erhält man als Lösung

$$\omega_1=\sqrt{5/4}\,.$$

Mit diesem Wert von ω ist der Realteil R von $-1/G(\mathrm{j}\omega)$

$$R=-\frac{2}{k}\,.$$

Da der kleinste Wert der Beschreibungsfunktion -1 ist, schneiden sich die Bildkurven $B(m)$ und $-1/G(\mathrm{j}\omega)$, wenn $2/k<1$ d.h. $k>2$ ist. Andererseits läßt sich die Methode der harmonischen Balance hier nur dann anwenden, wenn nach (24.33)

$$k<\frac{1}{r\alpha}=2{,}5$$

ist. Wir stellen deshalb fest: Die Ruhelage $u=0$ ist stabil, wenn $k<2$ ist. Im Regelkreis treten stabile Schwingungen auf, wenn $2<k<2{,}5$ ist. Wir erwarten dabei, daß die Kreisfrequenz von $u(t)=m\sin\omega t$

$\omega_1=\sqrt{5/4}$, und die Periodendauer (aus $\omega=2\pi/T$)

5,62 s beträgt, während die Amplitude einen Wert m_1 zwischen $m=0{,}2$ und $m=0{,}25$ besitzt.

Nach Abb. 77b schneidet die Bildkurve von $-1/G(\mathrm{j}\omega)$ die Bildkurve von $B(m)$ auch dann, wenn $k>2{,}5$ ist. Wir können daraus trotzdem nicht auf stabile Schwingungen im Regelkreis schließen, da in diesem

Fall mehrere (drei) Ruhelagen existieren. Will man das Verhalten des Regelkreises auch für $k>2{,}5$ ermitteln, so muß man sich entweder anderer Stabilitätskriterien bedienen, oder — sofern möglich — die Differentialgleichung des Regelkreises in der Phasenebene analysieren bzw. numerisch lösen.
Im vorliegenden Fall ist auch eine Analyse in der Phasenebene möglich, da das lineare Filter nur zweiter Ordnung ist. Im folgenden wird das Verfahren umrissen und das Ergebnis in Diagrammen dargestellt.
Der Übergangsfunktion (24.31) entspricht die Differentialgleichung

$$r\tau_1\tau_2\ddot{u}+(r\tau_1+\tau_2)\dot{u}+u=-rk(\tau_1\dot{v}+v)\,. \qquad (24.46)$$

Hier wurde bereits $u=-z$ (vgl. Abb. 76b) berücksichtigt und die Ableitungen durch $\dot{u}$, $\ddot{u}$ bzw. $\dot{v}$ bezeichnet. Nach der in Kap. 22 eingehend besprochenen Methode erhalten wir aus (24.46)

$$\frac{d\dot{u}}{du}=-\frac{1}{\dot{u}}\left[rk(\tau_1\dot{v}+v)+(r\tau_1+\tau_2)\dot{u}+u\right]=c\,. \qquad (24.47)$$

Um durch Auflösen von (24.47) nach $\dot{u}$ die Isoklinengleichung zu erhalten müssen wir zunächst aus (24.23)—(24.27) $\dot{v}$ berechnen und v sowie $\dot{v}$ als Funktion von u in (24.47) substituieren. Dadurch erhalten wir nicht nur eine, sondern 5 verschiedene Isoklinengleichungen für die 5 in (24.23)—(24.27) angegebenen Bereiche von u.

Aufgabe: Berechne die 5 Isoklinengleichungen unter Heranziehung der gleichen Zahlenwerte wie für Abb. 77b (Seite 266).

Wir stellen fest, daß die Isoklinen in allen 5 Bereichen Geraden sind, so daß das Richtungsfeld mit relativ geringem Rechenaufwand konstruiert werden kann. Desgleichen wird die Analyse des Verhaltens des Phasenpunktes durch die Existenz von Asymptoten erleichtert.

Aufgabe: Verifiziere mit Hilfe der Isoklinen-Gleichungen folgende Aussagen für $k<2{,}5$:
a) In den Bereichen $u<-0{,}6$ und $u>0{,}6$ gibt es je eine Asymptote mit negativer Steigung. Die Isoklinen schneiden sich oder die $\dot{u}=0$ Achse nicht: In diesen Bereichen gibt es keinen singulären Punkt.
b) In den Bereichen $-0{,}6<u<-0{,}2$; $0{,}2<u<0{,}6$ gibt es ebenfalls Asymptoten mit negativer Steigung. Die Isoklinen schneiden sich oder die $\dot{u}=0$ Achse nicht. Auch in diesen Bereichen gibt es keinen singulären Punkt.
c) Die Isoklinen im Bereich $-0{,}2<u<0{,}2$ gehen durch den Nullpunkt. Der Nullpunkt ist ein singulärer Punkt. Beantworte die Frage, ob es in diesem Bereich Asymptoten gibt?

Bereits aufgrund dieser Feststellungen vermutet man, daß ein Phasenpunkt außerhalb des Bereiches $-0{,}6<u<0{,}6$ an die Bereichsgrenzen bei $u=-0{,}6$ bzw. $u=0{,}6$ herangeführt wird, wahrscheinlich entlang der Asymptoten mit negativer Steigung. Ebenso und aus demselben Grund gelangt der Phasenpunkt von dort bis an die Bereichsgrenzen bei $u=-0{,}2$ und $u=0{,}2$. Das endgültige Verhalten des Systems läßt sich deshalb ermitteln, wenn wir den zentralen Bereich der Phasenebene $(-0{,}2<u<0{,}2)$ mit Anfangswerten entlang der senkrechten Geraden durch $u=-0{,}2$ bzw. $u=0{,}2$ und im Bereich $-0{,}2<u<0{,}2$ selbst untersuchen. Die Abbildungen 78a—d zeigen, daß diese Vermutungen zutreffen. Dort sind — allerdings nur für den Bereich $-0{,}4\leq u<0{,}4$ — jeweils einige Isoklinen sowie mit Hilfe des Analogrechners gewonnenen Trajektorien eingezeichnet. Die Richtungstangenten sind jeweils nur in der Nähe der Trajektorien eingetragen, die Asymptoten und die Bewegungsrichtung des Phasenpunktes durch Pfeile markiert. Ist $k<2$, so ist der Nullpunkt ein stabiler Strudelpunkt. Im Regelkreis treten in Übereinstimmung mit den Folgerungen aus der Methode der harmonischen Linearisierung keine Dauerschwingungen auf (Abb. 78a, b). Ist dagegen $2<k<2{,}5$, so gibt es im Phasenbild einen Grenz-Zyklus (Abb. 78c, d); der Regelkreis erzeugt stabile Schwingungen, ebenfalls in Übereinstimmung mit den Folgerungen aus Abb. 77b. Die den Phasenbildern in Abb. 78a, c, d entsprechenden Zeitfunktionen $u(t)$ sind in Abb. 79 dargestellt. Beiden Bildern ist zu entnehmen, daß die Schwingungen um so stärker verzerrt sind, je größer k ist. Für $k=2{,}02$ ist die Schwingung noch nahezu harmonisch. Hier stimmt auch die am Analogrechner gemessene Schwingungsdauer ($T=5{,}8$ s) mit der theoretisch berechneten ($T=5{,}62$ s) gut überein. Für $k=2{,}25$ beträgt die gemessene Schwingungsdauer dagegen $T=6{,}8$ s. Darin und auch in dem nicht harmonischen Verlauf der Funktion $u(t)$ zeigt sich der Näherungscharakter des Verfahrens der harmonischen Balance.
Während die Methode der harmonischen Balance für $k>2{,}5$ wegen der Existenz dreier Ruhelagen nicht mehr anwendbar ist, kann die Analyse in der Phasenebene auch in diesem Fall durchgeführt werden.

Aufgabe: Verifiziere mit Hilfe der Isoklinengleichungen folgende Aussagen für $k>2{,}5$:
a) In den Bereichen $u<-0{,}6$ und $u>0{,}6$ gibt es je eine Asymptote mit negativer Steigung. Die Isoklinen schneiden sich oder die $\dot{u}=0$ Achse nicht, so daß es in diesen Bereichen keinen singulären Punkt gibt.
b) Auch in den Bereichen $-0{,}6<u<-0{,}2$; $0{,}2<u<0{,}6$ gibt es Asymptoten mit negativer Steigung. Sämtliche Isoklinen schneiden sich und die $\dot{u}=0$ Achse in je einem Punkt. In beiden Bereichen gibt es daher je einen singulären Punkt. Berechne die Lage dieser singulären Punkte entlang der u-Achse in Abhängigkeit von k.

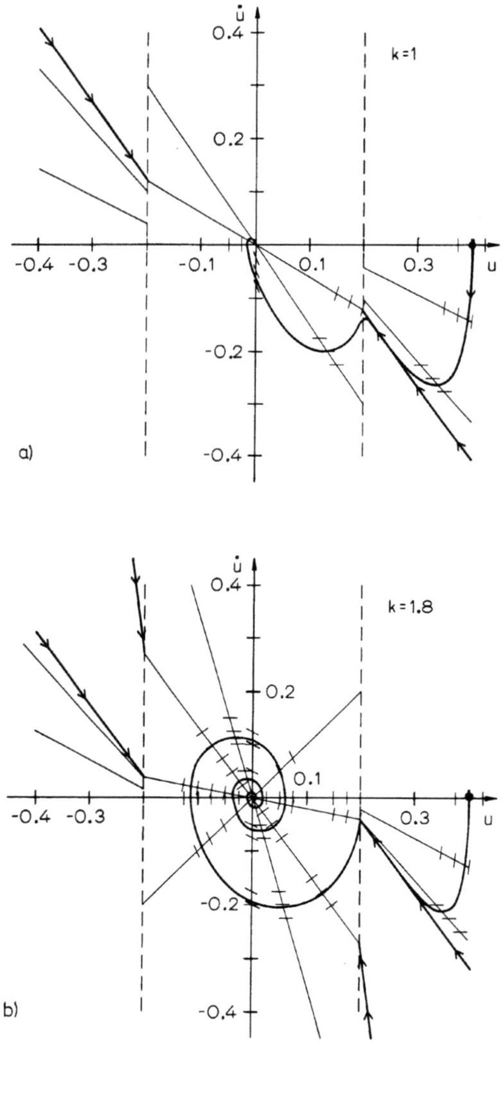

Abb. 78 a u. b

Abb. 78a–e. Phasenbilder des in Abb. 77 definierten nicht linearen Regelkreises. Die Trajektorien wurden mit Hilfe eines Analogrechners aufgezeichnet. Parameter sind der Verstärkungsfaktor k und der Anfangswert von u

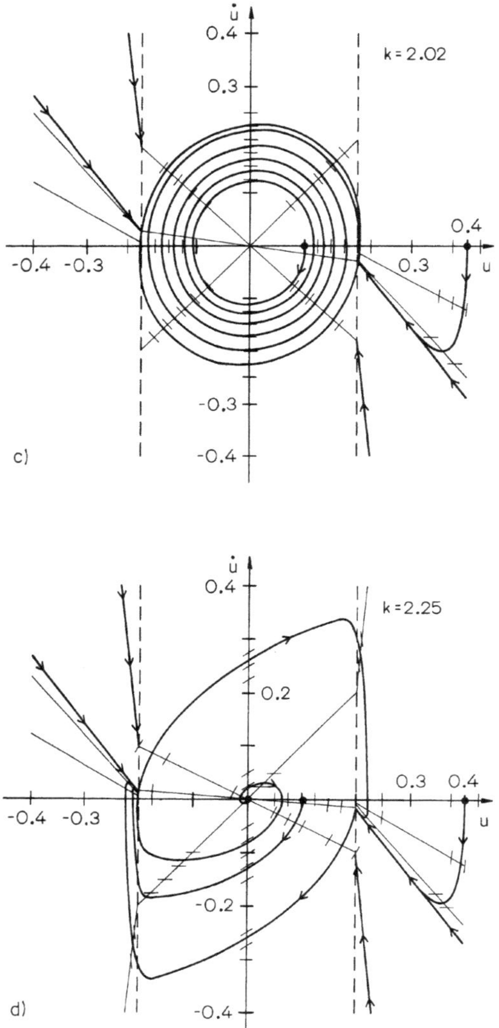

Abb. 78 c u. d

c) Die Isoklinen im Bereich $-0{,}2<u<0{,}2$ gehen durch den Nullpunkt. Der Nullpunkt ist ein singulärer Punkt, es gibt Asymptoten mit positiver Steigung.

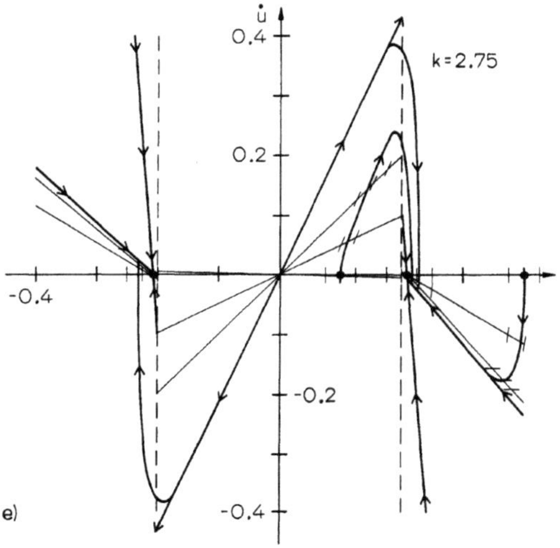

e)

Abb. 78e

Unter Berücksichtigung der Neigung der Asymptoten ziehen wir aus diesen Feststellungen den Schluß, daß der Nullpunkt ein instabiler, die beiden anderen singulären Punkte stabile Knotenpunkte sind. Die mit Hilfe des Analogrechners gezeichneten Trajektorien in Abb. 78e bestätigen diese Aussage. (Die vom Nullpunkt zu $u = -0{,}2$ und $u = 0{,}2$ führenden Trajektorien sind in der Nähe dieser Punkte nur wegen der Trägheit des Registriergerätes „abgerundet“).

Die Bildkurve der Beschreibungsfunktion $B(m)$ in Abb. 77b durchläuft die Strecke zwischen $R = 0$ und $R = 0{,}226$ zweimal. Würde die Bildkurve von $-1/G(j\omega)$ die Bildkurve der Beschreibungsfunktion in diesem Bereich schneiden, so hätte die Gleichung in (24.21) eine Lösung $\omega = \omega_1$, aber zwei Lösungen $m = m_1$ und $m = m_2$. Mehrfache Wurzeln können auch bei anderen Kennlinien und Übertragungsfunktionen auftreten. Ein Beispiel ist in Abb. 80 gezeigt. Die Bildkurve von $-1/G(j\omega)$ für die angegebene Übertragungsfunktion $G(j\omega)$ ist eine Spirale und schneidet somit die R-Achse und auch die Bildkurve der Beschreibungsfunktion $B(m)$ der angegebenen Kennlinie mehrmals. Es gibt daher mehrere Lösungen sowohl für ω als auch für m, und die Frage entsteht, mit welcher Frequenz und Amplitude das System schwingt. Die Antwort hängt sowohl von der Anzahl der Schnittpunkte als auch vom Verlauf der Bildkurve von $1/G(j\omega)$ ab. Hinsichtlich Einzelheiten muß hier auf die weiterführende Literatur z.B. [22] verwiesen werden.

Aufgabe: Zum weiteren Üben der Methode soll der Standardregelkreis mit Spezialfällen der Kennlinie nach Abb. 77a und einer Reihe linearer

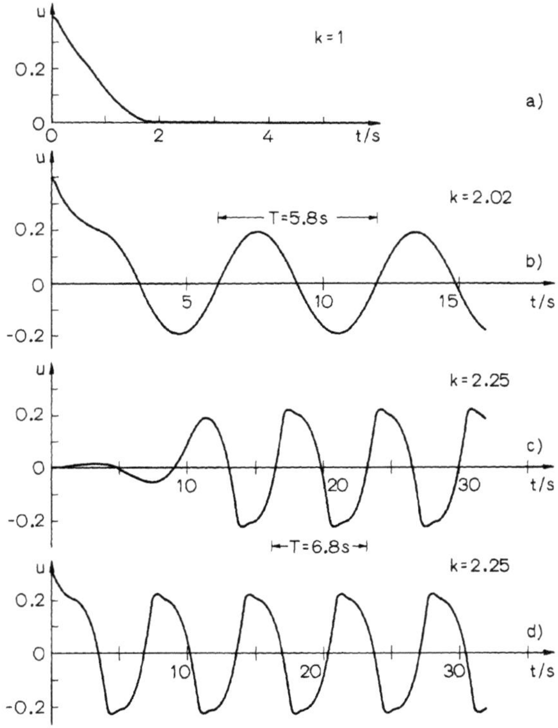

Abb. 79a–d. Die den Phasenbildern in Abb. 78a, c, d entsprechenden Zeitfunktionen u(t)

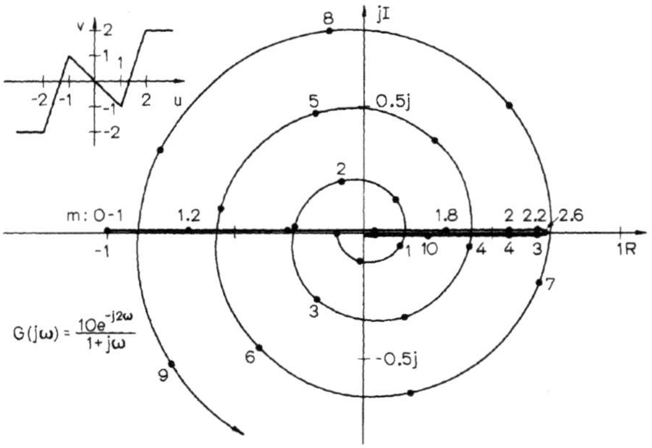

Abb. 80. Nicht linearer Regelkreis mit der angegebenen Kennlinie, Tiefpaß und Laufzeit. Beschreibungsfunktion und negativer inverser Frequenzgang in der komplexen Ebene (R, j I)

Filter analysiert werden. Folgende Spezialfälle der Kennlinie und lineare Filter werden hierzu empfohlen. Kennlinie:

l_1	l_2	p	q
0	1	1	3
0	1	0	1
0	∞	1	∞

Filter mit den komplexen Frequenzgängen:

$$G(\mathrm{j}\omega) = \frac{k}{(1+\mathrm{j}\tau\omega)^2}\,; \qquad G(\mathrm{j}\omega) = \frac{k}{(1+\mathrm{j}\tau\omega)^3}\,;$$

$$G(\mathrm{j}\omega) = \frac{k}{\mathrm{j}\omega(1+\tau\omega)}\,; \qquad G(\mathrm{j}\omega) = \frac{k}{\mathrm{j}\omega(1+\tau\omega)^2}\,.$$

Wähle $\tau=1$ und variiere k. Stelle fest, ob und für welche Werte von k Dauerschwingungen entstehen.

Literatur

Mathematische Grundlagen. Tabellenwerke

1. Fuchs, G.: Mathematik für Mediziner und Biologen. Heidelberger Taschenbücher **54**. Berlin, Heidelberg, New York: Springer 1969
2. Hadeler, K. P.: Mathematik für Biologen. Heidelberger Taschenbücher **129**. Berlin, Heidelberg, New York: Springer 1974
3. Bronstein, I., Semendjajew, K.: Taschenbuch der Mathematik, 11. Aufl. Zürich und Frankfurt/Main: Verlag Harri Deutsch 1971
4. Selby, S. M., Girling, B. (Hrsg.): Standard Mathematical Tables. In: Handbook of Chemistry and Physics. Cleveland (Ohio): The Chemical Rubber Co., jährliche Neuauflage
5. Gröbner, W., Hofreiter, N.: Integraltafel. I—II. Wien: Springer 1965, 1966
6. Erdélyi, A. (Hrsg.): Tables of integral transforms, Vol. I. New York, Toronto, London: McGraw Hill Book Company 1954

Weiterführende Literatur

7. Flechtner, H.-J.: Grundbegriffe der Kybernetik. Stuttgart: Wissenschaftliche Verlagsgesellschaft m.b.H. 1966
8. Ley, B. J., Lutz, S. G., Rehberg, C. F.: Linear circuit Analysis. New York, Toronto, London: McGraw Hill Book Company 1959
9. Mac Farlane, A. G. J.: Analyse technischer Systeme. Hochschultaschenbücher Bd. 81/81a*. Mannheim: Bibliographisches Institut 1967
10. Oppelt, W.: Kleines Handbuch technischer Regelvorgänge, 4. Aufl. Weinheim/Bergstr.: Verlag Chemie GmbH. 1967
11. Holbook, J. G.: Laplace-Transformation. uni-text, 2. Aufl. Braunschweig: Friedr. Vieweg & Sohn 1973
12. Doetsch, G.: Anleitung zum praktischen Gebrauch der Laplace-Transformation und der Z-Transformation, 3. Aufl. München, Wien: R. Oldenbourg-Verlag 1967
13. Spiegel, M. R.: Theory and Problems of Laplace Transforms. Schaum's Outline Series. New York, St. Louis, San Francisco, Toronto, Sidney: McGraw Hill Book Company 1965
14. Jaeger, J. C.: Introduction to the Laplace Transformation. Science Paperbacks. London: Methuen & Co. Ltd. 1966
15. Schlitt, H.: Systemtheorie für regellose Vorgänge. Berlin, Göttingen, Heidelberg: Springer 1960
16. Katz, B.: Nerv, Muskel und Synapse. Stuttgart: Georg Thieme Verlag 1971
17. Beier, W.: Einführung in die theoretische Biophysik. Stuttgart: Gustav Fischer Verlag 1965
18. Zurmühl, R.: Praktische Mathematik für Ingenieure und Physiker, 3. Aufl. Berlin, Göttingen, Heidelberg: Springer 1961
19. Röpke, H., Riemann, J.: Analog-Computer in Chemie und Biologie. Berlin, Heidelberg, New York: Springer 1969

20. Knorre, W. A.: Analog-Computer in Biologie und Medizin. Jena: VEB Gustav Fischer Verlag 1971
21. Heinhold, J., Kulisch, U.: Analogrechnen. Mannheim, Zürich: B.I. Hochschultaschenbücher-Verlag 168/168a*, 1969
22. Föllinger, O.: Nichtlineare Regelungen I, II, III. Reihe „Methoden der Regelungstechnik", München und Wien: R. Oldenbourg 1969, 1970
23. Kaufmann, M.: Dynamische Vorgänge in linearen Systemen der Nachrichten- und Regelungstechnik. München: R. Oldenbourg 1959
24. Leonhard, W.: Einführung in die Regelungstechnik. Lineare Regelvorgänge. uni-text, 2. Aufl. Braunschweig: Friedr. Vieweg & Sohn 1972
25. Röhler, R.: Biologische Kybernetik. Teubner Studienbücher Biologie. Stuttgart: 1973

Spezielle Literatur

26. Holst, E. v.: Biologische Regelung. Eine kritische Betrachtung. In: Regelungsvorgänge in lebenden Wesen. (Zusammengestellt von H. Mittelstaedt.) München: Oldenbourg 1961
27. Loewenstein, W. R. (Hrsg.): Mechanoelectric Transduction in the Pacinian Corpuscle. Initiation of Sensory Impulses in Mechanoreceptors. In: Handbook of Sensory Physiology, Bd. I. Berlin, Heidelberg, New York: Springer 1971
28. Thomas, J. G.: The torque angle transfer function of the human eye. Kybernetik **3,** 254—263 (1967).—The dynamics of small saccadic eye movements. J. Physiol **200,** 109–127 (1969)
29. Oster, G. F., Perelson, A. S., Katchalsky, A.: Network thermodynamics: dynamic modeling of biophysical systems. Quart. Rev. Biophysics **6,** 1—134 (1973)
30. Stegemann, J.: Über den Einfluß sinusförmiger Leuchtdichteänderungen auf die Pupillenweite. Pflügers Arch. **264,** 113—122 (1957)
31. Kelly, D. H.: Visual responses to time-dependent stimuli. II. Single-channel model of the photopic visual system. J. Opt. Soc. Amer. **51,** 747—754 (1961)
32. Borselino, A., Fuortes, M. G. F., Smith, T. G.: Visual responses in Limulus. Cold Spring Harbor Symp. Quant. Biol. **30,** 429—443 (1965)
33. Thorson, J.: Small-signal analysis of a visual reflex in the *Locust.* II. Frequency dependence. Kybernetik **3,** 53—66 (1966)
34. Stark, L.: Stability, oscillations, and noise in the human pupil servomechanism. Proc. of the IRE, **47,** 1925—1939 (1959)
35. Varjú, D.: Human pupil dynamics. In: Processing of optical data by organisms and machines. Reichardt, W. (Ed.). New York and London: Academic Press 1969
36. Fender, D. H., Nye, P. W.: An Investigation of the mechanism of eye movement control. Kybernetik **1,** 81—88 (1961)
37. Hassenstein, B.: Ommatidienraster und afferente Bewegungsintegration. Z. vergl. Physiol. **33,** 301—326 (1951)
38. Kunze, P.: Untersuchung des Bewegungssehens fixiert fliegender Bienen. Z. vergl. Physiol. **44,** 656—684 (1961)
39. Götz, K. G.: Zum Bewegungssehen des Mehlkäfers Tenebrio molitor. Kybernetik **4,** 225—228 (1968)
40. Reichardt, W.: Musterinduzierte Flugorientierung. Naturwissenschaften **60,** 122—138 (1973)
41. Reichardt, W., Varjú, D.: Übertragungseigenschaften im Auswertesystem für das Bewegungssehen. Z. Naturforschg. **14b,** 674—689 (1959)
42. Lee, Y. W., Schetzen, M.: Measurement of the Wiener Kernels of a Non-linear System by Cross-Correlation. Int. J. Control. **2,** 237—254 (1965)

43. Fechner, G. T.: Elemente der Psychophysik. Zweiter Teil. Leipzig: Breitkopf und Härtel 1860
44. Stevens, S. S.: To honor Fechner and repeal his law. Science **133,** 80—86 (1961)
45. Furman, G. G.: Comparison of models for subtractiv and shunting lateral-inhibition in receptor-neuron fields. Kybernetik **2,** 257—274 (1965)
46. Varjú, D.: Nervöse Wechselwirkung in der pupillomotorischen Bahn des Menschen I, II. Kybernetik **3,** 203—214, 214—226 (1967)
47. Ihlenburg, P., Varjú, D.: Laterale Inhibition in der pupillomotorischen Bahn des Menschen. Biol. Cybernetics **18,** 155—168 (1975)
48. Büttner, Ch., Büttner, U., Grüsser, O.-J.: Interaction of excitation and direct inhibition in the receptive field center of retinal neurons. Pflügers Arch. **322,** 1—21 (1971)
49. Tomita, T.: Electrical activity of vertebrate photoreceptors. Quart. Rev. Biophysics **3,** 179—222 (1970)
50. Millecchia, R., Mauro, A.: The ventral photoreceptor cells of Limulus. III. A Voltage-clamp study. J. Gen. Physiol. **54,** 331—351 (1969)
51. Brown, H. M., Hagiwara, S., Koike, H., Meech, R. M.: Membrane properties of a barnacle photoreceptor examined by the voltage clamp technique. J. Physiol. **208,** 385—413 (1970)
52. Fuortes, M. G. F., Hodgkin, A. L.: Changes in time scale and sensitivity in the ommatidia of *Limulus.* J. Physiol. **172,** 239—263 (1964)
53. Volterra, V.: Variazioni e fluttuazzione del numere individui in speci animali conviventi. Mem. Acad. Lineei, II. ser. 6, 31 (1926) (Zit. nach [17])
54. Wever, R.: Zum Mechanismus der biologischen 24-Stunden-Periodik. Kybernetik **1,** 213—231 (1963)
55. Delbrück, M., Reichardt, W.: System analysis for the light growth reactions of phycomyces. In: Cellular Mechanisms and Growth. Rudni, D. (Hrsg.). Princeton: Princeton University Press 1956
56. Hodgkin, A. L., Huxley, A. F.: A quantitative description of membrane current and its application to conduction and excitation in nerve. J. Physiol. **117,** 500—544 (1952)
57. Fitzhugh, R.: Thresholds and plateaus in the Hodgkin-Huxley nerve equations. J. Gen. Physiol. **43,** 867—896 (1959)
58. Thorson, J., Biederman-Thorson, M.: Distributed relaxation processes in sensory adaptation. Science **183,** 161—172 (1974)

Sachverzeichnis

Biologie

Ein Lehrbuch für Studenten der Biologie

Gemeinschaftlich verfaßt von: V. Blüm, G. Czihak, E. Florey, H. Hartl, B. Hassenstein, C. Hauenschild, W. Haupt, D. Hess, J. Jacobs, G. Kümmel, H. Langer, H.F. Linskens, H. Mohr, D.Neumann, G. Niethammer, G.Osche, W. Rathmayer, W. Rautenberg, P. Sitte, P. Schopfer, H. Ursprung, H. Walter, F. Weberling, H. Weiler, W. Wieser, H. Ziegler

Herausgeber: G. Czihak, H. Langer, H. Ziegler
957 Abbildungen, 2 Falttafeln.
XXIII, 837 Seiten. 1976
Geb. DM 69,—; US $ 30.40.
ISBN 3-540-05727-7

Dieses umfassende Lehrbuch erhebt den Anspruch, sowohl die Grundlagen als auch einen Überblick für jeden zu bieten, der sich in ernsthafter Form mit der modernen Biologie auseinandersetzt. Der Text wurde zusammengestellt von 26 maßgebenden Hochschullehrern, und die neuartige Konzeption der inhaltlichen Darstellung kommt dem Trend zu Vorlesungen über Allgemeine Biologie an deutschsprachigen Hochschulen entgegen. Inhalt und Umfang des Lehrbuches wurden auf den Stoff einer 2-semestrigen 5-stündigen Vorlesung in der ersten Studienhälfte abgestimmt. Dabei wurde angestrebt, auf hohem didaktischem Niveau und mit großer Informationsdichte das Wissen für die Studenten so zu vermitteln, daß es von ihnen als verbindlich angesehen werden kann. Deshalb empfiehlt sich dieses Werk nicht nur als Lehrbuch für alle Studenten des Faches Biologie, sondern auch als Handbuch und Nachschlagewerk für Lehrer und Dozenten an Oberschulen und Universitäten.

Springer-Verlag
Berlin
Heidelberg
New York

Preisänderungen vorbehalten

MIX
Papier aus verantwortungsvollen Quellen
Paper from responsible sources
FSC® C105338

If you have any concerns about our products,
you can contact us on
ProductSafety@springernature.com

In case Publisher is established outside the EU,
the EU authorized representative is:
Springer Nature Customer Service Center GmbH
Europaplatz 3, 69115 Heidelberg, Germany

Printed by Libri Plureos GmbH
in Hamburg, Germany